现代创意新思维
DESIGN
十三五高等院校
艺术设计规划教材

Painter 12
绘画教程

李杰臣 高芸芸 孙建 主编

人民邮电出版社
北京

图书在版编目（CIP）数据

Painter 12绘画教程 / 李杰臣，高芸芸，孙建主编
. -- 北京 : 人民邮电出版社，2016.12(2022.7重印)
(现代创意新思维)
十三五高等院校艺术设计规划教材
ISBN 978-7-115-42168-5

Ⅰ. ①P… Ⅱ. ①李… ②高… ③孙… Ⅲ. ①三维动画软件－高等学校－教材 Ⅳ. ①TP391.414

中国版本图书馆CIP数据核字(2016)第190073号

内容提要

Painter 是由 Corel 公司出品的专业绘图软件，是绘画软件中的佼佼者，其全新的数字化绘画模式更接近于手工素描和传统绘画的表现。本书是一本介绍 Painter 12 笔刷使用技巧的基础图书。全书分 3 部分，共有 13 章，内容包括走进 Painter 12、绘画前必须掌握的基础知识、画笔的设置、硬质画笔“硬媒材”、仿真鬃毛、水彩、液态墨水笔、厚涂颜色、矢量绘图、图像效果、卡漫风格绘画案例、商业绘画案例和游戏类绘画案例等。

本书语言通俗易懂，知识安排合理，适合于 Painter 初级用户，可以帮助初学者快速进入 Painter 绘画的神奇世界，也可以作为艺术院校学生的教学辅助用书。

◆ 主　　编　李杰臣　高芸芸　孙　建
责任编辑　刘　佳
责任印制　焦志炜
◆ 人民邮电出版社出版发行　　北京市丰台区成寿寺路 11 号
邮编　100164　　电子邮件　315@ptpress.com.cn
网址　http://www.ptpress.com.cn
北京天宇星印刷厂印刷
◆ 开本：787×1092　1/16
印张：17.75　　　2016 年 12 月第 1 版
字数：440 千字　　　2022 年 7 月北京第 6 次印刷

定价：45.00 元

读者服务热线：(010)81055256　印装质量热线：(010)81055316
反盗版热线：(010)81055315
广告经营许可证：京东市监广登字 20170147 号

前 言

FOREWORD

由 Corel 公司出品的 Corel Painter 软件是目前世界上最为强大的计算机美术专业绘图软件，在数字绘画领域有着很大的知名度。它能够带给使用者全新的数字绘画体验，其将传统的绘画方法与计算机设计完美地结合起来，形成独特的绘画和造型效果，为设计师提供了新的媒介与技法来表现自己的创意。升级后的 Corel Painter12 与之前的版本相比，性能上有了很大提高，改进和新增了更多的画笔控制面板，帮助使用者随心所欲地创作出更有独特风格的绘画作品。

你将学到什么

本书围绕 Painter 12 的主要功能及用户在使用 Painter12 绘画时所遇到的问题进行精心策划、编写，可以让读者充分了解 Painter12 的综合性能，并最大程度地发挥它的功效与作用。读者通过学习本书，能熟练掌握在计算机中运用传统绘画技巧的方法，让数字绘画作品看起来更有传统美术作品的生动性和绘画性，为数字艺术创作带来全新的体验。

本书的编排思路

本书共分 3 个部分。第一部分包括走进 Painter 12、绘画前必须掌握的基本知识、画笔的设置等 3 章，主要是对 Painter 12 的基本功能和一些画笔的常规设置进行讲解。第二部分包括硬质画笔“硬媒材”、仿真鬃毛、水彩、液态墨水笔、厚涂颜料、矢量绘图和图像效果等 7 章，针对使用 Painter 12 绘画时经常会用到的画笔笔刷的选择与设置、简单的矢量绘画及创意图像效果的设计进行讲解。第三部分主要是 Painter12 的实战应用，包括卡漫风格绘画案例、商业绘画案例和游戏类绘画案例 3 章，通过详细的步骤，以 3 种不同风格的绘画案例来展示画笔的应用与作品的绘制；读者通过学习这些案例，能够更清楚 Painter 中画笔的具体使用方法。

本书的主要特色

（1）理论与实践相结合。本书在内容的安排上采用理论与实践相结合的讲解方式，其中章节前面对软件基础知识进行介绍，章节后面添加一个简单的小实例来介绍画笔、工具的具体应用，让读者真正做到学以致用。

（2）典型的处理实例。书中的实例都非常具有代表性，选择了不同风格的绘画案例进行讲解；同时，在讲解案例具体制作过程前，还对该案例的设计思路、制作过程进行了分析，让读者知道该案例为什么要这样设计。

（3）精练的技巧小提示。技巧是知识的精华，本书在相应的基础内容和技术旁边穿插了一些小技巧提示，通过阅读可以获得更多有用的信息，提高数字绘画创作水平。

（4）独立的课后习题。本书在每章的最后配备了课后习题，在方便教学的同时，更可锻炼学生独立完成作品的能力。

本书的适用对象

本书的教学内容经过精心设计和编排，读者可以通过对本书的学习来提高软件使用技能和绘画艺术素养。除此之外，本书也可以作为一些开设计算机图像艺术专业的学校的辅助教材。

本书由李杰臣、高芸芸和孙建主编，其中第 1 章 ~ 第 5 章由李杰臣编写，第 6 章 ~ 第 9 章由高芸芸编写，第 10 章 ~ 第 13 章由孙建编写。由于作者水平有限，书中难免存在纰漏和不妥之处，读者可以通过加入读者服务 QQ 群 111083348 与我们联系，加以指正。让我们共同探讨，共同进步。

作 者

2016 年 2 月

目 录

CONTENTS

第1章

走进 Painter 12 «

本章学习重点

- 初步认识 Painter 12
- 了解 Painter 12 的界面构成
- 学会 Painter 12 的简单、基础操作

1.1 初识 Painter 12

学习使用 Painter 12 绘图之前，首先需要对 Painter 12 有一个初步的认识。Painter 12 是目前世界上最为完善的计算机美术绘画软件之一，其以特有的“Natural Media”仿天然绘画技术为代表，通过其极具创造力的绘图工具、逼真画笔、克隆功能和可定制等功能，在计算机中将传统的绘画方法与计算机艺术设计完美的结合起来，形成了独特的绘画和造型效果。

1.1.1 Painter 的概述及特色

Painter 是计算机绘图界中最优秀的绘图软件之一，与其他同类软件相比，其具有传统绘画的视觉仿真效果和灵活多变的手绘表现方式。用户可以将 Painter 中提供的仿真画笔与不同质地的画纸结合起来使用，创建与传统绘画相同质感的绘画作品。

Painter 是一款优秀的仿自然绘画软件，拥有全面和逼真的仿真画笔，是为渴望追求自由创意及需要数码工具来创建仿真绘画的数码艺术家、插画师而开发的。在 Painter 中，用户可以通过数码手段复制自然媒质效果，因此它在同类产品中获得了更多的推崇和认可。图 1-1 展示的是 Painter 12 封面及启动后的工作界面。

图 1-1　Painter 12 封面及启动后的工作界面

简单认识了 Painter 软件后，接下来我们就来谈谈它的特色。作为一款专业的绘画软件，Painter 不但具有任何绘画软件应用的基本功能，而且它还有着许多与众不同的特点。

◆自然画笔及不同质地的纸张

Painter 与其他软件最大的不同之处就在于它具有灵活多变的绘画表现方式和逼真的仿真绘画效果。Painter 中的画笔相比其他图像软件更为丰富，并且可以通过设置控制画笔绘制的次数、绘制的先后顺序来表现出与现实中的画笔绘画时颜色的深度、厚度、湿润程度相同的层次效果。当绘画次数增多时，颜色会变得更为厚重，使人感觉它是真实的。而在使用新的颜色遮盖以前画布上留下的颜色时，不仅会在颜色之间产生相互的影响，而且新笔触和颜色还会因为画纸以前留下的笔触、颜色而产生影响，如图 1-2 所示。

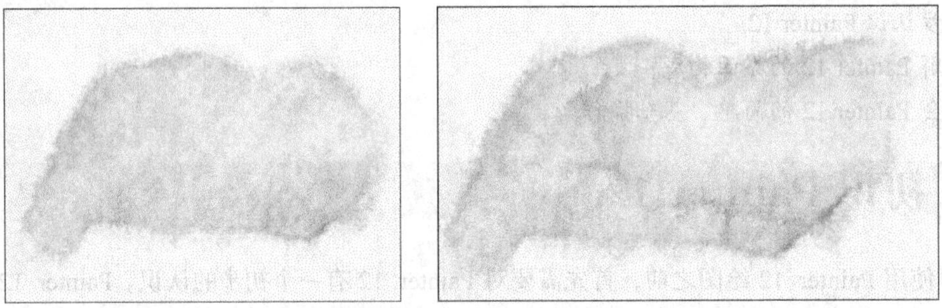

图 1-2　遮盖以前画布上的颜色

◆神奇的克隆技术

克隆是 Painter 独有的图像处理技术，其可以在原图像基础上“克隆”出具有各种绘画风格的作品。该功能不但可以改变整个画面的笔触、色调，还可以对原作品上进行任意的修改，从而得到更加出色的绘画作品。图 1-3（a）所示为源克隆图像，图 1-3（b）所示为克隆后的作品效果。

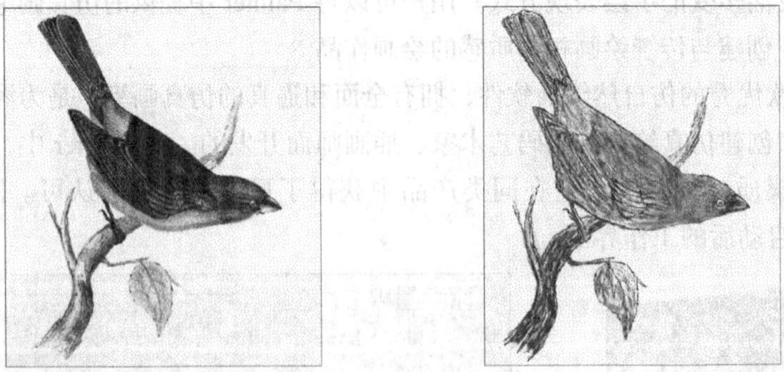

（a）　　（b）

图 1-3　克隆前后的效果

◆全面的马塞克设计

Painter 中专门提供了马赛克工具，我们可以利用它将喜欢的图像转换为更有创意的马赛克拼贴效果，同时还能利用这一功能进行自由的创作，如图 1-4 所示。

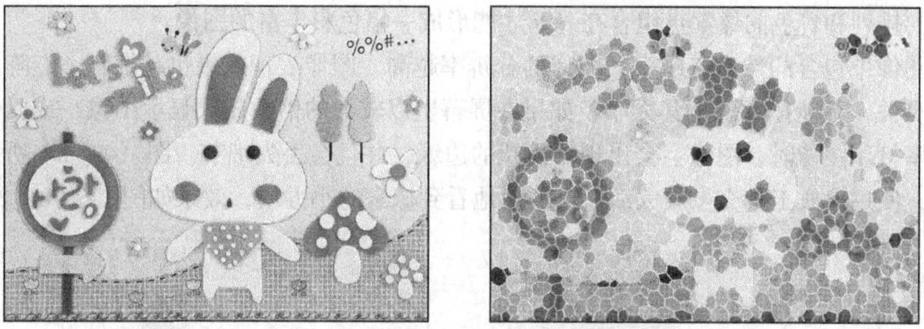

图 1-4　马赛克拼贴效果

◆动画制作

Painter 可以制作简单的动画，在绘图时可以把作品的绘制过程录制下来制成动画方便于学习。这是许多绘画软件都不具备的功能。通过动画的方式介绍图像的创作过程远比一张张的图片要生动得多，通过直观的动画表现绘画步骤，能够更方便于学习和快速掌握绘画精髓。

1.1.2　矢量图与点阵图

在计算机中图像文件分为矢量图和点阵图两种类型。矢量图和点阵图都有各自优点与不足之处，在绘图或处理图像的过程中，这两种图像可以相互交叉使用，得到更好的图像效果。

◆矢量图

矢量图像也称向量图，是由线条或通过路径绘制而成的图形，其基本构成单位是锚点和路径。矢量图中的各种图形元素称为对象，每一个对象都是独立的个体，都具有大小、颜色、形状、轮廓等特征。

矢量图与图像的分辨率无关，可以随意调整其大小，无论放大或缩小多少倍，都不会使画面失真或变得不清晰，出现锯齿等情况。图 1-5（a）所示为原始的图像效果，使用缩放工具把图像放大后，其清晰图不变，如图 1-5（b）所示。

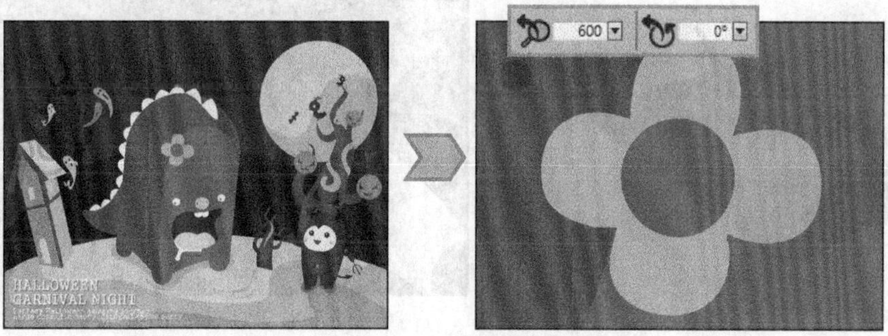

（a）　　　　（b）

图 1-5　矢量图

◆点阵图

点阵图也称为位图，是由许多独立的小方块组成。组成图像的这些小方块被称为像素点，其中每一个像素点都有特定的位置和颜色值。位图图像的显示效果与像素点的多少是紧密联系在一起的，不同排列和着色的像素点组合在一起才能形成一幅色彩丰富的图像。

点阵图像中包含的像素点越多，图像的分辨率越高，图像表现效果也越细腻。点阵图与图像的分辨率有关，不能任意调整其大小，如果在屏幕上以较大的倍数放大显示图像，或以低于创建时的分辨率打印图像时，图像会会出现锯齿状的边缘，并且会丢失细节。图 1-6（a）所示为原始图像效果，使用缩放工具交像放大后，可清晰地看到像素的小方块，效果如图 1-6（b）所示。

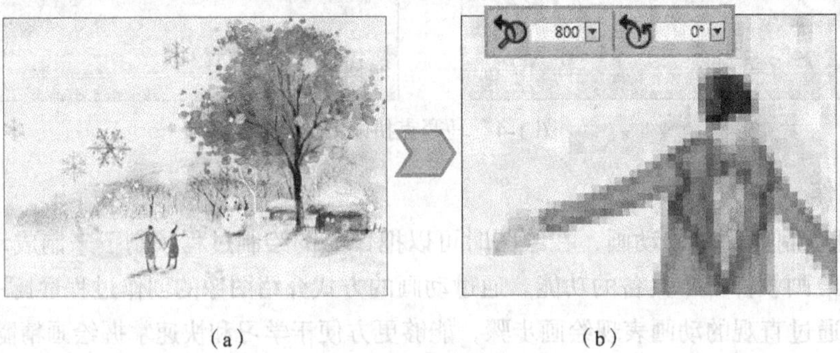

（a）　（b）

图 1-6　点阵图

1.1.3　数位板与绘画的关系

数位板是由一块板子和一支压感笔所构建的模拟器，在它的内部藏有感应芯片，可以接收我们所给予的信息，忠实地记录绘图的轨迹和下笔施加力道的轻重等。它同键盘、鼠标、手写板一样都属于计算机输入设备。

对于设计类的办公人士来说，如果没有配置数位板，那么绘画创作将很不方便。在进行绘画设计时，将数位板与计算机的显示屏幕连接起来，能够直接在屏幕上进行绘制操作，感觉非常直观，并且还能根据自己的需要随意调整屏幕的角度等。数位板作为一种硬件输入工具，将它与 Painter 等好的绘图软件相结合，可以创作出油画、水彩画、素描等各种风格的绘画作品，满足不同设计者的需求。图 1-7 所示为数位板，图 1-8 所示为数位板创建的作品。

图 1-7　数位板

图 1-8　数位板创建的作品

1.2　Painter 12 的工作界面

安装并运行 Painter 12 软件，如图 1-9 所示，我们可以看到 Painter 12 工作界面主要由菜单栏、属性栏、工具箱、媒体选择器、文档窗口以及浮动面板组合而成，本小节将详细介绍 Painter 12 工作界面的主要构成要素。

图 1-9 Painter 12 工作界面

1.2.1 菜单栏

菜单栏是软件命令的主要控制区，而 Painter 12 的菜单栏包含文件、编辑、画布、图层、画笔工具、选择、矢量图形、效果、影片、窗口和帮助 11 个菜单命令，如图 1-10 所示。在每一个菜单命令下都分别包含了不同的子菜单命令，用户可以根据需要选择相应的菜单命令对图像进行编辑。

图 1-10 Painter 12 菜单栏

- “文件”菜单：打开、保存和关闭图像等是 Painter 提供的最基本的操作命令，这些命令都被存储于“文件”菜单中。
- “编辑”菜单：“编辑”菜单中提供了与图像合成相关的基本编辑命令。
- “画布”菜单：“画布”菜单中包括了用户调整画布使用最频繁的一些命令，例如画布大小、旋转画布、调整画布的色调整并添加各种特效等。
- “图层”菜单：此菜单中提供了图像合成操作或图像的移动、复制、删除等各种图像编辑功能。在“图层”菜单中除了图层面板中提供的基本功能外，还包括一些利用图层产生图形效果的各种命令。
- “画笔工具”菜单：“画笔工具”菜单包括了用于设置画笔笔尖、笔触信息的菜单命令。
- “选择”菜单：“选择”菜单包括各种可将图像的特定区域设置为选区的命令和调整选择范围的命令。
- “矢量图形”菜单：“矢量图形”菜单提供调整设置图像形状的相关命令。
- “效果”菜单：此菜单为用户提供了填充和添加各种特殊效果的命令。
- “影片”菜单：“影片”菜单提供了各种设置帧和添加效果的命令，用于创建和编辑动画。
- “窗口”菜单：“窗口”菜单中包括可以控制画布中图像窗口排列以及与工具箱、面板等相关的各项命令。

- “帮助”菜单：“帮助”菜单下的命令主要显示与该软件相关的各种信息，为用户提供完善的中文帮助。

1.2.2 属性栏

在 Painter 12 中，属性栏显示了当前选定工具的属性选项。默认情况下，属性栏显示在应用程序窗口中并且固定在菜单栏下，图 1-11 所示为“笔刷工具”的属性栏。

图 1-11 “笔刷工具”的属性栏

在绘制图像的过程中，可以移动属性栏或者将它固定到应用程序窗口或其他面板中。在 Painter 的属性栏中，还可以访问和更改工具选项和设置。当我们从一种工具切换到另一种工具时，会保留前一工具的属性设置。如果要将属性栏栏中所选择工具的属性恢复为默认，如图 1-12 所示为设置后的“油漆桶工具”属性栏，单击“重设油漆桶工具”按钮，还原为默认属性设置后的效果如图 1-13 所示。

图 1-12 “油漆桶工具”属性栏

图 1-13 重置后的“油漆桶工具”属性栏

重点技法提示

Painter 12 中，如果要调整属性栏的位置，只需将属性栏的标题栏拖曳至新的位置即可；如果要固定属性栏，则拖曳属性栏的标题区，然后将它置于菜单栏下，属性栏即会自动贴齐设置。

1.2.3 文档窗口

文档窗口是由滚动条和应用程序控制项框起来的画布范围之外的区域，也是直接绘制图像的地方。启动 Painter 12 程序后，文档窗口会被显示在工作界面中间，用户在绘制图像的过程中，可以对文档窗口的大小进行调整。如图 1-14（a）所示，将鼠标移至文档窗口的右下角位置，当光标变为双向箭头时，单击并拖曳鼠标，可按等比例缩放文档窗口，如图 1-14（b）所示，如果将鼠标移至文档窗口的任意一边位置，当光标变为双向箭头时，单击并拖曳鼠标，可按任意缩放文档窗口，如图 1-14（c）所示。

（a）（b）（c）

图 1-14 调整文档窗口

1.2.4　工具箱

为了给用户提供诸多便利，工具箱将工具进行集合，其包含了 Painter 12 中所有的绘图工具。这些工具可用来绘图、绘制线条和矢量图形、以颜色填充矢量图形、查看和导览文档及进行选择。

默认情况的工具箱以单列的布局方式显示在工作界面的左侧，如图 1-15（a）所示。如果要更改工具箱的布局方式，则执行“编辑→预置→界面”菜单命令，打开“预置”对话框，在该对话框中的“界面”选项卡下单击“工具箱布局”下拉按钮，在展开的下拉列表中可以重新选择工具箱布局，如图 1-15（b）所示，设置后单击“确定”按钮，就可完成工具箱布局的更改，如图 1-15（c）所示为将工具箱更改为“垂直双列”布局后的效果。

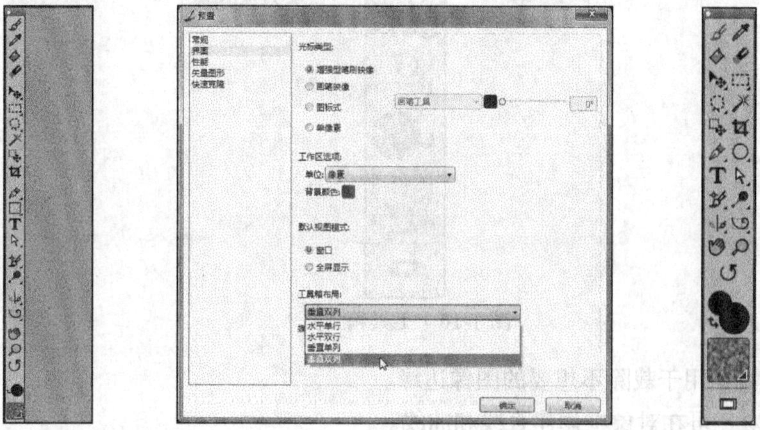

（a）　　　　　　　　（b）　　　　　　　　（c）

图 1-15　更改工具箱布局

在默认情况下，工具箱是打开的。如果在工具箱中的工具右下角有一个三角按钮，则表示此工具下包含了隐藏工具，可以使用鼠标在含有下三角按钮的位置按住不放以弹出功能相近隐藏工具。如图 1-16 所示为默认显示的工具箱工具。

- 画笔工具：用于在画布或图层上进行绘制和绘画。
- 滴管工具：用于从现有的图像上取得颜色。
- 油漆桶工具：根据属性栏中的填充选择项设置为图像填充颜色、渐变、图案、织物或克隆等。
- 擦除工具：可用于擦除不想要的图像区域。
- 图像调整器工具：用于选择、移动和操控图层。
- 变形工具：可通过使用不同的变形模式来修改图像的所选区域。
- 矩形选区工具：可创建矩形选区。
- 椭圆选区工具：可创建椭圆选区。
- 套索工具：可徒手绘制选区。
- 多边形选区工具：可通过在图像上单击不同点以固定直线线段来选择某一区域。
- 魔术棒工具：此工具通过单击或拖曳图像来选择颜色相似的区域。

● 选区调整器工具：用于选择、移动和操控使用矩形、椭圆形和套索选区工具创建的选区及从矢量图形转换而来的选区。

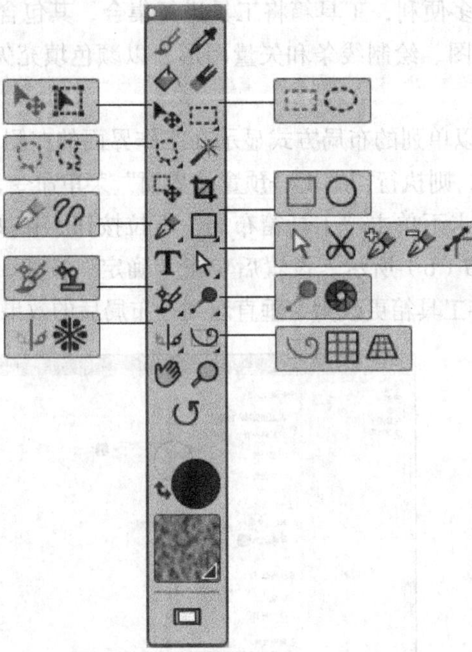

图 1-16　工具箱工具

● 裁剪工具：用于裁除不想要的图像边缘。
● 钢笔工具：可在对象中创建直线和曲线。
● 快速曲线工具：可通过徒手绘制曲线来创建矢量图形路径。
● 矩形矢量图形工具：可创建矩形。
● 椭圆矢量图形工具：可创建圆形和椭圆形。
● 文本工具：可创建文本矢量图形。
● 矢量图形选择工具：用于编辑 Bézier 曲线，使用此工具可以选择和移动节点，以及调整它们的控制点。
● 剪刀工具：用于剪下开放或闭合的线段。
● 添加节点工具：用于在矢量图形路径上创建新节点。
● 删除节点工具：用于从矢量图形路径上移除节点。
● 节点变换工具：用于在平滑和角落节点间转换。
● 克隆笔工具：可快速用最近使用过的克隆画笔变体。
● 橡皮图章工具：可让快速访问“平直克隆笔”画笔变体，并允许在图像中或在图像之间进行逐点取样。
● 减淡工具：应用此工具可减淡图像中的亮面、中间调和阴影区域。
● 加深工具：应用此工具可加深图像中的亮面、中间调和阴影区域。
● 镜像绘画：“镜像绘画”模式可用于创建完美对称的绘画效果。
● 万花筒：“万花筒”模式可将基本的画笔笔触转换为彩色和对称万花筒图像效果。

- 黄金分割工具：使用参考线根据经典的构图方式来重新计划构图。
- 布局网格工具：使布局网格分隔画布，便于重新对图像进行构图设计。
- 透视网格工具：可让选择和移动透视网格、消失点、水平线、地平线及图片平面的位置。
- 拖动工具：拖动工具可以快速滚动查看图像。
- 放大工具：使用此工具可以放大正在执行细部作业的图像区域，或是缩小区域以取得图像的整体视图。
- 旋转页面工具：通过旋转图像窗口，提供更自然地绘画效果。
- 颜色选择器：主要用于选择主要颜色和附加颜色，其中，前面的色块显示主要颜色，后面的色块显示附加颜色。
- 纸纹选择器：单击可以打开“纸纹”面板，在面板中可以选择纸纹以更改画布表面并在应用画笔笔触时获得更逼真的结果。
- 视图模式选择器：单击该工具可以在“全屏显示”模式和“窗口”模式之间切换。

1.2.5 “媒体选择器”栏

“媒体选择器”栏用于快速访问 Painter 媒体的材质库。在默认情况下，“媒体选择器”栏是打开的，并显示在工具箱下方，在“媒体选择器”栏中从上到下依次为图案选择器、渐变选择器、喷嘴选择器、织物选择器、外观选择器。

在需要使用“媒体选择器”栏中的材质库填充图像时，单击材质库右下角的倒三角形按钮，展开材质库，当单击不同材质选择器右下角的倒三角按钮时，所展开的材质也会有所不一样，如图 1-17 所示。

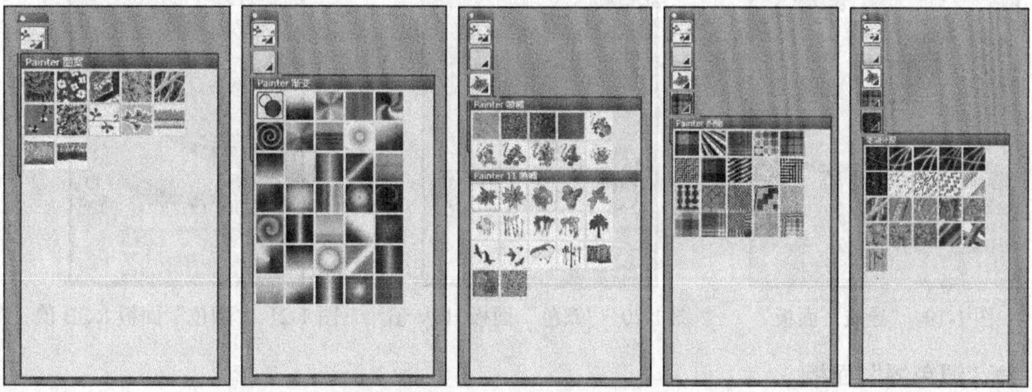

图 1-17　材质库

“媒体选择器”栏与工具箱一样，用户也可以根据个人的喜好调整其布局方式。调整“媒体选择器”栏布局方式时，执行“编辑→预置→界面”菜单命令，打开“预置”对话框，在对话框中的“界面”选项卡下方即可看到如图 1-18（a）所示的“媒体布局”选项，单击下方的下拉按钮，在展开的列表中即可重新选择并设置媒体布局，如图 1-18（b）所示，设置后的效果如图 1-18（c）所示。

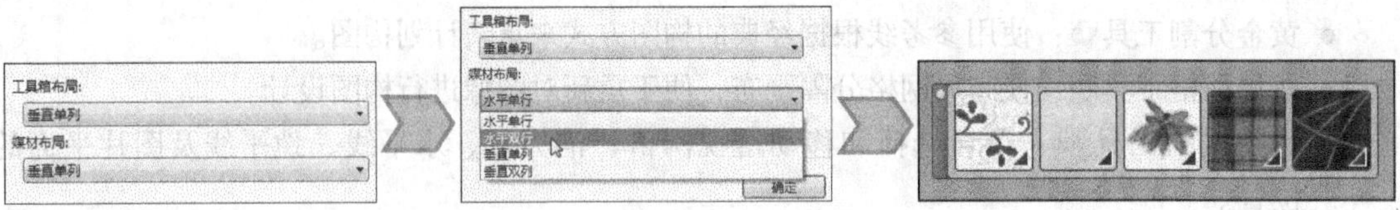

（a）　　（b）　　（c）

图 1-18　调整“媒体选择器”布局

1.2.6　各种浮动面板

在文档窗口中打开要转换为水彩的图像，在“图层”面板中，单击面板右上角的“图层选项”按钮，在打开的菜单中选择“分离画布为水彩图层”命令之后，原本画布中的图层内容将从画布中分离出来，此时的画布将变为空白画布。

◆“导航”面板

“导航”面板是一个用于管理文档多个方面的便利工具。使用“导航”面板可以在文档窗口中更好地进行导航和修改文档窗口的显示。此外，还可以利用“导航”面板查看文档信息、X 和 Y 坐标以及光标位置等信息，如图 1-19 所示。

◆“颜色”面板

使用“颜色”面板可以快速地选择颜色和查看有关所选颜色的信息。默认情况下，“颜色”面板中会显示所选颜色的颜色滚轮和颜色信息，在绘制图像时还可以利用此面板设置所选颜色的 HSV 和标准 RGB 值，分别如图 1-20 和图 1-21 所示。

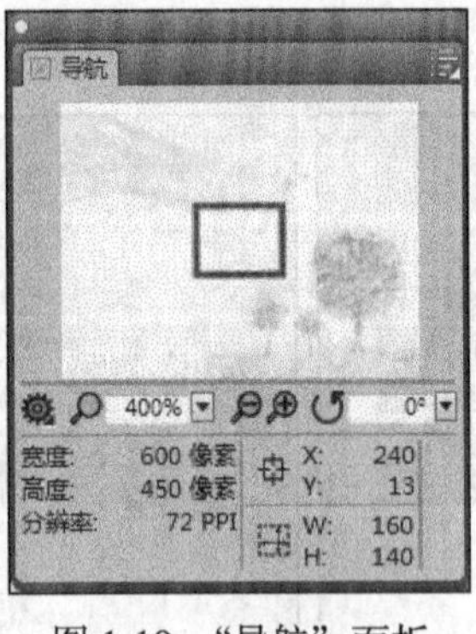

图 1-19　“导航”面板

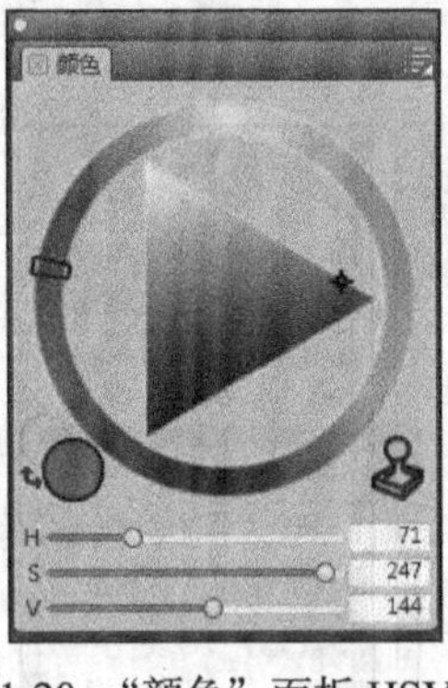

图 1-20　“颜色”面板 HSV 值

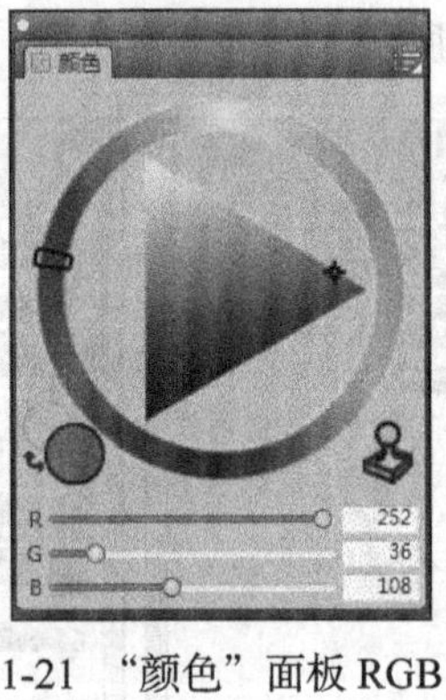

图 1-21　“颜色”面板 RGB 值

◆“混色器”面板

使用“混色器”面板，可以模仿在传统艺术家面板上混色。在“混色器”面板中，可以使用两种或多种颜色进行混合从而调和这些颜色以创建新的颜色，并且可以将混合的颜色存储到颜色集，图 1-22（a）所示为默认打开的“混合器”面板。在“混合器”面板中混合颜色后，如果要将颜色还原至默认颜色，则单击面板右上角的扩展按钮，在弹出的菜单中单击“恢复默认混色器”菜单命令，如图 1-22（b）所示，此时即可还原混合器中的颜色。

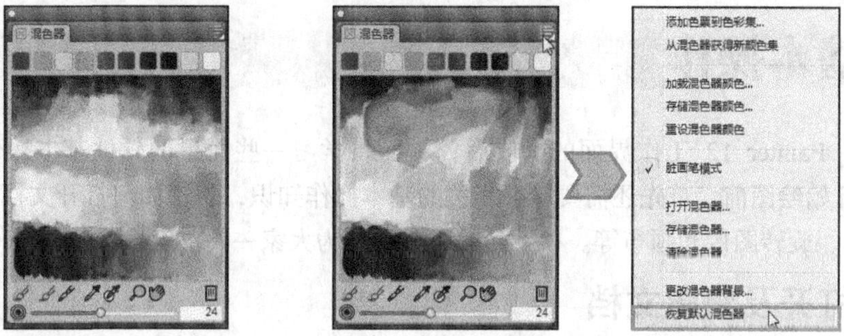

（a）　　（b）

图 1-22 “混色器”面板

◆ **“颜色集库”面板**

Painter 中的“颜色集”面板可帮助用户更有效地管理和组织颜色。在 Painter 12 提供多个颜色集，其中主要包括 Corel Painter 颜色集和 PANTONE MATCHING SYSTEM 颜色集。使用 Painter 12 绘图时，可以打开任何可用的颜色集，并从颜色集中选择颜色，然后将其应用到画笔笔触，图 1-23 所示为打开的“颜色集库”面板。

◆ **“图层”面板**

“图层”面板主要用于预览和管理 Painter 文档中的所有图层及图层中的图像。在“图层”面板中不但可以创建新图层、添加图层蒙版、删除图层，还可以更改图层深度、不透明度、锁定图层等，如图 1-24 所示即为“图层”面板。

◆ **“通道”面板**

“通道”面板可让预览 Corel Painter 文档中所有通道，例如 RGB 构图通道、图层蒙板及 Alpha 通道的缩略图等。此外，还可以从“图层”面板中创建新通道、加载、保存及反转现有通道等，图 1-25 所示为打开的“通道”面板。

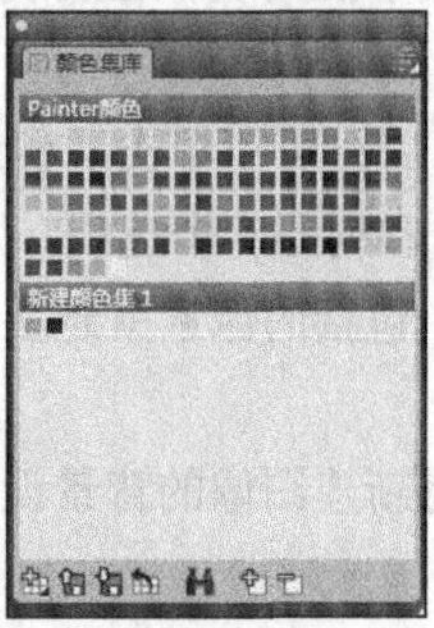

图 1-23 “颜色集库”面板

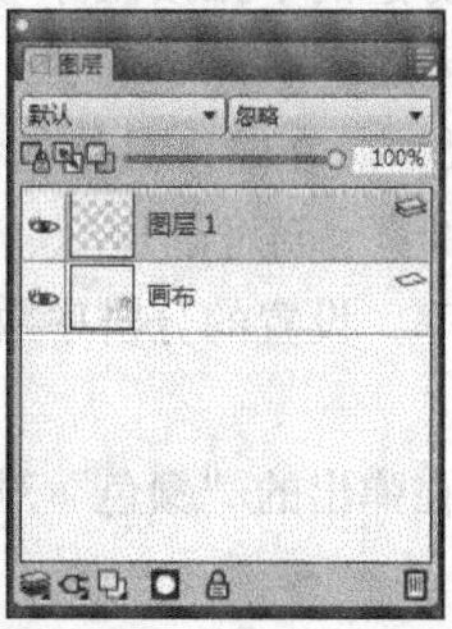

图 1-24 “图层”面板

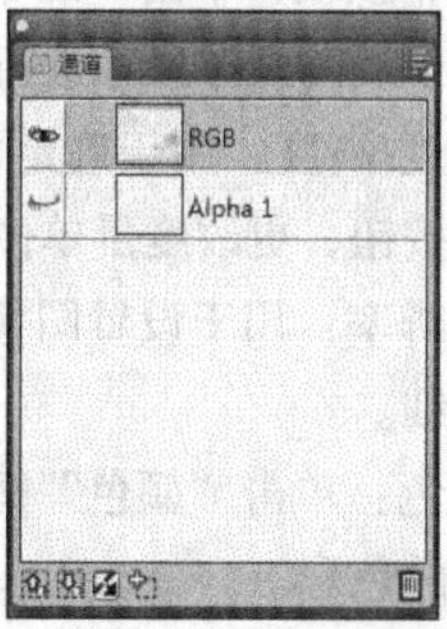

图 1-25 “通道”面板

重点技法提示

Painter 12 中，如果要显示更多的浮动面板，可以单击菜单栏中的“窗口”命令，在弹出的子菜单中选择要显示的面板菜单命令，如果在面板名称前显示一个已选中图标✓，则说明该面板已被显示在工作界面，执行该菜单命令会隐藏对应的浮动面板。

1.3 基本操作

掌握了 Painter 12 工作界面的构成后，下面将学习一些简单的软件基本操作。例如，使用 Painter 12 开始绘图前，首先还需要掌握相关的基本操作知识，包括如何打开文档、新建文档、缩放浏览图像、旋转图像和画布等。在下面的小节中会为大家一一讲解这些基本软件操作方法。

1.3.1 打开及新建文档

在 Painter 12 中新建文件是进行图像编辑的基础，通过菜单命令可以在 Painter 工作界面中新建一个空白的文档，文件的大小、颜色模式等属性都可以由用户进行自定义设置。如图 1-26（a）所示，执行“文件→新建”菜单命令，可打开如图 1-26（b）所示的“新建图像”对话框，在对话框中设置选项后，单击“确定”按钮，即可创建一个新的文档。

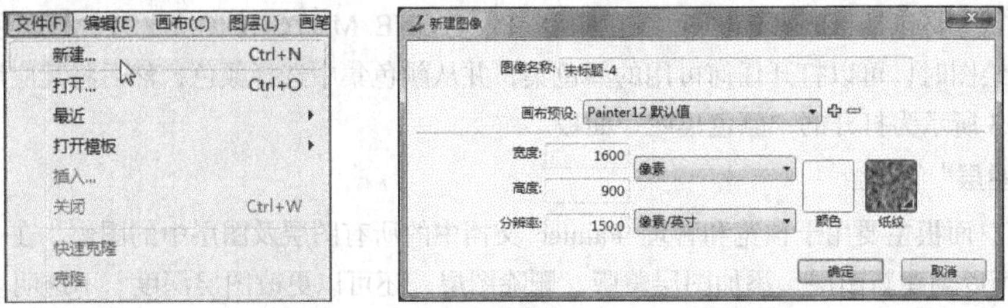

（a）　　　　　　　　（b）

图 1-26　新建图像

- 图像名称：用于设置新建图像的名称，在该文本框中输入名称，确认设置后，所输入的名称会显示在图像窗口的选项卡上。
- 画布预设：单击“画布预设”旁边的下拉按钮即可展开预设下拉列表，在列表中可选择系统预设的画布尺寸进行图像的创建。
- 宽度/高度：用于确定画布的尺寸。在输入具体的参数值以后，可以单击右侧“像素”下拉按钮，更改度量单位，包括像素、英寸、厘米、点、派卡和列等 6 个选项。
- 分辨率：用于设置图像的分辨率，设置的分辨率数值越大，包括的像素就越多，图像就越精细。
- 颜色：单击“颜色”框，可以在弹出的“颜色”对话框中将新建图像的背景设置为白色以外的色彩。
- 纸纹：单击“纸纹”框，可以在弹出的面板中选择新建图像的纸张材质。

在 Painter 中可以打开其他图形应用程序编辑的图像，并为其添加笔刷笔触、染色或纸张材质，也可以打开 Painter 原生格式的 RIFF 格式的文件。需要打开文件时，执行“文件→打开”菜单命令，或按快捷键【Ctrl】+【O】，即可打开如图 1-27（a）所示的“打开”对话框，在对话框中单击选择要打开的文件，选定要打开的文件后单击“打开”按钮，即可打开文件，如图 1-27（b）所示。

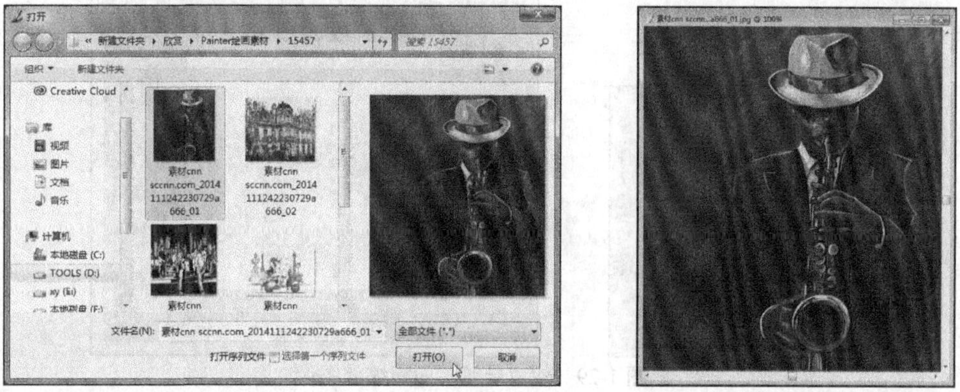

（a）　　　　（b）

图 1-27　打开图像

重点技法提示

在设置“仿真水彩”面板中的参数时，一定要注意当前选择的“纸纹”内容，因为部分纸纹由于其自身的吸水、融水特点，调整面板中的参数也许不会出现明显的差别。

1.3.2　浏览图像和查看图像信息

Painter 中可以使用“导航”面板在文档窗口中更好地浏览和查看图像信息。当我们以高缩放比例工具或处理尺寸较大的图像时，在“导航”面板中的小型画布可以预览到完整的图像效果，而不必在编辑的过程中反复缩放图像。这样就提高了绘图效率。

在 Painter 中的工作界面中若未显“导航”面板，可以通过执行“窗口→导航”菜单命令，打开“导航”面板。如果在更改图像缩放比例的前提下，移动到图像的其他区域，则可以在“导航”面板中，单击并拖曳红色的矩形框即可预览其他区域，也可以单击工具箱中的“拖动工具”按钮，将鼠标移至图像窗口中的图像上，单击并拖曳查看其他区域的图像，如图 1-28 所示。

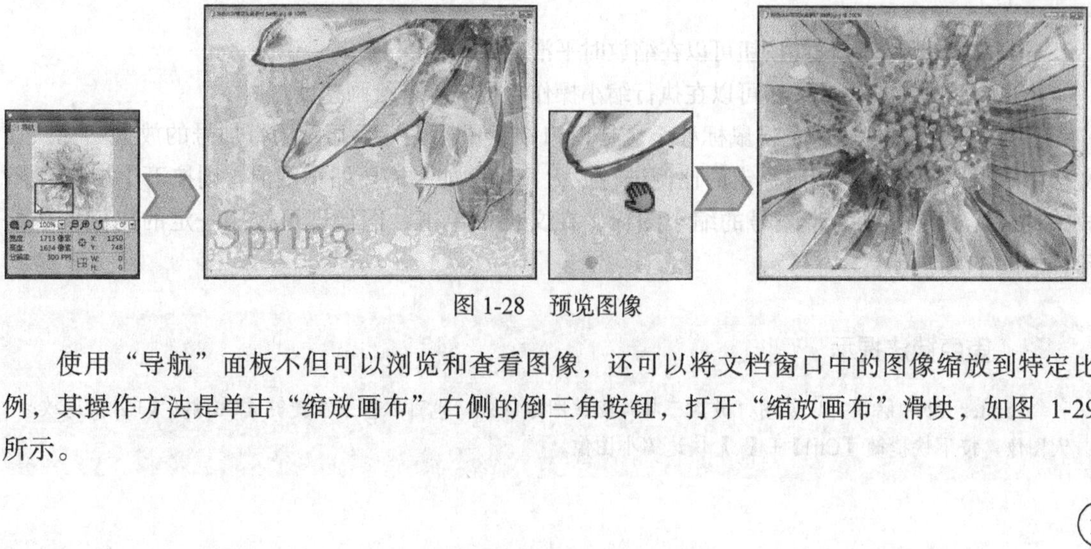

图 1-28　预览图像

使用“导航”面板不但可以浏览和查看图像，还可以将文档窗口中的图像缩放到特定比例，其操作方法是单击“缩放画布”右侧的倒三角按钮，打开“缩放画布”滑块，如图 1-29 所示。

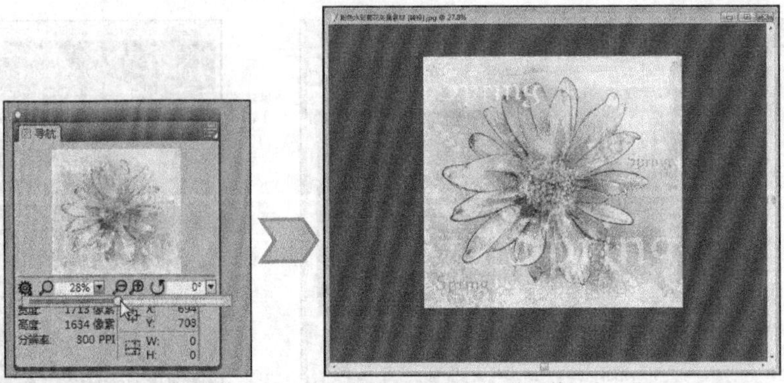

图 1-29　使“导航”面板缩放图像

1.3.3　缩放图像

在 Painter 中打开图像以后，默认情况下，图像将以 100%的比例显示打开文档。此时，我们可以利用“放大工具”进行放大或缩小、重置放大倍率或进行缩放以适合屏幕大小，便于更准确地查看图像的整体或局部效果。单击工具箱中的“放大工具”按钮后，在如图 1-30 所示的选项栏中可以查看该工具的设置选项。

图 1-30　“放大工具”的选项栏

- 重置工具：单击“重置工具”按钮，可以将图像恢复到默认的显示比例。
- 缩放比例：单击下拉按钮，打开“缩放比例”滑块，拖曳滑块可以按比例缩放图像。
- 旋转角度：单击下拉按钮，打开“旋转角度”滑块，拖曳该滑块可以按特定的角度旋转图像。
- 居中图像：在放大或缩小图像时，单击“居中图像”按钮，将以居中方式在图像窗口中显示图像效果。
- 适合屏幕：当放大或缩小图像后，单击“适合屏幕”按钮，可将图像缩放至适合屏幕大小。
- 高品质显示：单击此按钮可以在缩放时平滑对象。
- 区域均化：单击此按钮可以在执行缩小操作时提高屏幕绘画速度。

选择“放大工具”后，将鼠标移至文档窗口中，鼠标光标会显示为带加号的放大图标，在文档中单击，图像即可按照一定的比例进行放大显示；如果需要缩小图像，则按下【Alt】键不放，此时光标会显示为带减号的缩小图标，在文档中单击，图像即可按照一定的比例缩小显示，如图 1-31 所示。

重点技法提示

Painter 12 中除了可以使用“放大工具”缩放图像以外，也可以按下快捷键【Ctrl】+【+】快速放大图像，按下快捷键【Ctrl】+【-】快速缩小图像。

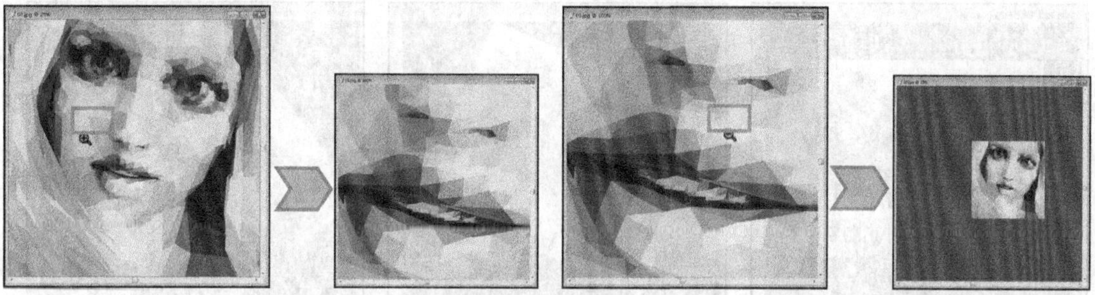

图 1-31　缩放图像

Painter 中，如果要将图像缩放至适合屏幕大小，可以执行“窗口→适合比例”菜单命令将图像缩放至适合屏幕大小，如图 1-32 所示。也可以单击属性栏中的“适合屏幕”按钮，还可以双击工具箱中的“拖动工具”按钮，将图像缩放至适合屏幕大小，如图 1-33 所示。

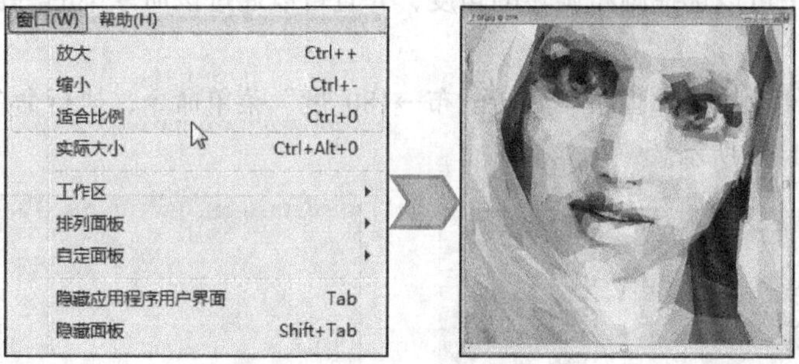

图 1-32　通过菜单缩放

图 1-33　双击“拖动工具”按钮缩放

1.3.4　旋转图像和画布

使用绘图工具绘制图像时，可以旋转屏幕上的图像或者旋转整个画布，以便能更自然地绘图。旋转图像与旋转画布又有所不同，旋转屏幕上只能为绘图提供方便，而旋转画面则有可能会更改图像的外观。例如，如果打印屏幕上旋转的图像，则旋转不会反映在打印的图像中，但是，如果我们旋转图像的画布，则旋转会反映在打印的图像中。

◆旋转图像

利用工具箱中的“旋转页面工具”可以快速地旋转图像。单击工具箱中的“旋转页面工具”按钮，将鼠标移至文档窗口中，此时光标变为手形，单击并拖曳鼠标即可旋转图像窗口中的图像。旋转图像以后，可以通过属性栏查看图像具体的旋转角度，如图 1-34 所示。

重点技法提示

使用“旋转页面工具”旋转图像以后，如果要将图像还原至旋转前的效果，可以再次选中“旋转页面工具”，在图像窗口单击一下，也可以直接双击“旋转页面工具”按钮，还可以单击属性栏中的“重置工具”按钮。

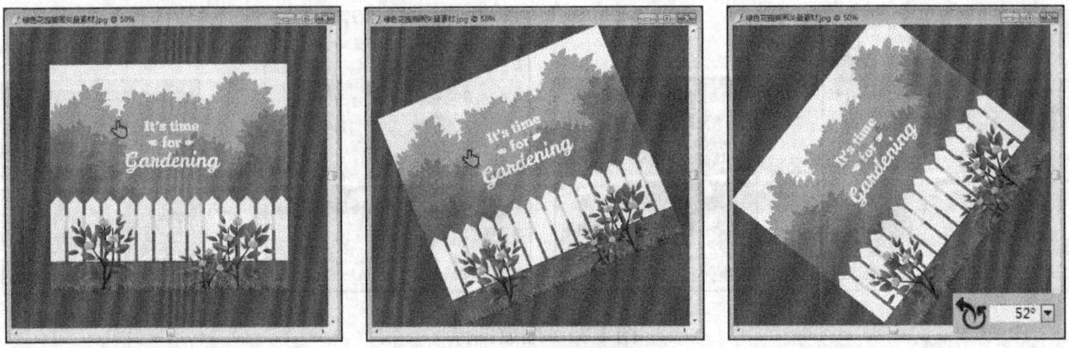

图 1-34　旋转图像

◆**旋转画布**

Painter 中要旋转画布可以使用“画布”菜单中的“旋转画布”命令来实现。执行“画布→旋转画布”菜单命令，在打开的子菜单中可以选择画布旋转的角度，并且可以通过该命令中的“自定义”命令精确地控制图像的角度。

打开一张需要进行旋转的图像文件，执行“画布→旋转画布→180 度”菜单命令，执行命令后可以看到图像旋转后的效果，如图 1-35 所示。

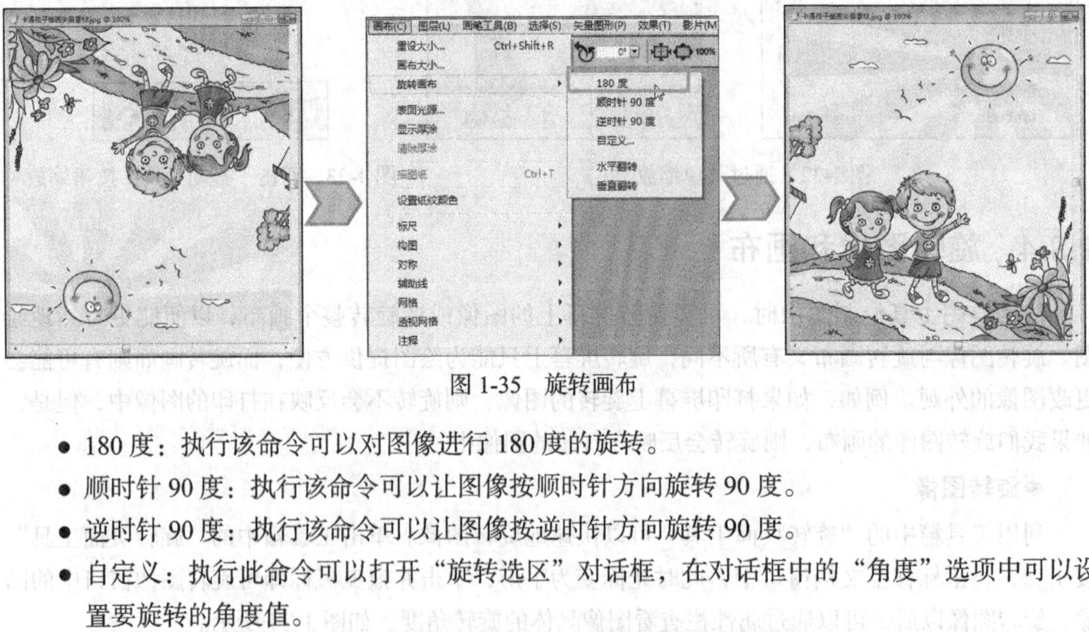

图 1-35　旋转画布

- 180 度：执行该命令可以对图像进行 180 度的旋转。
- 顺时针 90 度：执行该命令可以让图像按顺时针方向旋转 90 度。
- 逆时针 90 度：执行该命令可以让图像按逆时针方向旋转 90 度。
- 自定义：执行此命令可以打开“旋转选区”对话框，在对话框中的“角度”选项中可以设置要旋转的角度值。
- 水平翻转/垂直翻转：可以将图像以水平或垂直方向进行翻转。

1.3.5　翻转图像

Painter 中不但可以旋转图像和画布效果，还可以对打开的图像按水平或垂直方向翻转。如图 1-36 所示，打开一张素材图像，执行“画布→旋转画布→水平翻转”菜单命令，可将图像按水平方向翻转；若要将图像按垂直方向翻转，执行“画布→旋转画布→垂直翻转”菜单命令。

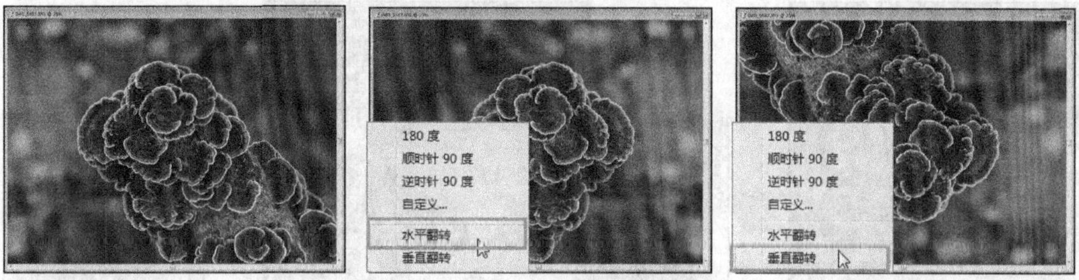

图 1-36 翻转图像

如果要翻转画布，则单击“图层”面板中的“画布”，再执行“画布→旋转画布→水平翻转”命令，翻转画布；如果要翻转图像中的某一个图层，则单击“图层”面板中要进行翻转的图像，再执行翻转命令；如果要翻转某个区域中的图像，则使用选区工具在图像窗口中拖曳创建选区，再执行翻转命令。

1.3.6 裁剪图像

利用工具箱中的“裁剪工具”可以快速删除不需要的图像边缘。使用“裁剪工具”裁剪图像时，我们还可以调整裁剪图像的纵横比，选择固定的长宽比完成图像的裁剪操作。

打开需要裁剪的图像后，单击工具箱中的“裁剪工具”按钮，在图像中单击并拖曳鼠标以定义要保留的区域，确定裁剪区域后在选区内单击或者右击选区，在弹出的快捷菜单中执行“裁剪工具”命令，裁剪照片，如图 1-37 所示。

图 1-37 裁剪图像

裁剪图像时，如果要将裁剪矩形限制为特定的纵横比，只需要在属性栏中的“裁剪比例宽度”和“裁剪比例高度”框中键入数值，如图 1-38 所示；如果要将图像裁剪为正方形效果，则按住【Shift】键不放，单击并拖曳鼠标，即可创建方形的裁剪框，如图 1-39 所示。

重点技法提示

使用“裁剪工具”绘制裁剪框以后，如果要调整裁剪框的大小，需要将鼠标称至裁剪框边缘的虚线位置，当光标变为双向箭头时，单击并拖曳鼠标，调整其大小；如果需要删除已创建的裁剪虚线框，则右击虚线框内的图像，在弹出的快捷菜单中执行“取消”命令即可。

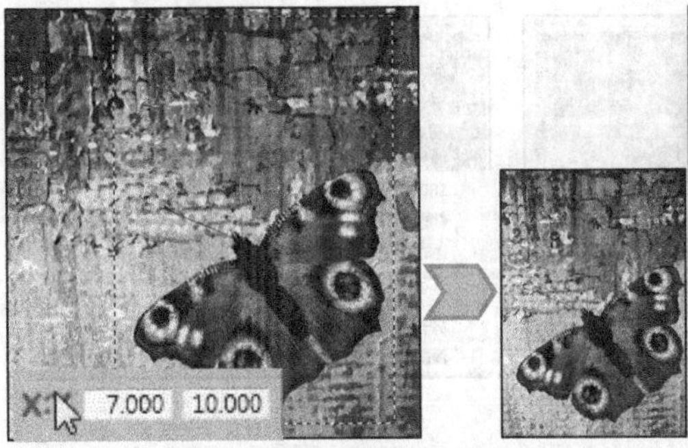

图 1-38 特定纵横比的裁剪

图 1-39 正方形效果的裁剪

1.3.7 调整图像和画布的大小

在使用 Painter 12 处理图像的过程中，可以对图像或是画布的大小进行调整。通过一起调整画布和图像的大小或者调整画布区域的大小，可以更改图像的物理尺寸。

◆同时调整图像和画布大小

当我们同时调整画布和图像的大小时，图像的尺寸和分辨率会发生变化，但图像外观却不会发生变化。例如，如果将 300ppi 的图像大小调整为 150ppi，同时调整图像和画布大小时，图像大小会变小，而外观却不会发生改变。

如图 1-40 所示，打开一张素材图像，执行“画布→重设大小”菜单命令，打开“调整大小”对话框，在对话框中勾选“限制文档大小”复选框，保持图像的宽高比不变避免图像变形，然后在“新的大小”区域重新输入图像的“宽度”和“高度”值，输入后单击“确定”按钮，重设图像大小。

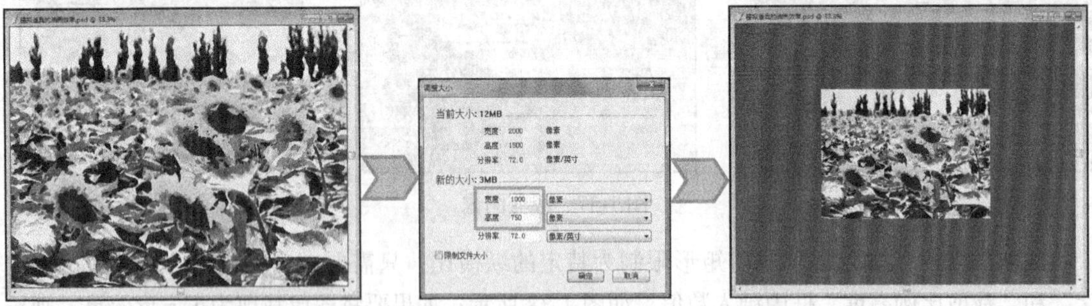

图 1-40 同时调整图像和画布大小

◆调整画布大小

若只需要对画布区域的大小进行调整时，图像的尺寸和外观都会发生变化，即放大画布，则图像的周围会出现一个边框；如果缩小画布，则会对图像进行裁剪。

如图 1-41 所示，打开一张需要调整画布大小的图像，执行“画布→画布大小”菜单命令，打开“画布大小”对话框，在对话框中指定要添加到画布任何一侧的像素数，再单击“确定”按钮，调整画布大小，这时可看到在图像边缘添加上边框效果。

图 1-41　调整画布大小

1.3.8　保存和备份文档

在编辑图像的过程中，保存和备份文件可以避免图像的丢失。保留文件时，可以将文件以当前格式或其他格式保存，也可以通过保存文件的多个版本即重复版本来跟踪对文件所做地更改，并且在保存重复版本时，会自动在文件名后面添加数字来将文件区分开来。

在初次对文件进行保存时，执行“文件→存储”，此时会将图像以当前格式保存文件。如图 1-42 所示，打开一张 JPEG 格式的素材图像，执行“文件→存储”菜单命令，将会弹出提示对话框，说明此图像中包括了编辑后的多个图层，如果要保留这些图层，则需要将图像存储为 RIFF 格式；若不需要保留图层，则单击“确定”按钮，弹出存储选项对话框，在对话框中设置选项，单击“确定”按钮，即可完成图像的存储操作。

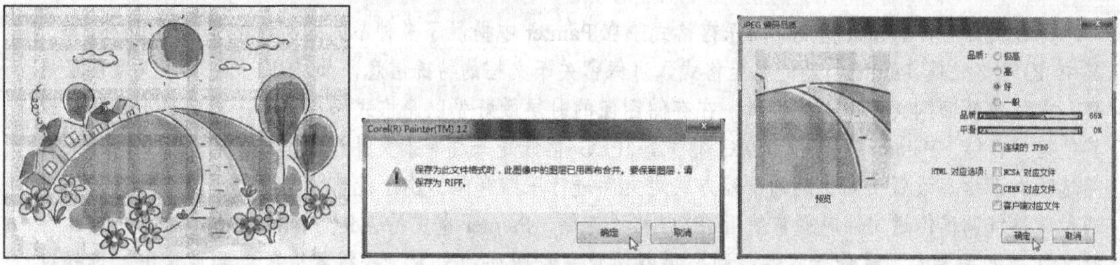

图 1-42　保存图像

如果要保留文件中的图层或者是要将图像存储为其他位置或格式时，则执行“文件→存储为”菜单命令，打开“存储为”对话框，在对话框中指定文件存储位置、文件名和文件格式，如图 1-43 所示，设置存储选项后，单击“保存”按钮即可完成图像的存储操作。

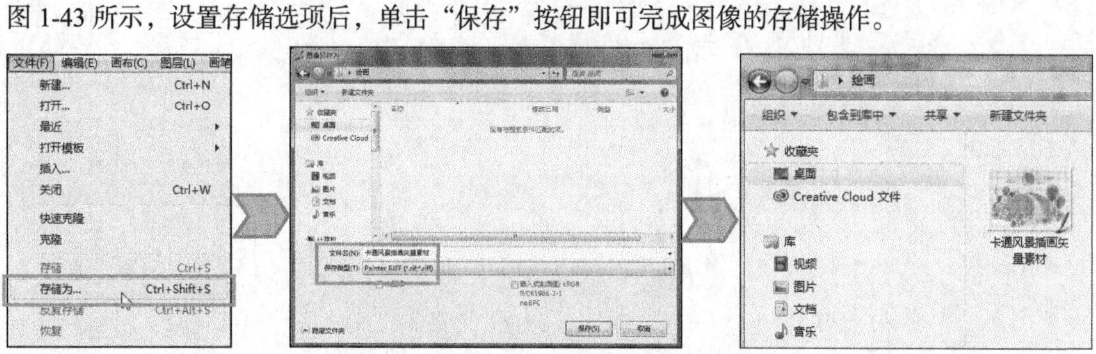

图 1-43　文档存储到其他位置

Painter 不但可以保存文件，还可以在每次保存文档时选择创建备份文件，其操作方法为执行“编辑→预置→常规”菜单命令，打开“预置”对话框，在对话框中的“常规”选项卡上方可看到一个“保存时创建备份”复选框，勾选该复选框即可在保存文件时自动创建备份文件，如图 1-44 所示。

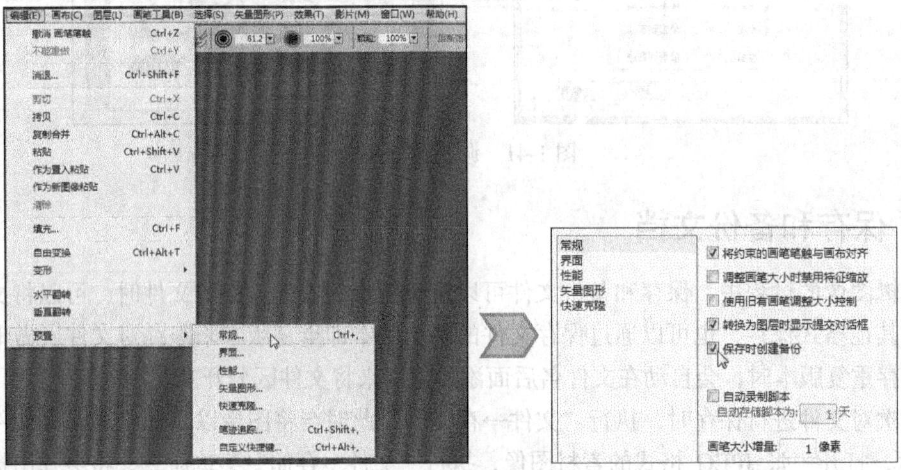

图 1-44　创建备份文件

重点技法提示

保存文件时，需要设置文件的保存格式。在 Painter 中提供了多种不同的文件格式以供用户选择，其中 RIF 格式是 Painter 12 的原生格式，可保留关于文档的特殊信息，如 RIF 文件可以保留图层信息，方便重新回到文件中进行编辑。在存储图像的时候最好先以此格式保存文件，然后再选择是否以其他格式存储。Painter 也支持 JPEG 格式，JPEG 格式是一种有损文件存储格式，可以通过对应的存储选项对话框，设置不同比例的压缩方式对文件进行压缩存储。由于此格式文件较小且质量高，所以通过调整解调器传送文件时通常使用 JPEG 格式存储。Painter 也支持 Adobe Photoshop（PSD）格式存储文件，如果要实现最佳兼容性，则需要网格化矢量图形和文本，并将蒙板放置到通道中。选择以 PSD 格式保存文件时，可以像使用 TIF 格式进行保存那样嵌入 RGB 颜色剖面图。除此之外，Painter 还支持 PNG、GIF、BMP 等多种存储格式。具体选择哪种格式，用户可根据个人需要来决定。

第2章

绘画前必须掌握的基础知识 «

本章学习重点

- 掌握绘画辅助工具
- 如何在 Painter 中设置和运用颜色
- 了解不同的艺术材质
- 通道和图层的编辑
- 图像克隆与取样

2.1 绘画辅助工具

在绘制与编辑图像的过程中，常常会使用一些辅助工具来对图像进行浏览、度量尺寸等，让图像的绘制更加轻松。Painter 12 中提供了许多帮助绘制和处理图像的辅助工具，包括网格、透视网格、镜像绘画工具、万花筒绘画工具及标尺等。这些工具可以帮助我们构成、调整和放置图像和图像元素。

2.1.1 网格与透视网格

Painter 12 中可以利用基本网格对齐和捕获图像元素。在 Painter 中打开图像后，如果要显示网格，则执行“画布→网格→显示网格”命令，即可显示网格效果；如果在编辑的图像上已经显示了网格，则执行“画布→网格→隐藏网格”菜单命令，则会隐藏网格效果，如图 2-1 所示。

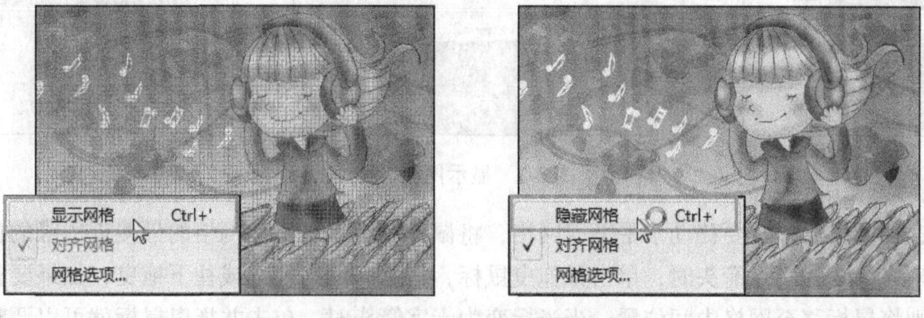

图 2-1　显示网格和隐藏网格

对于图像中显示的网格，可以使用“网格选项”对话框来更改网格的类型、大小、线条粗细和颜色等。执行“画布→网格→网格选项”菜单命令，打开“网格选项”对话框，如图 2-2 所示，在对话框中“尺寸”选项组可对网格的水平间距、垂直间距进行更改，“颜色”选项组可对网格颜色、背景颜色进行更改，重新设置网格选项后，单击“确定”按钮，即可根据设置的选项调整网格效果。

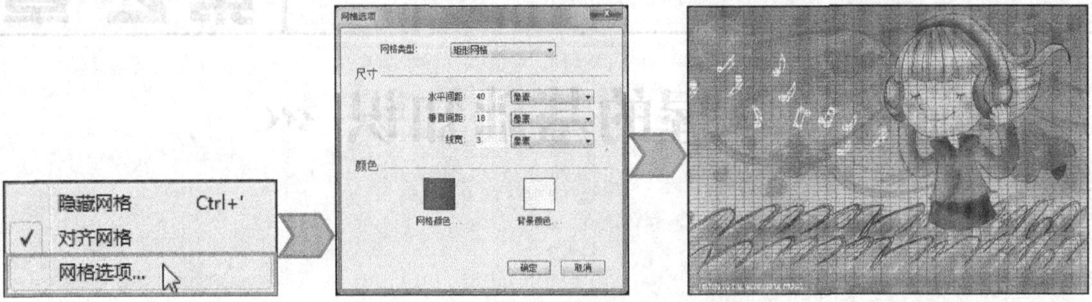

图 2-2 调整网格效果

重点技法提示

为了使接近网格的工具更准确地吸附在网格上，可以执行“画布→网格→对齐网格”菜单命令，对齐图像中显示的网格与图像。

Painter 提供了透视网格辅助工具，帮助绘制具有三维透视关系的绘画作品。透视网格通过显示交集在单一消失点上的非打印的直线数组来创建三维图像，使用此工具绘制图像时，可以有效避免绘制出的图像出现错误的透视效果。执行“画布→透视网格→显示网格”菜单命令，即可显示透视网格效果，如图 2-3 所示。显示网格后，执行“画布→透视网格→隐藏网格”菜单命令，则会将显示的透视网格隐藏起来。

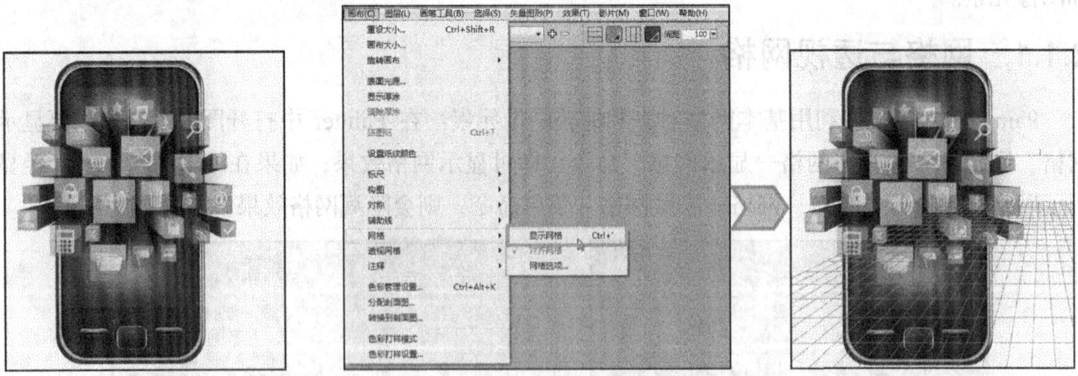

图 2-3 显示网格

显示透视网格后，若要移动水平平面网格，将鼠标移至水平平面网格的最接近边缘的位置按住鼠标，当光标变为两点箭头时，单击并拖曳鼠标，将水平网格往上或往下拖曳；如果要移动整个网格，则将鼠标移至网格中间位置，当光标变为十字箭头时，单击并拖曳鼠标就可以调整网格的位置，如图 2-4 所示。如果要移动垂直平面网格，则在垂直平面网格的最近接边缘的位置按住鼠标，当光标变为两点箭头时，单击并拖曳鼠标即可。

图 2-4　调整网格位置

2.1.2 “镜像绘画”模式

Painter 中可以通过使用“镜像绘画”模式来创建对称的画面效果。在启用“镜像绘画”模式时，图像窗口中会显示一个平面，显示在中间的绿色线条代表镜像平面，绘制时可以在平面中绘制图像的一半，而 Painter 则会通过复制画笔笔触来自动复制该对象另一侧的镜像图像。单击工具箱中的“镜头绘画工具”按钮，会显示“镜像绘画工具”属性栏，如图 2-5 所示。

图 2-5　“镜像绘画工具”属性栏

- 重置镜像绘画：单击“重设镜像绘画”按钮，会将镜头平面重置到默认位置。
- 切换镜像绘画：单击“切换镜像绘画”按钮将禁用“镜像绘画”模式。
- 垂直平面：单击“垂直平面”按钮，可将镜像平面垂直放置在绘图窗口中。
- 水平平面：单击“水平平面”按钮，可将镜像平面水平放置在绘图窗口中。
- 旋转角度：用于指定平面旋转角度，可在右侧的数值框中输入具体的参数，也可以单击右侧的倒三角按钮，打开“旋转角度”滑块，拖曳该滑块调整旋转角度。
- 对称平面颜色：单击“颜色”框右下角的倒三角按钮，将打开色票，单击颜色块可更改平面的颜色。
- 切换平面：在绘制时，单击“切换平面”按钮，可隐藏镜像平面。

打开图像后，单击“镜像绘画工具”按钮，显示镜像平面，单击“画笔选择器”栏中的“画笔选择器”，在显示的“画笔库”面板中单击选择画笔类别，在镜头平面的任意一侧应用画笔笔触绘制图像，如图 2-6 所示，绘制后 Painter 自动在另一侧创建相同的绘画效果。

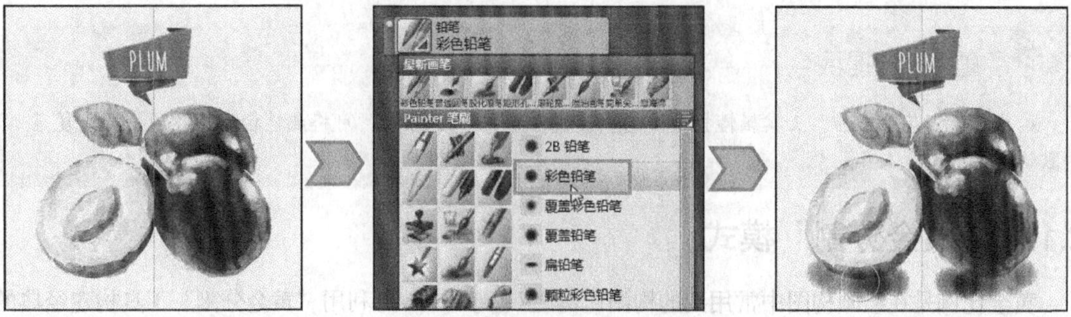

图 2-6　“镜像绘画”实例

2.1.3 “万花筒绘画”模式

Painter 可将基本的画笔笔触转换为彩色和对称万花筒图像。在一条万花筒线段中绘制画笔笔触时，其他线段中会显示画笔笔触的多个反射，同时还可以将 3～12 个镜像平面应用到万花筒，并且可以旋转或重新放置镜像平面以显现不同的颜色和图案。单击工具箱中的“镜像绘画”工具右下角的倒三角按钮，在弹出的隐藏工具中选择“万花筒”工具，即可显示如图 2-7 所示的工具属性栏，在绘制图像时，需要在属性栏中设置工具选项。

图 2-7 “万花筒”属性栏

- 切换万花筒绘画：单击“切换万花筒绘画”按钮将禁用“万花筒绘画”模式。
- 区段数目：用于设置要显示的平面数，可直接在右侧输入数值，也可以单击右侧的倒三角按钮，打开“区段数目”滑块，单击并拖曳滑块，调整平面数。
- 旋转角度：用于指定平面旋转角度，可在右侧的数值框中输入具体的参数，也可以单击右侧的倒三角按钮，打开“旋转角度”滑块，拖曳该滑块调整旋转角度。
- 对称平面颜色：单击“颜色”框右下角的倒三角按钮，将打开色板，单击颜色块可更改平面的颜色。
- 切换平面：在绘制时，单击“切换平面”按钮，可隐藏万花筒平面。

如图 2-8 所示，新建一个文件，选择工具箱中的“万花筒绘画”工具，在属性栏中的“区段数目”框中输入要显示的平面数为 6，设置后单击“画笔选择器”栏中的“画笔选择器”，在“画笔库”面板中单击选择画笔，在其中一个万花筒线段中应用画笔绘制图像。

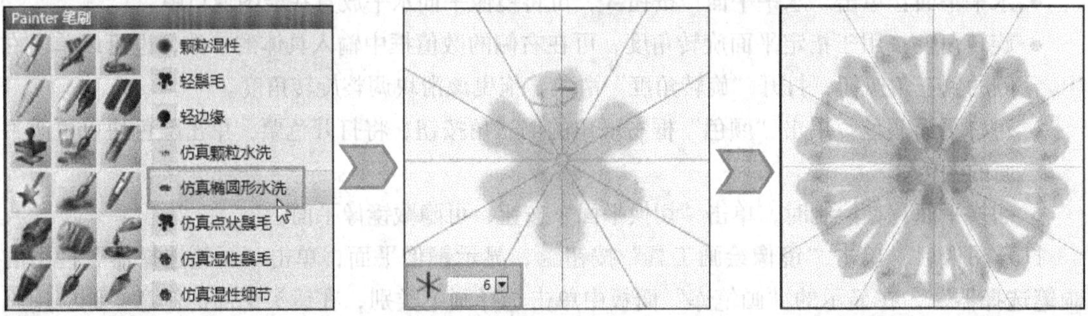

图 2-8 “万花筒绘画”绘制图像

重点技法提示

单击“万花筒绘画”工具属性栏中的“重设镜像绘画”按钮，可将属性栏中的各项设置恢复至默认状态。

2.1.4 “黄金分割”模式

黄金比例是在绘画构图中常用到的构图比例之一。Painter 可利用“黄金分割”工具构建经典的黄金分割构图效果，帮助用户确定画面的视觉中心，使绘出的图像具有更出色的布局构图效果。

要创建黄金分割比例构图效果，首先要显示黄金分割线，执行“画布→构图→显示黄金分割线”菜单命令，即可显示黄金分割线效果，如图 2-9 所示。除此之外，要显示黄金分割线，也可以单击工具箱中的“黄金分割”工具按钮，显示属性栏，并在属性栏上单击“启用黄金分割”图标，启用黄金分割线，完成图像的编辑后，可执行“画布→构图→隐藏黄金分割线”菜单命令或单击“启用黄金分割线”，隐藏黄金分割线效果。

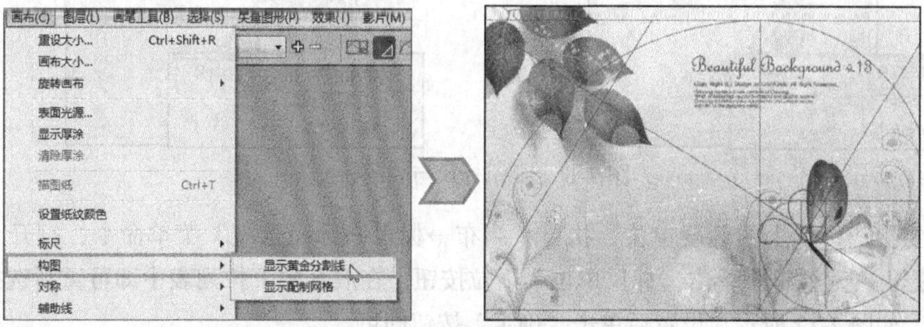

图 2-9　黄金分割线效果

对于画面中显示的黄金分割线，可以使用“黄金分割”面板更改画布中显示的黄金分割参考线的方向、大小、角度、颜色和透明度等。执行“窗口→构图面板→黄金分割”菜单命令，即可打开如图 2-10 所示的“黄金分割”面板。

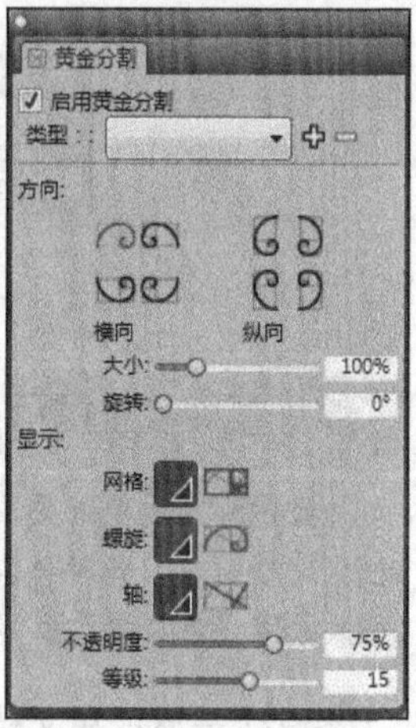

- 启用黄金分割：勾选此复选框将启用黄金分割线。
- 类型：此选项菜单与属性栏中的选项菜单作用相同，单击右侧的“✚”图标，将打开“添加预设”对话框创建新的预设黄金参考线，单击“−”图标，可选择“类型”列表中选择的黄金参考线。
- 方向：此选项用于决定黄金分割的方向，水平方向和垂直方向分别为 4 种不同的形式。
- 大小：用于调整黄金额分割线的整体大小，数值越大，尺寸越大。
- 旋转：用于对黄金分割线的整体进行旋转。
- 显示：与属性栏中的“网格”“螺旋”“轴”的作用相同，单击右侧的按钮可启用对应参考线，单击颜色可重新设置网格、螺旋、轴颜色。
- 不透明度：用于调整黄金分割线的不透明度，数值越小，越接近透明。
- 等级：用于控制分割的次数，数值越高，分割的次数就越多。

2.1.5　标尺与辅助线

标尺可以帮助用户更精确定位图像和元素。默认情况下，标尺会出现在文档窗口顶端和左侧，标尺上的每个标记称为刻度，在绘画时可以对标尺上的刻度单位进行更改，满足不同的用户需要。

需要借助标尺编辑图像时，执行“画布→标尺→显示标尺”菜单命令，即可显示标尺；如果需要隐藏显示的标尺，则可以执行“画布→标尺→隐藏标尺”菜单命令，隐藏标尺，如图 2-11 所示。

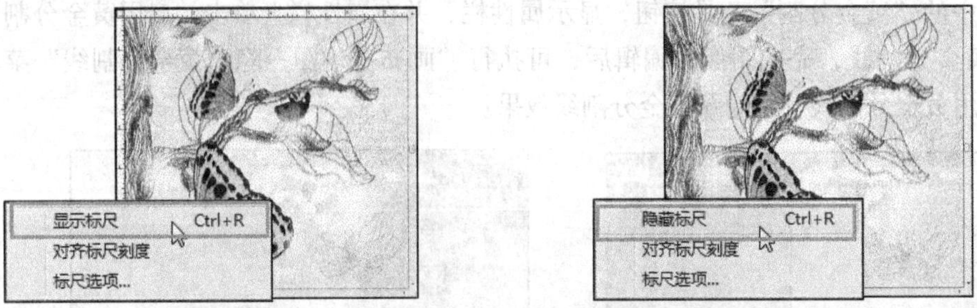

图 2-11 显示标尺与隐藏标尺

如果要更改标尺上的刻度单位，执行“画布→标尺→标尺选项”菜单命令，打开“标尺选项”对话框，在对话框中单击“标尺单位”下拉按钮，在展开的下拉列表中即可重新选择并设置标尺单击，如图 2-12 所示，设置后单击“确定”按钮即可。

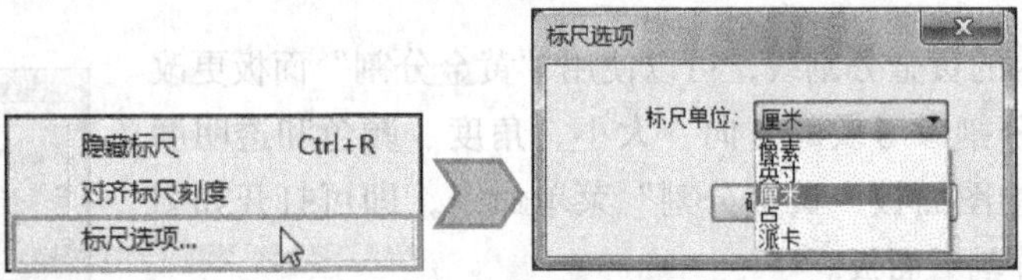

图 2-12 设置标尺单位

重点技法提示

显示标尺后可以更改文档原点，将鼠标移至标尺交集处即文档窗口的左上角位置，以对角方向拖曳到文档窗口，此时将以十字线的形式标示出新的原点，将十字线直接拖曳至所需的位置即可，同时标尺数字将自动更改以显示新的原点为（0,0）。

参考线是显示在文档窗口中的图像之上的非打印直线，使用它可用帮助我们更准确地对齐图像元素。Painter 中可以将参考线置入文档窗口中的任何位置，并可以快速地创建并移除画面中的参考线。要创建参考线，首先需要先显示标尺，然后在标尺上想要添加参考线的位置单击，即可在文档窗口中出现一条参考线，并且在标尺上会显示一个三角形标记，如图 2-13 所示。

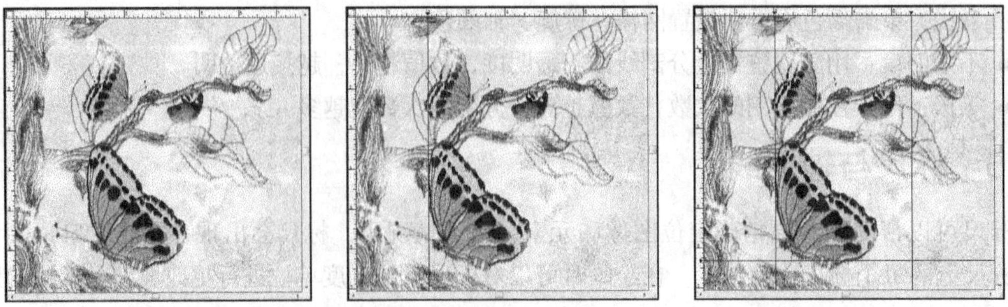

图 2-13 设置参考线

完成图像的编辑后，可以将创建的参考线隐藏，执行“画布→参考线→隐藏参考线”命令，即可隐藏创建的参考线。如果要更改参考线颜色，则双击参考线标记，打开“辅助线选项”对话框，如图 2-14 所示，在对话框中单击“辅助线颜色”框，然后选择并设置颜色。

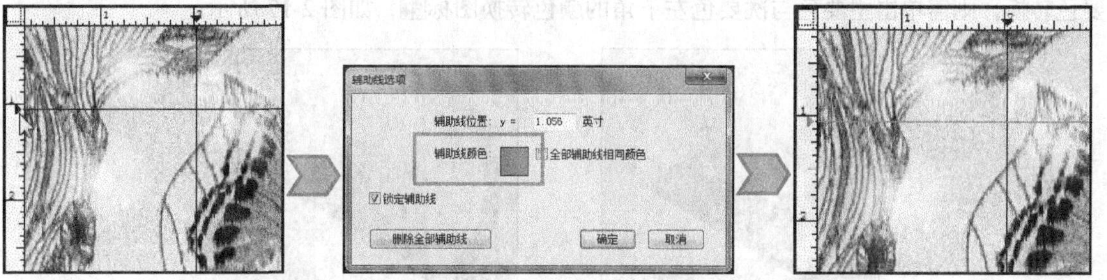

图 2-14　更改参考线颜色

2.2 颜色的运用

使用画笔绘制图像之前，首先需要对画笔颜色进行设置。Painter 中提供了多种选择颜色并将其应用到图像的方式，包括使用“颜色”面板中的颜色、通过“混合器”面板混合新的颜色、使用“颜色集库”面板管理和组织颜色等。

2.2.1 “颜色”面板

使用“颜色”面板可以选择和查看有关所选颜色的信息，也是最简明的选色面板，如图 2-15 所示。Painter 中用户可以根据个人习惯调整“颜色”面板显示的信息，也可以自由缩放以调整面板的大小。默认情况下，标准颜色面板会显示所选颜色的颜色滚轮和色彩信息，我们也可以隐藏这些元素、信息，还可以选择显示或隐藏色彩工具提示等。

在“颜色”面板中的颜色值涵盖了从上到下的饱和度/三角形，其中，色相环中的三角形顶部表示最高值（白色），三角角底部表示最低值（黑色），而颜色的饱和度等级从左至右递增，向右拖动或单击右侧会生成主色相内较纯的颜色，向左拖动或单击左侧会降低颜色饱和度，并生成较昏暗或偏灰的颜色。应用“颜色”面板选择颜色时，也可以单击面板右上角的扩展按钮，在弹出的菜单中设置所选颜色的 HSV 和标准 RGB 值，如图 2-16 所示。

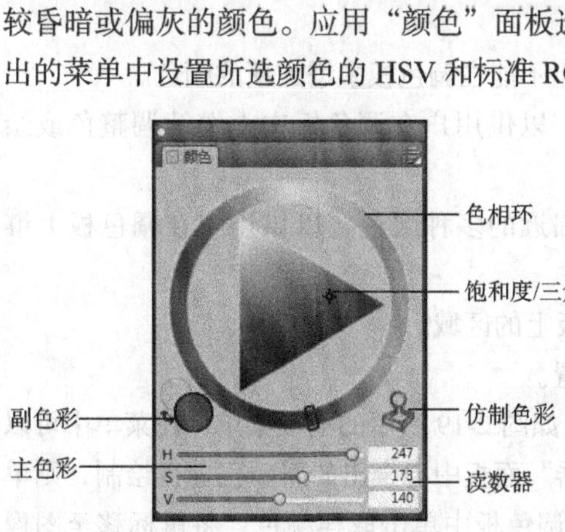

图 2-15　“颜色”面板

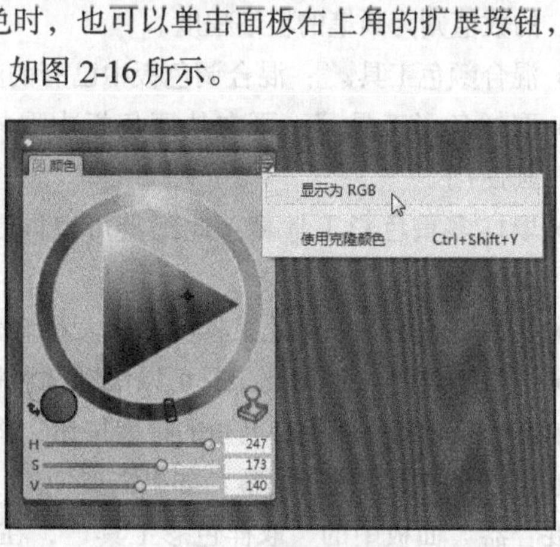

图 2-16　设置颜色值

在“颜色”面板中选择一种颜色后，该颜色就会出现在“颜色”面板左下角圆形框中，称为主要色。主要色框后面的圆形框显示的则是次要色。通常只需要使用主要色，只有在需要创建两种颜色混合的效果，或者创建两种颜色的渐变效果时，才会使到次要色。如果需要将主要色与次要色转换，则需单击主要色与次要色左下角的颜色转换图标，如图 2-17 所示。

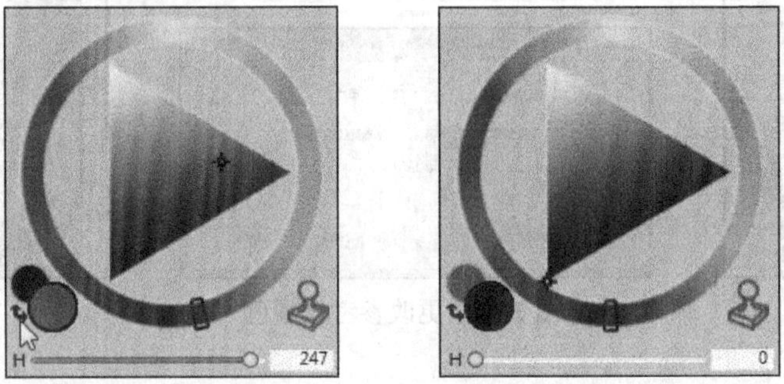

图 2-17　转换主次要色

2.2.2 “混合器”面板

“混合器”面板也称调色板，其与传统绘画中的调色板功能相似，可以将多种颜色混合从而创建新的颜色，同时可以取样“混合器”面板中的颜色，然后在画布中绘制图像。在“混合器”面板中，最上面的颜色盒用于选择各种颜色，作为颜色混合的原始色，中间部的方框则为调色板，下面则列出 8 个不同混合工具，选择不同的工具混合出来的颜色也会不一样，如图 2-18 所示。

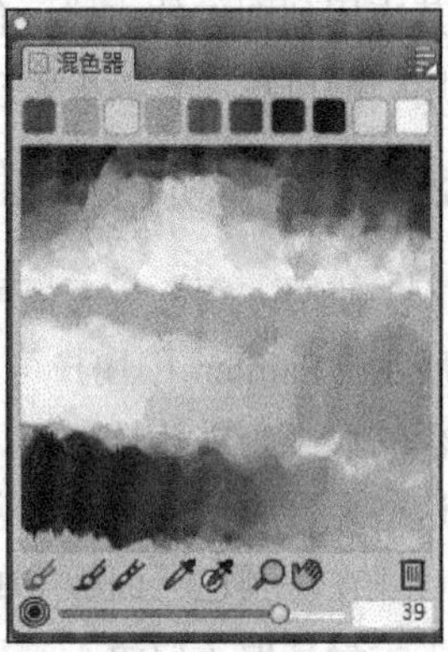

图 2-18　“混合器”面板

- 脏画笔模式工具：脏画笔工具允许应用“混色器”面板中混合的颜色，使画笔工具带有一部分以前选择的颜色，如同画笔没有洗干净一样。
- 应用颜色工具：此工具作用如同载入的绘制来源，可套用色彩至调色板。载入到调色板的新颜色会与已有颜色混合，下方的数值则为画笔的粗细程度。
- 混合颜色工具：混合调色板中已有的颜色，但不能在调色板中增加新的颜色。
- 取样色彩工具：可在从调色板中取样颜色，以供用户在调色板中上继续调整色或绘画使用。
- 取样多重色彩工具：此工具可以同是选取临近的多种颜色，以供用户在调色板上继续调整。
- 缩放工具：使用此工具可以放大和缩小调色板上的区域。
- 抓手工具：使用此工具可以滚动调色板的位置。

单击“混合器”面板右上角的扩展按钮，将会弹出如图 2-19 所示的面板菜单，在菜单中可以对其他各部分的属性进行调整。如果需要使用“混合器”面板中混合出的新颜色进行绘制，则单击“混合器”面板中的“取样色彩工具”，在混合器调色板中单击取样颜色，将鼠标移至图像上，单击并涂抹时即可用取样的混合色进行绘画，如图 2-20 所示。

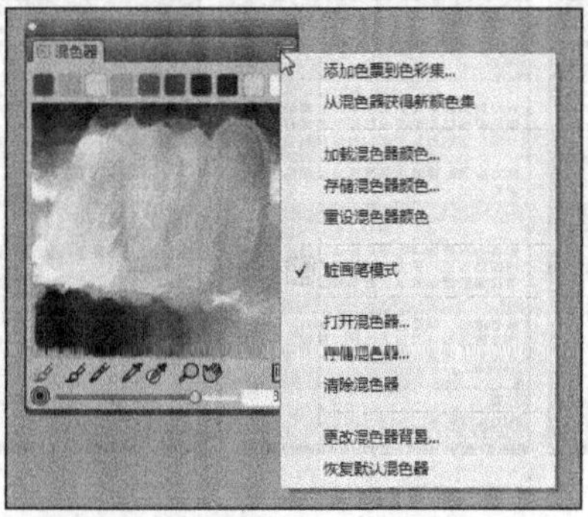

图 2-19　“混合器”面板菜单

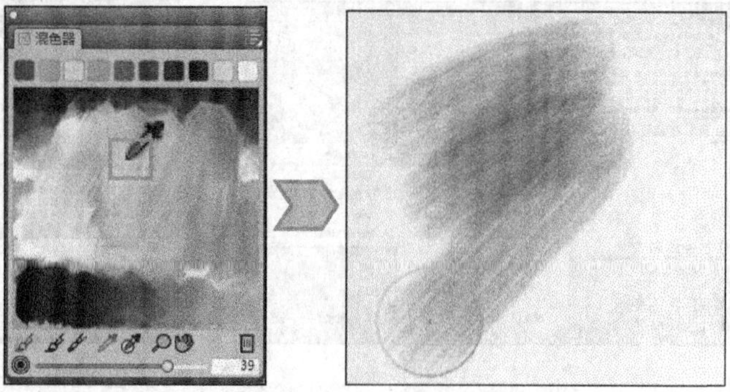

图 2-20　利用混合色作画

重点技法提示

对“混合器”面板中的颜色进行混合后，若要恢复至原始的未混合前的色彩效果，需单击“混合器”面板右上角的扩展按钮，并在弹出的菜单中执行“恢复默认混色器”菜单命令。

2.2.3　颜色集

Painter 可使用颜色集合来组织色彩组，有些色彩集是依照颜色名称和色彩关系来管理的。打开文件时，会自动访问用户文件中的 Painter Colors 文件以确定需要载入的色彩集。如果无法确定需要打开的色彩集时，系统会从应用程序文件中装入默认色彩集。打开色彩集时，如果已经创建或修改了色彩集，则会提示用户是选择附加至 Painter Colors 文件内容，还是覆盖该内容，从而允许以后默认装入新色彩集。Painter 中，如果要在色彩集中查找特定颜色的方法，可以单击“颜色集库”面板下方的“搜索颜色”按钮，打开“查找颜色”对话框，在对话框中输入名称查找颜色，如图 2-21 所示。

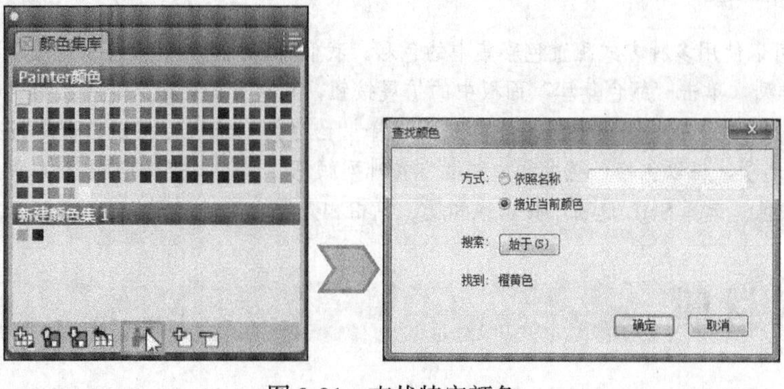

图 2-21　查找特定颜色

在“颜色集库”面板中显示 Painter 颜色集和新建颜色集，如果要打开其他更多的色彩集，则需单击“颜色集库”面板右上角的扩展按钮，在打开的面板菜单中执行“颜色集库”命令，此时会显示下一级子菜单，在该菜单中即可选择要打开的其他色彩集。对于显示的色彩集，也可以使用同样的方法，执行菜单命令将其隐藏起来。图 2-22 所示为执行菜单命令以显示更多色彩集效果。

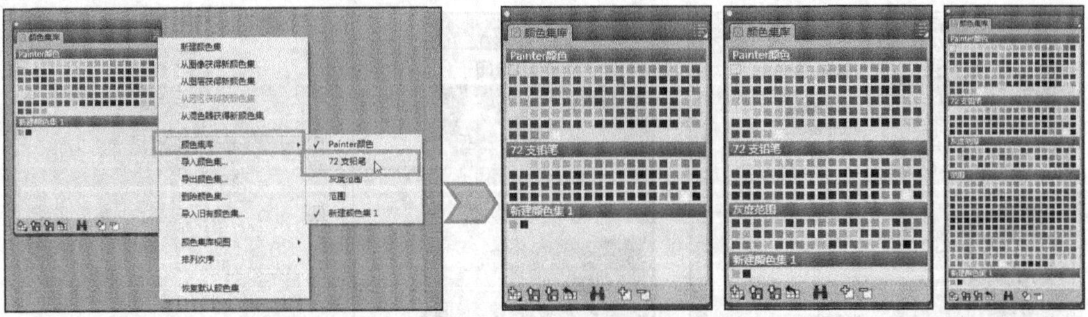

图 2-22　多色彩集效果

默认情况下，“颜色集库”面板中的颜色会以小视图的方式显示，为了便于更清楚地查看和选择颜色，可以选择较大的视图方式显示颜色。单击“颜色集库”右上角的扩展按钮，在弹出的面板菜单中执行“颜色集库视图”命令，在弹出的下一级菜单中选择除默认“小”视图模式外的“中”“大”或“列表”视图方式显示，如图 2-23 所示。

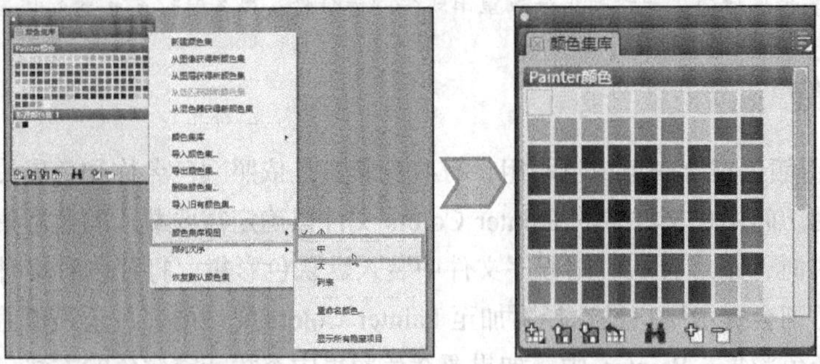

图 2-23　调整“颜色集”视窗大小

重点技法提示

Painter 中可以使用多种方式配置色彩集中的色彩。我们可以按色相、亮度及饱度来对色彩集中的颜色进行重新排列，单击“颜色集库”面板中的扩展按钮，在展开的面板菜单中执行“排列次序”命令，在弹出下一级子菜单中即可选择排序方式，选择“已存储”选项，将以保存的排列方式排列颜色；选择 HLS 选项，将以色相、亮度和饱和度方式排列颜色；选择 LHS 选项，将以亮度、色相和饱和度方式排列颜色；选择 SHL 选项，将以饱和度、色相和亮度方式排列颜色。

2.3 艺术材质

Painter 为我们提供了丰富多彩的艺术材质，使用这些艺术材质可以更方便地绘制出各种不同的特殊视觉效果。按照材质所属类型的不同，可以将材质分为图案、渐变、织物、喷嘴、外观等几大类。下面为大家介绍较常用的图案、渐变和织物 3 种材质。

2.3.1 图案

Painter 中自带了一些图案，我们可以通过填充或绘制的方式将这些图案应用到图像，也可以通过修改取样图案或者从头开始创建图案来自定义图案，而这些图案都将被存储于材质库中。执行“窗口→媒材控制面板→图案”菜单命令，即可打开“图案”面板，在此面板中可以对应用到图像中的图案进行选择和设置，如图 2-24 所示。

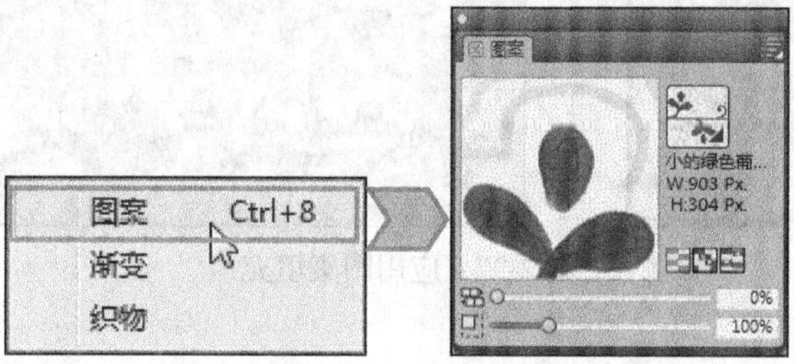

图 2-24　打开“图案”面板

在“图案”面板左侧的预览窗口中可以看到当前所选的图案效果，如果需要显示 Painter 12 所有的图案材质，则单击“图案”面板右上角的扩展按钮，在弹出的面板菜单中选择“图案材质库面板”，如图 2-25 所示，打开“图案材质库”，在“图案材质库”中单击其中一种图案材质后，对应的材质就会显示“图案”面板中的预览窗口内。若需要快速的选择图案材质，也可以单击“图案”面板右侧图案下方的倒三角形按钮，在展开的面板中单击选择图案，如图 2-26 所示。

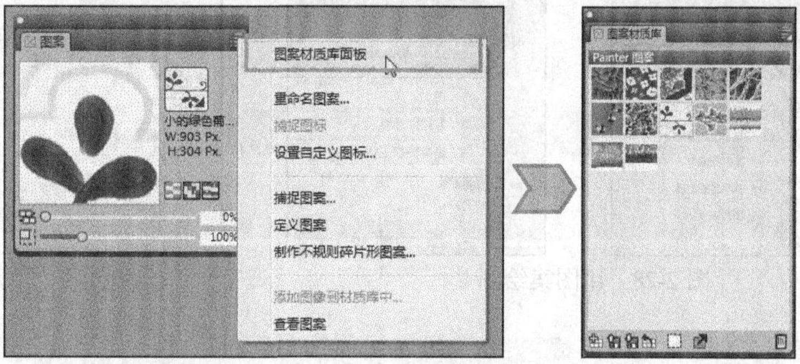

图 2-25　预览图案

图 2-26　快速预览

◆应用图案填充

Painter 可以将预设的图案通过填充的方式应用到图像。图案是一种重复的设计，其最小单位称为“花砖”。当使用图案填充区域时，“花砖”会在所选区域间重复出现，我们也可以通过使用“图案”面板中的“图案偏移”和“图案比例”滑块调整“花砖”的大小以及位置。

如图 2-27 所示，在“图案”面板中选择“银杏笔绘装饰”图案，单击工具箱中的“油漆桶工具”按钮，在文档窗口中单击，取出可应用选择的“银杏笔绘装饰”图案填充文档。

重点技法提示

Painter 中不但可以将图案填充于整个文档，也可以将其填充于图层或选区中，如果要将图案填充于图层，而单击“图层”面板中要填充图案的图层，将其选中后再进行填充；如果要将图案填充于选区，则需要先使用选框工具创建选区，再进行填充操作。

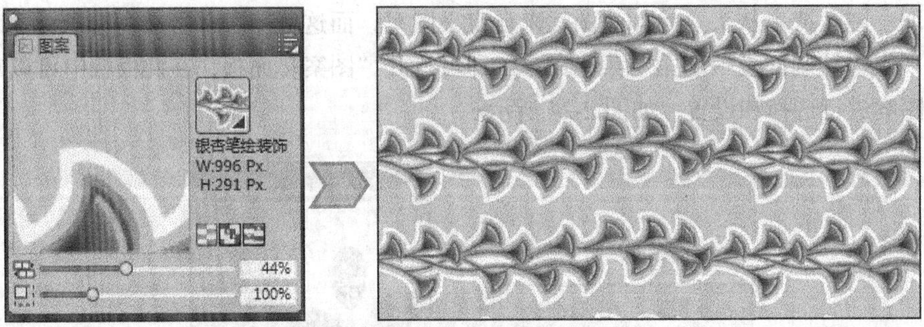

图 2-27　应用图集填充

◆使用图案绘制

Painter 可使用演算笔尖类型的画笔将图案直接绘制到图像上。使用图案来绘制时，我们可以按原样应用图案，也可以修改其外观后再进行绘制。例如，可以使用蒙板来绘制图案时，它会生成带有透明背景的图案，或者通过使用不透明度来绘制精细的图案，使其产生透明的效果等。

使用图案绘制图案前，在“图案”面板中选择用于绘制的图案，打开“画笔库”面板，在面板选择画笔类别和画笔变体，然后执行“窗口→画笔控制面板→常规”菜单命令，在“笔尖类型”下拉列表中设置画笔笔尖形状，设置后在文档中单击或涂抹即可用图案绘画，如图 2-28 所示。

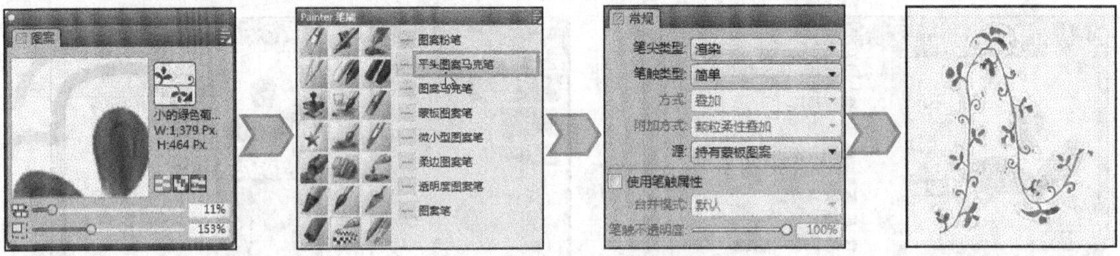

图 2-28　用图案绘制

重点技法提示

选择画笔类别和画笔变体后，如果“常规”面板中的“源”选项显示为灰色，则表示选择的画笔类别不支持图案；如果在“笔尖类型”下拉列表中选择笔尖类型后，“常规”面板中的“源”选项再显示为灰色，则表示该笔尖类型将不支持图案。

◆定义图案并添加至材质库

Painter 不但可以使用预设的图案来填充或绘制图案，也可以从头开始创建图案或者从现有的图像创建图案。从现有的图像创建图案时，可以将图案建立在整个图像或选定的区域之上。

打开一张素材图像，使用“矩形选框工具”选择要定义为图案的范围，打开“图案”面板，单击面板右上角的扩展按钮，在弹出的菜单中执行“定义图案”命令，即可将图案定义，再单击面板右上角的扩展按钮，在弹出的菜单中执行“捕捉图案”命令，即可打开“捕捉图案”对话框。再在对话框中的“存储为”文本框中输入图案名称，单击“确定”按钮，即可捕捉图案并添加至“图案材质库”中，如图 2-29 所示。

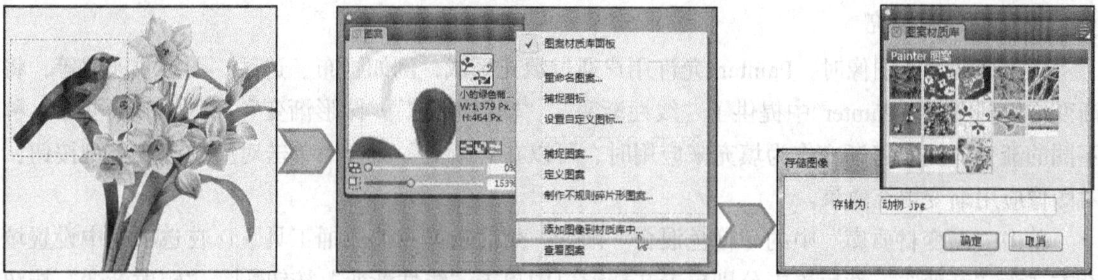

图 2-29　定义图案并添加至材质库

2.3.2　渐变

渐变是一种填充，该填充显示两种或更多颜色的平滑变化，并且为图像增添深度错觉。Painter 提供了各种预设颜色渐变，在绘制图像时可用这些渐变填充颜色，也可以由用户自行定义渐变颜色。

执行“窗口→媒材控制面板→渐变”菜单命令，即可打开“渐变”面板，在此面板中可以对应用到图像中的图案进行选择和设置，如图 2-30 所示。

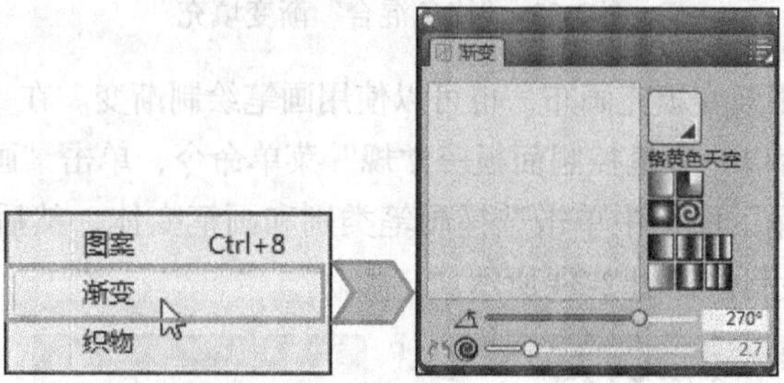

图 2-30　打开“渐变”面板

在“渐变”面板左侧的预览窗口中可以看到当前所选的图案效果，如果需要显示 Painter 12 所有的图案材质，则需单击“渐变”面板右上角的扩展按钮，在弹出的面板菜单中选择“渐变材质库面板”，如图 2-31 所示。打开“渐变材质库”，在“渐变材质库”中单击其中一种图案材质后，对应的材质就会显示“渐变”面板中的预览窗口内，若需要快速地选择渐变材质，也可以单击“渐变”面板右侧图案下方的倒三角形按钮，在展开的面板中单击选择渐变，如图 2-32 所示。

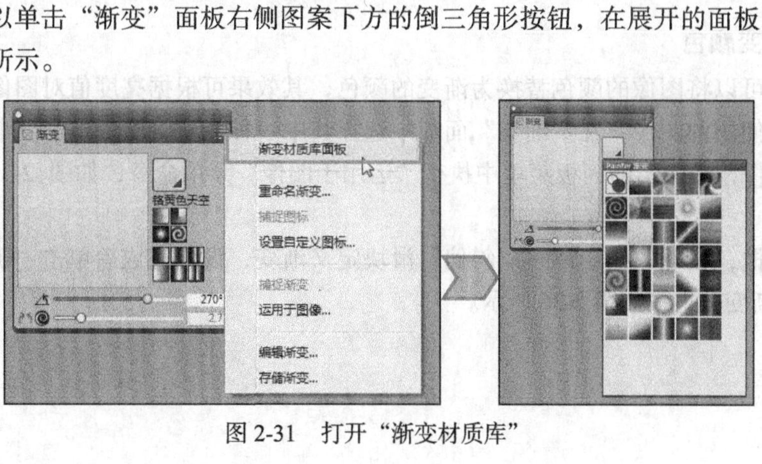

图 2-31　打开“渐变材质库”

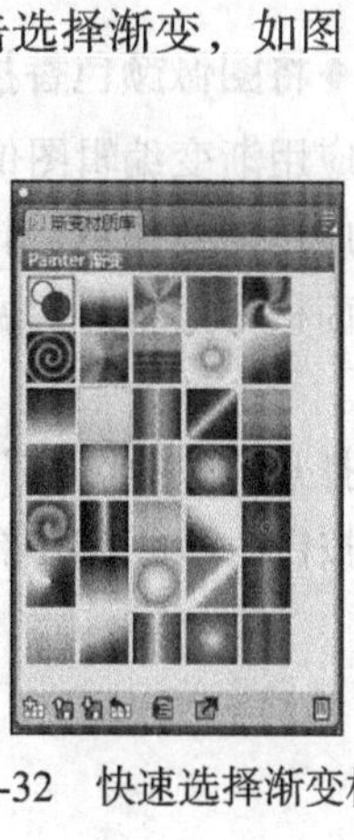

图 2-32　快速选择渐变材质

◆**应用渐变填充**

应用渐变填充图像时，Painter 允许用户通过填充区域，例如画布、选区、图层或通道等，将渐变应用到图像。Painter 中提供了“线性渐变”“辐射渐变”“圆形渐变”和“螺旋渐变”4 种不同的渐变类型。将渐变作为填充来应用时，可以在“渐变”面板中单击对应的渐变类型按钮，对图像应用渐变填充效果。

单击“渐变材质库”中的“艳色混合”渐变，然后选择“油漆桶工具”，在选项栏中设置填充方式为“渐变”，然后单击分别单击文档窗口中单击“线性渐变”按钮、“辐射渐变”按钮、“圆形渐变”按钮和“螺旋渐变”按钮，为图像填充渐变，4 种填充出的效果如图 2-33 所示。

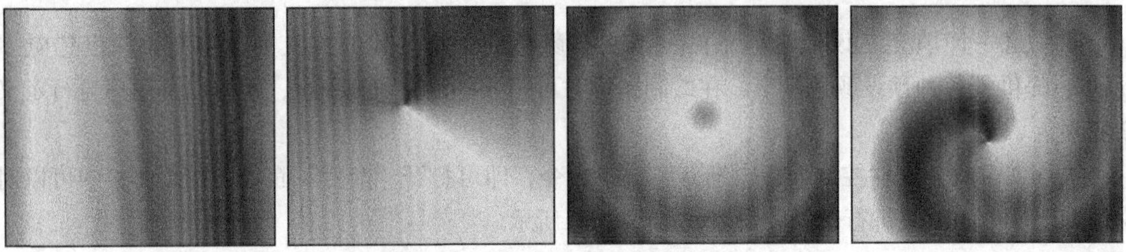

图 2-33 “艳色混合”渐变填充

Painter 不但可以使用渐变填充画布，也可以使用画笔绘制渐变。在“渐变材质库”面板中选择渐变材质后，执行“窗口→画笔控制面板→常规”菜单命令，单击“画笔选择器”栏上的“画笔选择器”，在“画笔库”面板中单击选择画笔类别和画笔变体，然后在文件窗口中单击并涂抹，就可以进行渐变的绘制，如图 2-34 所示。

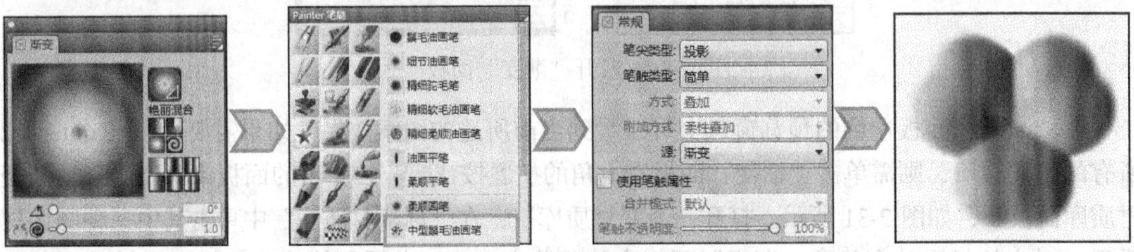

图 2-34 绘制渐变

◆**将图像颜色替换为渐变颜色**

应用渐变编辑图像时，可以将图像的颜色替换为渐变的颜色，其效果可根据亮度值对图像像素应用渐变颜色。打开要使用的图像，在“渐变”面板中选择其中一种渐变，然后单击“渐变”面板右上角的扩展按钮，在弹出的面板菜单中执行“运用于图像”菜单命令，如图 2-35 所示。

打开“快速图像”对话框，在对话框中调整“斜偏”滑块定义渐变，设置完成后单击“确定”按钮，即可对图像应用渐变效果，如图 2-36 所示。

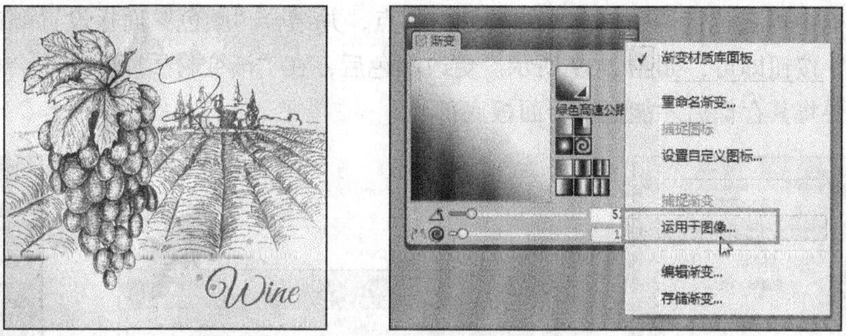

图 2-35　执行“运用于图像”命令

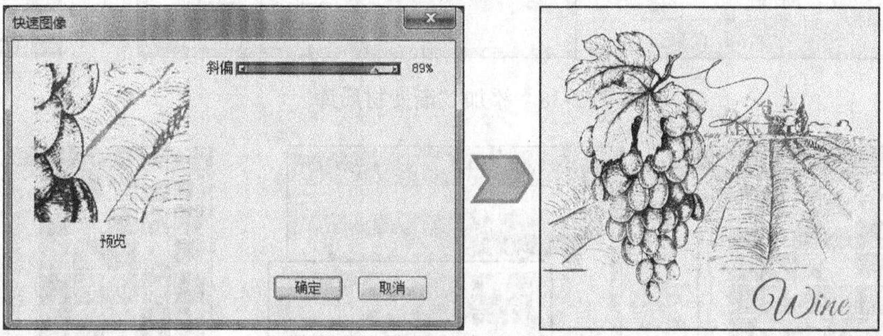

图 2-36　对图像应用渐变效果

◆创建与编辑渐变

除了可以使用“渐变”和“渐变材质库”中预设的渐变填充或绘画外，也可以创建自定义渐变或者编辑现有的渐变。如果要创建新的两色渐变效果，先在“颜色”面板中分别单击面板中的主要颜色色标和次要颜色色标，设置主要颜色和次要颜色，设置后单击“渐变材质库”面板中的“双点”，即可定义新的渐变颜色，如图 2-37 所示。

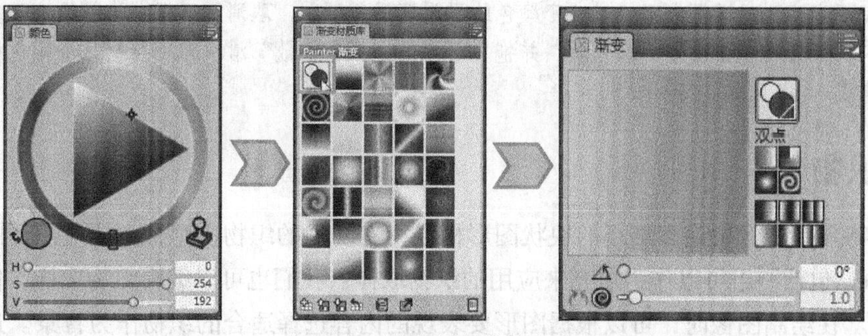

图 2-37　定义新的渐变颜色

定义渐变颜色后，新的渐变颜色会被显示在“渐变”面板中的预览框中，单击面板右上角的扩展按钮，在弹出的菜单中执行“存储渐变”命令，打开“存储渐变”对话框，在对话框中输入渐变色名称，就可以将新定义的渐变添加至“渐变材质库”中，如图 2-38 所示。

Painter 中要创建新的渐变，除了使用“双点”来创建外，也可以通过编辑现有的渐变来获得新的渐变效果。编辑渐变时，单击“渐变”面板右上角的扩展按钮，在弹出的菜单中执行“编辑渐变”命令，或者单击“渐变材质库”面板底部的“编辑渐变”按钮，打开“编辑渐变”对话框，在对话框中可在色带栏中单击添加颜色控制点，并结合“颜色”面板设置颜色，设置完成后单击“确定”按钮即可，如图 2-39 所示。更改颜色后，在“渐变材质库”中不会显示更改后的颜色效果，需要将其存储后才能显示于面板底部。

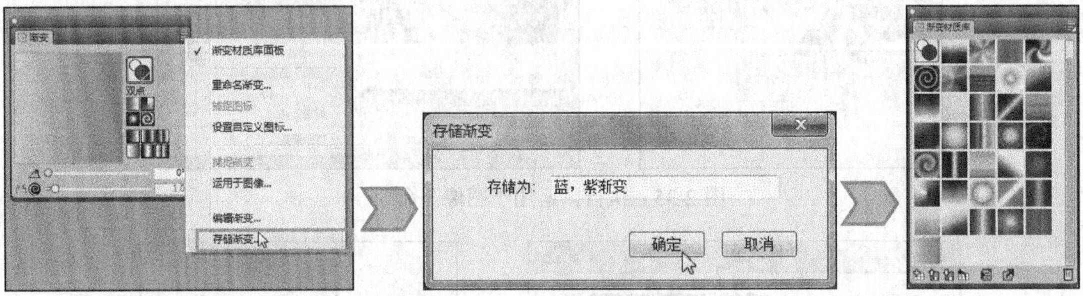

图 2-38　添加“渐变材质库”

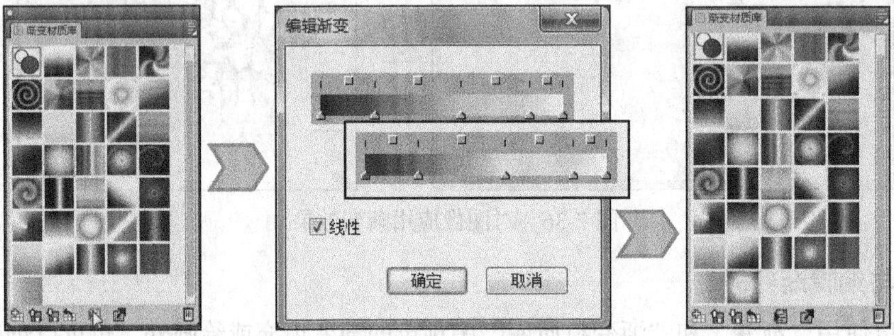

图 2-39　编辑渐变

重点技法提示

在“编辑渐变”对话框中可以对渐变颜色的平滑度进行调整，取消对话框中的“线性”复选框的已勾选状态，然后再单击上方的颜色块，并拖曳下方的“颜色扩散”滑块即可控制每个颜色控制点处的颜色平滑度。

2.3.3　织物

织物的特点是图像由许多细小的块状图形构成，有明显的织物质感，主要应用于图像背景的制作。Painter 包括一组可以作为填充来应用的织物取样。我们也可以编辑织物取样，使其成为您自己的织物。在绘制图像时，可以根据图形要表现的内容选择适合的织物作为背景。这样不但可以起到装饰画面的作用，还能增强图像的质感表现。

执行“窗口→媒材控制面板→织物”菜单命令，即可打开“织物”面板，在左侧的预览窗口中可以看到当前所选的织物图案，单击右侧织物右下角的倒三角形按钮，会显示“Painter 织物”，如图 2-40 所示。如果要打开“织物材质库”，则单击“织物”面板右上角的扩展按钮，在弹出的面板菜单中选择“织物材质库面板”命令，打开“渐变材质库”面板，在“渐变材质库”面板中单击其中一种织物材质后，对应的材质就会显示在“织物”面板中的预览窗口内，如图 2-41 所示。

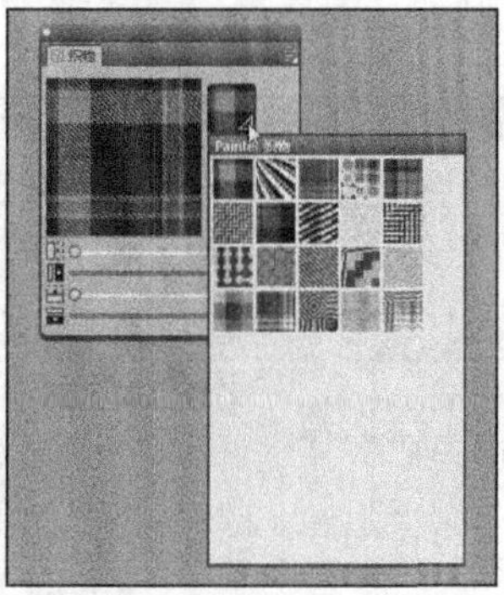

图 2-40　显示“Painter 织物”

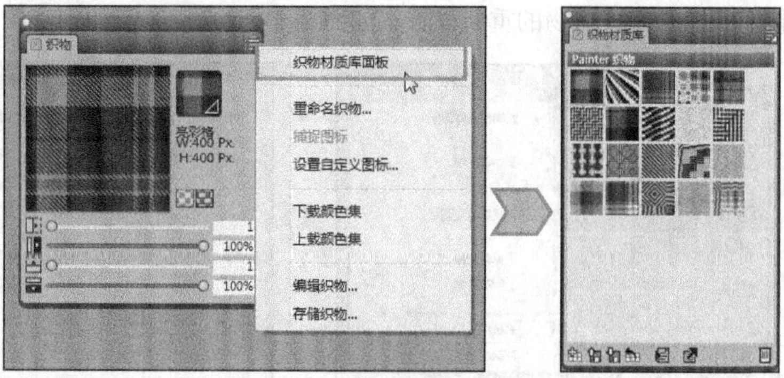

图 2-41　预览“织物”材质

◆应用织物

Painter 中可以从“织物”面板中选择织物，也可以从包括的“织物材质库”之中选择织物，并将其作为填充来应用。Painter 中应用织物的可以是画布、选区或图层，同时在填充织物时，可以通过单击“织物”面板中的“三维织物”按钮或“二维织物”按钮，选择填充织物的类型，当选择“二维织物”时，会产生块状织物；选择“三维织物”时，会产生纹理织品状的织物。

执行“窗口→媒体控制面板→织物”菜单命令，打开“织物”选择器，单击“Painter 织物”材质库面板中的织物，选择工具箱中的“油漆桶工具”，在文档窗口中单击，应用选择的织物填充背景效果，如图 2-42 所示。

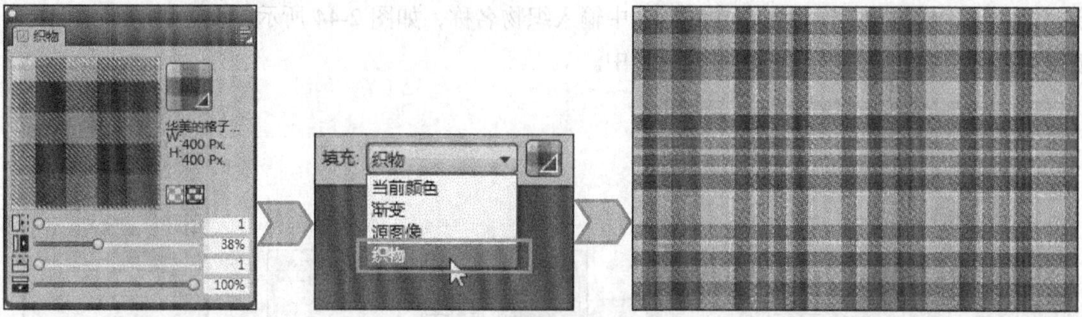

图 2-42　应用织物填充背景

重点技法提示

在“织物”面板下方包含了 4 个选项滑块，向右拖曳“水平缩放”滑块和“垂直缩放”滑块，可增加织物比例，反之则减少比例；向右拖曳“水平厚度”滑块和“垂直厚度”滑块，可增加织物厚度，反之则减小其厚度。

◆编辑与存储织物

对于“织物材质库”中预设的织物，可以使用“编辑织物”对话框重新对其进行编辑操作，然后存储为新的织物效果。

打开“织物”面板，单击右上角的扩展按钮，在弹出的面板菜单中执行“编辑织物”菜单命令，打开“编辑织物”对话框，在对话框中即可进行织物的编辑，编辑完成后，单击“确定”

按钮，即可完成织物的重新设置，如图 2-43 所示。

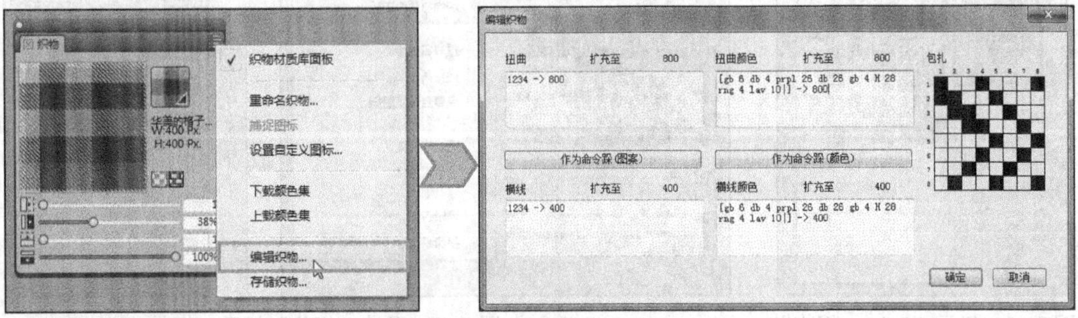

图 2-43 重新设置织物

- 扭曲：指定织物中垂直线条的穿线顺序。
- 扭曲颜色：控制织物中垂直线条的颜色和数目。
- 横线：指定织物中水平线条的踩踏顺序。
- 横线颜色：制织物中水平线条的颜色和数目。
- 作为命令踩：单击“作为命令踩”按钮可以复制扭曲值并将它们应用到横线上。
- 包扎：关系区域可通过确定在编织横线时要使用的扭曲行来控制线条的交错。

对于重新编辑出的织物，需要将其存储为新的织物预设效果，才能将其应用到更多的选区或是图层之中。单击“织物”面板右上角的扩展按钮，在弹出的面板菜单中执行“存储织物”命令，打开“存储织物”对话框，在对话框中输入织物名称，如图 2-44 所示，设置后单击“确定”按钮，存储织物并显示于“织物材质库”中。

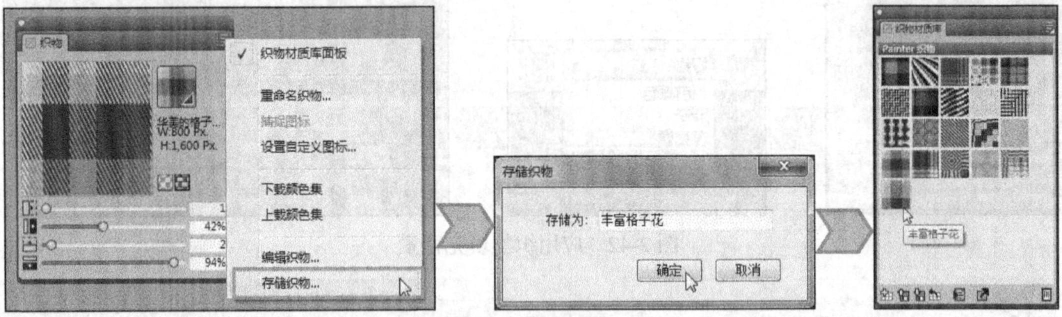

图 2-44 存储织物

2.4 通道和图层

使用 Painter 绘制和处理图像前，需要掌握的一项基本即图层与通道。与 Photoshop 等图像编辑软件一样，Painter 中的图层也是处理图像的基础，所以图像的绘制与编辑都是在图层中完成的。我们可以把图层理解为悬浮于图像上的透明纸，可以单击对其中一个层进行编辑，为它添加效果，调整颜色等，也可以同时对多个层进行编辑。除了图层之外，Painter 中通道也是非常重要的，可以利用它来编辑图像、定义选区等，下面的小节中会为大家详细介绍通道和图层的编辑与处理。

2.4.1　管理通道

图 2-45　“通道”面板

Painter 中的“通道”面板列出了 RGB 颜色图像和保存的每一个通道，我们可以利用“通道”面板来管理图像中包含的通道，如图 2-45 所示。如果选择了一个图层且该图层具有图层蒙板，那么“通道”面板也会列出该图层蒙板。如果在工作界面未显示“通道”面板，可以执行“窗口→通道”菜单命令，将“通道”面板显示出来。

- 扩展按钮：单击按钮可以打开“通道”面板菜单。
- 加载通道为选区：单击“加载通道为选区”按钮，可以将“通道”面板中选中的通道载入为选区效果。
- 保存选区为通道：单击“保存选区为通道”按钮，可以将图像中绘制的选区创建为一个新的 Alpha 通道。
- 反转通道：单击该按钮可以反转通道图像。
- 新建通道：单击此按钮可以在“通道”面板中创建一个新的 Alpha 通道。
- 删除：选择通道后，单击“删除”按钮，可将选中的通道删除。

◆显示与隐藏通道

在“通道”面板中，通过单击通道缩览图旁边的眼睛图标来查看与隐藏该通道，当眼睛眼开时，通道会显示在文档窗口上；当眼睛闭上时，则会将该通道隐藏。如图 2-46 所示，打开图像后，切换至“通道”面板，在面板中显示了所有通道，将鼠标移至需要隐藏的通道上，单击通道缩览图旁边的眼睛图标，即可将该通道隐藏。

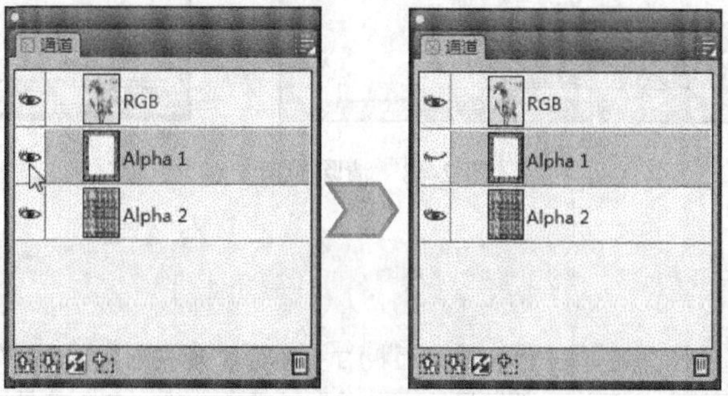

图 2-46　显示与隐藏通道

重点技法提示

选择通道与查看通道为相互独立的操作。Painter 中，可以不选择通道而查看通道，也可以不查看通道而选择通道。如果我们要以颜色重叠方式查看通道，则在“通道”面板中，单击通道缩览图旁边的眼睛图标。在这种模式中，始终显示 RGB 图像。如果要以灰阶图像查看通道，则在“通道”面板中，确保通道已隐藏即眼睛为闭上状态，且未选中通道，然后单击通道名称，在这种模式中，将隐藏 RGB 图像。如果要隐藏通道，则单击通道旁边的眼睛图标，让眼睛闭上。

◆删除与清除通道

如果已完成特定通道的使用，我们可以将其从“通道”面板中删除，或者是清除通道中的图像，以留下空白的通道而不删除通道。要删除“通道”面板中的通道，先在“通道”面板中单击选择要删除的通道，然后单击面板右上角的扩展按钮，在弹出的面板菜单中执行“删除”命令，或者直接单击“通道”面板底部的“删除”按钮，删除通道，如图 2-47 所示。

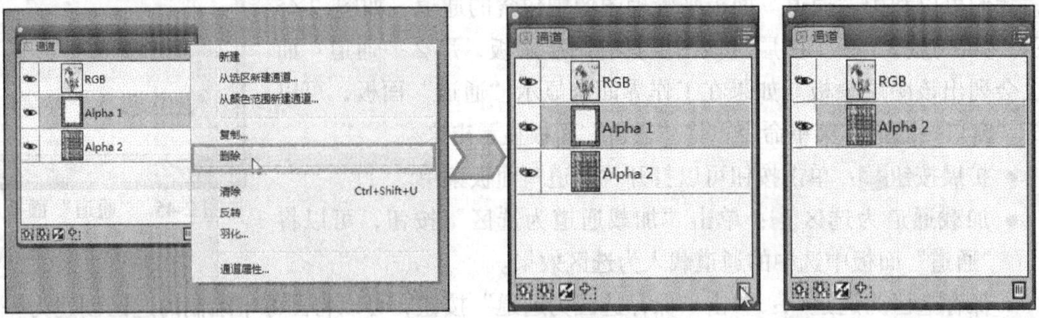

图 2-47 删除通道

如果只需要删除通道中的图像，则在“通道”面板中选择通道后，单击“通道”面板右上角的扩展按钮，在弹出的面板菜单中执行“清除”命令，或者按快捷键【Ctrl】+【Shift】+【U】，清除通道，清除通道图像后可看到被选中通道仍然显示在“通道”面板中，如图 2-48 所示。

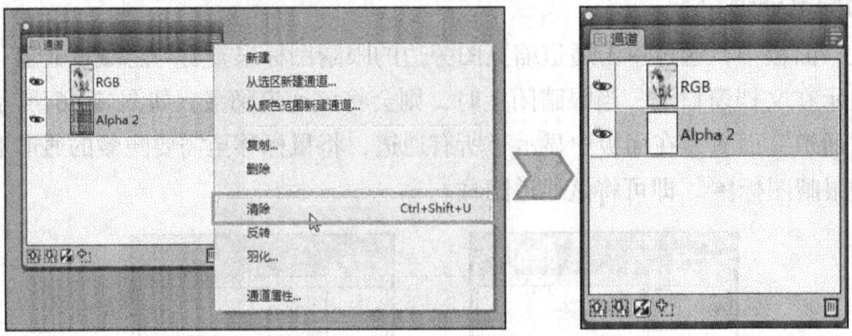

图 2-48 清除通道

重点技法提示

如果需要更改通道属性，可单击“通道”面板右上角的扩展按钮，在弹出的面板菜单中执行“通道属性”菜单命令，并在打开的“通道属性”对话框对通道名称、颜色等属性进行更改。

2.4.2 图层的编辑

图 2-49 “图层”面板

Painter 中图层分为图像层、矢量层、动态层、参考层、介质层、文字层和漂浮层等七大类，不同类型的图层的作用也各不相同。可以使用“图层”面板来编辑与管理图层，如创建、命名、保存和删除图层等，同时，也可以使用“图层调整器”工具来修改图层。如果“图层”面板未被显示在工作界面中，执行“窗口→图层”菜单命令，即可显示“图层”面板，图 2-49 所示为显示出的“图层”面板效果。

● 扩展按钮：单击按钮可以打开“图层”面板菜单，其功能包括新建、复制、删除图层、合并、图层编组、创建图层蒙版等。

- 混合方式：用于为当前选择的图层创建特殊效果的混合模式。
- 混合深度：用于设置选定混合方式下的图像混合深度。
- 不透明度：用于设置当前选择图层中的图像的不透明度。
- 快速图标：位于“图层”面板下方的图层编辑快捷键按钮，分别为“图层命令”“动态滤镜插件”“新建图层”“新建图层蒙版”“锁定图层”“删除图层”。

◆创建新图层

Painter 中可以直接从“图层”面板中创建新的像素图层、水彩或液态墨水图层等。如果要创建新的像素图层，则单击“图层”面板中的“新建图层”按钮，单击该按钮后会自动以图层加序号的方式创建新的图层。此外，也可以单击“图层”面板右上角的扩展按钮，在弹出的面板菜单下执行“新建图层”命令，创建新的图层，如图 2-50 所示。

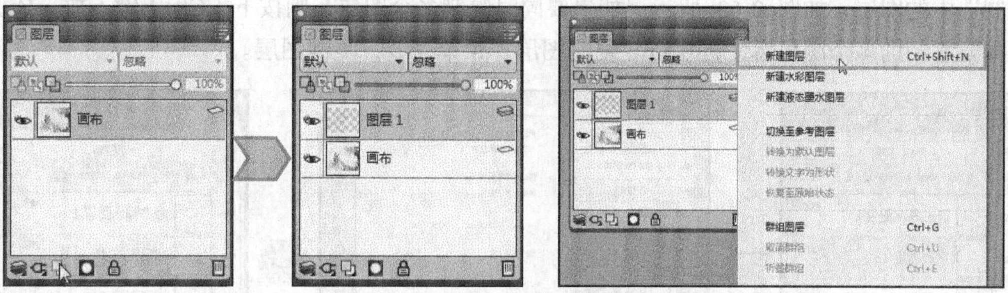

图 2-50　新建图层

如果是要创建新的水彩图层，则单击“图层”面板右上角的扩展按钮，在弹出的面板菜单下执行“新建水彩图层”命令，创建新的水彩图层，如图 2-51 所示。

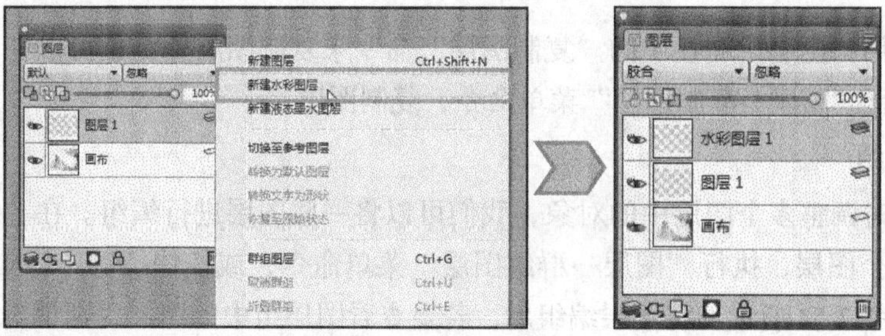

图 2-51　创建水彩图层

如果要创建新的液态墨水图层，则单击“图层”面板右上角的扩展按钮，在弹出的面板菜单下执行“新建液态墨水图层”命令，新建图层，如图 2-52 所示。

重点技法提示

对于“图层”面板中多余的图层，可以通过多种方法将其从“图层”面板中删除。方法一是单击“图层”面板右上角的扩展按钮，在弹出的菜单中执行“删除图层”命令；方法二是执行“图层→删除图层”菜单命令；方法三是右击需要删除的图层，在弹出的菜单中执行“删除图层”命令；方法四是单击“图层”面板底部的“删除图层”按钮。

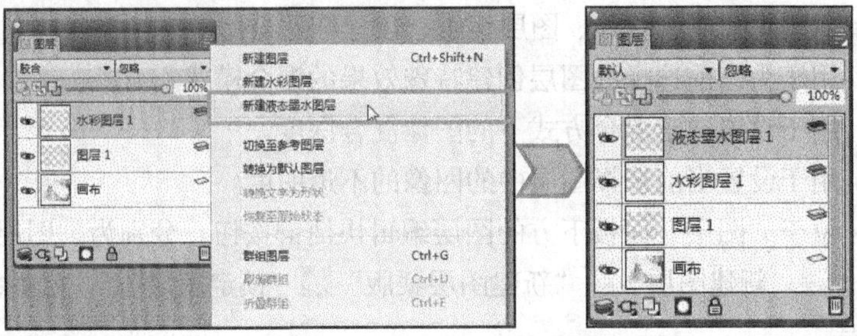

图 2-52 创建液态墨水图层

◆复制图层

对于“图层”面板中的图层，可以对它进行复制。在“图层”面板中单击选择要复制的图层，再单击“图层”面板右上角的扩展按钮，在弹出的面板菜单下执行“复制图层”命令，即可复制选中的图层，如图 2-53 所示。如果要同时复制多个图层，则按下【Ctrl】键不放，依次单击选择要复制的多个图层后，再执行“复制图层”菜单命令，复制图层。

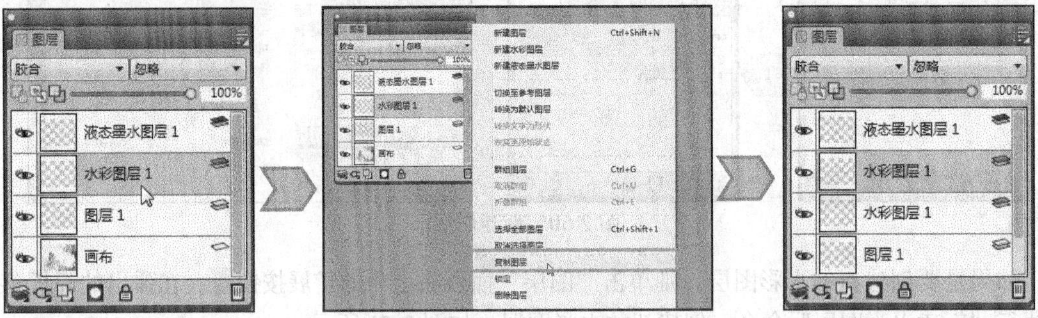

图 2-53 复制图层

除了可以使用“图层”面板中的“复制图层”命令来复制图层外，也可以在“图层”面板中选中图层后，执行“图层→复制图层”菜单命令，复制图层。

◆图层的编组

为了便于同时调整多个图层中的对象，我们可以将一些图层进行编组。在“图层”面板中选中需要编组的多个图层，执行“图层→群组图层”菜单命令，或按快捷键【Ctrl】+【J】，将图层进行编组，如图 2-54 所示。将图层编组后，若要查看图层组中的图层，则单击图层组右侧的倒三角形按钮，展开图层组即可。

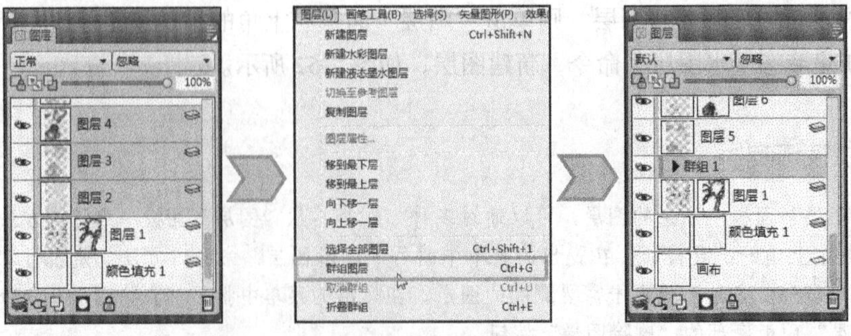

图 2-54 将图层编组

重点技法提示

要将图层编组的方法有很多种，除了执行“图层”菜单命令中菜单命令外，也可以单击“图层”面板上角的扩展按钮，在弹出的菜单中执行“群组图层”菜单命令，将图层编组，还可以单击“图层”面板底部的“图层命令”按钮，在弹出菜单中单击“群组图层”命令。

将图层编组后，也可以取消群组。单击“图层”面板中的群组后的图层组，执行“图层→取消群组”菜单命令，或单击“图层”面板右上角的扩展按钮，在弹出的面板菜单中单击“取消群组”菜单命令，即可取消图层编组，如图 2-55 所示。

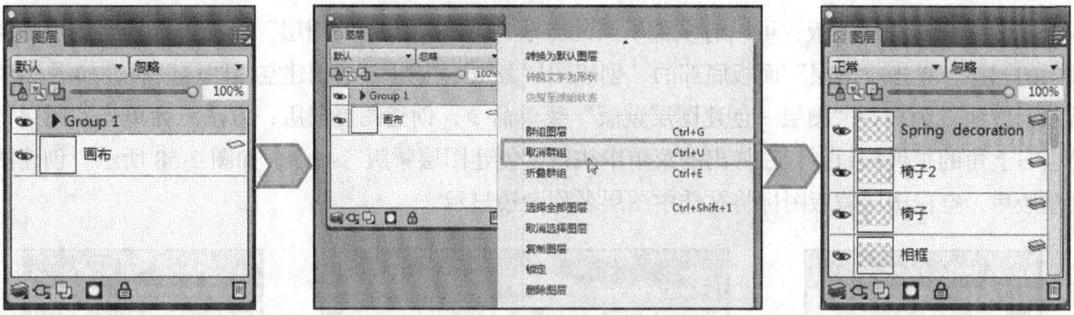

图 2-55　取消群组

◆更改图层属性

随着文件中图层的增多，我们很容易忘记每个图层中包含了哪些具体信息，因此，为了更好地区分和掌握图层内容，可以对图层名称进行设置。在“图层”面板中选中图层，单击“图层”面板右上角的扩展按钮，在弹出的菜单中执行“图层属性”命令，或执行“图层→图层属性”菜单命令，打开“图层属性”对话框，在对话框中输入新的图层名，如图 2-56 所示，设置后单击“确定”按钮更改图层属性。

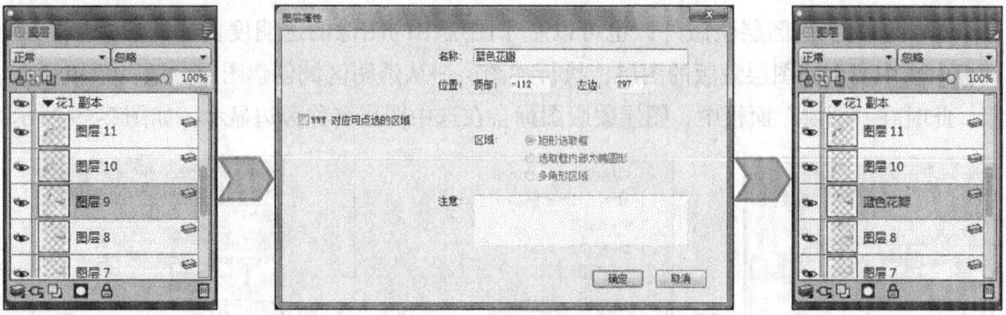

图 2-56　更改图层属性

重点技法提示

对于“图层”面板中的图层，如果要对它的名称进行更改，除了可以应用“图层属性”对话框更改以外，也可以双击“图层”组中的图层名，然后在激活图层名后，在文本框中直接输入图层名称。

2.4.3　使用图层蒙版

蒙版是一种已存储的选区。不同于存储轮廓信息的矢量图形，蒙版存储的是基于像素的信息，其能够存储 8 位灰度信息。用户可以将复杂的信息，如美术作品、摄影作品等先存储为选区，然后通过加载选区。

在 Painter 中可以通过创建图层蒙版，以定义在文档窗口中可见的图层区域。创建图层蒙版后，蒙版中显示为黑色的区域，内容是透明的，会显示出其下方图层中的图像；蒙版中显示为白色的区域，图层内容为可见的；蒙版中显示为灰色的区域，则会呈现部分透明的效果。

◆创建空白图层蒙版

要创建空白图层蒙版，可以有多种不同的方法，方法一为在“图层”面板中选择要创建图层蒙版的图层，单击“图层”面板底部的“创建图层蒙版”按钮，创建空白图层蒙版，如图 2-57 所示；方法二为执行“图层→创建图层蒙版”菜单命令，创建图层蒙版；方法三为单击“图层”面板右上角的扩展按钮，在弹出的菜单中执行“创建图层蒙版”命令，如图 2-58 所示。创建图层蒙版后，空白图层蒙版图标将在选中图层名称旁边显示。

图 2-57　创建空白图层蒙版

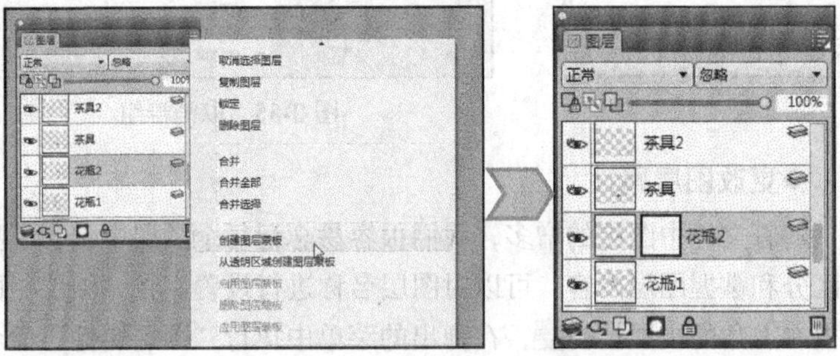

图 2-58　菜单创建图层蒙版

◆根据透明度创建图层蒙版

除了可以创建空白图层蒙版外，也可以基于图层中的图像的透明度创建图层蒙版。在“图层”面板中选中要创建图层蒙版的图层，执行“图层→从透明区域创建图层蒙版”菜单命令，创建蒙版，此时在“图层”面板中，图层蒙版图标会在选中图层名称旁边显示，如图 2-59 所示。

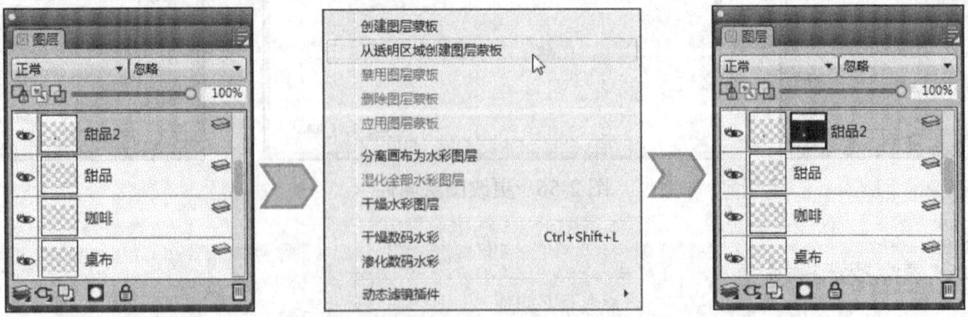

图 2-59　根据透明度创建图层蒙版

◆**编辑图层蒙版**

创建图层蒙版后，可以使用画笔在蒙版上绘制，也可使用图案、渐变或织物填充蒙版等。在编辑图层蒙版时，修改的是蒙版，而非图层中的图像，所以编辑图层蒙版，原图层中的图像不会发生改变。如图 2-60 所示，单击“图层 1”图层右侧的蒙版缩览图，选择图层蒙版，然后工具箱中将主要景色设置为黑色，运用“笔刷工具”在图像上涂抹，编辑图层蒙版。此时，如果要查看蒙版效果，在“通道”面板中单击该图层蒙版前的眼睛图标，即可以灰阶图像显示蒙版，如图 2-61 所示。

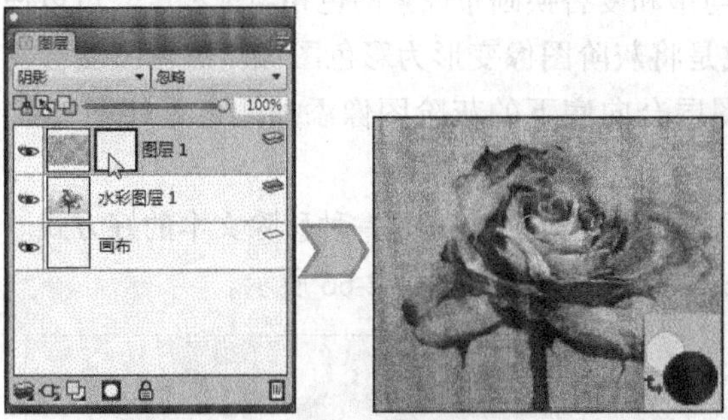

图 2-60 编辑图层蒙版

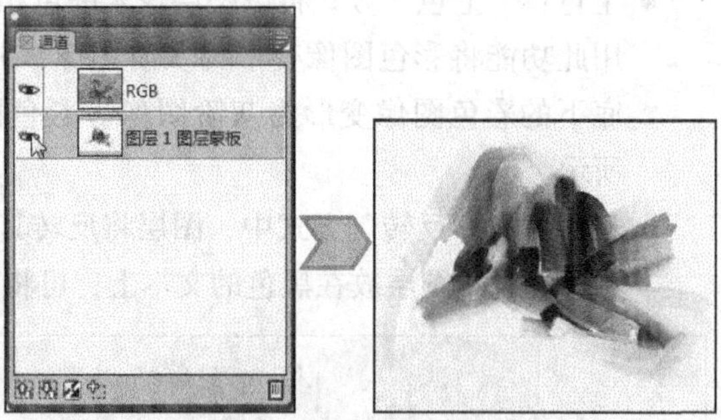

图 2-61 查看蒙版效果

重点技法提示

如果需要对相同的区域进行编辑或绘制，可以将图层蒙版载入到选区。要将蒙版载入列选区，需在“图层”面板中单击选择一个具有图层蒙版的图层，然后右击图层蒙版，再在弹出的快捷菜单中执行“将图层蒙版加载到选区”命令即可。

2.4.4 混合方式和混合深度

使用 Painter 中的图层合成功能，可以使用图层与图层、图层与画布之间产生相互作用，创建特殊的画面效果。Painter 中提供了“混合方式”和“混合深度”两种混合设置。

◆**混合方式**

在“图层”面板中，“混合方式”选项用于设置标准的图层混合方式。单击“混合方式”右侧的下拉按钮，在展开的下拉列表中即可选择不同的图层混合方式混合图像，其中包括了“默认”“胶合”“上色”等 22 种混合方式，选择不同的混合方式时会产生不同的图层效果，如图 2-62 所示。

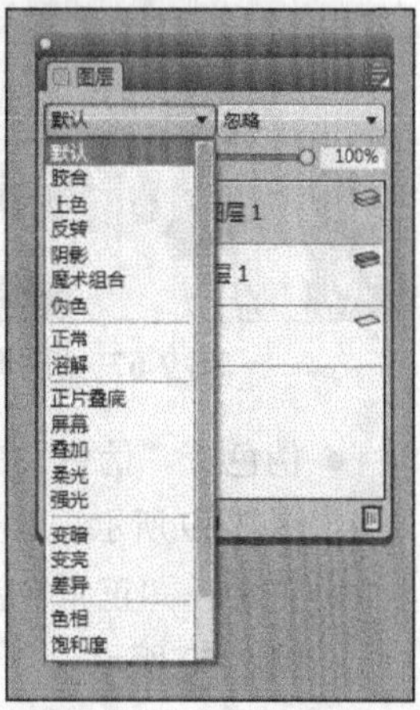

图 2-62 图层混合方式

- 默认：此混合方式是 Painter 12 默认的混合方式。在该方式中，上面的图层将覆盖并隐藏下面的图层，如图 2-63 所示。
- 胶合：“胶合”方式会以图层颜色为底下的图像染色，例如，黄色的图层会给予底下的图像一个黄色的色偏，如图 2-64 所示。使用叠色法画笔在图层上绘制时，Painter 会自动将该图层的构图方式设置为“胶合”。

图 2-63　默认混合方式

图 2-64　“胶合”方式

- 上色：“上色”方式将以图层像素的色相与饱和度替换画布像素的色相与饱和度。可以使用此功能将彩色图像变形为灰阶图像，或是将灰阶图像变形为彩色图像。黑色图层会将底下的彩色图像变形为灰阶图像。彩色图层会向底下的灰阶图像添加颜色，如图 2-65 所示。
- 反转：在“反转”方式中，图层将反转其下方的颜色。此方式是一种移除文本的好方式。这时将一个图层放在黑色的文本上，可将文本变形为白色，如图 2-66 所示。

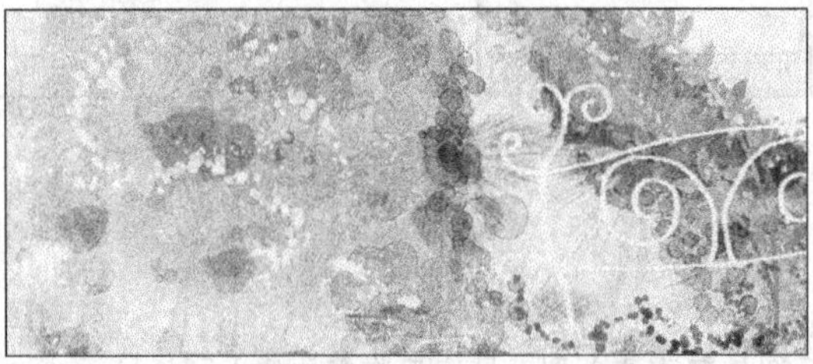

图 2-65　“上色”方式

图 2-66　“反转”方式

- 阴影：“阴影”混合方式可在不影响图像的情况下，为图层创建阴影效果。此混合方式不能体现当前图层的色彩，它是通过挡光的方式来体现折光与投影的效果，如图 2-67 所示。
- 魔术组合：“魔幻组合”方式可根据上、下图层的亮度差异合成图像，比底下图像亮的图层部分可见，而较暗的部分将由底下图像较亮的区域替换，如图 2-68 所示。

图 2-67　“阴影”混合方式

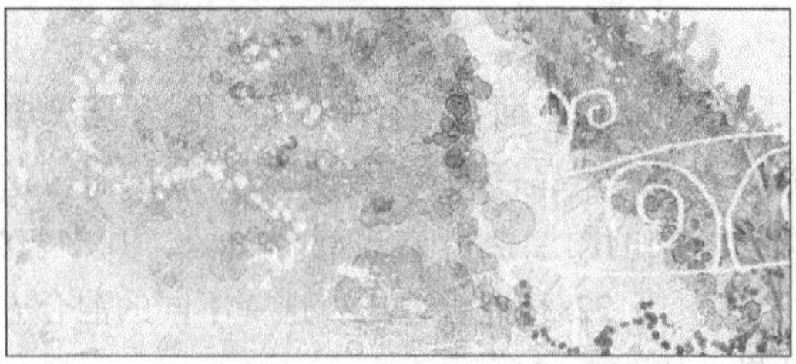

图 2-68　“魔幻组合”方式

- 伪色：“伪色”方式将把图层的亮度变形为色相，并将灰阶图层变形为颜色的光谱，如图 2-69 所示。
- 正常：“正常”混合方式与“默认”方式相似，上层图层会覆盖下层图层中的图像，如图 2-70 所示。
- 溶解：“溶解”混合方式将根据透明度组合图层颜色和图像颜色，可使图像层在叠加时产生随机分布的颜色，得到点状的溶解效果，如图 2-71 所示。

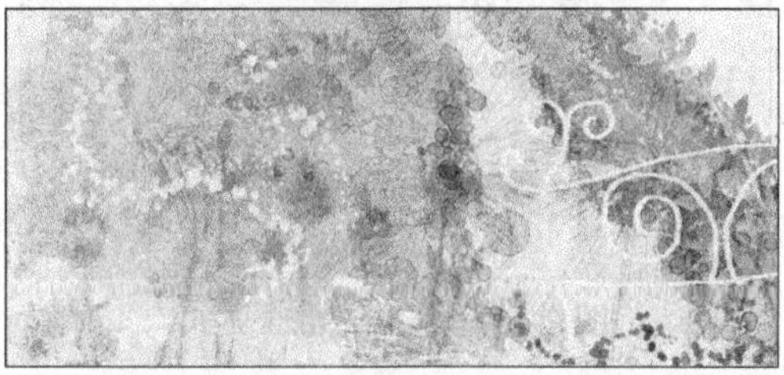

图 2-69 “伪色”混合方式

图 2-70 “正常”混合方式

- 正片叠底：此混合方式可使图层之间的像素相乘，得到更深的颜色效果。任何颜色与黑色执行此混合模式后得仍然得到的是黑色，而任何颜色与白色执行此混合方式得到的颜色仍然是该颜色，如图 2-72 所示。

图 2-71 “溶解”混合方式

图 2-72 “正片叠底”混合方式

- 屏幕：与“正片叠底”方式相反，使用“屏幕”混合方式混合图像可产生更亮的图像效果，如图 2-73 所示。
- 叠加：“重叠”方式将组合颜色并保留图像颜色的亮光与阴影。此方式只对图像中间色调颜色进行合成，而高光与阴影部分则变化不大，如图 2-74 所示。

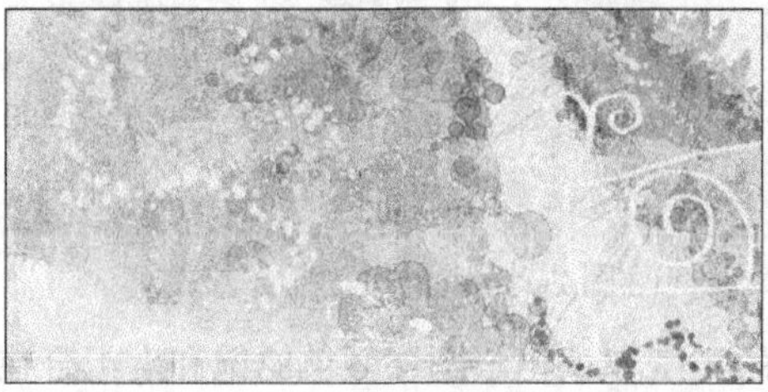

图 2-73 “屏幕”混合方式

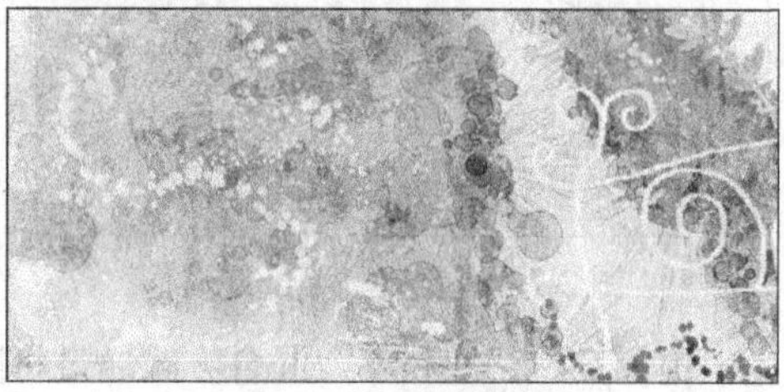

图 2-74 “重叠”混合方式

- 柔光：“柔光”将依据图层颜色的亮度使颜色变暗或变亮，可使图像产生柔光效果，如图 2-75 所示。
- 强光：“强光”合成方式与“柔光”混合方式的处理方式刚好相反，“实光”将依据图层颜色的亮度对颜色进行增值或网屏，可使图像产生强光的照射效果，如图 2-76 所示。
- 变暗：使用“变暗”混合方式可以将当前图层颜色与底层图像的颜色进行比较，选择其中较深的颜色作为混合结合色，当前图层中比底层图像颜色亮的颜色，会被底层图层颜色所取代，如图 2-77 所示。

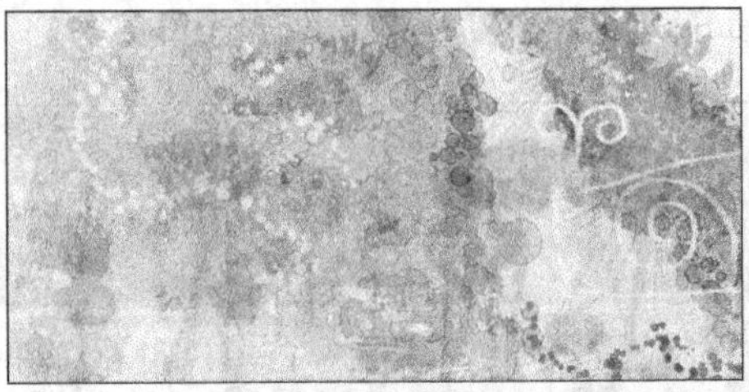

图 2-75 “柔光”混合方式

图 2-76 “强光”混合方式

- 变亮：“变亮”混合方式与“变暗”混合方式刚好相反，在比较上层与下层图像的颜色时，选择其中较亮的颜色作为混合结合色，层中颜色则底层图像颜色暗的，则会被底层图层颜色所取代，如图 2-78 所示。

图 2-77 “变暗”混合方式

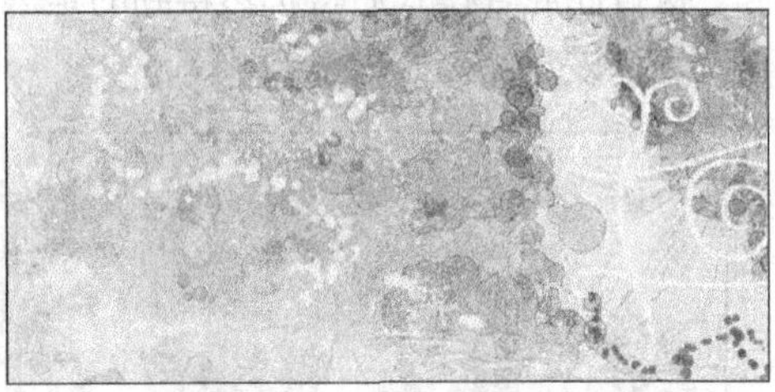

图 2-78 “变亮”混合方式

- 差异：“差异化”混合方式将从一种颜色中移除另一种颜色，具体取决于亮度值较大的颜色，如图 2-79 所示。
- 色相：“色相”混合方式通过将图像颜色的亮度和饱和度与图层颜色的色调组合在一起来创建颜色，如图 2-80 所示。

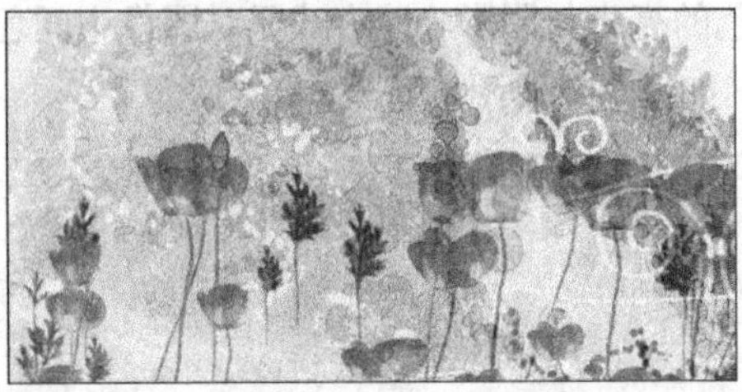

图 2-79 “差异”混合方式

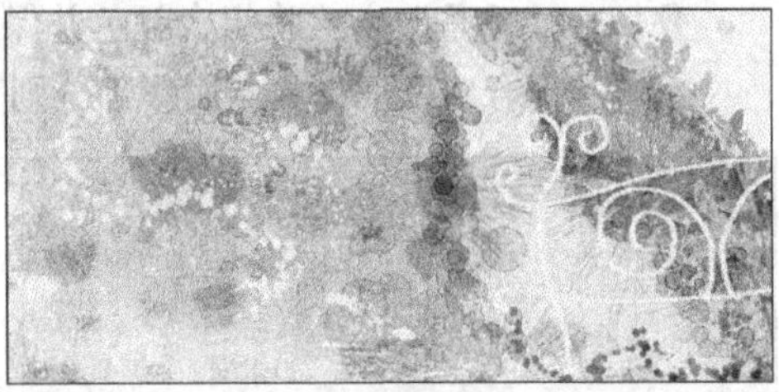

图 2-80 “色相”混合方式

- 饱和度：“饱和度”混合方式通过将图像颜色的亮度和色相与图层颜色的饱和度组合在一起来创建颜色，如图 2-81 所示。
- 颜色：“颜色”混合方式通过将图像颜色的亮度与图层颜色的色相和饱和度组合在一起来创建新颜色，如图 2-82 所示。

图 2-81 “饱和度”混合方式

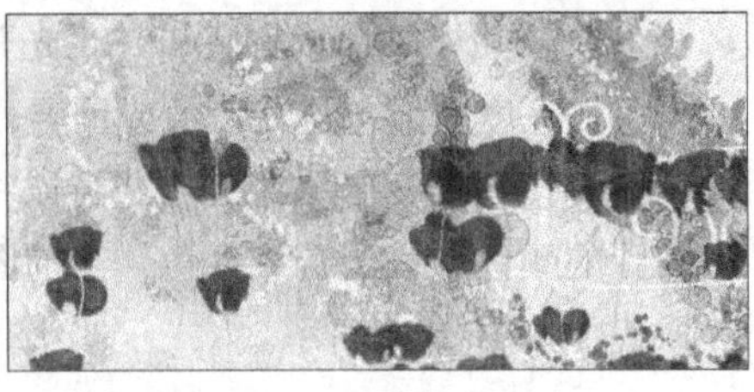

图 2-82 “颜色”混合方式

- 亮度："亮度"混合方式会通过图像颜色的色相和饱和度及图层颜色的亮度创建新颜色，如图 2-83 所示。
- 胶合覆盖："胶合覆盖"混合方式结合使用"默认"方式与"胶化"方式。图层内容的边缘将以其颜色为下方的图像进行染色，图层的其余部分会覆盖下方的图像，如图 2-84 所示。

图 2-83　"亮度"混合方式

图 2-84　"胶合覆盖"混合方式

◆混合深度

"混合深度"用于控制图层图像信息与画布和其他图层上的深度信息的相互作用方式。单击"混合深度"下拉按钮，在展开的下拉列表中即可选择图像的混合深度，如图 2-85 所示。

- 忽略：忽视图层上的深度效果。
- 添加：将图层上的深度效果与下面的图层相加。
- 相减：将图层上的深度效果与下面的图层相减。
- 替换：用图层上的深度效果替换下面图层上的深度效果。

图 2-85　选择图像的"混合深度"

重点技法提示

选择混合深度时，可以按下键盘中的上、下、左、右方向箭头快速在混合深度类型中进行切换。

2.5 图像的克隆与取样

Corel Painter 包含强大的图像克隆工具，可帮助我们将现有的图像转换为艺术作品。此外，还可以使用图像取样工具和技巧来对图像的一部分取样，以便在其他地方使用，从而完成图像的克隆与复制操作。

2.5.1 克隆图像

克隆是指从一个区域或文档获取图像，然后在其他区域或文档中重新创建图像的过程，可以帮助用户快速地绘制出一幅作品。开始克隆图像前，需要先选择要克隆的图像，然后 Painter 将会复制克隆源图像并将图像作为克隆源嵌入到克隆文件中，同时克隆文档将显示在一个新的文档窗口中，而克隆源则显示在"克隆源"面板之中。如图 2-86 所示，打开一张拍摄的照片，以此图像作为克隆源，执行"文件→快速克隆"菜单命令，创建一个与原打开源图像同等大小的文件。

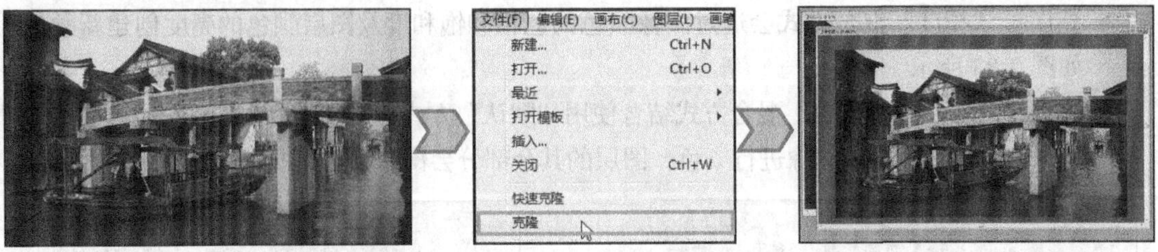

图 2-86 克隆图像

2.5.2 使用描图纸克隆

进行图像的克隆操作或克隆图像时，还可以启用描图纸。描图纸显示克隆文档下面的源图像的淡出版本，可让我们将克隆颜色精确地应用到画布中。与传统描图纸不同的是，Painter 中的描边纸是一种查看模式，是用作绘制或描绘图像的参考，而非类似于图层或文档之类的真实图像。

要启用描图纸克隆图像，需执行“窗口→克隆源”菜单命令，打开“克隆源”面板，在面板中单击“切换描图纸”按钮，即可启用描边纸。在启用描图纸以后，还可以拖曳“设置描图纸不透明度”滑块，调整描图纸的不透明度，如图 2-87 所示。

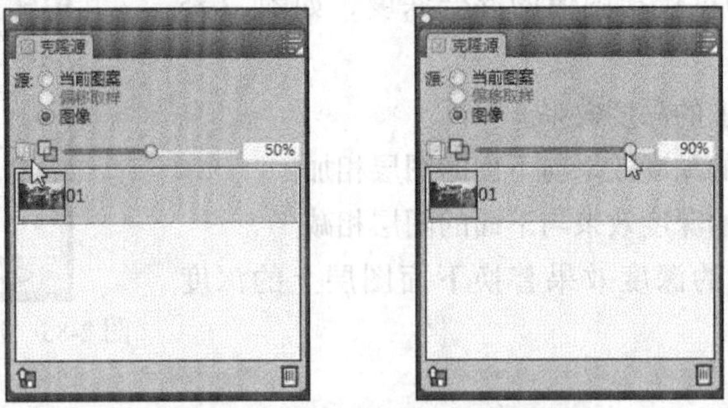

图 2-87 调整描图纸的不透明度

2.5.3 在克隆中绘制

创建克隆文件并启中描图纸以后，接下来就可以使用画笔在克隆文件中将克隆的颜色应用到画布的画笔绘制中。在克隆图像时，可以选择克隆工具进行克隆操作。选择该工具时将自动启用“克隆笔”画笔类别中的画笔变体，以实现更精细的图像克隆绘制。

如图 2-88 所示选择克隆源以后，单击工具箱中的“克隆工具”按钮，系统自动选择“克隆笔”画笔类别和克隆画笔变体，在显示的属性栏中调整画笔的大小、不透明度和浓度选项，设置后应用画笔在图像上涂抹绘画，经过反复的涂抹绘制，将照片转换为绘画艺术作品效果。

重点技法提示

Painter 中除了使用“画笔库”中已有的克隆工具画笔克隆图像外，也可以将其他的画笔变体转换为克隆工具画笔。在“画笔库”中选择要应用的画笔类别和画笔变体，执行“窗口→画笔控制面板→常规”菜单命令，在打开的“常规”面板中的“方式”下拉列表中选择“克隆”选项，即可将画笔变体转换为克隆工具画笔。此时，执行“窗口→画笔控制面板→克隆”菜单命令，打开“克隆”面板，在面板中选择并进行克隆选项的设置。

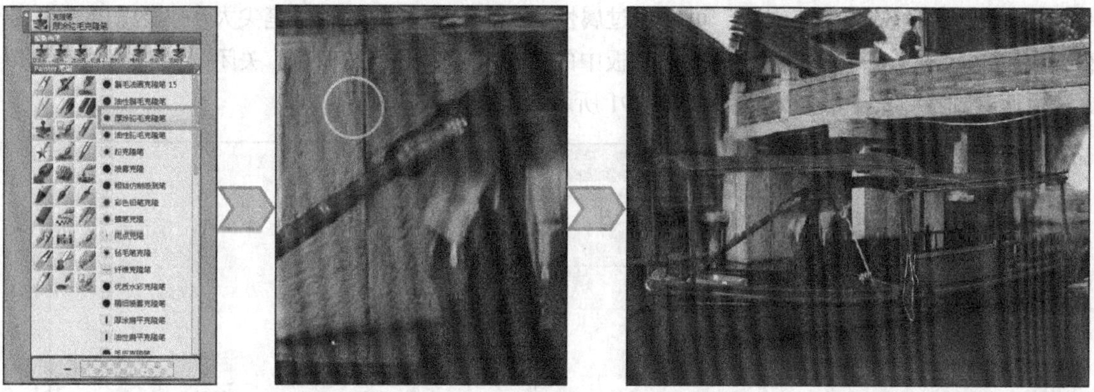

图 2-88　在克隆中绘制

2.5.4　使用“快速克隆”

Painter 12 中可以使用“快速克隆”命令来自动设置克隆图像所需的全部设置。使用“快速克隆”克隆图像时，它将自动创建克隆文档、嵌入克隆源、关闭源图像、清除画布、启用描图纸及选择对应克隆工具画笔。打开需要克隆的图像，执行“文件→快速克隆”菜单命令，即可快速创建克隆文件，如图 2-89 所示，此时可以看到在打开的“克隆源”面板中启用了描图纸功能。

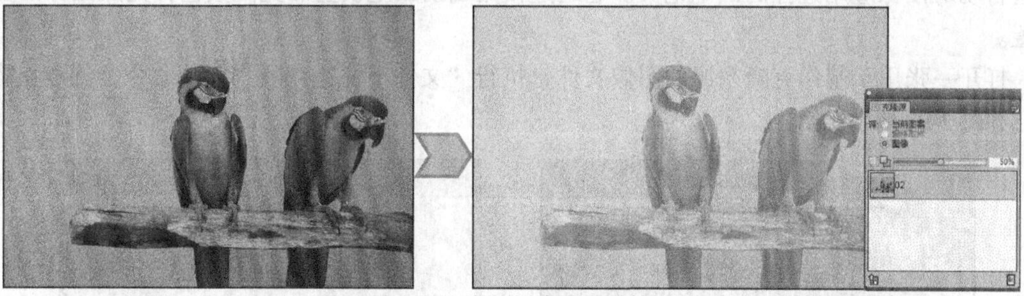

图 2-89　快速创建克隆文件

2.5.5　使用描图纸绘制轮廓线

在创建的克隆文件中，可以使用“画笔库”面板对图像的外形进行描绘，创建对象的轮廓线条。

按下快捷键【Ctrl】+【M】，使画布布满操作界面，如图 2-90 所示，展开“画笔库”面板，在面板中选择“铅笔工具”下的“仿真 2B 铅笔”，沿照片中的鹦鹉图像边缘开始描线。

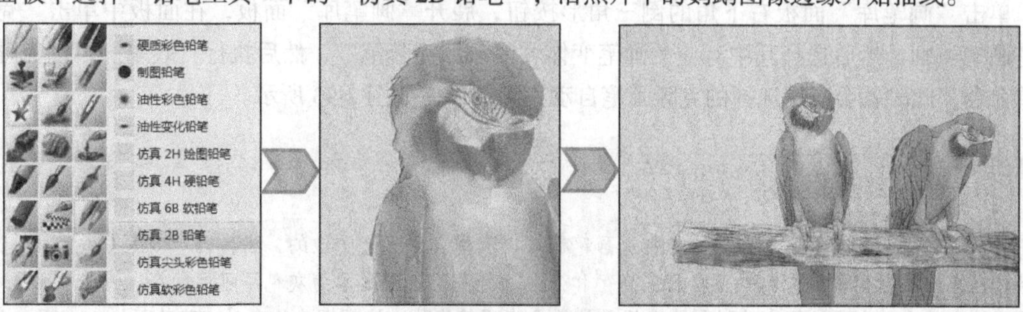

图 2-90　对图像描线

使用画笔对图像进行描线时，可以通过属性栏中的选项，调整画笔笔尖大小、饱和度等，绘制完成后，打开“克隆源”面板，单击面板中的“切换描边纸”按钮，关闭描图纸，这时可以更清楚地看到描述的轮廓线效果，如图 2-91 所示。

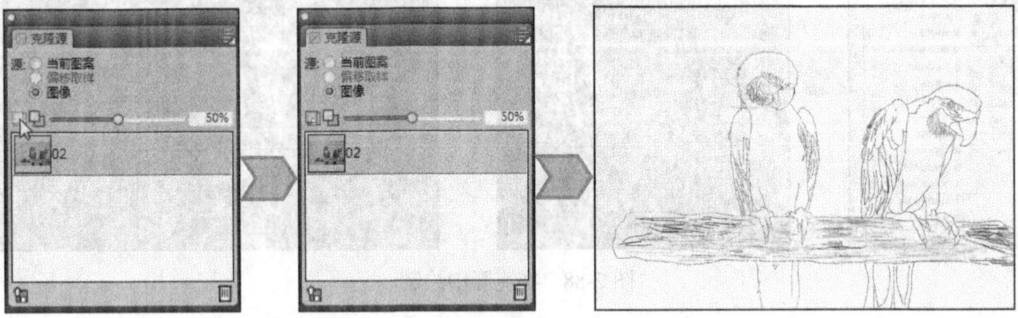

图 2-91　轮廓线效果

2.5.6　使用“自动克隆”

如果要绘制的区域非常大，则使用克隆工具画笔绘制会耗费很长的时间，因此，为了节省时间，也可以使用“自动克隆”功能快速克隆图像。对图像应用“自动克隆”操作时，其克隆效果会自动对图像应用选择的画笔笔尖。它通过使用当前画笔设置和克隆颜色，完成图像的克隆设置。

打开一张用于制作克隆来源的图像文件，执行“文件→快速克隆”菜单命令，创建克隆文件，如图 2-92 所示。

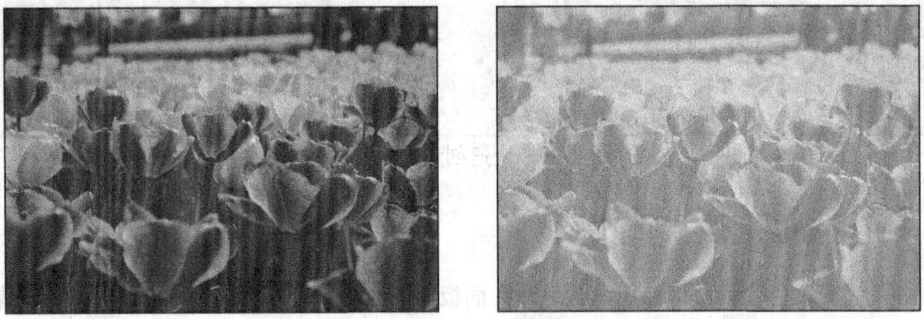

图 2-92 创建克隆文件

单击“画笔库”面板右下角的倒三角形按钮，展开“画笔库”面板，在面板中单击“克隆笔”画笔类别，然后选择其中对应的画笔变体“印象派克隆笔”，然后执行“效果→自动克隆”菜单命令，此时就会应用选择的克隆画笔自动克隆图像，如图 2-93 所示。

重点技法提示

在“克隆笔”画笔类别中并不是所有画笔都可以应用自动克隆图像的。当执行“效果”菜单命令时，在弹出的菜单命令中如果“自动克隆”和“自动梵高”选项显示为灰色不可用状态，则表明该画笔不能进行自动克隆设置。此时需要选择另外的克隆画笔变体来实现图像的自动克隆绘画。

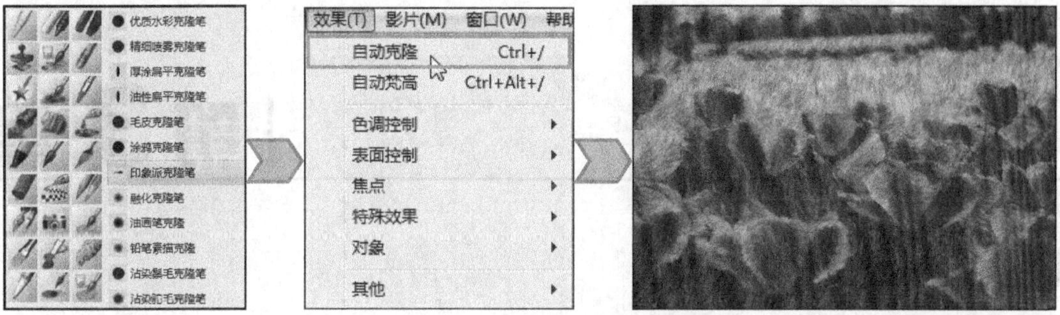

图 2-93　自动克隆图像

完成自动克隆绘画后，在克隆图像下显示了源图像。为了更直观地查看自动克隆效果，需打开“克隆源”面板，单击面板中的“切换描边纸”按钮，关闭描图纸，或按快捷键【Ctrl】+【T】，关闭描图纸，在关闭描边纸以后，此时我们会看到原拍摄的花朵照片转换为了印象派抽象绘画效果，如图 2-94 所示。

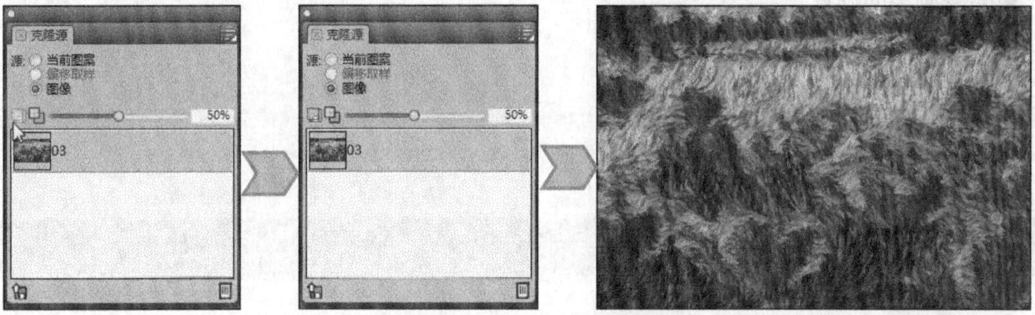

图 2-94 查看自动克隆效果

应用“自动克隆”命令克隆图像时，在图像中的任意位置单击，则会退出克隆状态，不会继续再对未完成的区域进行克隆，如图 2-95 所示。

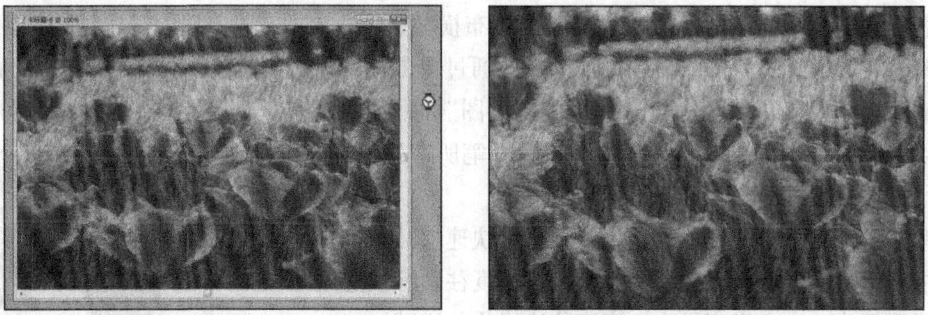

图 2-95　退出克隆状态

第3章

画笔的设置 «

本章学习重点

- 画笔的笔尖剖面设置
- 画笔校准
- 常规画笔的设置
- 调整画笔的大小
- 调整画笔间距
- 画笔的角度设置
- 画笔颜色的调整

3.1 画笔的笔尖剖面

使用“画笔库”中的画笔开始绘画前，需要对画笔的笔尖进行设置。Painter 中，可以利用“笔尖剖面图”面板随意修改画笔笔尖和画笔笔触预览效果。

3.1.1 笔尖剖面类型

画笔笔尖剖面图显示画笔尖直径的密度分布横截面图。在“笔尖剖面类”面板中提供了 13 种默认的笔尖形状，我们可以在预览窗的右侧通过单击鼠标来进行选择。执行“窗口→画笔控制→笔尖剖面类型”菜单命令，打开“笔尖剖面图”面板，如图 3-1 所示，在面板左侧的为预览窗，可以利用它来预览改变画笔笔尖设置后画笔所产生的变化。单击预览窗右侧的按钮，设置画笔笔尖剖面效果。

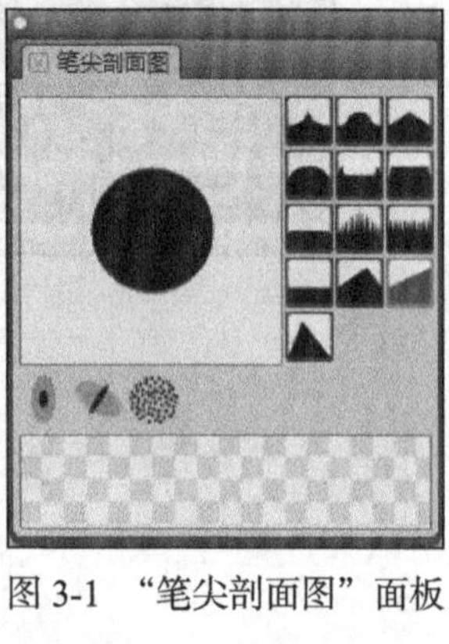

图 3-1 “笔尖剖面图”面板

- 锐状笔头：中心密度最大，密度往边缘快速递减。
- 中间笔头：中心较大区域密度较高，密度往边缘快速递减。
- 线性笔头：中心密度最大，密度往边缘均匀递减。
- 钝状笔头：中心密度最大，边缘仍维持高密度。
- 水槽状笔头：外侧环状边缘密度最大，内部密度适中。
- 1 像素边缘：在生成单一像素、反锯齿补偿边缘的全程提供最大密度，在边缘处密度快速降低。
- 软性圆形笔头：密度始终保持最大，在边缘处密度快速降低。

- 锐头排笔笔头：提供一个鬃毛长度范围，中心鬃毛较长，长度往边缘递减。
- 扁平排笔笔头：始终提供一个鬃毛长度范围和最大密度，生成明显且均匀的鬃毛。
- 扁平笔头：为“艺术家油画”调色刀而设计，始终提供最大密度，在边缘处密度快速降低。
- 凿子状笔头：为“艺术家油画”调色刀而设计，最大密度靠近中心位置，但降低速度不均。
- 楔子状笔头：为“艺术家油画”调色刀而设计，在一条边缘处提供最大密度，密度往另一条边缘均匀递减。
- 铅笔剖面图：在与绘图板垂直时会提供较尖的尖头，在与其形成某一角度时，提供较宽较柔的尖头。

3.1.2 更改预览效果

在“笔尖剖面图”面板中提供了画笔剖面预览、硬媒材预览、笔尖预览等 3 种不同的查看笔触预览方式。单击“预览大小和形状”按钮，在预览框中显示画笔剖面的大小和形状；单击“预览硬媒材”按钮，在预览窗中显示硬媒材的大小和形状；单击“预览画笔笔尖”按钮，显示画笔笔尖的大小和形状。在绘制线条时，通过单击这 3 个按钮，可以随时看到笔尖的变化，如图 3-2 所示。

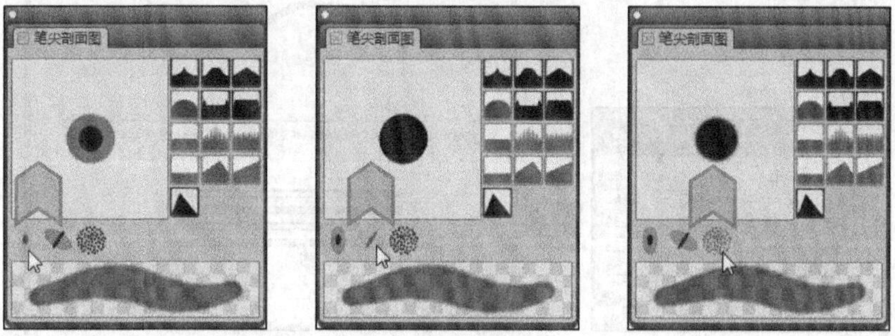

图 3-2 笔触预览

3.2 画笔校准

使用工具绘制时，由于每个艺术家在笔触上都会有着不同的力度或会施加不同的压力来完成作品的绘制，而在 Painter 中为了让绘制出来的图像感受不同力度或速度绘制效果，可以使用“画笔校准”面板对画笔的程度比例、速度强度、压感比例和压感强度进行调整。

3.2.1 启用画笔校准

执行“窗口→画笔控制面板→画笔校准”菜单命令，打开“画笔校准”面板，在面板中勾选“启用画笔校准”复选框，启用画笔校准功能。启用画笔校准功能后，下方的选项滑块会被激活。如图 3-3 所示，如果使用较慢或较快的动作进行绘画时，想要获得完整的速度范围，则调整“画笔校准”面板中的“速度比例”和“速度强度”滑块；使较轻或较重的力度进行绘画时，如果想要获得完整的压力范围，则需调整面板中的“压感比例”和“压感强度”滑块。

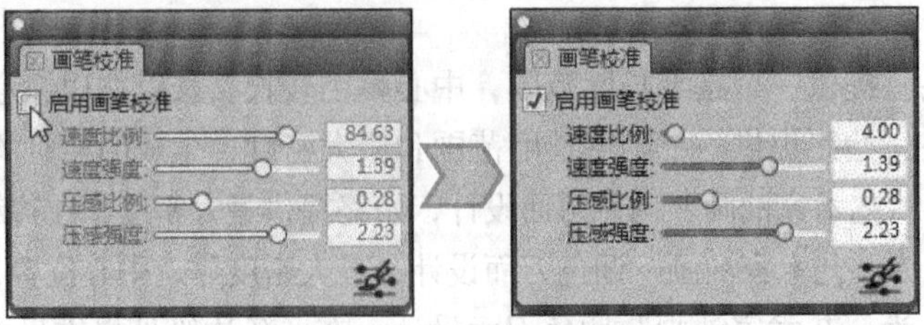

图 3-3 启用画笔校准

3.2.2 设置画笔校准选项

在“画笔校准”面板右下角显示了一个“设置画笔校准设置”按钮，单击该按钮将会打开“画笔追踪”对话框，在此对话框中只需要使用正常力度或速度在上方的画板区域中绘制画笔笔触，软件会自动根据绘制的力度和速度调整下方的选项，以对画笔笔触进行速度、压感的校正，如图 3-4 所示。

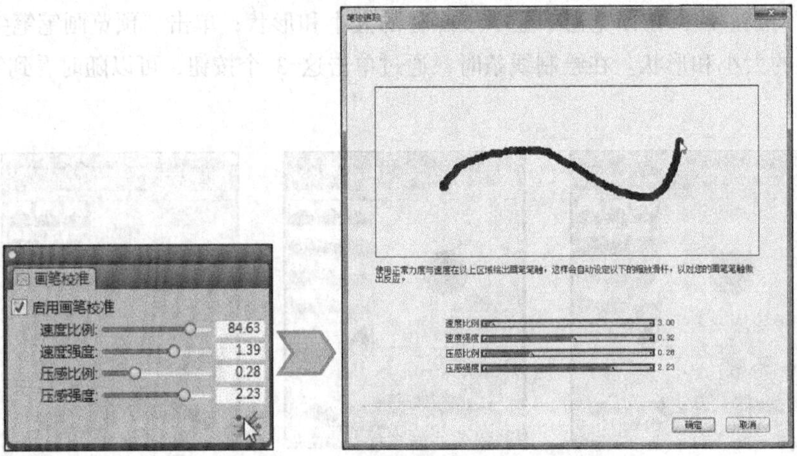

图 3-4 设置画笔校准选项

3.3 常规设置

Painter 针对画笔属性和笔尖类型提供了广泛控制，可以使用“常规”面板对画笔笔尖、笔触类型与表现类型进行设置。执行“窗口→画笔控制面板→常规”菜单命令，即可打开“常规”面板，在面板中通过单击下拉按钮，拖曳选项滑块能够快速完成画笔笔尖的常规性设置。

3.3.1 笔尖类型

在“常规”面板中，用户可以使用“笔尖类型”选项改变当前选择画笔变量的笔尖类型。单击“笔尖类型”下拉按钮，在展开的下拉列表中即可选择合适的笔尖类型，如图 3-5 所示，其中包括了图形、单个像素、静态鬃毛、捕捉等 28 种不同的笔尖类型。

- 圆形：笔尖由“大小”和“角度”画笔控制面板中的滑块控制。
- 单个像素：仅由一个像素组成，不能更改其大小。当需要放大图像来编辑像素时，可使用单一像素型画笔。

- 静态鬃毛：“大小”画笔控制面板中的滑块控制。选择“鬃毛”笔尖类型时，预览窗格会显示鬃毛剖面图中心密度最大，密度往边缘均匀递减。
- 捕捉：创建和获取的形状。
- 擦除工具：用于消除部分图像的笔尖。
- 驼毛：创建带有一轮鬃毛的鬃毛画笔。每根画笔鬃毛都可以拥有自己的色彩，并且可以单独吸取“画笔装入”选项的基色，进行多种颜色的着色。各个画笔可表现各种色彩，画笔越大速度越慢。
- 扁平：创建扁平画笔，其样式为长椭圆形，多用于绘制垂直线或独特的线条样式。
- 调色刀：创建与“平头”笔尖画笔相反的画笔。饱和度较低时，使用这些画笔可擦掉、推挤、挑选或快速拖动色彩。

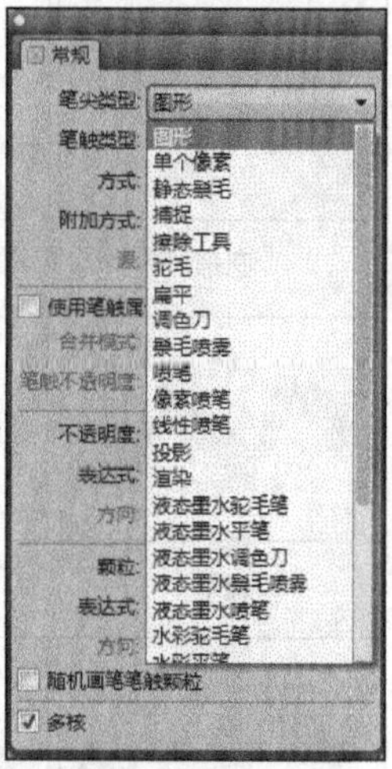

图 3-5 笔尖类型

- 鬃毛喷雾：创建可使用喷枪控制项的画笔。这些画笔可识别倾斜，进而分隔倾斜另一面的鬃毛。
- 喷笔：创建充当喷枪的画笔，支点（方向）和角度（倾斜）会影响结果圆锥部分的偏心圆。绘画时，按下组合键【Alt】+【Shift】键拖曳，可以在绘制时反转喷涂方向。
- 像素喷笔：创建仿效喷枪的画笔。使用“像素喷枪”笔尖的画笔无法使用“特征”滑块来控制各媒材点滴的大小。绘画时，按下快捷键可以在绘制时反转喷涂方向。
- 线性喷笔：创建仿效喷枪的画笔。使用“线状喷枪”笔尖的画笔可喷涂线条，而不是水滴形。
- 投影：创建充当喷枪的画笔。如果画笔是使用“投射”笔尖创建的，那么其作用就类似于旧版应用程序的喷枪，同时还可以对角度与方向等选项进行调整。
- 渲染：创建来源与笔触相符的画笔。使用“源”列表框控制与计算的画笔笔触对应的内容。
- 液态墨水：“液态墨水笔”笔尖可创建模拟传统墨水媒材的液态效果。Painter 中包括了“液态墨水驼毛”“液态墨水平笔”“液态墨水调色刀”“液态墨水鬃毛喷雾”和“液态墨水喷笔”5 种“液态墨水”笔尖类型。
- 水彩：“水彩”笔尖可创建仿效水彩画笔的效果，绘制时，色彩可流动与混合，并产生融入纸张效果，同时可以通过调整选项控制纸张的湿度与蒸发速度。Painter 中包括了“水彩驼毛喷雾”“水彩平笔”“水彩调色刀”“水彩鬃毛喷雾”和“水彩喷笔”5 种“水彩”笔尖类型。
- 艺术家油画：“艺术家油画”笔尖可生成仿效真实高质油画笔的画笔。
- 计算的圆形：创建圆形形状的画笔，与“圆形”笔类类型相似，可调整大小和角度。

如图 3-6 所示，当选择相同的画笔而设置不同的画笔笔尖涂抹时，绘出的图像效果也会存在很大的区别。由此可见，画笔笔尖类型的选择对绘制出来的图像结果会产生直接的影响。

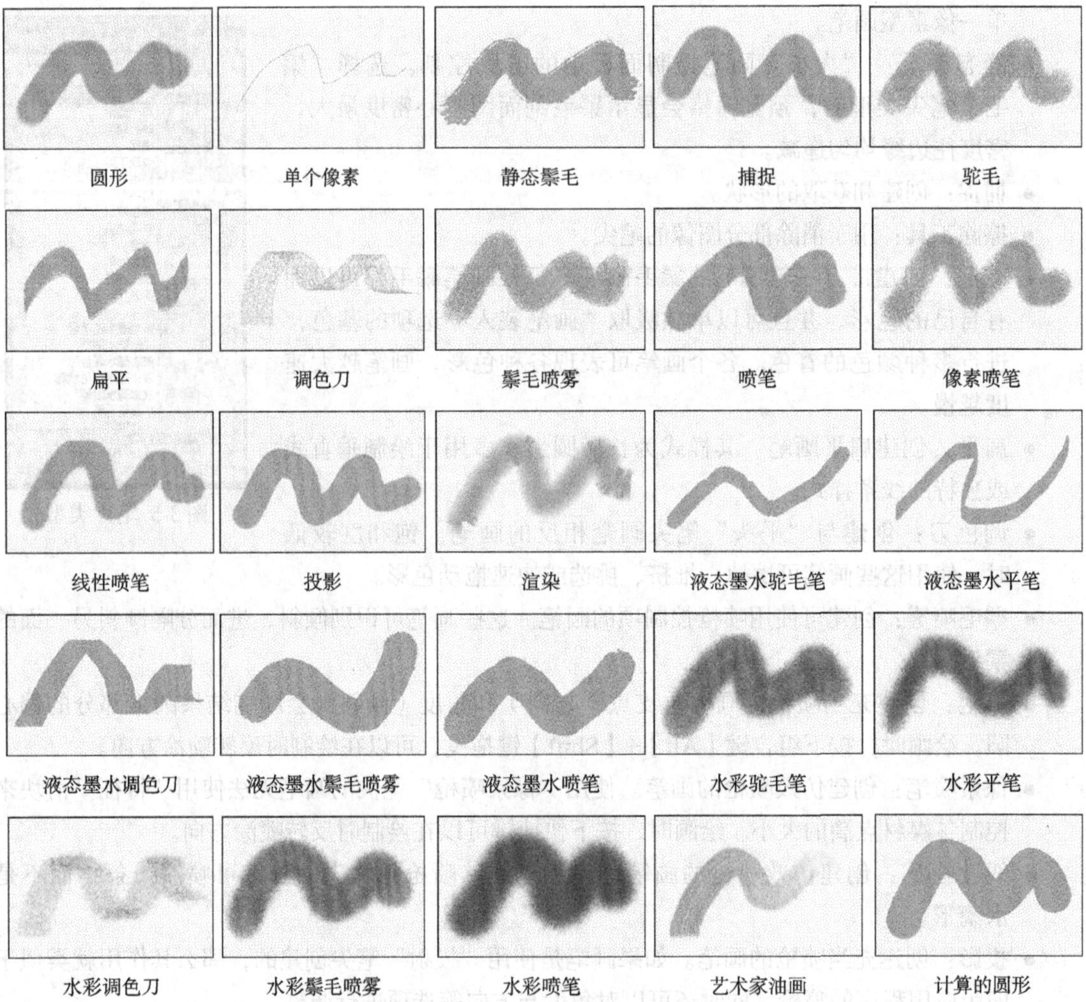

图 3-6 各笔尖类型的绘图效果

3.3.2 笔触类型

通过“笔触类型”选项可在使用笔刷笔触期间确定如何应用媒材。Painter 中的某些笔触类型有可能呈现灰色，表示不可用。这取决于当前选择的笔刷变体和笔尖类型。

单击“笔触类型”下拉按钮，在展开的下拉列表中即可看到合适的笔触类型，如图 3-7 所示。单一笔触类型可绘制一条与笔刷笔触对应的笔尖路径。在绘制时，也可以结合单一笔触类型一起使用鬃毛、捕捉或任意渲染的鬃毛笔尖类型，以创建多重鬃毛效果，如图 3-8 所示。

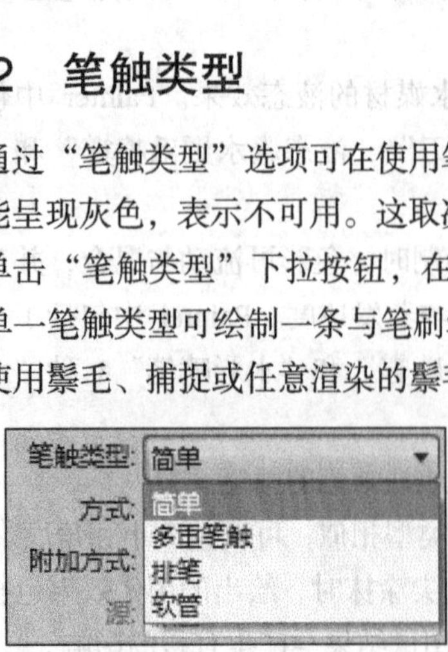

图 3-7 笔触类型

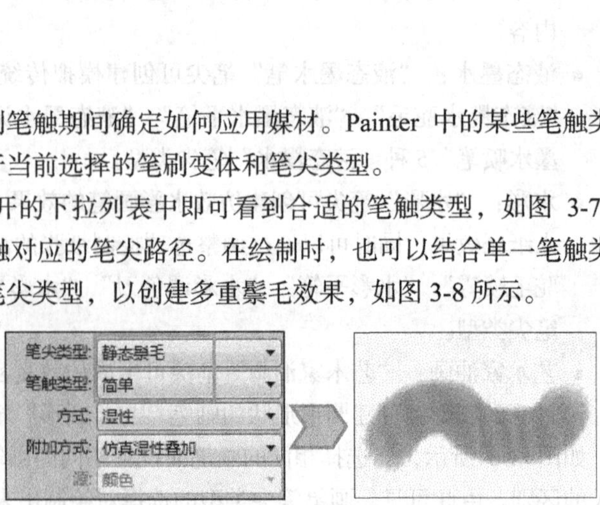

图 3-8 多重鬃毛效果

在“笔触类型”下拉列表中除默认的“简单”类型外，还有“多重笔触”“排笔”“软管”3 种笔触类型。默认“简单”笔触类型绘制时，只有一条笔尖路径。“多重类型”可绘制出一组乱数分布的笔尖路径。“排笔”笔触类型由均匀分布的笔尖路径组成。“软管”笔触类型会将当前喷嘴文件用作媒材进行绘制。图 3-9 中为选择 4 种不同笔触类型的绘制效果。

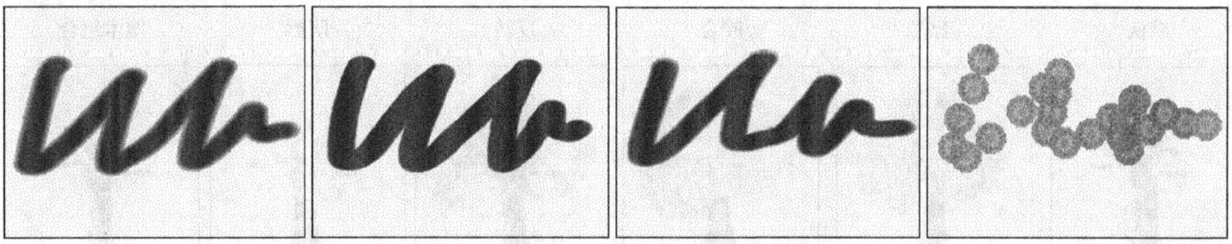

图 3-9　不同笔触类型的绘制效果

3.3.3　笔触属性

“常规”面板不但可以对画笔的笔尖类型进行选择，还可以调整画笔的笔触属性。画笔的笔触属性的作用原理与图层混合方式的作用原理相似，其可以将合并模式应用到画笔变体以控制画笔笔触与基色相互作用的方式。我们可以在不使用图层混合方式的情况下，快速创建图案的叠加混合效果。在“常规”面板中勾选“使用笔触属性”复选框，可激活下方的“合并模式”和“笔触不透明度”选项，如图 3-10 所示。

图 3-10　设置笔触属性

◆设置画笔合并模式

“合并模式”用于控制画笔笔触在绘图中与画布或下方图像的混合模式，在绘制的过程中只会对画笔绘制的区域产生影响，而不会对整个图层产生影响。如图 3-11 所示，在“常规”面板中，单击“合并模式”右侧的下拉按钮，在展开的下拉列表中即可选择合并模式。

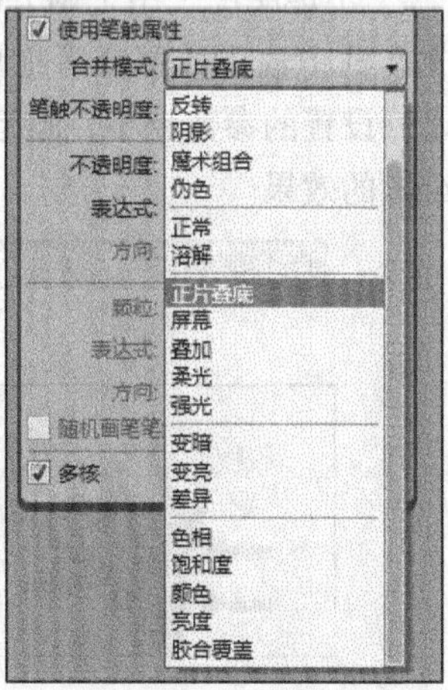

图 3-11　合并模式

重点技法提示

Painter 12 中要在各种绘画模式之间进行切换，除了单击“合并模式”下拉按钮进行选择以外，也可以按下键盘中的上、下、左、右方向键进行更快速地切换。

图 3-12 中，选择了“水粉笔”类别中的“尖细水粉笔”，将画笔主要颜色设置为绿色后，选择不同的合并模式进行了树枝的绘制，从绘制的图像中，可以看到应用相同的颜色以不同的合并模式进行绘画涂抹时，所得到的图像效果出现了不一样。

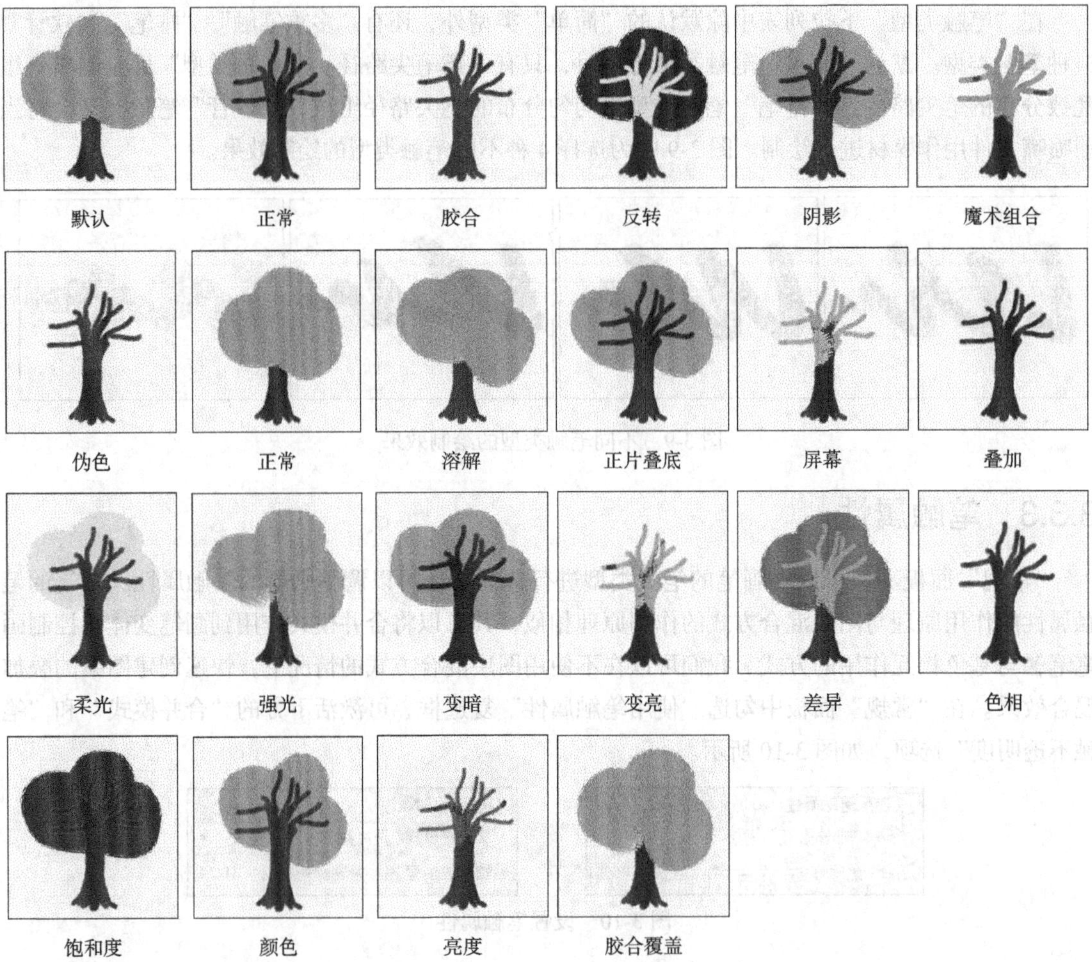

图 3-12　不同合并模式的显示效果

◆**调整笔触不透明度**

“不透明度”用于调节画笔的不透明程度，即油墨在绘图过程中的最大油彩覆盖量，直接在文本框中输入数值或者拖曳滑块进行参数的调整。设置的参数越大，笔画效果就越明显；反之，设置的参数越小，画笔效果就越淡。如图 3-13 所示展示了设置不同的不透明度值时，画笔绘画的效果。

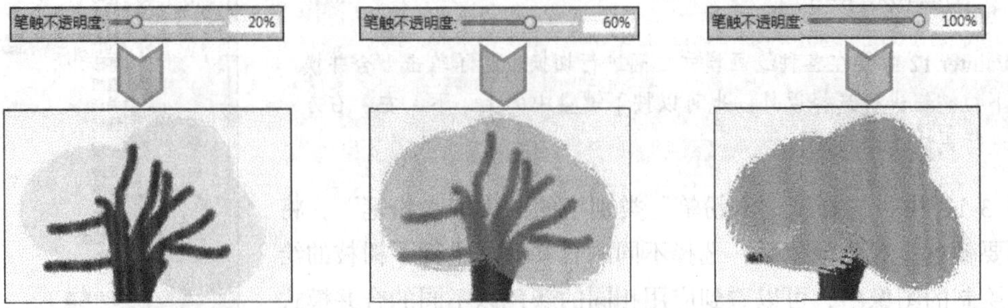

图 3-13　不同透明度值的显示效果

3.3.4　不透明度

“常规”面板中可以利用“不透明度”选项来控制画笔笔触的浓度。通过拖曳滑块或者直接在文本框中输入 1~100 的任意参数，都可以实现画笔浓度的调整。设置的数值越大时，画笔的浓度就越高。图 3-14 所示分别为设置“不透明度”为 30%和 90%时的画笔笔触绘制效果。

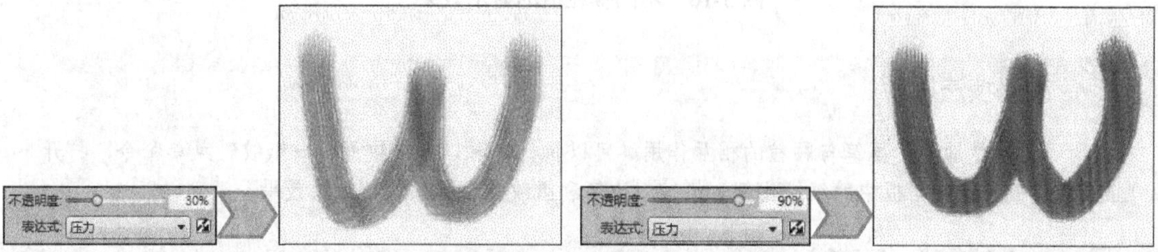

图 3-14　不同透明度的画笔笔触浓度不同

调整画笔浓度后，还可以使用下方的“表达式”选项更改当前选择画笔变量的表现方式，以调整要应用的画笔的质感。单击“表达式”下拉按钮，在展开的下拉列表中将看到无、速率、方向、压力、滚轮、倾斜、停顿、旋转、来源和随机 10 个选项。选择不同表现方式时，画笔所绘制出的笔触所表现出的质感也不一样，如图 3-15 所示。

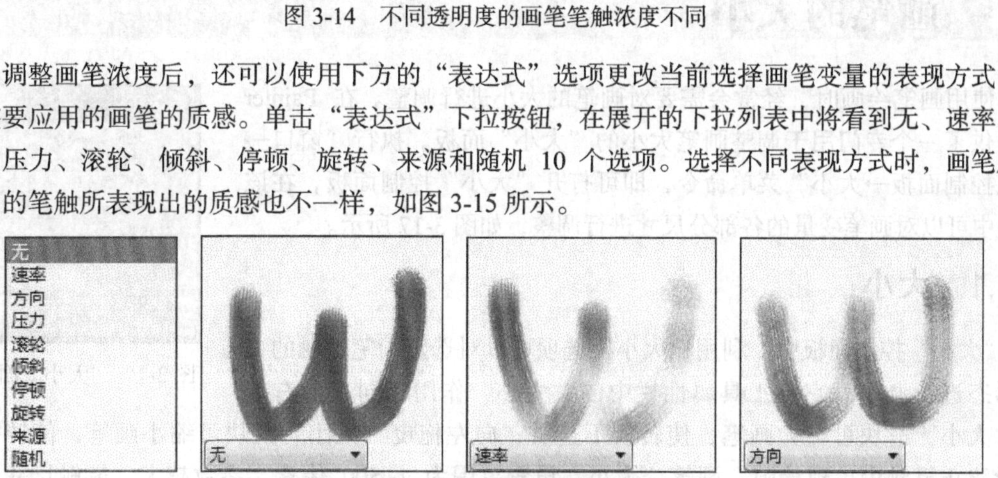

图 3-15　调整画笔质感

重点技法提示

Painter 可以使用快捷方式调整画笔的大小和不透明度。如果需要更改画笔大小，按住快捷键【Ctrl】+【Alt】不放，在文档窗口中单击并拖动半径圆形，直到圆形设置为所需的大小为止，然后释放画笔或鼠标按键；如果更改画笔的不透明度，按住快捷键【Ctrl】+【Alt】不放，单击鼠标以显示圆形，再按住画笔或鼠标左键的同时，按【Ctrl】键在图像窗口中拖动“不透明度”圆形，直到圆形设置为所需的不透明度为止，然后释放画笔或鼠标按键。

3.3.5　颗粒

“颗粒”选项可以用于控制画笔笔触中显示的纸纹量。“常规”面板中的“颗粒”选项与工具属性栏中的“颗粒”作用相同，都是通过调整百分比来调节颜色渗入画纸纹理的多少。这时，向左拖曳“颗粒”滑块可减低对颗粒的渗透感，反之则会增加渗透感。一般情况下，制作笔触时，纸张的颗粒是固定不变。在一个区域重复地绘制会产生相同的颗粒，如果想得到不同的颗粒感，也可以随机移动每个笔触笔尖的纸纹颗粒。如图 3-16 所示选择“炭笔和孔特粉笔”类别中的“炭笔”后，分别为设置“颗粒”为 30%和 90%时的画笔笔触绘制效果。

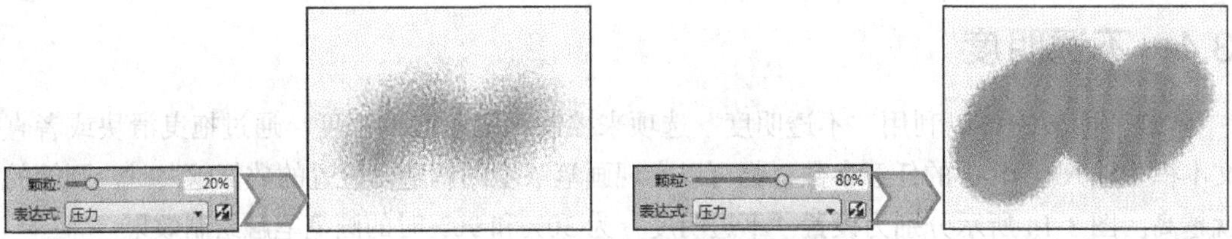

图 3-16　不同颗粒值的显示效果

重点技法提示

为了更清楚地显示画笔与颗粒的相互作用，可以执行“窗口→纸纹面板→纸纹”菜单命令，打开“纸纹”面板，使用面板中的纸纹比例、纸纹对比度和纸纹亮度选项调整纸纹效果。

3.4 画笔的大小

使用画笔绘画时，经常会需要对画笔的大小进行调整。在 Painter 中提供了一个专门用于调整画笔大小的“大小”面板。执行“窗口→画笔控制面板→大小”菜单命令，即可打开“大小”控制面板，在该面板中可以对画笔变量的各部分尺寸进行调整，如图 3-17 所示。

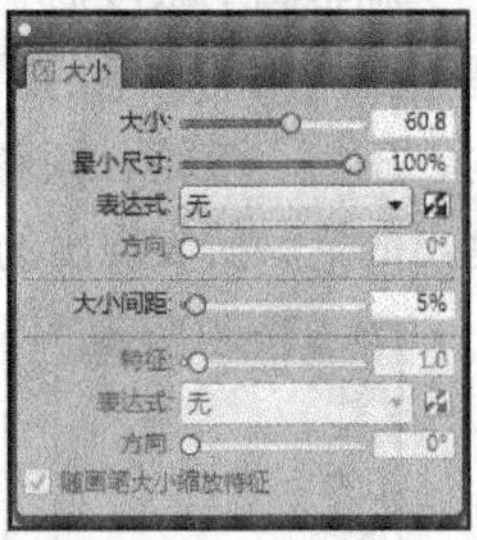

图 3-17　“大小”面板

3.4.1　大小

“大小”控制面板中，利用“大小”选项可以对选定画笔笔触的大小形态进行调整。它与工具属性栏中的“大小”作用相同，向右拖曳“大小”滑块可增大画笔，使转换不连贯；向左拖曳“大小”滑块可缩小画笔，使转换较平滑防止笔触中出现缝隙。画笔“大小”设置范围为 1~500 像素，参数越大，笔触尺寸就越大。如图 3-18 所示展示了设置“大小”值为 20、40、70 时绘制的效果。

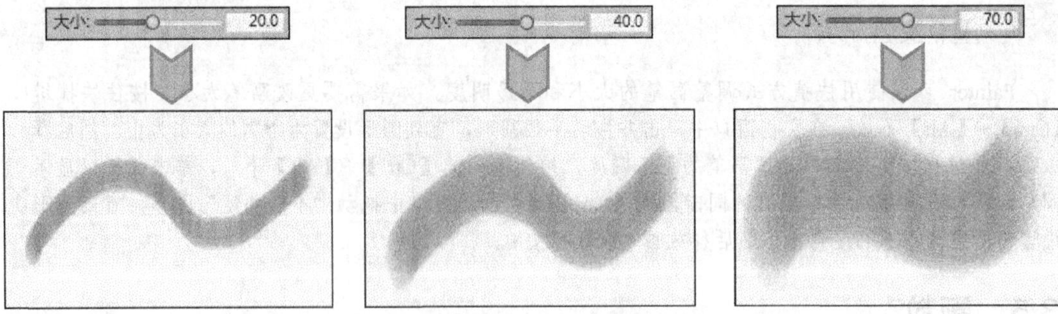

图 3-18　不同“大小”值的效果

在传统媒材绘画中，我们可通过加大压力来控制画笔笔触大小的变化，而使用 Painter 绘制时，则可以利用调整画笔的最大尺寸和最小尺寸来控制画笔笔尖大小的变化，以获得非常逼真的笔刷笔触。“大小”选项主要用来设置最大笔触尺寸，“最小尺寸”选项则用于画笔笔触的最小尺寸。输入的参数越小，画笔的粗细变化越明显；反之，输入的参数越大，画笔的粗细变化就越微弱。笔触的最小尺寸和最大尺寸均可与压力或速度等画笔设置相接，如图 3-19 所示，黑色小圆显示的是最小笔触尺寸，而灰色圆圈则显示的是画笔的最大笔触尺寸。

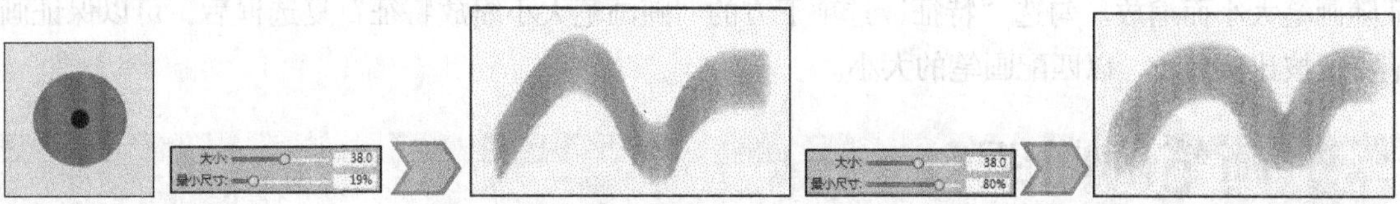

图 3-19　控制画笔笔尖大小

重点技法提示

调整画笔大小，不但可以使用“大小”面板中的“大小”选项实现，也可以在属性栏中的“大小”框中输入数值，或拖曳“大小”滑块进行调整，还可以直接按下键盘中的中括弧[ ]，快速增大或缩小画笔笔刷。

3.4.2　大小间距

“大小间距”选项用于控制笔触窄宽部分的转换，即调整从画笔笔尖到外缘之间粗细变化的速度。向左拖曳“大小间距”滑块，笔触会变得平滑；向右拖曳“大小间距”滑块，笔触会产生不连续的效果。如图 3-20 所示为设置“大小间距”为 1%和 100%时的画笔笔触绘制效果。

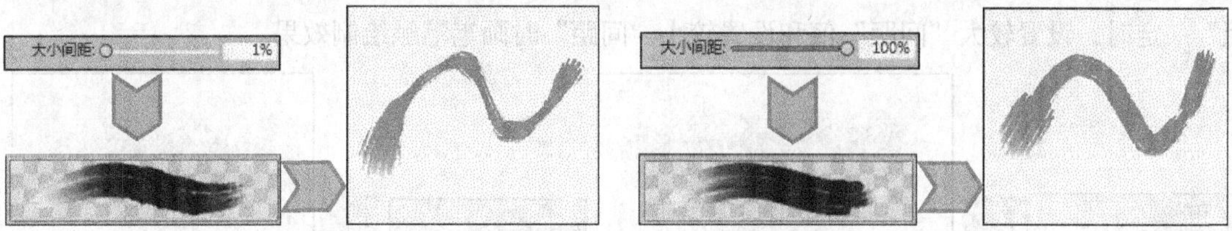

图 3-20　不同“大小间距”的绘制效果

3.4.3　特征

“特征”选项用于确定演算笔尖类型的画笔所应用的颜色笔尖大小。它与工具属性栏中的“特征”选项作用相同，在属性栏中调整“特征”时，位于“大小”面板中的“特征”选项值也会随之发生改变，同理，当更改“大小”面板中的“特征”选项时，属性栏中的“特征”选项值也同样会发生变化。将“特征”与“表达式”结合，可以指定更适合于绘画效果的笔尖大小与密度。如图 3-21 所示，分别展示了为设置“特征”值为 2 和 10 时的绘制效果。

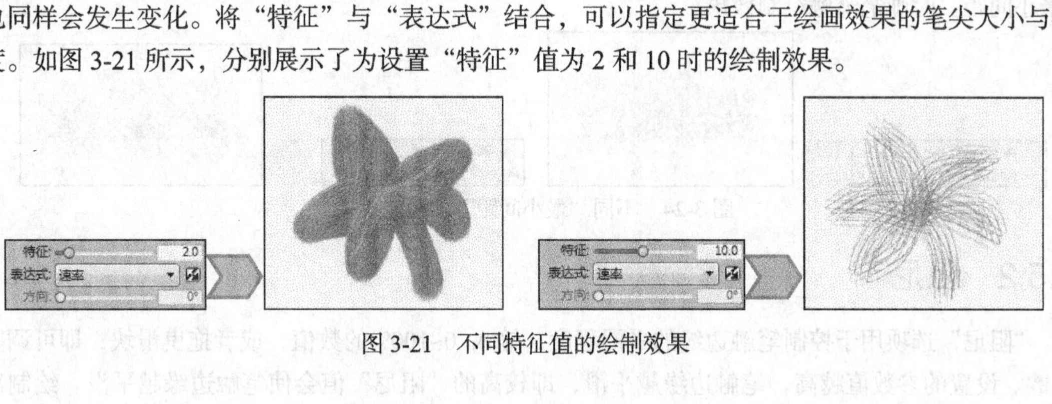

图 3-21　不同特征值的绘制效果

除了可以手动调整画笔“特征”还可以勾选“随画笔大小缩放特征”复选框指定画笔笔触特征随画笔大小而缩放。勾选“特征”选项下方的“随画笔大小缩放特征”复选框后，可以保证画笔特征按比例分布，以匹配画笔的大小。

3.5 画笔的间距

当笔触使用笔尖式笔尖类型时，Painter 会创建搭配一系列笔尖的笔触。如图 3-22 所示，通过应用“间距”面板中的选项可以调整这些笔尖的间距，并控制笔触的连贯性。执行“窗口→画笔控制面板→间距”菜单命令，将打开“间距”面板，在面板中通过拖曳滑块或输入数值等方式对画笔笔尖之间的距离进行调整。

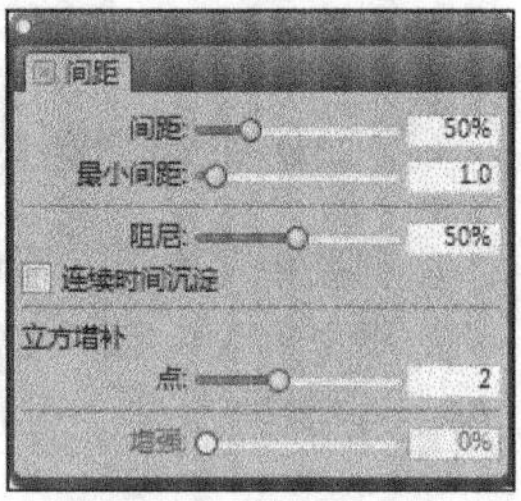

图 3-22 “间距”面板

3.5.1 间距

画笔笔尖间距的调整分为“间距”和“最小间距”的调整。“间距”选项用于控制笔触中画笔笔尖的间距，若要增加笔尖之间的距离，则向右拖曳“间距”滑块，此时绘制出的线条颜色相对较浅；若要增加笔尖之间的距离，则向左拖曳“间距”滑块，直到笔尖开始重叠为止。重叠会增加笔触密度，使笔触外观更加边缘，且绘制出的线条颜色相对较深。如图 3-23 所示为“最小间距”一定时，设置较大“间距”值和设置较小“间距”时画笔笔触绘制效果。

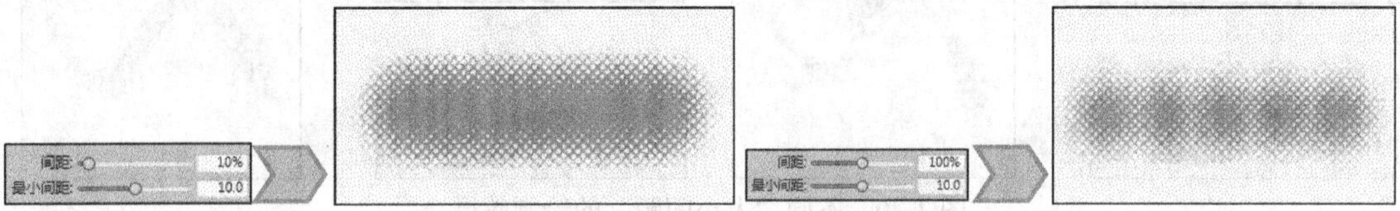

图 3-23 不同“间距”值的绘制效果

“最小间距”选项用于指定笔尖之间的最小像素量，即笔尖的最小距离，以像素为单位。无论画笔笔尖宽度如何变化，其中心点始终保持不变。向左拖曳“最小间距”滑块，会得到相对连贯的笔触；向右拖曳滑块，则会得到相对不连贯的笔触，创建出虚线效果，其中的每一点或每一杠都是一个画笔笔尖。如图 3-24 所示为“间距”一定时，设置较大“最小间距”值和设置较小“最小间距”时画笔笔触绘制效果。

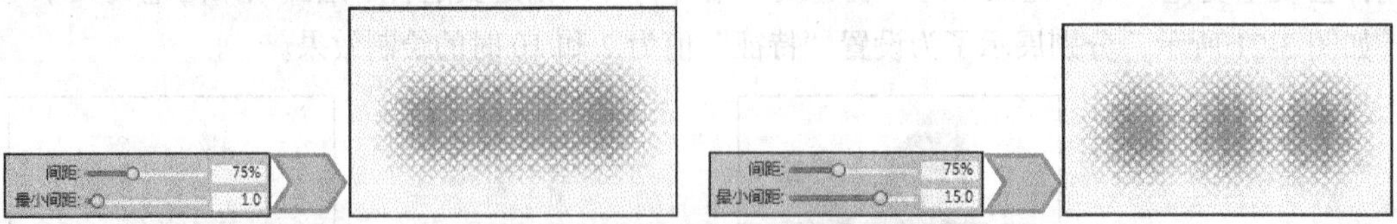

图 3-24 不同“最小间距”的绘制效果

3.5.2 阻尼

“阻尼”选项用于控制笔触边缘的平滑程度，输入 0~100%的数值，或者拖曳滑块，即可调整参数。设置的参数值越高，笔触边缘越平滑，即较高的“阻尼”值会使笔触边缘越平滑，绘制出的线条粗糙和突然变化的感觉处理得更加自然。而当“阻尼”值较小时，则在笔触各点之间会生成更多锯齿，绘制出的图像会显得非常生硬。图 3-25 所示为设置不同大小的“阻尼”值时画笔笔触绘制效果。

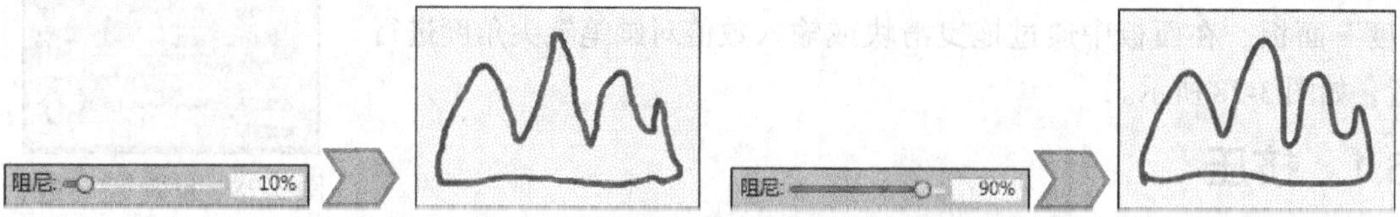

图 3-25　不同“阻尼”值的显示效果

3.5.3　连续时间沉淀

有些画笔在绘制后墨水会流动，有些墨水会静止，这里可以通过勾选或取消勾选“连续时间沉淀”复选框，调整墨水流动的起始点。“连续时间沉淀”选项主要用于控制是否需要在应用媒材前移动画笔。当启用“连续时间沉淀”时，媒材会从第一个笔触位置开始流动。如图 3-26 所示为选择“仿真湿油”画笔类别中的“腐蚀颗粒”画笔变化，当取消勾选与勾选“连续时间沉淀”复选框时画笔绘制出的效果。

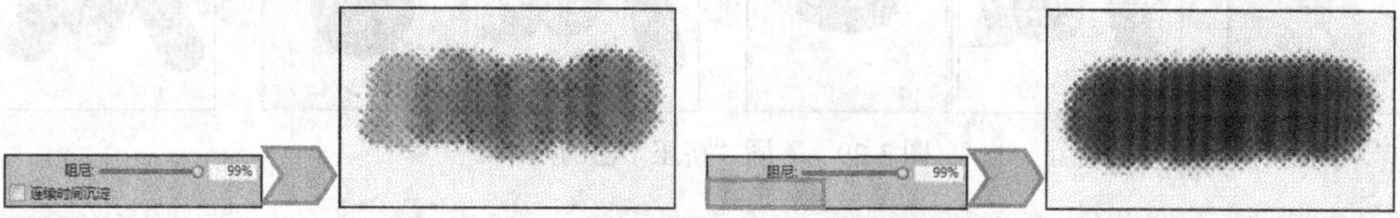

图 3-26　“连续时间沉淀”的绘制效果

3.5.4　立方增补

“立方增补”选项通过给画笔笔尖路径加点，使锯齿状笔触变得平滑，表现出更自然的线条效果。在“立体增补”选项下拖曳“点”滑块来控制锯齿状笔触边缘的平滑度。它与使用数学计算使锯齿状边缘平滑的“阻尼”选项不同，“阻尼”适合演算笔尖类型，而“立方增补”是向笔尖路径中插入额外的点，一般用于重绘笔触，适合于笔尖式笔尖类型。当“阻尼”值较高时，提高“立方增补”选项，可使流动趋于缓慢。如图 3-27 所示，设置“阻尼”值为 100%时，分别将“点”选项设置为 1 和 5 时拖曳鼠标绘制出的线条。

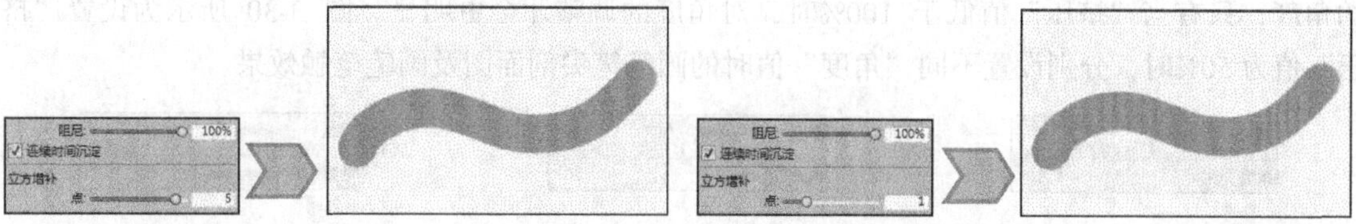

图 3-27　“立方增补”与“阻尼”结合使用的效果

3.6　画笔的角度

使用画笔绘制图像时，可以利用“角度”面板调整画笔的角度。通过对选择的画笔调整角度，来表现出其他不同的画笔样式。画笔的角度的不同，利用画笔绘制线条时，可以呈现出线条的强弱变化，根据“表达方式”中的设置选项，可以表现出不同的感觉。执行“窗口→画笔控制面板→角度”菜单命令，将打开“角度”面板，在面板中通过拖曳滑块或输入数值对画笔笔尖角度进行设置，如图 3-28 所示。

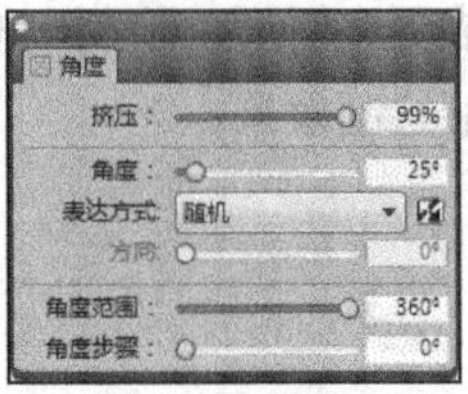

图 3-28 设置笔尖角度

3.6.1 挤压

“角度”控制面板中，“挤压”选项用于调整画笔的曲度，使画笔笔尖在圆和椭圆之间进行变化。即使所选画笔的笔尖形状是圆形，我们也可以通过向左拖曳“挤压”滑块表现出窄长或椭圆的形态，反之则画笔笔尖更圆。图 3-29 所示为设置不同“挤压”值时，在画笔“笔尖剖面图”中显示的画笔笔尖状态及应用画笔绘制的笔触效果。

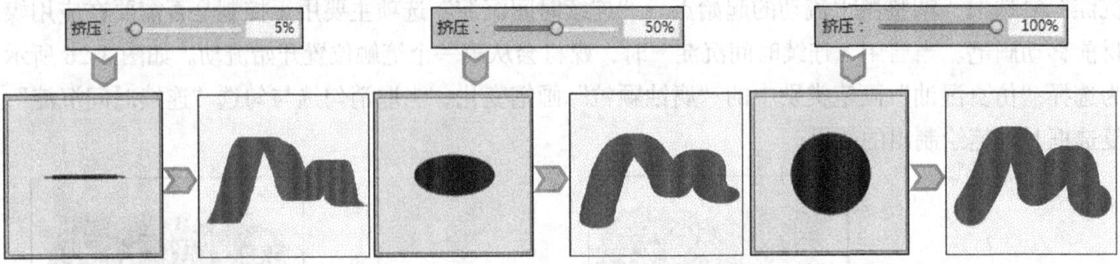

图 3-29 不同“挤压”值的效果

重点技法提示

Painter 可以快速调整画笔挤压和角度。如果要更改画笔的挤压设置，按住快捷键【Ctrl】+【Alt】不放单击鼠标以显示圆形，再按住画笔或鼠标左键的同时，按【Ctrl】键两次，在文档窗口中拖动“挤压”圆形，直到圆形设置为所需的画笔挤压为止，然后释放画笔或鼠标按键。如果要更改画笔角度，按住快捷键【Ctrl】+【Alt】不放单击鼠标以显示圆形，再在按住画笔或鼠标左键的同时，按【Ctrl】键 3 次，在文档窗口中拖动“角度”圆形，直到圆形设置为所需的角度为止，然后释放画笔或鼠标按键。

3.6.2 角度

“角度”选项用于调整画笔笔触在绘图中的倾斜角度。此选项主要用于控制椭圆形画笔笔尖的角度，只有当“挤压”值低于 100%时，对角度的调整才会更明显。图 3-30 所示为设置“挤压”值为 50%时，分别设置不同“角度”值时的画笔笔尖剖面图及画笔笔触效果。

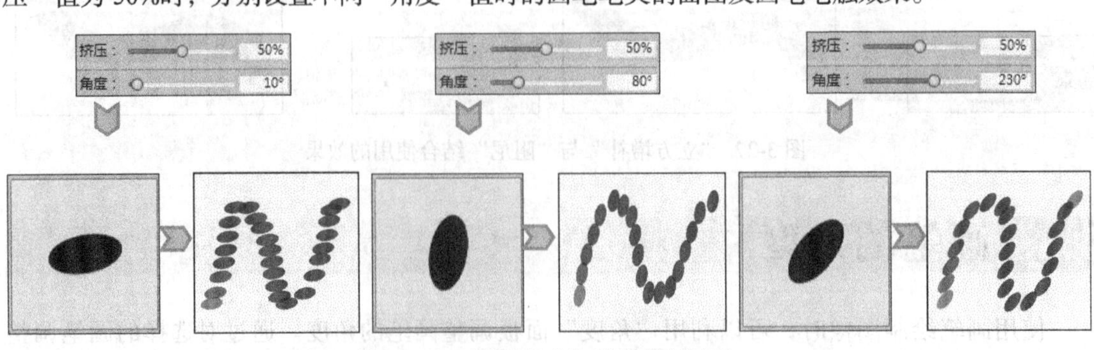

图 3-30 不同“角度”值的绘制效果

3.6.3　角度范围和角度步骤

“角度范围”选项用于设置可指定笔触中可能出现的笔尖角度变化范围。将此选项与“表达方式”下的“方向”选项相结合，使角度基于笔触方向或支点之类的某个因素进行旋转。在设置“角度范围”参数时，向右拖曳滑块即可增加笔尖中可能出现的角度范围；反之，则减少笔触中有可能出现的角度范围。当设置“角度范围”为 360° 时，则允许笔触中出现任何角度。如图 3-31 所示为设置“角度范围”为 0°、180° 和 360° 时的旋转绘制效果。

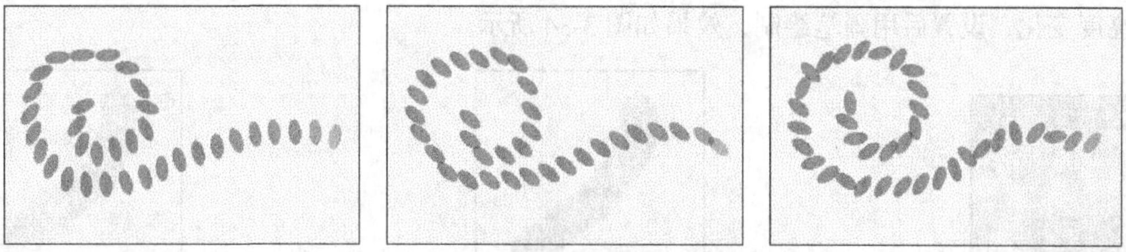

图 3-31　不同“角度范围”的绘制效果

当“角度范围”超过 0° 时，应用“角度步骤”选项可以控制不同角度笔触之间的间隔距离。例如，将“角度步骤”设置为 5° 时，会在当前“角度范围”设置内每隔 5° 生成一个画笔笔尖。“角度步骤”范围为 0°~360°，向右移动“角度步骤”滑块将使笔尖间生成的角度数减少；反之，则使笔尖间可创建的角度数增加。图 3-32 所示为设置“角度范围”为 50° 时，分别将“角度步骤”设置为 10° 和 80° 时笔触绘制效果。

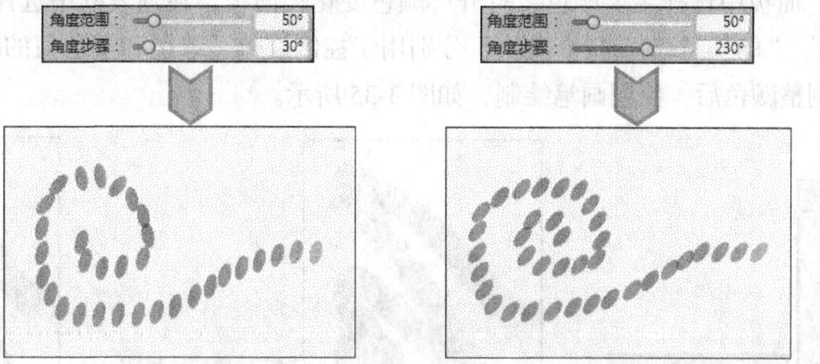

图 3-32　不同“角度步骤”的绘制效果

3.7　画笔颜色的调整

色彩是表现画面效果的主要因素，不同的颜色将带给人不同的视觉感受，因此，在使用绘图工具绘制图像前，先要对画笔颜色进行设定。Painter 中提供了“颜色变化”和“颜色表达方式”两个面板，以实现颜色的叠加变化。

3.7.1　使用的颜色变化模式

利用“颜色变化”可以创建出多种颜色的笔触。在“颜色变化”面板可以为 HSV 模式或 RGB 模式设置颜色变化，也可以创建基于当前渐变或颜色集的颜色变化。执行“窗口→画笔控制面板→颜色变化”菜单命令，即可打开如图 3-33 所示的“颜色变化”面板。

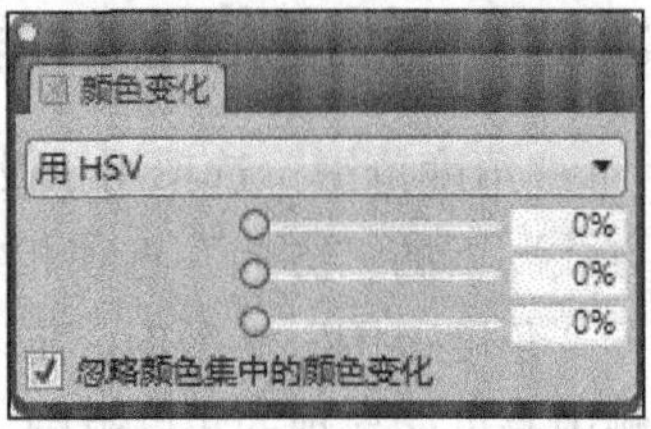

◆以 HSV 模式设置颜色变化

在“颜色”面板中选择主要颜色，打开“颜色变化”面板，在列表框中选择“用 HSV”选项，显示“±H”“±S”“±V”3 个滑块，分别代表色相、饱和度和值范围，向右拖曳“±H”滑块增加结果笔触中的色相数，向右拖曳“±S”滑块增加笔触的颜色浓度变化，拖曳“±V”滑块增加笔触的亮度变化，设置后用画笔绘制，效果如图 3-34 所示。

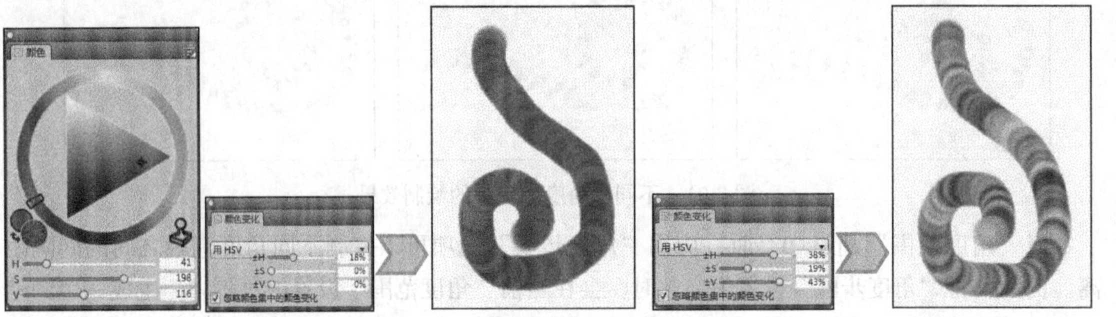

图 3-34　以 HSV 模式设置颜色变化

◆以 RGB 模式设置颜色变化

在“颜色”面板中选择主要颜色，打开“颜色变化”面板，在列表框中选择“用 RGB”选项，显示“±H”“±S”“±V”3 个滑块，分别用于控制红色、绿色和蓝色值的颜色变化，运用鼠标拖曳滑块调整颜色后，使用画笔绘制，如图 3-35 所示。

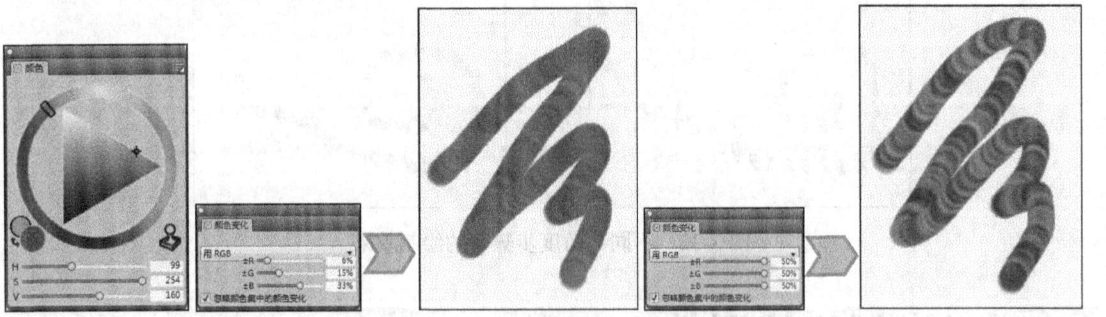

图 3-35　以 RGB 模式设置颜色变化

◆根据当前渐变或颜色设置颜色变化

打开“颜色变化”面板，在列表框中选择“以渐变”选项，此时下方的 3 个选项滑块显示为灰色不可用状态，程序将自动基于当前渐变的随机化颜色，如图 3-36 所示。打开“颜色变化”面板，在列表框中选择“以颜色集”选项，此时下方的 3 个选项滑块显示为灰色状态，表示不可用，程序将自动基于当前所选颜色集的随机化颜色，如图 3-37 所示。

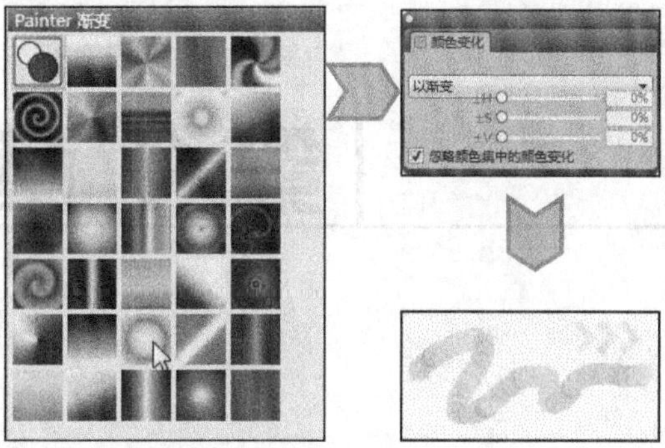

图 3-36 “以渐变”的随机化颜色

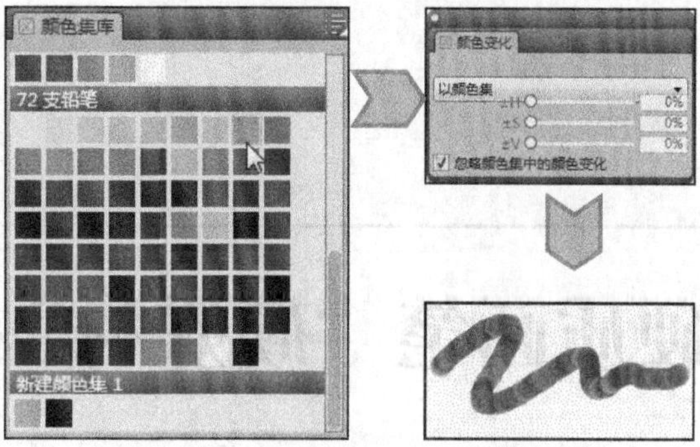

图 3-37 “以颜色集”的随机化颜色

3.7.2 颜色表达方式

在图像内应用颜色的时候，利用“颜色表达方式”面板可以确定 Painter 应当在图像中使用主要颜色还是次要颜色。在画笔线条就应用这两种颜色的时候，可以通过选择“表达式”调节主要颜色和次要颜色的量，以得到更丰富的颜色表现效果。执行“窗口→画笔控制面板→颜色表达方式”菜单命令，即可打开“颜色表达方式”对话框，在对话框中单击“表达式”下拉按钮，再在展开的下拉列表中选择颜色表达方式。在所有的颜色表达方式中，“方向”表达方式下的颜色变化尤其明显。如图 3-38 所示为分别选择“方向”和“速率”时，画笔绘制的笔触效果。

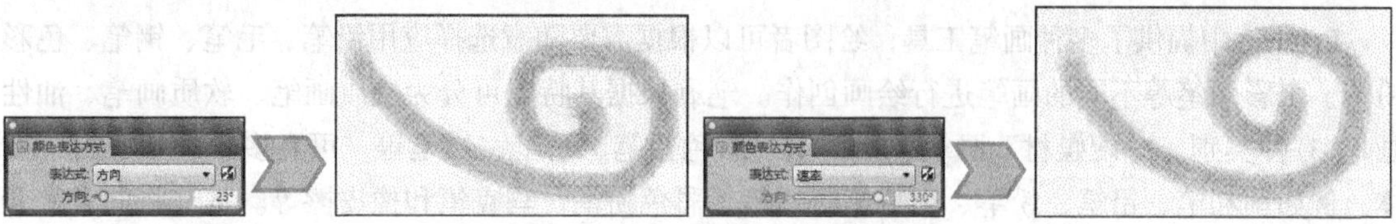

图 3-38 不同颜色表达式的笔触效果

- 无：不调整颜色表达方式。
- 速率：根据拖动速度调整颜色表达方式。
- 方向：根据笔触方向及使用滑块或者数值框设置的值调整颜色表达方式。
- 压力：根据画笔压力调整颜色表达方式。
- 滚轮：根据喷枪画笔上的滚轮设置调整颜色表达方式。
- 倾斜：根据绘图板与画笔的角度调整颜色表达方式。
- 停顿：根据画笔所指的方向调整颜色表达方式。
- 旋转：根据画笔的旋转调整颜色表达方式。
- 来源：根据克隆源的亮度调整颜色表达方式。
- 随机：随机调整颜色表达方式。

第4章

硬质画笔“硬媒材”

本章学习重点

- 学会使用水彩图层
- 掌握不同类型水彩画笔的使用
- 能够自定义水彩画笔
- 使用水彩画笔绘制水彩画
- 掌握水彩画笔的设置及绘制技巧

4.1 “硬媒材”包含的画笔类别

Painter 中提供了多种画笔工具，绘图者可以根据需要随意选择应用铅笔、毛笔、钢笔、色彩粉笔、水彩画笔等不同的画笔进行绘画创作。笔刷根据其特点可分为硬质画笔、软质画笔、油性画笔 3 种类别。“硬媒材”画笔包括铅笔、彩色铅笔、粉笔、炭笔等，可有多个“硬媒材”变体，例如调和笔、铅笔、粉笔、康特笔、蜡笔、彩色粉笔、马克笔和橡皮擦等。本节将向大家介绍“硬媒材”包含的画笔类别。

◆铅笔

铅笔按其色彩分类，有黑白铅笔和彩色铅笔两种。黑白铅笔主要用于绘制各种线条，并可通过线条的明暗变化来创作简洁的素描作品，图 4-1 所示为铅笔笔触效果。铅笔是初学绘画者掌握基本的造型能力、进行素描练习的重要工具之一，也是艺术家搜集创作素材、记录形象、进行生活速写和创作构思时最为常用的绘画工具。

彩色铅笔也称彩铅，其与粉笔的效果相近。它与粉笔的不同之处在于色彩的覆盖能力更弱一些，若反复在同一位置上涂抹，则会使颜色变深。此画笔对于纸张质地的反应也比较敏感。彩色铅笔的笔触比铅笔的笔触更为柔和一些，如图 4-2 所示。

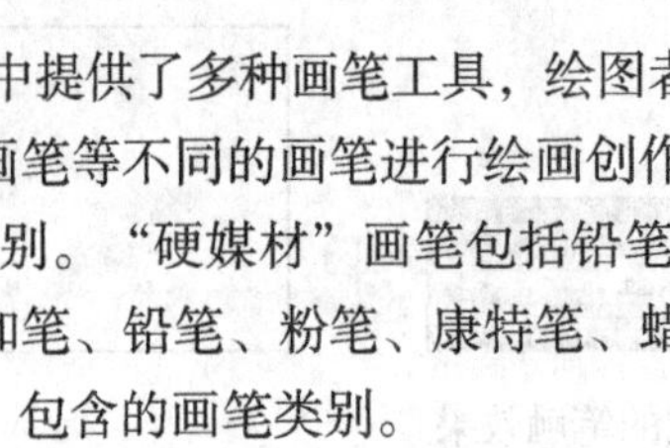

图 4-1　铅笔笔触效果

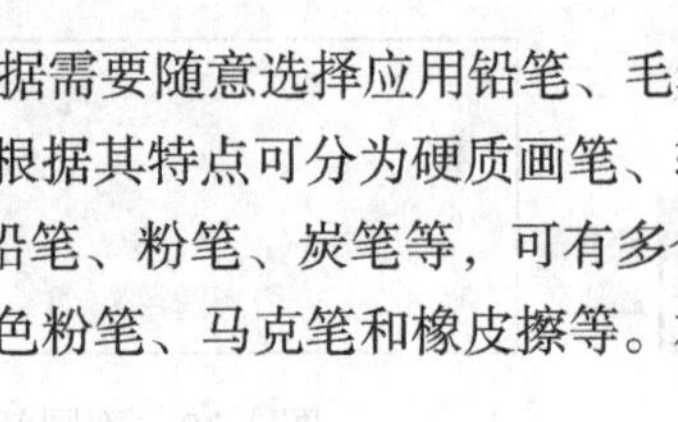

图 4-2　彩色铅笔笔触

◆粉笔和蜡笔

粉笔笔触质感松软，绘制出的作品具有很强的手绘感。粉笔可以创作出浓丽鲜艳、沉着厚实的艺术作品，如图 4-3 所示。此画笔最适合创作需要高度概括的艺术形象，如人物肖像画、卡通风格的绘画作品。

蜡笔是一种很容易上手的绘画工具，也被称为油画棒。油蜡笔与普通蜡笔相比，具有更多的油性成分，笔触效果也更为细腻，如图 4-4 所示。Painter 中通常使用油蜡笔来刻画出细节，是较为常用的画笔工具之一。使用油蜡笔绘画，颜色能够与已画好的颜色自然混合，从而产生新的色彩，其效果与油画效果非常相似。

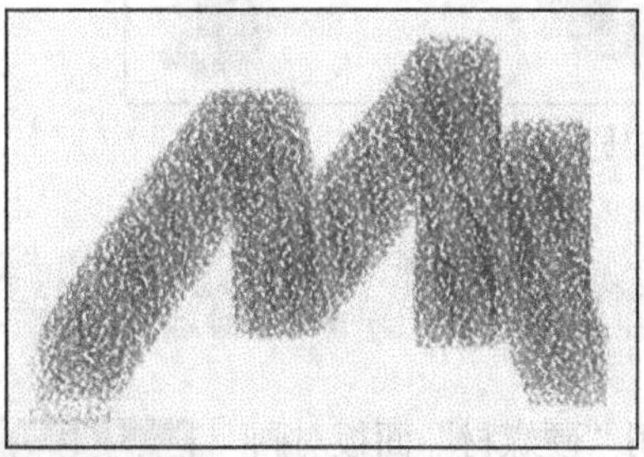

图 4-3 粉笔笔触效果

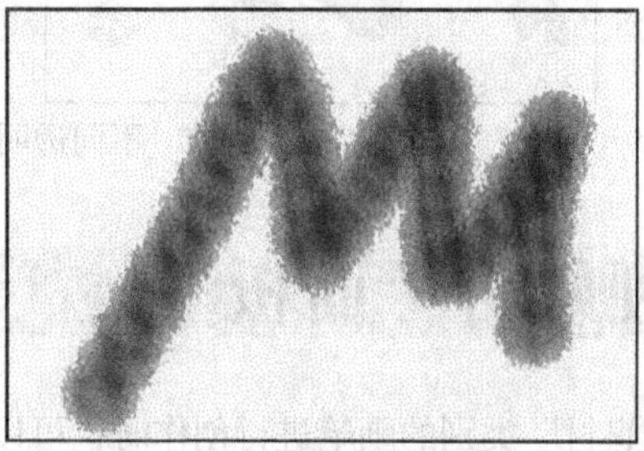

图 4-4 油蜡笔笔触效果

◆炭笔和孔特粉笔

炭笔与粉笔有些相似，但是炭笔的笔触比粉笔更为豪放，质感也更加明显，如图 4-5 所示。粉质的炭精笔，其性质接近于硬粉彩，可以用于粉彩画的起稿；而蜡质炭精笔的附着力更强，不易涂抹，画面很容易产生干涩的感觉。

孔特粉笔是一种由石墨与黏土制成的画笔，它流行于 16 世纪的欧洲，具有方形的横断面，在结构上处于软和硬的色彩笔之间。孔特粉笔含有更多的油质或釉质成分，使其能应用于更多类型的纸张表现。当它与水混合时，会如同水彩颜料一样在纸上自然散开，如图 4-6 所示。Painter 中的孔特粉笔适合于大面积地涂抹和创作速写，在有纹理的纸上使用孔特蜡笔绘画，能突出其与众不同的特色。

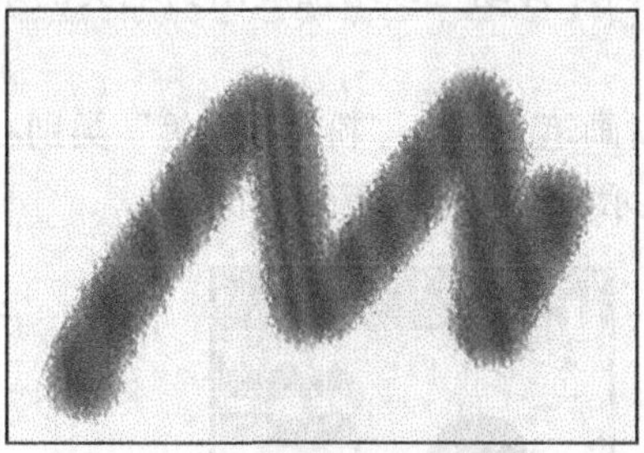

图 4-5 炭笔笔触效果

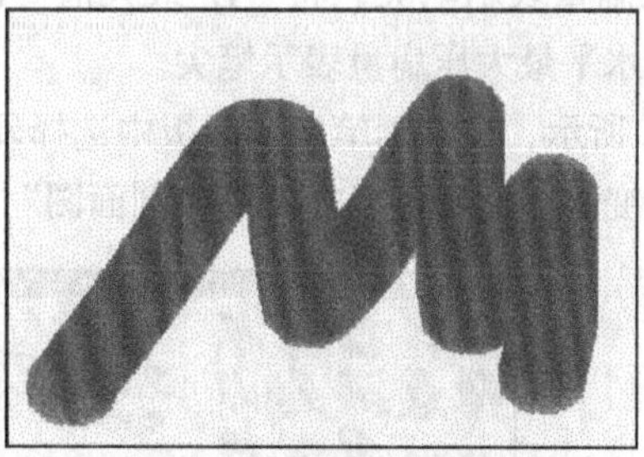

图 4-6 孔特粉笔笔触效果

◆钢笔

钢笔最适合描线，是画漫画常用的工具之一。传统的钢笔因为其笔尖较硬，绘画时容易划破或弄脏纸张，而 Painter 中的钢笔则不存在这样的问题。钢笔在绘画时一般不会晕开，因此只要线条够漂亮、干净，也是可以用于漫画、卡通画的着色的，不过由于其笔尖较细，涂抹的时间会增加。

◆马克笔

马克笔是动漫画家常用的一种着色与绘画用笔。Painter 中的马克笔笔刷可以非常逼真地表现出传统马克笔的效果，其主要原因在于马克笔笔触与画布的交互方式。通过使用马克笔可以重叠笔触，并且绘制的色彩具有一定的透明度，因此会显露出如图 4-7 所示的色彩，就像传统的马克笔一样。

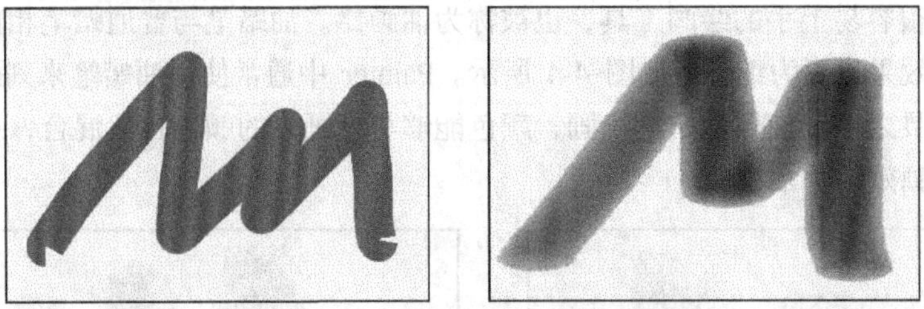

图 4-7　不同透明度的马克笔笔触

4.2 “硬媒材”面板

使用“硬媒材”类别的画笔进行创作时，可以利用“硬媒材”面板对画笔的属性进行调整。如果未选择“硬媒材”类别，则面板中的选项会显示为灰色，表示不可用。我们也可以根据这一特征确定画笔是否属于“硬媒材”类别。在默认情况下，“硬媒材”面板是被隐藏起来的。执行“窗口→画笔控制面板→硬媒材”菜单命令，即可打开“硬媒材”面板，如图 4-8 所示。

图 4-8　“硬媒材”面板

4.2.1　挤压

“挤压”选项用于调整画笔笔尖在垂直轴或水平轴上的压扁量，即画笔笔尖的形状。将“V 最小值”滑块向左移动，可以在垂直轴上增加应用到笔尖的压扁量，该设置以水平最小压扁量表示笔尖；将“V 最大值”滑块向左移动可以在垂直轴上增加应用到笔尖的压扁量，该设置以水平最大压扁量表示笔尖；将“H 最小值”滑块向左移动可以增加应用到笔尖的水平压扁量，该设置以水平最小压扁量表示笔尖；将“H 最大值”滑块向左移动可以增加应用到笔尖的水平轴压扁量，该设置以水平最大压扁量表示笔尖。

如图 4-9 所示，在“画笔库”面板中选择硬媒材画笔，单击“粉笔和蜡笔”类别右侧的“硬质粉笔”画笔变体，此时可以在“笔尖剖面图”中显示所选画笔的笔尖形状。

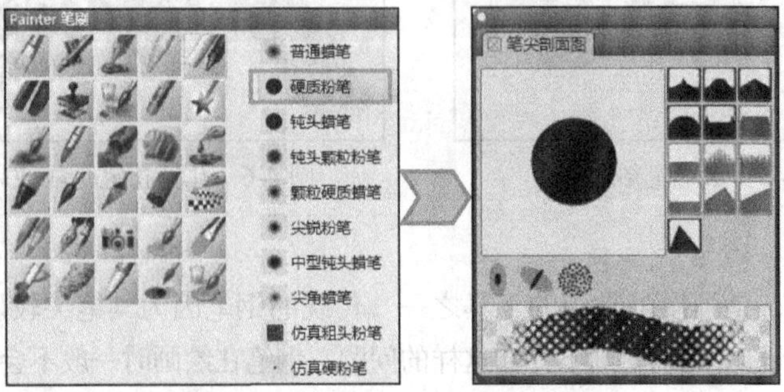

图 4-9　“硬质粉笔”的笔尖形状

运用默认画笔属性在文档中绘制出的效果如图 4-10 的最左侧图像所示；当分别更改“V 最小值”“V 最大值”“H 最小值”和“H 最大值”时，运用画笔绘制出的线条如图 4-10 所示的另外四幅图像。

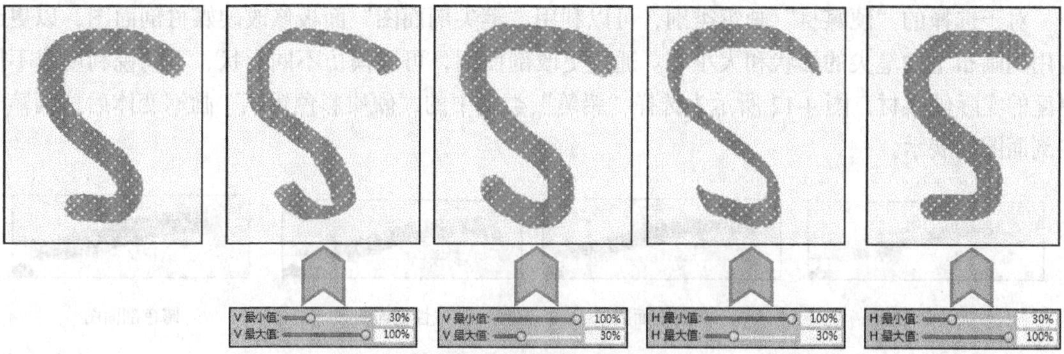

图 4-10　不同画笔属性的绘制效果

重点技法提示

在“硬媒材”面板中，利用“间距”滑块可控制笔触窄边与宽边之间的转换效果。将滑块向右移动可以使转换较不连贯，而向左移动可以使转换较平滑。

4.2.2 转换范围

“转换范围”选项可以确定在倾斜画笔时从细致点转换到较宽笔触的角度。此选项可以创建仿真硬媒材，例如铅笔或马克笔的外观效果。在“转换范围”选项下包含了“开始”和“完成”两个选项滑块，“开始”选项滑块用于设置开始转换为角度，向右拖曳该滑块可增加角度，反之则减小角度。“完成”滑块用于设置完成转换的角度，向左拖曳该滑块会减小角度，反之则增大角度。当在以 90° 绘制时，会产生非常窄或硬的线条。如果将铅笔倾斜为 60°，将产生较宽或较柔的线条。图 4-11 所示为调整“开始”和“完成”滑块时画笔绘制的笔触效果。

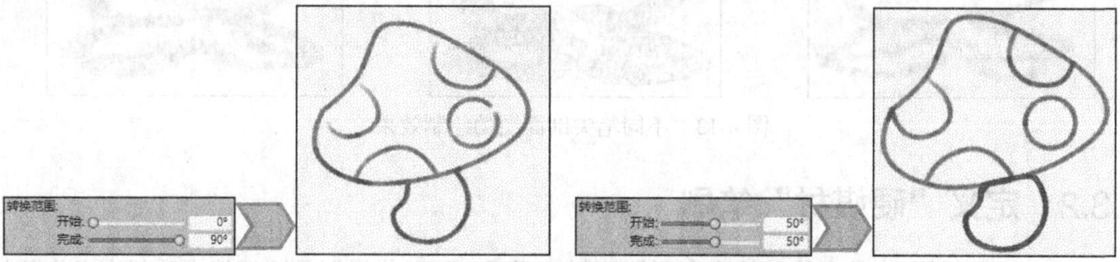

图 4-11　不同“转换范围”的笔触效果

4.3 自定义“硬媒材”变体

选择“硬媒材”类别的画笔后，可以根据需要更改“硬媒材”变体，包括调和笔、铅笔、粉笔、孔特粉笔、蜡笔、色粉笔、马克笔和橡皮擦。Painter 中不仅可以选择软件自带的“硬媒材”画笔来绘画，还可以结合“硬媒材”控制自定义变体，以创建适合绘画的“硬媒材”

工具箱。

4.3.1 选择“硬媒材”笔尖剖面图

对于选择的“硬媒材”画笔类别，可以利用“笔尖剖面图”面板修改硬媒材剖面图，以更改应用到画布上的笔尖的形状和大小等。通过更改剖面图，可以模仿不同形状、不同锐利度或不同厚度的实际硬媒材，图 4-12 所示为选择“铅笔”类别中的“硬质彩色铅笔”画笔变体后，画笔笔尖剖面图的展示。

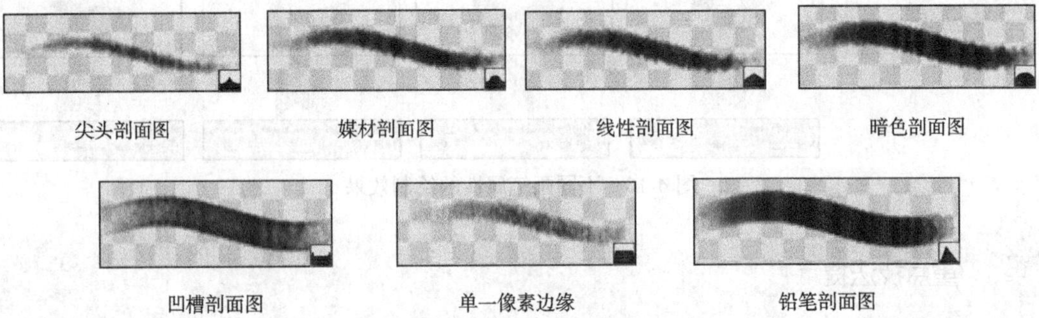

图 4-12　画笔笔尖剖画图展示

激活“硬媒材”画笔变体以后，如果要更改笔尖剖面效果，则需执行“窗口→画笔控制面板→笔尖剖面图”菜单命令，打开“笔尖剖面图”面板，在面板中单击想要使用的“硬媒材”笔尖剖面图即可。图 4-13 所示为选择“尖头剖面图”“凹槽剖面图”和“铅笔剖面图”时绘画的效果。

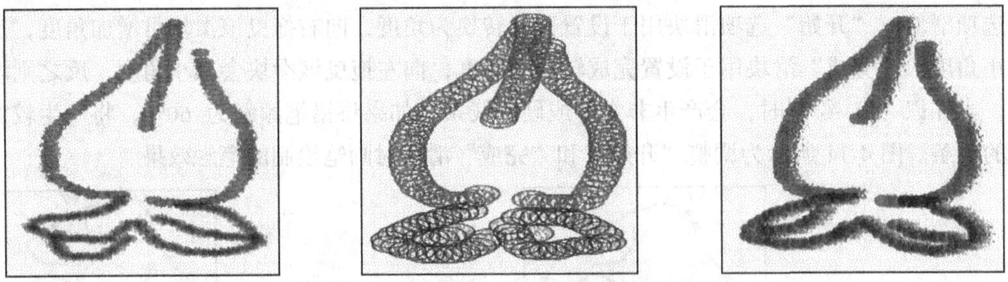

图 4-13　不同笔尖剖面图的绘制效果

4.3.2 定义“硬媒材”笔刷

调整“硬媒材”画笔变体的笔尖和画笔控制选项后，可以将设置的画笔笔尖重新定义为新的“硬媒材”画笔变体。在“画笔库”面板中选择一种“硬媒材”画笔变体，打开“硬媒材”画笔面板，在面板中调整面板下方的笔刷参数滑块，以达到想要的笔刷效果，如图 4-14 所示。

单击“画笔库”面板右上角的扩展按钮，在弹出的下拉菜单中执行“存储变量”命令，打开“存储变量”对话框，在对话框中输入新建笔刷的名称，设置后单击“确定”按钮，即可保存新的笔刷变体，如图 4-15 所示。

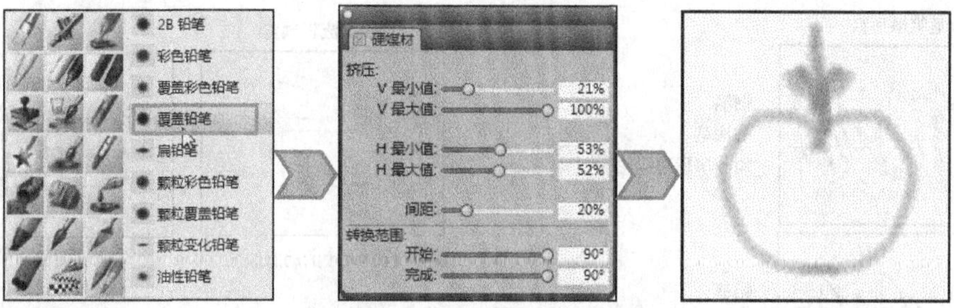

图 4-14　调整笔刷参数

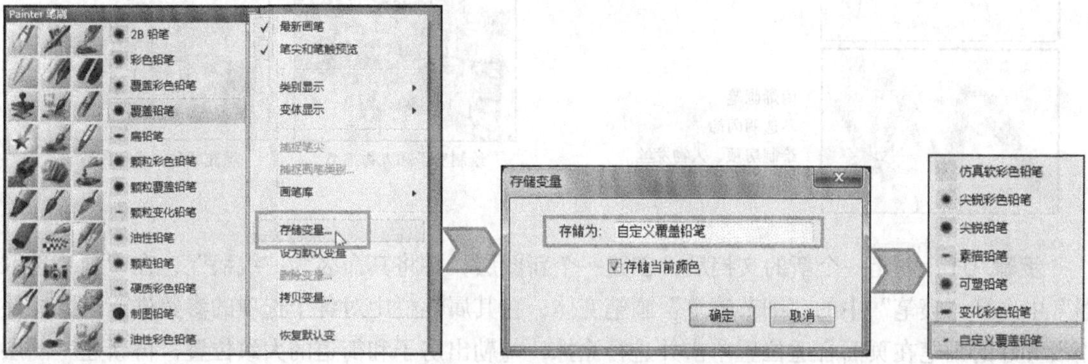

图 4-15　存储笔刷变体

4.4 课堂实训

完成图 4-16 所示的绘制是本节实训的主要内容，其中，图 4-16 的源文件地址为：随书光盘\源文件\04\靓丽彩铅速写效果.rif。

图 4-16　靓丽彩铅速写效果

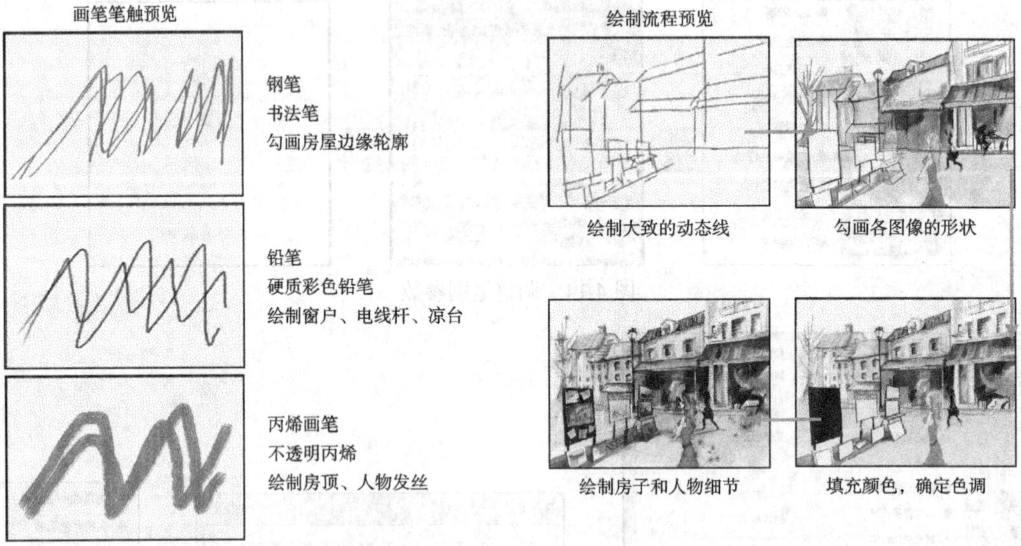

步骤 01：创建一个新的文档后，创建一个新图层，并将其命名为“线稿”；在“画笔选取器”中选择“喷笔”中的“细节喷笔”画笔变体，在其属性栏中对各个选项的参数进行设置，使用设置好的画笔在页面合适位置单击并进行涂抹，勾勒出房子和街道的大致位置；再新建“图层1”图层，进一步绘制各个图像的外形，在文档窗口中可以看到绘制的效果，如图 4-17 所示。

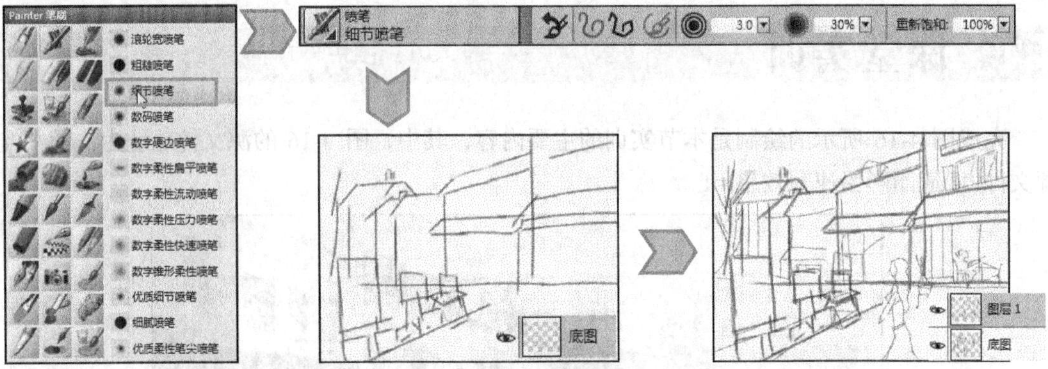

图 4-17　绘制各个图形的外形

步骤 02：单击选中“底图”图层后，单击“图层”面板底部的“删除图层”按钮，将选中的图层删除，保留图像的外形轮廓，如图 4-18 所示。

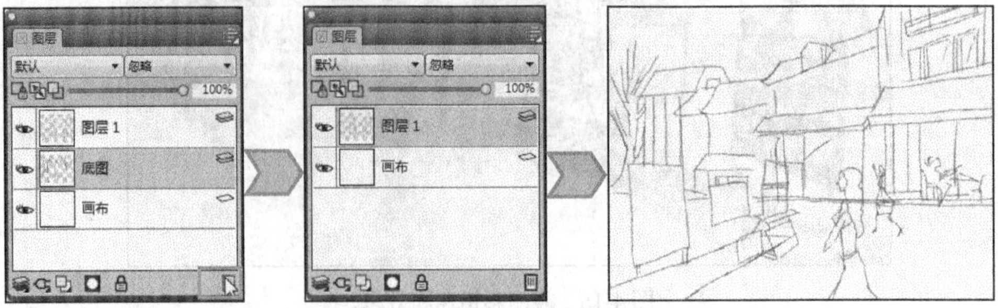

图 4-18　删除“底图”图层

步骤 03：在“画笔选取器”中选择“钢笔”中的“书法笔”画笔变体，在其属性栏中对各个选项的参数进行设置，然后打开“颜色”面板调整色彩，使用设置好的画笔沿各图形的边缘单击并进行勾勒，绘制出画面颜色较深的区域，调整画笔颜色进行更多细节的勾画，在图像窗口中查看勾画后的图像效果，如图 4-19 所示。

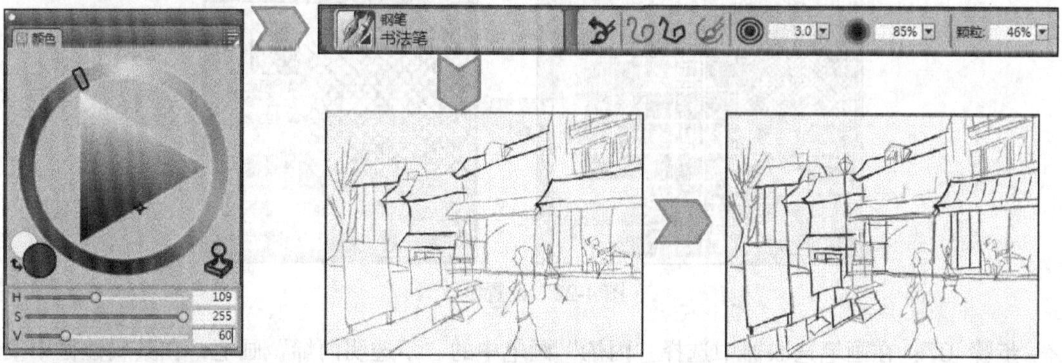

图 4-19　勾画细节

步骤 04：新建“图层 2”图层，在“画笔选取器”中选择“数码水彩”中的“简单水彩笔”画笔变体，在其属性栏中对各个选项的参数进行设置；打开“颜色”面板，在面板中重新设置颜色，然后使用设置好的画笔在页面合适位置单击并进行涂抹，确定房屋的大致色调，如图 4-20 所示。

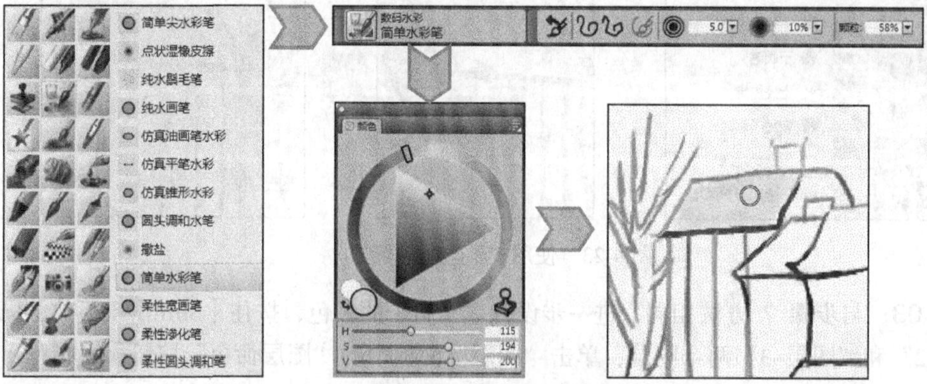

图 4-20　确定房屋色调

步骤 05：与前面的填充方法相同，根据画面的整体效果和个人的审美喜好，继续使用“简单水彩笔”画笔填充房子和各个人物的大致颜色，在文档窗口中查看填充颜色后的效果，如图 4-21 所示。

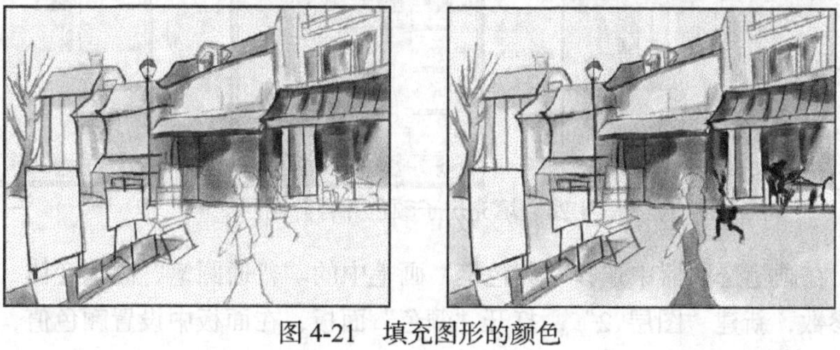

图 4-21　填充图形的颜色

步骤 06：执行“窗口→纸纹面板→纸纹”菜单命令，打开“纸纹”面板，单击面板右上角的“纸纹”下拉按钮，在弹出的下拉菜单中选择“精细网点”纸纹，然后在面板下方设置纸张的各项参数，如图 4-22 所示。

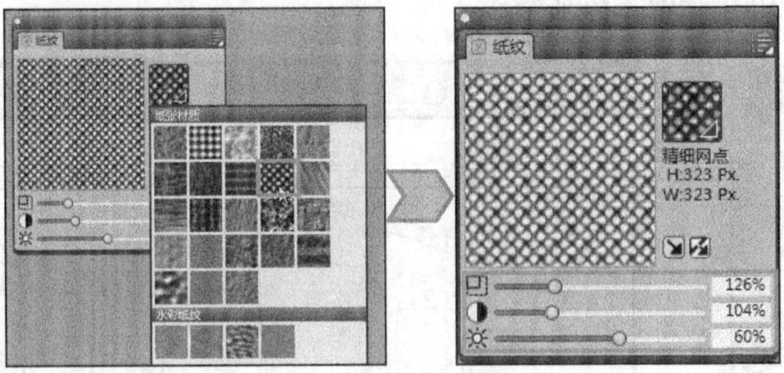

图 4-22　设置纸纹

步骤 07：在画笔选取器中选择“丙烯”画笔中的“不透明丙烯”画笔，在其属性栏中设置各选项的参数，设置后新建图层，在房顶位置涂抹，填充颜色，如图 4-23 所示。

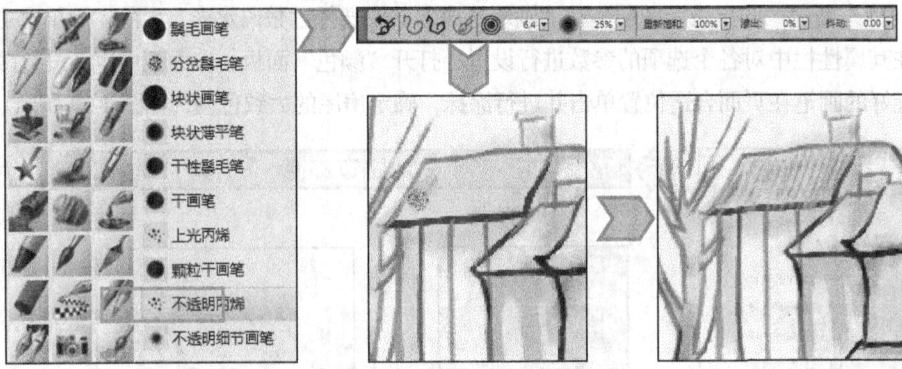

图 4-23　使用“不透明丙烯”

步骤 08：与步骤 7 方法相同，进一步设置填充房子的颜色，按住【Shift】键不放，同时选中“图层 2”和“图层 3”两个图层，单击“图层”面板中的“图层命令”按钮，在弹出的隐藏菜单中选择“合并”选项，将选中的图层与“画布”图层进行合并，如图 4-24 所示。

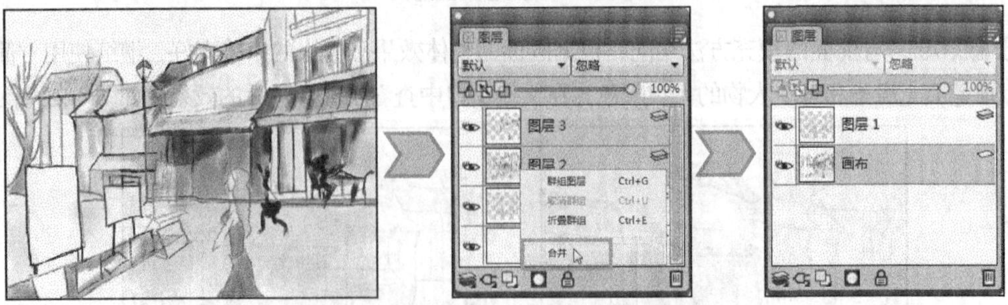

图 4-24　填充房子颜色并合并图层

步骤 09：在画笔选取器中选择“着色笔”画笔中的“普通圆笔”画笔变体，在其属性栏中设置各选项的参数，新建“图层 2”，打开“颜色”面板，在面板中设置颜色值，使用设置的画笔在房顶位置单击并进行涂抹，调整房屋屋顶的颜色，如图 4-25 所示。

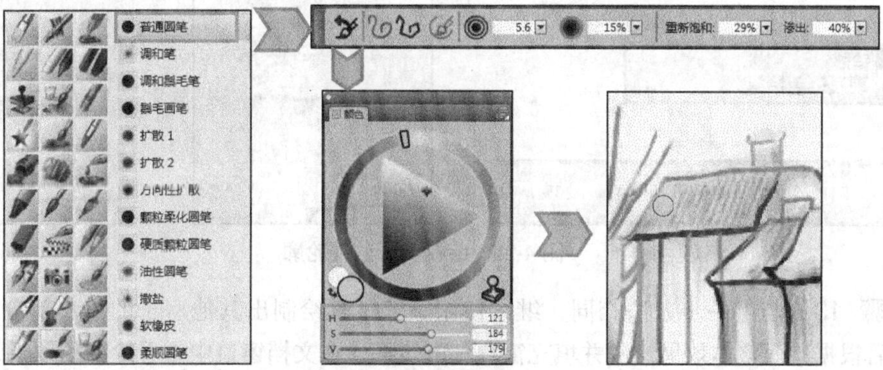

图 4-25　使用“普通圆笔”

步骤 10：参照步骤 09 中图像的着色操作，继续使用“普通圆笔”画笔设置并填充其他房子，在文档窗口中查看填充的效果，如图 4-26 所示。

图 4-26　填充其他房子

步骤 11：打开“颜色”面板，在面板中设置画笔笔触颜色，在画笔选取器中选择“铅笔”画笔中的“彩色铅笔”画笔变体，在其属性栏中设置各选项的参数，然后隐藏“图层 1”图层，使用画笔在房屋边缘进行涂抹，绘制房子的边缘轮廓，使房屋更加立体化，如图 4-27 所示。

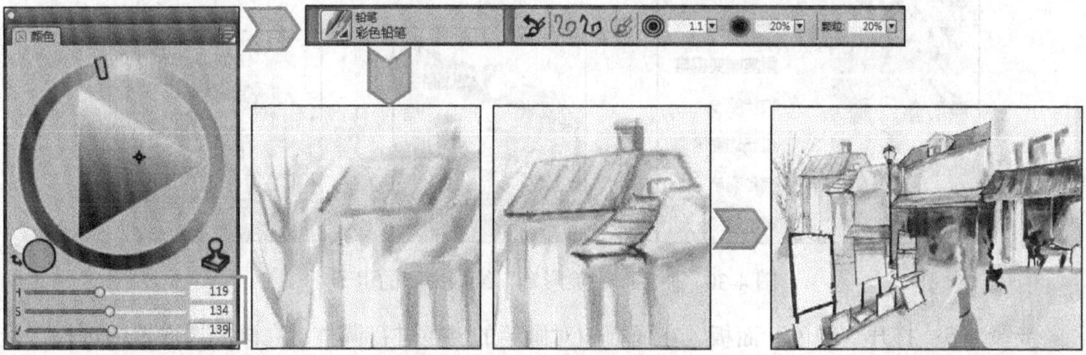

图 4-27　使房屋立体化

步骤 12：在“画笔选取器”中选择“铅笔”画笔中的“硬质彩色铅笔”画笔变体，在其属性栏中设置各选项的参数，根据房子的基本结构，使用“硬质彩色铅笔”画笔分别绘制出窗子的外轮廓，并为其填充上合适的颜色，如图 4-28 所示。

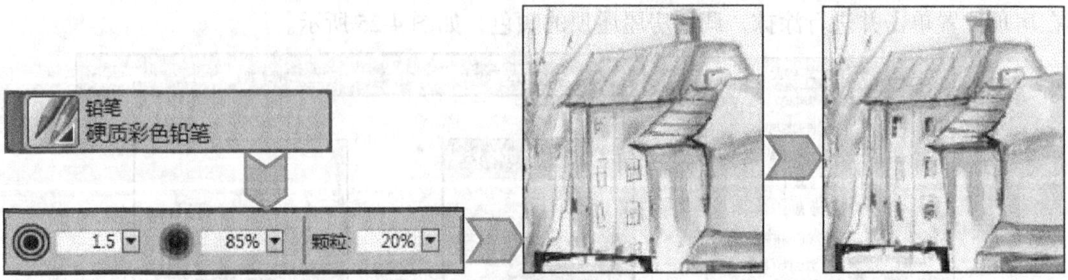

图 4-28　绘制窗子的外轮廓

步骤 13：与上一步方法相同，继续使用画笔工具绘制出其他房子的窗户部分和电线杆部分，然后根据画面整体效果绘制并填充窗户和电线杆，在文档窗口中查看绘制的效果，如图 4-29 所示。

图 4-29　填充窗户和电线杆

步骤 14：在“画笔选取器”中选择“钢笔”画笔中的“平涂彩笔”画笔变体，在其属性栏中设置各选项的参数，使用设置好的画笔绘制并填充中间房子的窗户及细节部分，绘制后在文档窗口中可看到绘制效果，如图 4-30 所示。

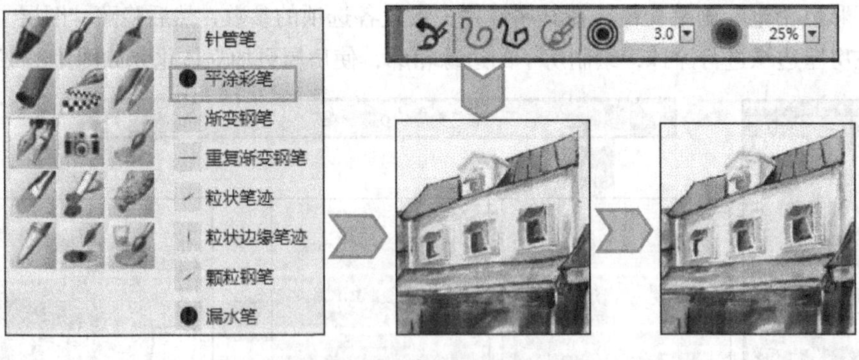

图 4-30　使用“平涂彩笔”绘制中间的房子

步骤 15：打开“颜色”面板，在面板中对画笔的颜色进行调整；在画笔选取器中选择“铅笔”画笔中的“制图彩色铅笔”画笔变体，在其属性栏中设置各选项的参数，然后使用“硬质彩色铅笔”画笔分别绘制出房子凉台的外轮廓和细节部分，如图 4-31 所示。

步骤 16：在“画笔选取器”中选择“钢笔”画笔中的“平涂彩笔”画笔变体，在其属性栏中设置各选项的参数，然后与前面绘制窗子的方法相同，用设置的画笔继续绘制并填充最右边房子的窗子部分及其细节部分，如图 4-32 所示。

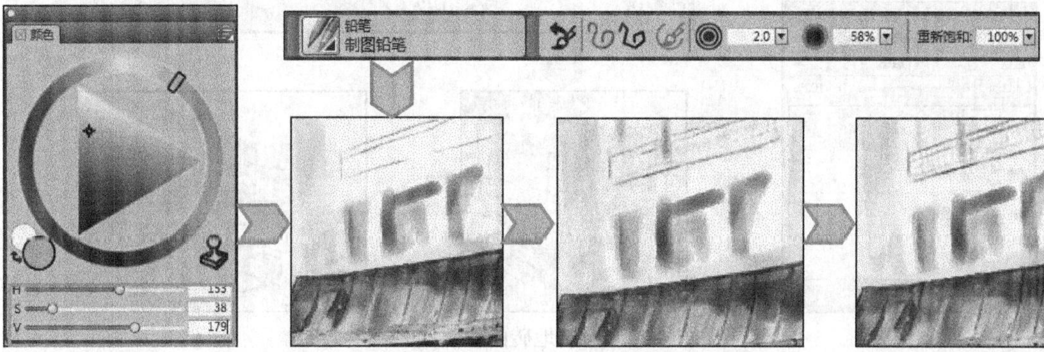

图 4-31　绘制凉台外轮廓和细节部分

图 4-32　使用“平涂彩笔”

步骤 17：与前面的设置方法相同，继续绘制树木、房子及画板等其他区域的细节，绘制后再根据个人喜好用“着色笔”为其填充颜色，绘制完成后在文档窗口中查看其效果，如图 4-33 所示。

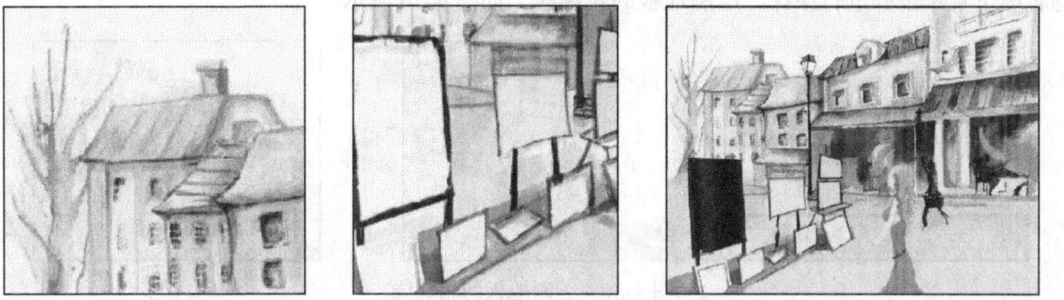

图 4-33　细节处理

步骤 18：经过前面的绘制，已经完成了整个街道的大致绘制。为了使画面整体更加完整，接下来再对细节进行处理。新建“地面”图层，打开“颜色”面板调整颜色，在“画笔选取器”中选择“铅笔”画笔中的“彩色铅笔”画笔变体，在其属性栏中设置各选项的参数，根据透视原理和画面整体效果，使用设置的画笔在页面合适位置单击并进行涂抹，绘制地砖的轮廓线，如图 4-34 所示。

步骤 19：打开“颜色”面板，在面板中重新设置画笔的颜色；在画笔选取器中选择“钢笔”画笔中的“平涂彩笔”画笔变体，在其属性栏中设置各选项的参数，设置后在地板上进行涂抹，调整地板的颜色；涂抹完成后删除“地面”图层，将“图层 2”与“画布”图层进行合并，如图 4-35 所示。

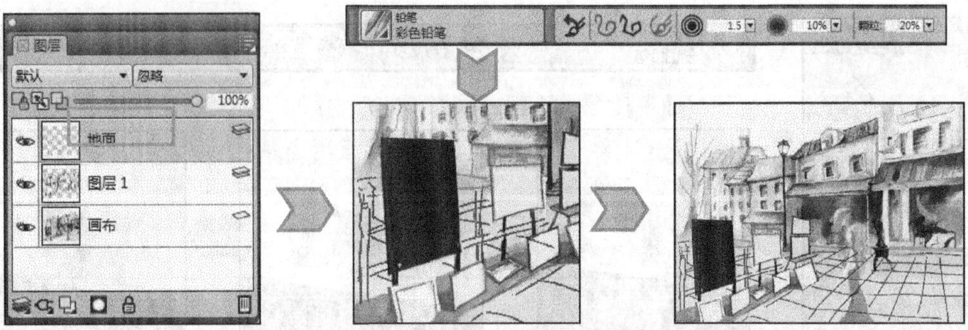

图 4-34　绘制地砖的轮廓线

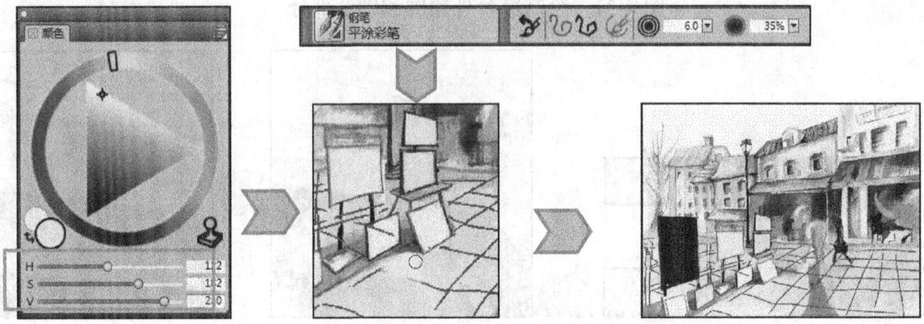

图 4-35　调整地板的颜色并合并图层

步骤 20：在“画笔选取器”中选择“铅笔”画笔中的“彩色铅笔”画笔变体，在属性栏中对各选项参数进行设置，新建图层，按快捷键【Ctrl】+【+】将图像放大至合适比例，沿着地板的轮廓位置单击并进行涂抹，绘制地板的轮廓线，如图 4-36 所示。

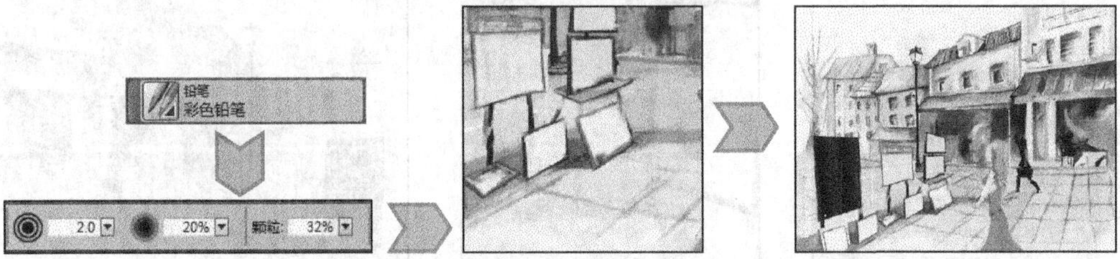

图 4-36　绘制地板的轮廓线

步骤 21：确保上一步调整的图层为选中状态，单击“图层”面板中的“混合方式”下拉按钮，在弹出的下拉菜单中选择“饱和度”选项，更改图层的混合效果，再将图层的“不透明度”设置为 30%，降低不透明度效果，如图 4-37 所示。

图 4-37　调整混合方式和不透明度

步骤 22：选中“图层 2”图层，单击“图层”面板中的“图层命令”按钮，在弹出的隐藏菜单中选择“合并”选项，将选中的图层与“画布”图层进行合并，然后新建图层，并将新建的图层重新命名为“人物”，如图 4-38 所示。

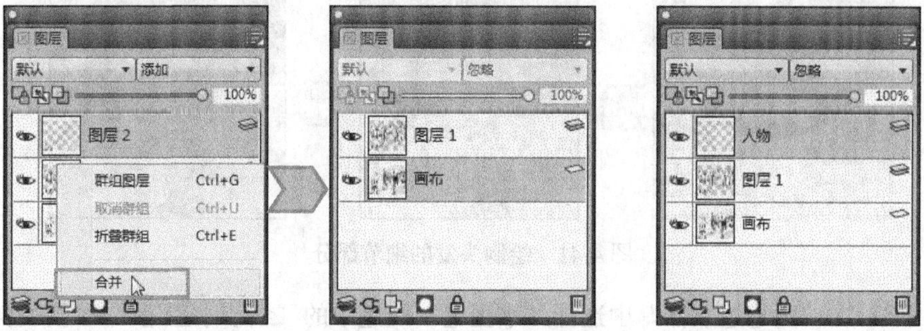

图 4-38　图层处理

步骤 23：在“画笔选取器”中选择“水墨笔”画笔中的“细节水墨笔”画笔变体，在属性栏中对各选项参数进行设置；打开“颜色”面板，调整颜色值，使用设置的画笔勾勒出人物的外形和投影轮廓，如图 4-39 所示。

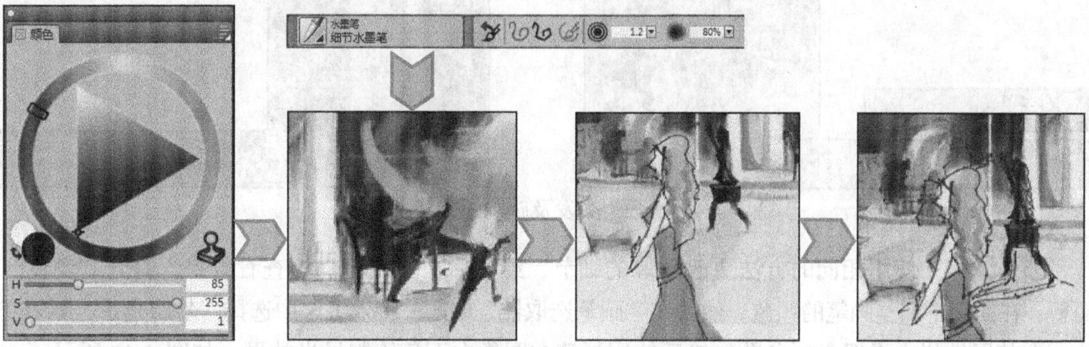

图 4-39　勾勒出人物的外形和投影轮廓

步骤 24：在“画笔选取器”中选择“着色笔”画笔中的的“普通圆笔”画笔变体，在属性栏中对各选项参数进行设置；打开“颜色”面板，调整颜色值，使用设置的画笔为人物的头发、衣服、皮肤等着色，如图 4-40 所示。

图 4-40　为人物着色

步骤 25：在画笔选取器中选择“丙烯”画笔中的“不透明丙烯”画笔，在其属性栏中设置各选项的参数，然后新建图层，绘制人物头发的细节部分，如图 4-41 所示。

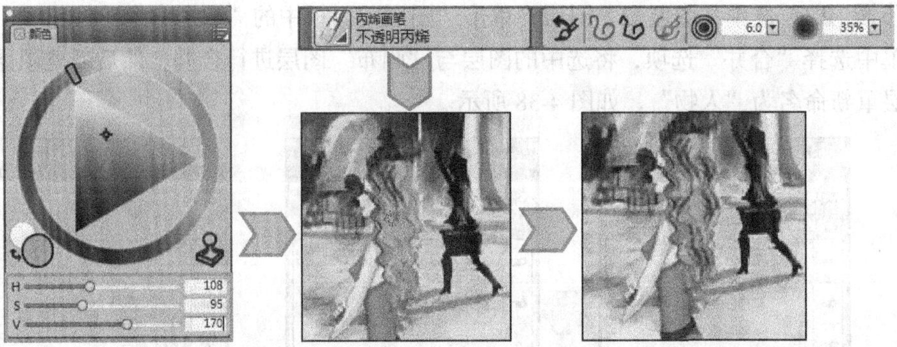

图 4-41　绘制头发的细节部分

步骤 26：在“画笔选取器”中选择“水墨笔”画笔中的“细节水墨笔”画笔变体，在属性栏中对各选项参数进行设置，用设置好的画笔在头发位置单击并进行涂抹，调整头发的颜色。创建“细节”图层，在画笔选取器中选择“钢笔”画笔中的“圆珠笔”画笔，在页面中的墙面位置单击并进行涂抹，制作砖墙效果，如图 4-42 所示。

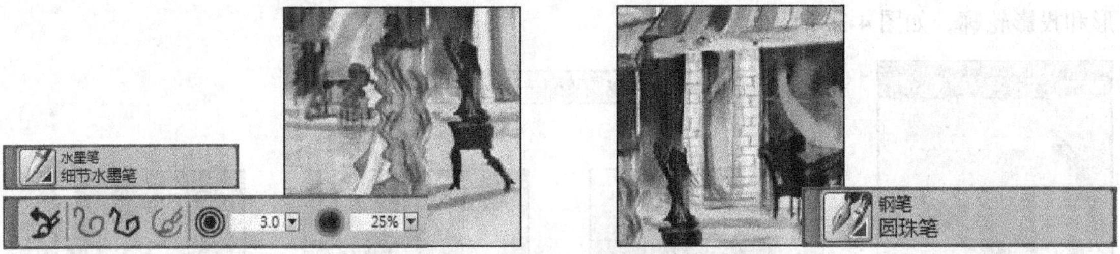

图 4-42　头发及砖墙的处理

步骤 27：使用相同的方法更改图像的细节，绘制后在文档窗口中查看效果。打开“颜色”面板，在面板中调整画笔的颜色，然后在“画笔选取器”中的“特效笔”中选择“梦幻光芒”画笔变体，在其属性栏中设置各项参数，然后使用画笔在图像右下角绘制星光效果，如图 4-43 所示。

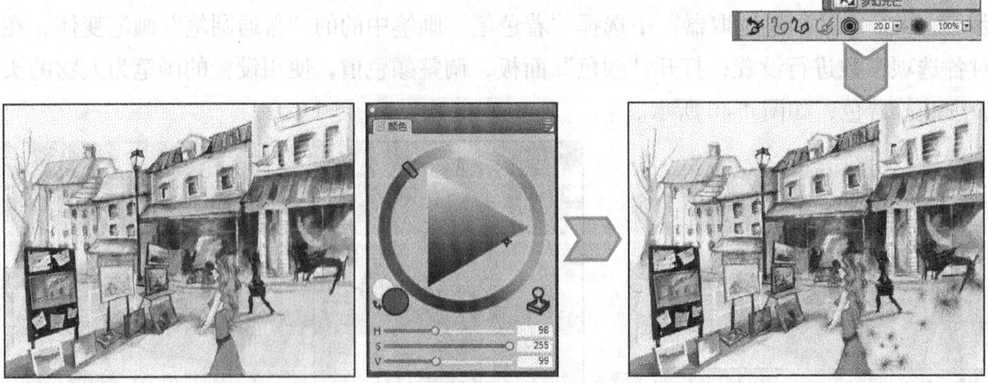

图 4-43　绘制星光效果

步骤 28：在“画笔选取器”中的“特效笔”中选择“扭曲”画笔变体，在其属性栏中设置各个选项的参数，然后按快捷键【Ctrl】+【+】，将图像放大，在光芒图像上进行涂抹，变形图像，更改其外形效果，如图 4-44 所示。

图 4-44　使用“特效笔”

步骤 29：按住【Shift】键选中“细节”和“人物”两个图层，单击“图层”面板中的“图层命令”按钮，在弹出的隐藏菜单中选择“合并”选项，将选中的图层与“画布”图层进行合并，如图 4-45 所示。确保“画布”图层为选中状态，单击“图层”面板中的“动态滤镜插件”按钮，在弹出的隐藏菜单中选择“均衡”选项。

图 4-45　合并图层

步骤 30：打开“均衡”对话框，在对话框中设置参数，设置完成后单击对话框下方的“确定”按钮，运用设置的参数调整图像的颜色，在图像窗口中查看调整颜色后的图像效果，如图 4-46 所示。

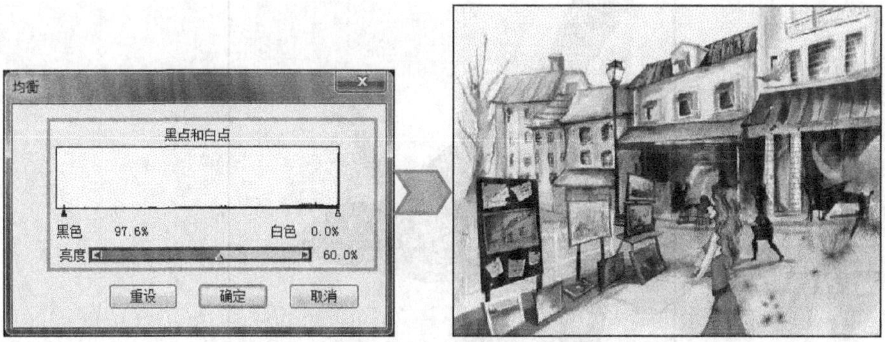

图 4-46　调整图像的颜色

步骤 31：在画笔选取器中选择“特效笔”中的“琴键笔”画笔变体，在其属性栏中对各个选项的参数进行设置；使用设置好的画笔在画面中单击并进行涂抹，绘制图像，完成本实例的制作，如图 4-47 所示。

图 4-47　使用“零键笔”收尾

4.5 本章小结

本章中介绍了硬质画笔“硬媒材”，内容包括选择“硬媒材”画笔类别的选择、“硬媒材”面板中的各项设置及“硬媒材”笔尖与笔刷效果的调整等。通过本章的学习，读者应掌握“硬媒材”的设置与应用技巧。为了巩固本章所学知识，在本章的后面还补充了一个案例，以完整、详尽的操作步骤介绍如何使用“硬媒材”画笔变体进行艺术创作。

4.6 课后习题

在本章中学习了“硬媒材”画笔的基础设计与选择等知识，读者也对该类别的画笔有了一定的了解。为了让读者更为深入地掌握“硬媒材”画笔变体的使用方法，下面准备了一个关于绘制一只可爱的小鸟的习题（见图 4-48），其源文件地址为：随书光盘\源文件\04\快速临摹手绘小鸟.rif。

图 4-48　小鸟

第5章

仿真鬃毛 «

本章学习重点

- 了解“仿真鬃毛”
- 辨别和选择“仿真鬃毛画笔”
- 设置“仿真鬃毛”画笔选项
- 掌握自定义“仿真鬃毛画笔”的方法

5.1 “仿真鬃毛”概述

仿真鬃毛画笔通过仿真艺术家画笔的自然移动，将数字绘图体验的真实程度提高到了一个全新的水平。此类画笔能够真实再现颜色、画布与笔刷，通过画笔的每个笔触真实地再现自然艺术图像，并且能够让人从图像中直观感受到传统艺术绘画的外观和视觉效果。

“仿真鬃毛”画笔变体是基于不同画笔类别的画笔笔体，其被存储在“丙烯”画笔、“油画”画笔、“水粉”画笔、“水彩”画笔等多种画笔类别中。在“画笔库”面板中单击包含“仿真鬃毛”画笔变体的画笔类别，然后在展开的面板中就可以单击并选择“仿真鬃毛”画笔变体画笔。

5.2 “仿真鬃毛”画笔变体

由于“仿真鬃毛”画笔变体被存储到了不同的画笔类别中，因此我们确定所选画笔是否为“仿真鬃毛”画笔变体就是一个非常重要操作。在 Painter 中，确定画笔是否属于仿真画笔变体的方法非常简单，只需打开“仿真鬃毛”画笔面板。此时，如果我们选定的画笔变体为真正的“仿真鬃毛”画笔，则可以启用“仿真鬃毛”面板中的控制选项，如图 5-1 所示。如果选择的画笔变体不是“仿真鬃毛”画笔，则不能启用面板中的任何选项，所有的控制选项均为灰色，如图 5-2 所示。

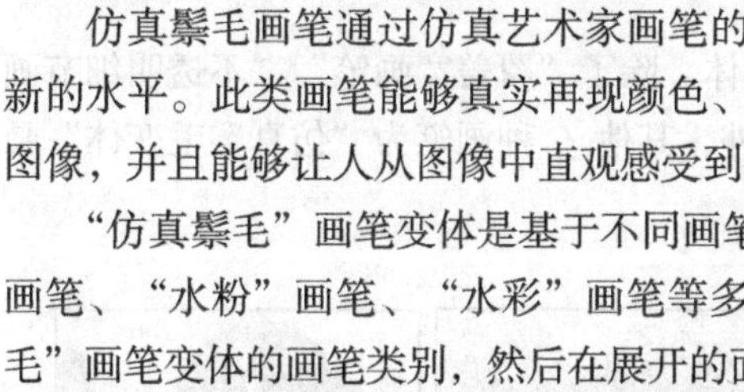

图 5-1 “仿真鬃毛”面板控制选项可用

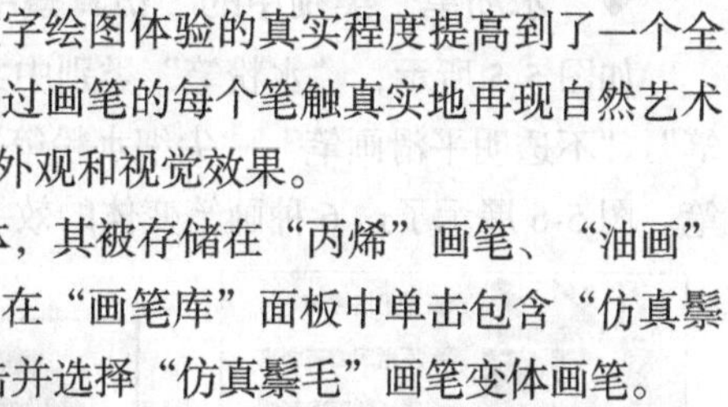

图 5-2 “仿真鬃毛”面板控制选项不可用

◆ **“丙烯画笔”类别中的“仿真鬃毛”变体**

如图 5-3 所示，“丙烯画笔”的画笔中包含了 6 种“仿真鬃毛”画笔变体，分别是“仿真干平笔”“仿真长鬃毛笔”“仿真湿笔刷”“厚涂丙烯鬃毛笔”“厚涂丙烯平笔”和“厚涂丙烯圆笔”。图 5-4 展示了这 6 种仿真鬃毛画笔的绘制效果。

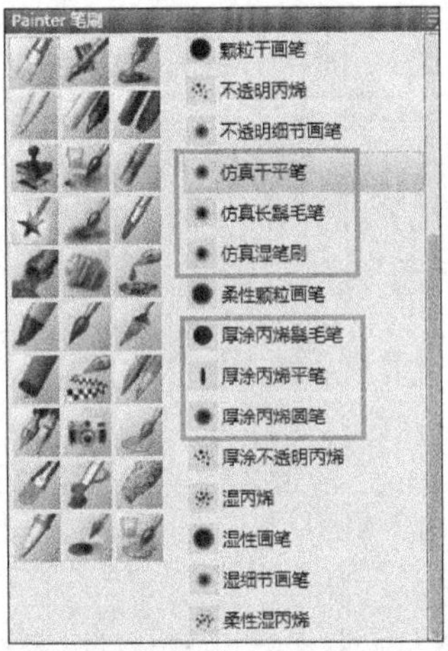

图 5-3 “丙烯画笔”类别

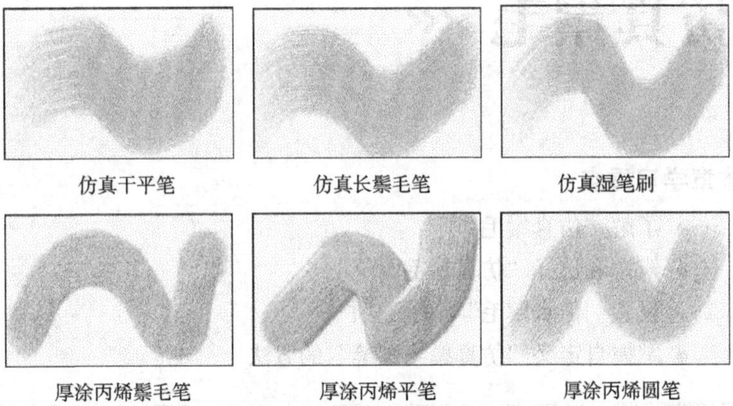

图 5-4 “丙烯画笔”中的“仿真鬃毛”画笔变体

◆ **“水粉笔”类别中的“仿真鬃毛”变体**

如图 5-5 所示，“水粉笔”类别中共有 10 种画笔变体，除了“覆盖宽画笔”“不透明细节画笔”“不透明平滑画笔”“尖细水粉笔”4 种画笔变体外，其他 6 种画笔为“仿真鬃毛变体”画笔。图 5-6 展示了这 6 种画笔变体的效果。

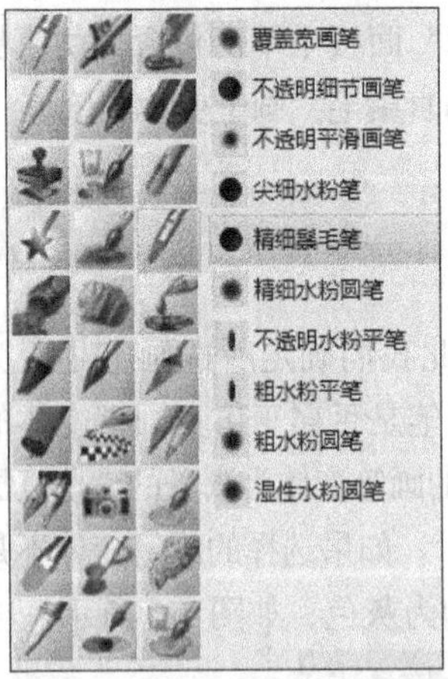

图 5-5 “水粉笔”类别

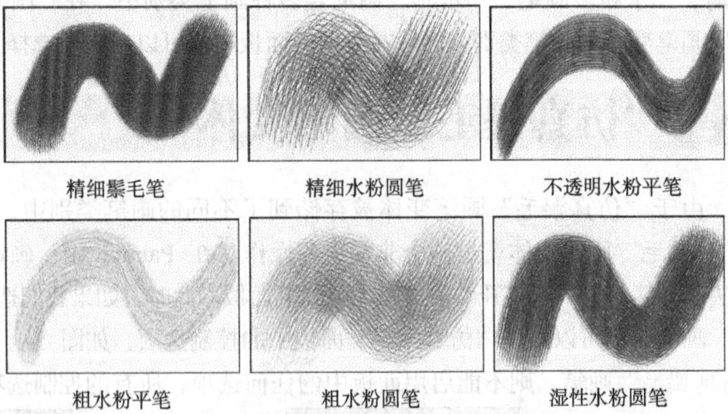

图 5-6 “水粉笔”的 6 种“仿真鬃毛”变体

◆ **“油画笔”类别中的“仿真鬃毛”变体**

如图 5-7 所示，“油画笔”类别中共有 43 种画笔变体，除了“湿油画笔”“粗湿性油画笔”“锥形油画笔”“柔性覆盖画笔”“油性鬃毛笔”“柔顺平笔”“精细软毛油画笔”“中型鬃毛油画笔”“细节油画笔”“柔顺圆笔”10 种变体以外，其余的 33 种均为“仿真鬃毛”画笔变体，每种画笔变体的绘制效果如图 5-8 所示。

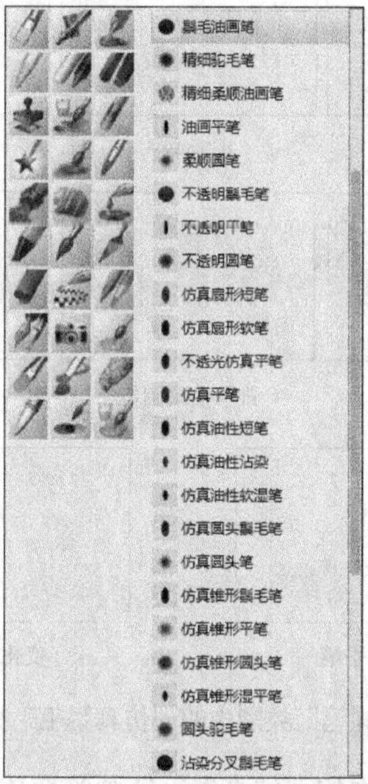

图 5-7 “油画笔”类别

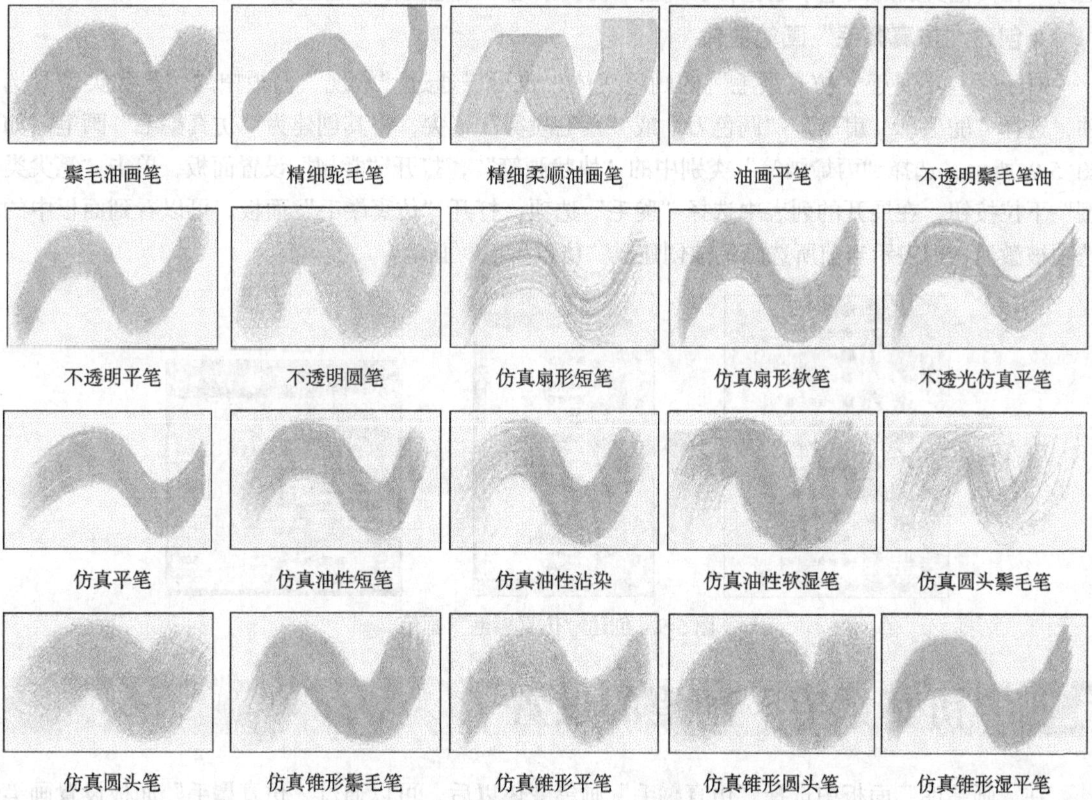

图 5-8 “油画笔”类别中的“仿真鬃毛”变体

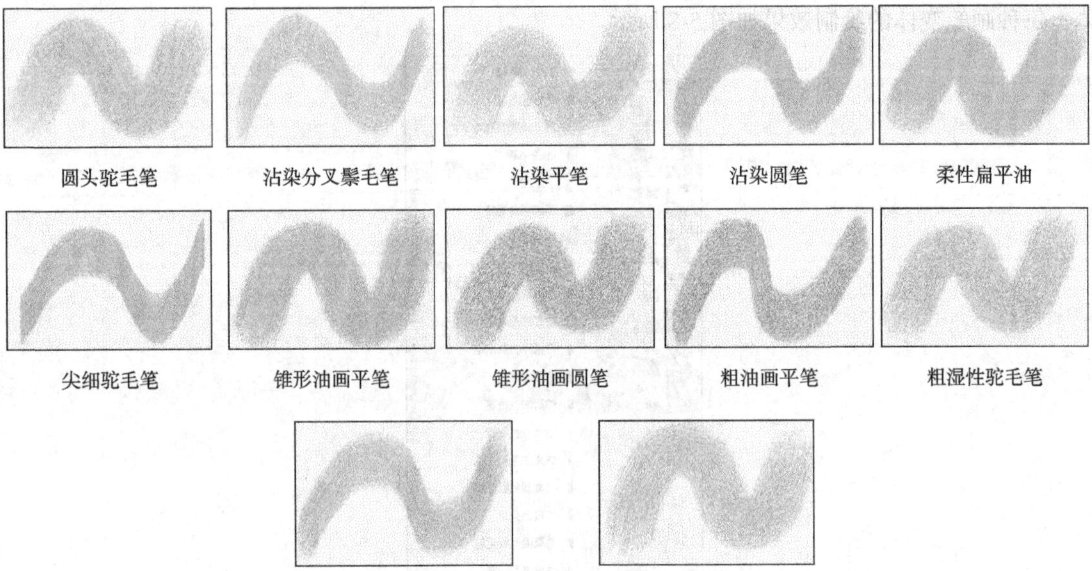

图 5-8 “油画笔”类别中的“仿真鬃毛”变体（续）

以上介绍了一些常用画笔类别中的“仿真鬃毛”画笔变体。除了这些“仿真鬃毛”画笔变体之外，在其他类别的画笔中还包含了一些“仿真鬃毛”画笔变体，这里就不再一一介绍了。

◆创建“仿真鬃毛”画笔变体

对于一些不属于“仿真鬃毛”的画笔变体，也可以通过“常规”面板中的“笔尖类型”选项，选择“驼毛”“扁平”“调色刀”或“鬃毛喷雾”笔尖，将其创建为“仿真鬃毛”画笔。如图 5-9 所示，选择“丙烯画笔”类别中的“块状画笔”，打开“常规”设置面板，单击“笔尖类型”下拉按钮，在展开的列表中选择“驼毛”选项，打开“仿真鬃毛”面板，可以看到面板中的选项被激活，即表示当前所选画笔被创建成“仿真鬃毛”画笔。

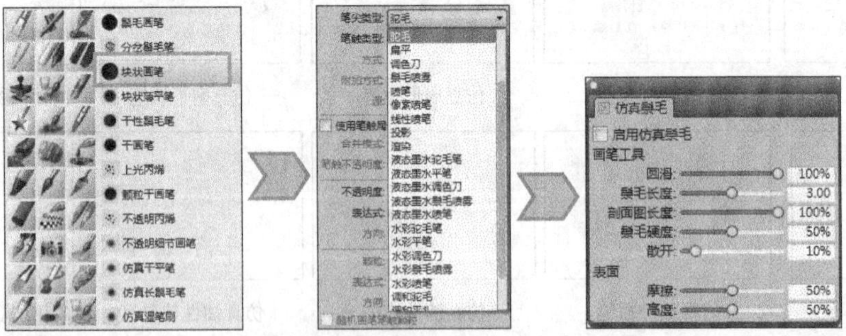

图 5-9 创建“仿真鬃毛”画笔

5.3 “仿真鬃毛”画笔的设置

在“画笔库”面板中选择“仿真鬃毛”画笔变体以后，可以通过“仿真鬃毛”面板设置画笔变体选项，轻松控制画笔的绘制效果。如果当前未启用“仿真鬃毛”面板，则执行“窗口→画笔控制面板→仿制鬃毛”菜单命令，启用并显示“仿制鬃毛”面板。接下来就对“仿制鬃毛”面板中的选项设置进行讲解。在使用“仿真鬃毛”画笔调整画笔选项前，先要了解“仿真鬃毛”笔刷及设置的某些关键术语，如图 5-10 所示。

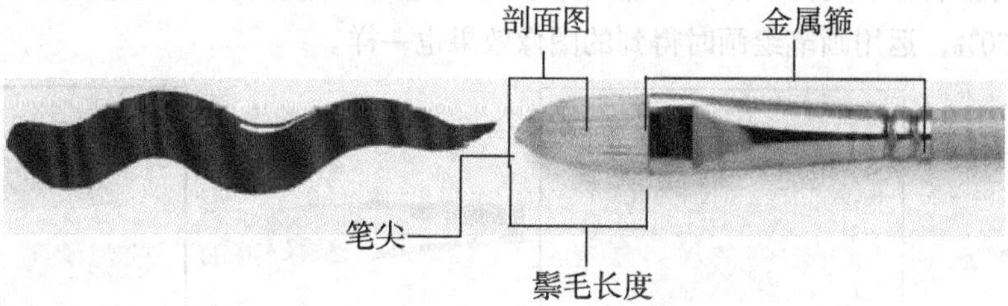

图 5-10 “仿真鬃毛”笔刷

5.3.1 画笔笔尖圆滑度

“圆滑”选项用于控制画笔宽度的圆滑度及画笔的整体形状。选择圆形画笔时，较小的“圆滑”值会使画笔扁平，可用于椭圆形。需要注意的是，可扁平化的最小厚度应为直径的 10%。选择平头画笔时，较小的“圆滑”值则可创建更多的转换，如图 5-11 所示。

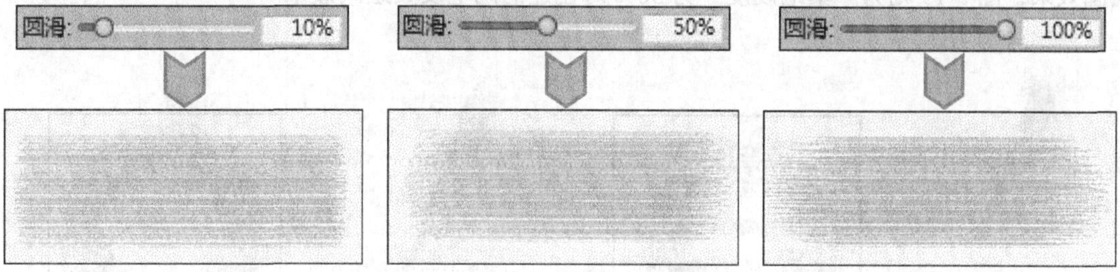

图 5-11 不同“圆滑”值的绘制效果

5.3.2 “鬃毛长度”的设置

“鬃毛长度”选项用于控制鬃毛画笔从金属箍端到笔尖的鬃毛长度。“鬃毛长度”是通过将“画笔大小”值与所选“鬃毛长度”值相乘计算出来的。例如，如果“画笔大小”设置为 20，“鬃毛长度”设置为 2，则得到的鬃毛长度就为 40。“鬃毛长度”会影响到画笔绘制出的笔触的宽度，数值越大，鬃毛的长度就越长，绘制出的线条就越宽；反之，数值越小，鬃毛的长度就越短，绘制出的线条就越窄。当画笔大小一定时，不同“鬃毛长度”绘制的效果不同，如图 5-12 所示。

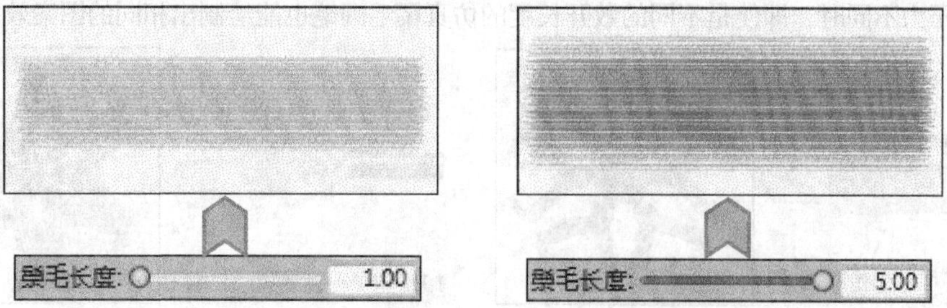

图 5-12 不同“鬃毛长度”的绘制效果

5.3.3 调整“剖面图长度”

利用“剖面图长度”我们可以以鬃毛总长度的百分比来控制剖面图的长度。此选项的设置在绘画时对图像的影响并不大，如图 5-13 所示，两个画笔虽然看起来形状差异较大，但其实画笔的剖面长度均为 50%，运用画笔绘画时得到的图像效果也一样。

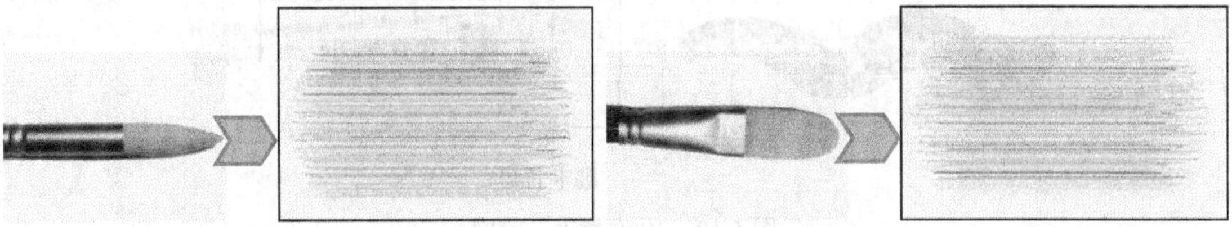

图 5-13　不同“剖面图长度”的绘制效果

5.3.4 鬃毛硬度

“鬃毛硬度”选项用于控制鬃毛的柔软度，其值越大，所创建的画笔越柔软，类似貂毛画笔；其值越小，所创建的画笔越硬。图 5-14 所示为设置“鬃毛硬度”为 90% 时创建的画笔及其绘画效果，图 5-15 则为“鬃毛硬度”为 30% 时创建的画笔及其绘画效果。

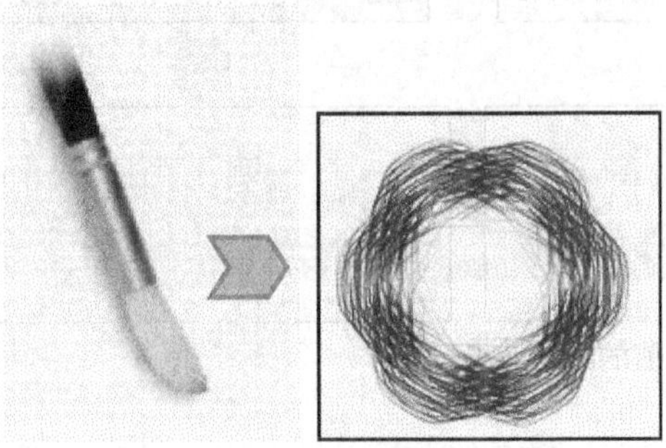

图 5-14　“鬃毛硬度”为 90%

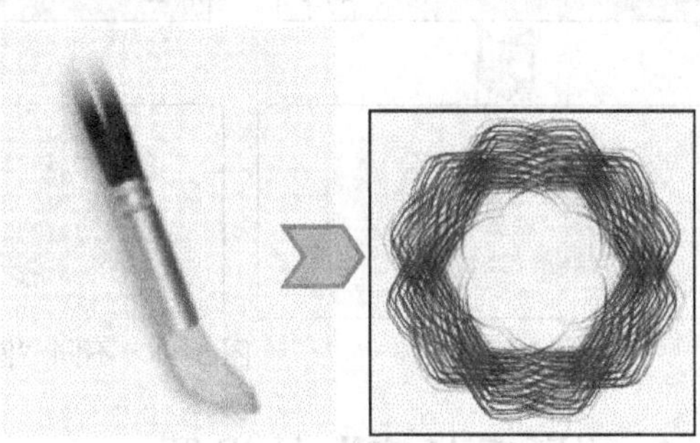

图 5-15　“鬃毛硬度”为 30%

5.3.5 鬃毛散开长度

“散开”选项用于调整鬃毛散开的长度，即从画笔的金属箍到画笔笔尖的散开状况；设置的值越小，鬃毛越集中，从而创建的画笔笔尖就越尖；反之设置的值越大时，鬃毛越分散，从而创建的画笔笔尖就越圆。图 5-16 展示了鬃毛画笔“散开”0% 和 100% 时的效果。使用“仿真鬃毛”画笔变体绘画，当压力不同时，即使是不同的散开长度的仿真鬃毛画笔也能绘制出相同的图案效果。

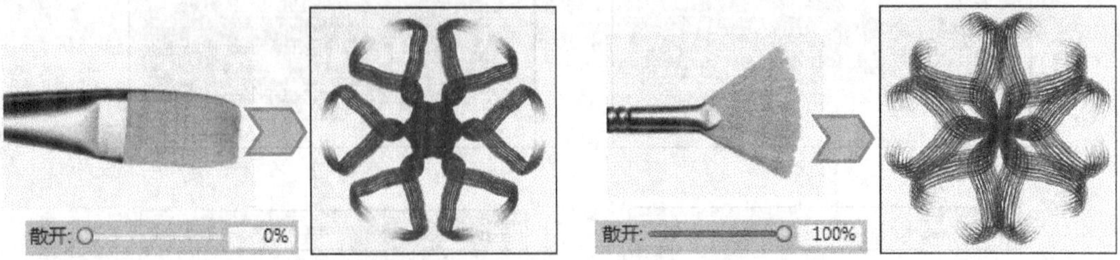

图 5-16　不同“散开”值的绘制效果

5.3.6 鬃毛的摩擦与高度

使用“仿真鬃毛”画笔变体绘制时，可以利用“仿真鬃毛”面板中的“表面”选项组控制画笔的表面效果。在“表面”选项组下，“摩擦”选项用于控制鬃毛在画布上移动时的光滑程度。它经常与“鬃毛硬度”选项结合起来使用，设置的参数值越小，产生的画笔笔触就越光滑；而设置的值越大，产生的画笔笔触就越粗糙、越散开。如图 5-17 所示。

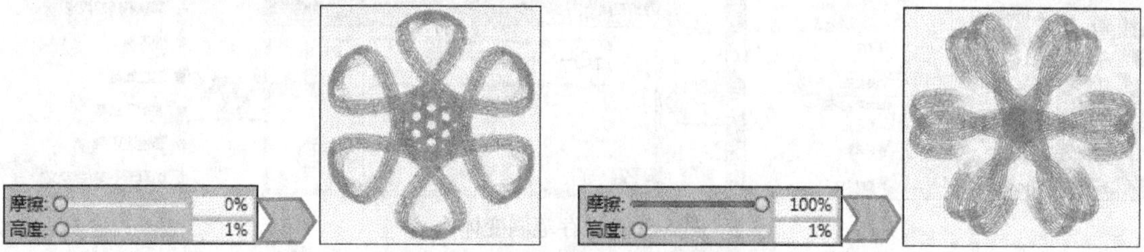

图 5-17　不同“摩擦”值的绘制效果

“高度”选项用于控制画笔金属箍与画布之间的最小距离，当设置的数值较大时，则只会用画笔笔尖绘制；当设置的数值较小时，鬃毛将压在画布上，从而导致鬃毛向不同方向散开。图 5-18 展示了“高度”为 100%和 0%时的画笔效果

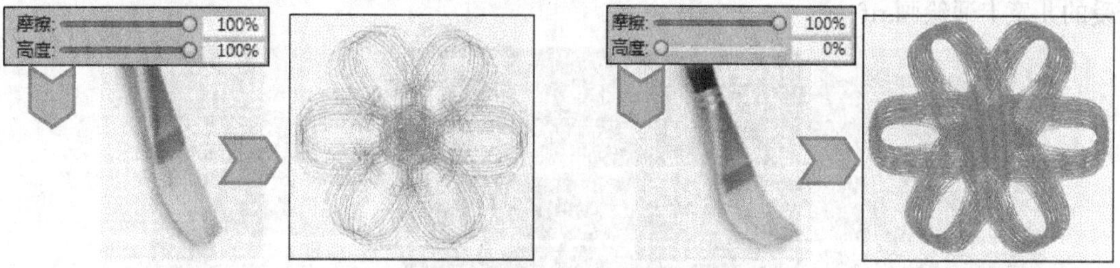

图 5-18　不同“高度”值的绘制效果

5.4 自定义“仿真鬃毛”画笔变体

在“仿真鬃毛”画笔面板中对“仿真鬃毛”画笔变体选项进行设置后，我们可以将设置的画笔笔触存储并定义为新的笔刷变体。在“画笔库”面板中选择一种“仿真鬃毛”画笔变体，打开“仿真鬃毛”画笔面板，在面板中勾选“启用仿真鬃毛”复选框，然后调整面板下方的笔刷参数滑块，以达到想要的笔刷效果，如图 5-19 所示。

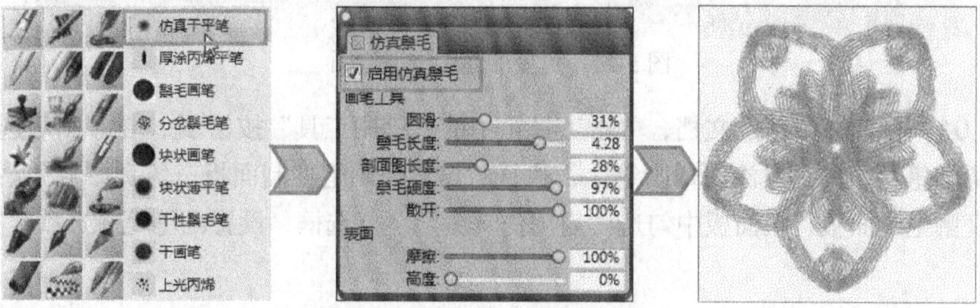

图 5-19　创建“仿真鬃毛”画笔变体

单击“画笔库”面板右上角的扩展按钮，在弹出的下拉菜单中执行“存储变量”命令；打开“存储变量”对话框，在对话框中输入新建笔刷的名称，如图 5-20 所示，设置后单击“确定”按钮，即可保存新的笔刷变体。

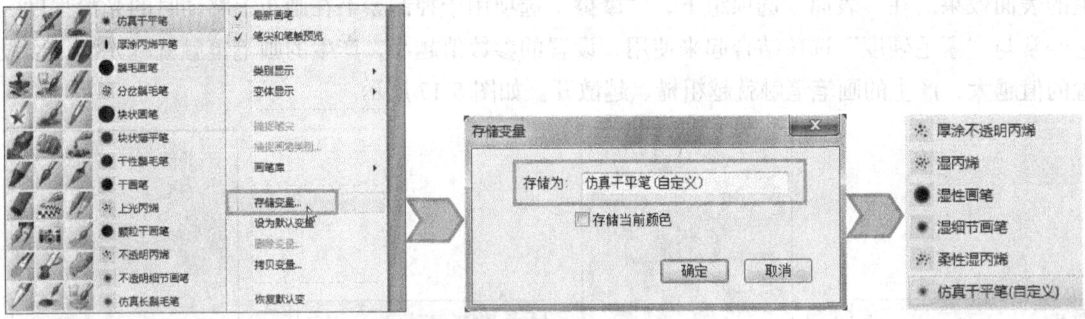

图 5-20　保存笔刷变体

5.5 课堂实训

本节的主要内容是完成图 5-21 的绘制，其中，图 5-21 的源文件地址为：随书光盘\源文件\05\可爱的儿童卡通绘画.rif

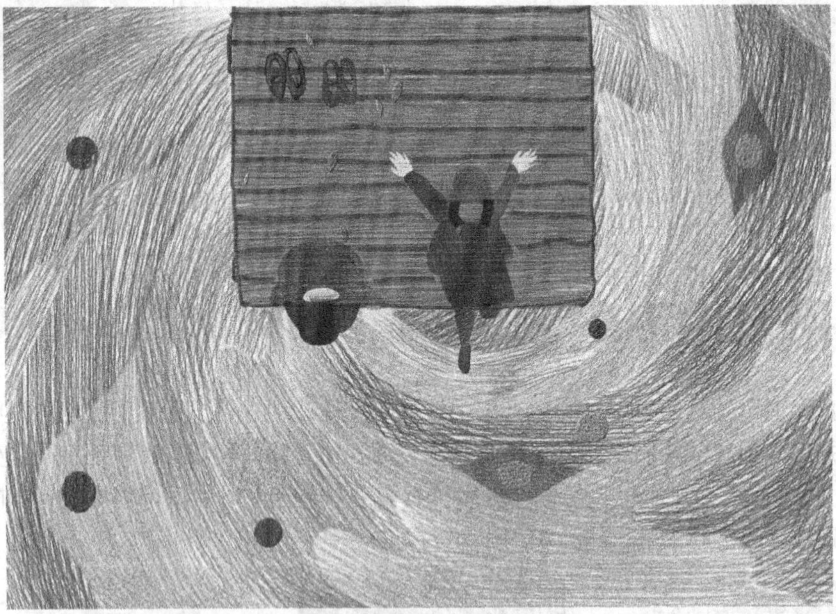

图 5-21　可爱的儿童卡通绘画

步骤 01： 创建一个新的文档，单击工具箱中的“笔刷工具”按钮，在“画笔选取器”中选择“丙烯画笔”中的“厚涂丙烯画笔”，执行“窗口→画笔控制面板→仿真鬃毛”菜单命令；打开“仿真鬃毛”面板，在面板中勾选“启用仿真鬃毛”复选框，设置画笔笔触选项，如图 5-22 所示。

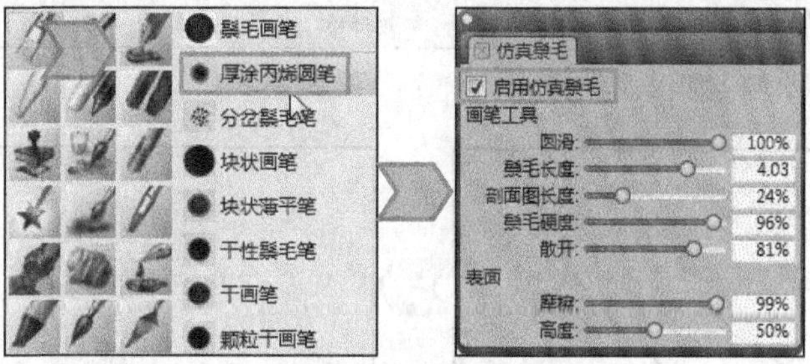

图 5-22　设置画笔笔触选项

步骤 02：打开“颜色变化”控制面板，在面板中选择“以渐变”控制颜色变化；打开“颜色”面板，设置主要颜色的“色调”为 9、“饱和度”为 163、“亮度”为 132，设置附加颜色“色调”为 41、“饱和度”为 218、“亮度”为 149，设置后在“颜色”面板中显示设置的颜色，如图 5-23 所示。

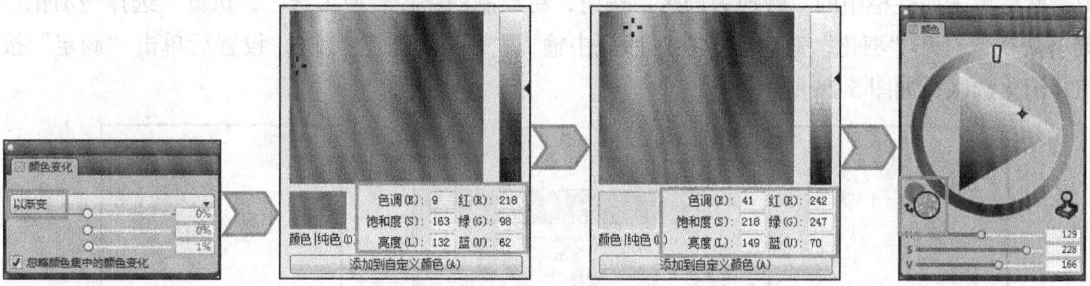

图 5-23　设置颜色值

步骤 03：单击工具箱中的“套索工具”按钮，选择工具后在画面中单击并拖曳鼠标，绘制选区，执行“选择→羽化”菜单命令，打开“羽化”对话框，在对话框中输入“羽化”值为 3.00，设置后单击“确定”按钮，羽化选区，如图 5-24 所示。

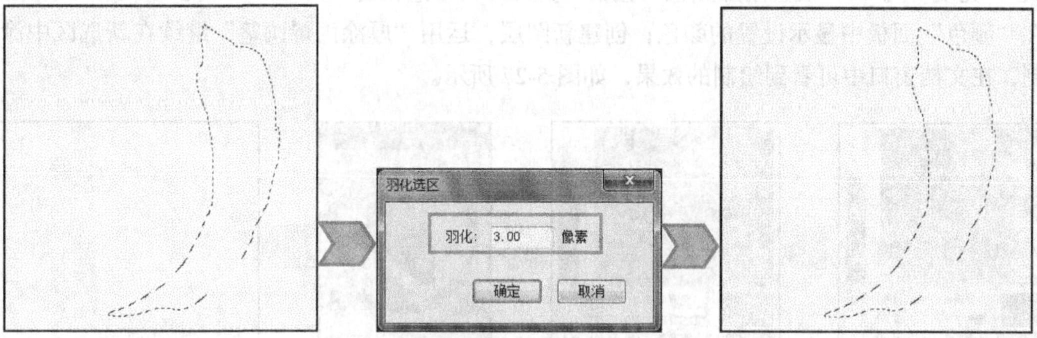

图 5-24　羽化选区

步骤 04：在“笔刷工具”属性栏中调整工具选项，单击“图层”面板中的“新建图层”按钮，新建“底纹 1”图层，将鼠标移至选区内，单击并拖曳鼠标，运用设置的“厚涂丙烯画笔”在选区中进行图像的绘制，如图 5-25 所示。

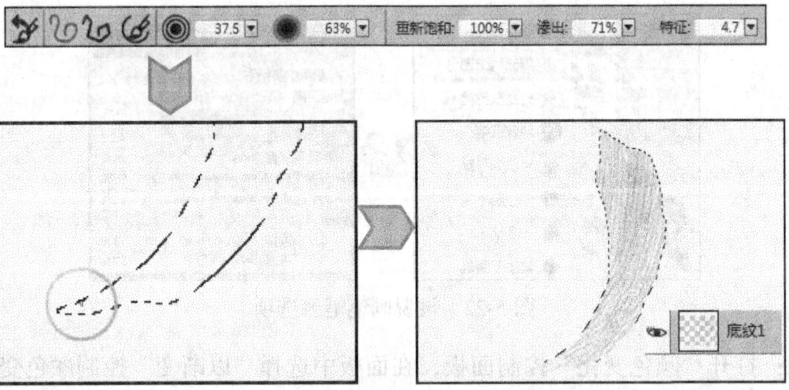

图 5-25　新建图层并绘制图像

步骤 05：单击工具箱中的“钢笔工具”按钮，在画面中单击并拖曳鼠标，绘制矢量图形，然后单击属性栏中的“转换为选区”按钮，将绘制的路径转换为选区，执行“选择→羽化”菜单命令，打开“羽化”对话框，在对话框中输入“羽化”值为 3.00，设置后单击“确定”按钮，羽化选区，如图 5-26 所示。

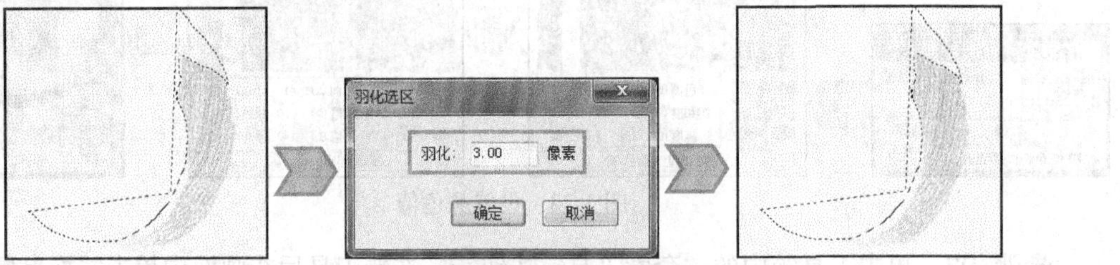

图 5-26　羽化选区

步骤 06：打开“颜色”面板，在面板中设置主要颜色的“色调”为 198、“饱和度”为 236、“亮度”为 60，设置附加颜色“色调”为 160、“饱和度”为 240、“亮度”为 180，设置后在“颜色”面板中显示设置的颜色；创建新图层，运用“厚涂丙烯画笔”继续在新选区中涂抹绘制，在文档窗口中可看到绘制的效果，如图 5-27 所示。

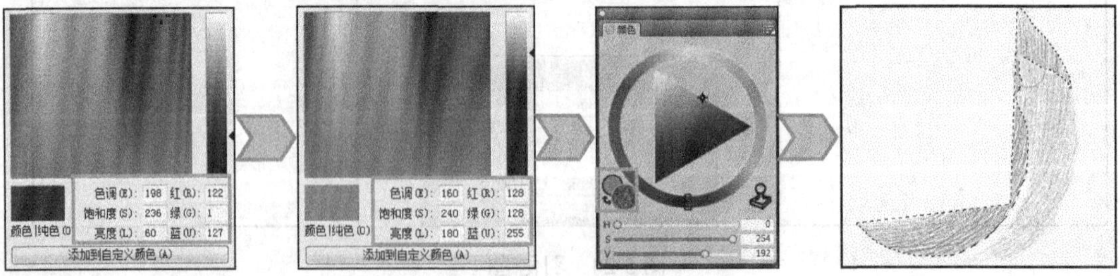

图 5-27　设置颜色并绘制图像

步骤 07：继续使用同样的方法进行背景图像的绘制。绘制完成不规则的背景图案后，选择“椭圆形选区工具”，按住【Shift】键不放，在背景中单击并拖曳鼠标，绘制正圆选区；执行“选择→羽化”菜单命令，打开“羽化”对话框，在对话框中输入“羽化”值为 1.00，然后单击“确定”按钮，羽化选区，如图 5-28 所示。

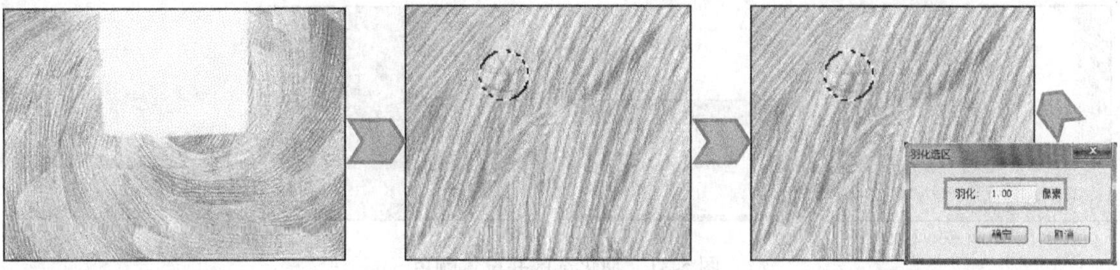

图 5-28 羽化选区

步骤 08：打开“颜色”面板，将主要颜色设置为 H93、S143、V80，附加颜色为黄色，在“笔刷工具”属性栏中的设置工具选项，将鼠标移至选区内，单击并涂抹绘制图案；使用相同的方法在背景中添加其他更多的图案，在文档窗口可以看到添加图案的效果，如图 5-29 所示。

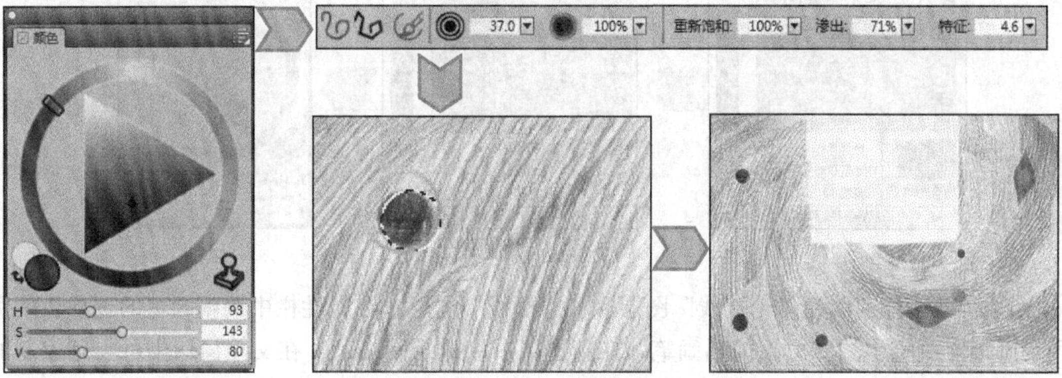

图 5-29 为背景添加图案

步骤 09：按住【Ctrl】键不放，依次单击除“画布”以外的其他所有图层，执行“图层→群组图层”菜单命令，将所选图层编为“群组 1”；单击“群组 1”，在弹出的快捷菜单中执行“复制图层”命令，复制图层，增强颜色的饱和度，如图 5-30 所示。

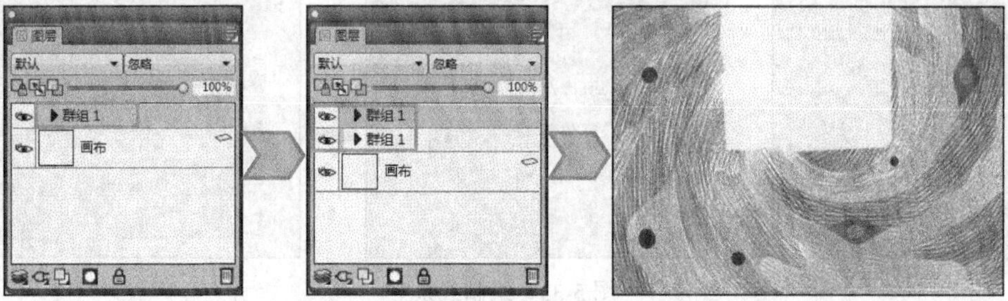

图 5-30 复制图层

步骤 10：选择“套索工具”，在画面中单击并拖曳鼠标，绘制选区，执行“选择→羽化”菜单命令，打开“羽化”对话框，在对话框中输入“羽化”值为 3.00，设置后单击“确定”按钮，羽化选区；设置颜色“色调”为 11、“饱和度”为 61、“亮度”为 128，如图 5-31 所示，新建“露台”图层，然后运用“丙烯画笔”中的“厚涂丙烯画笔”在选区中绘制图案。

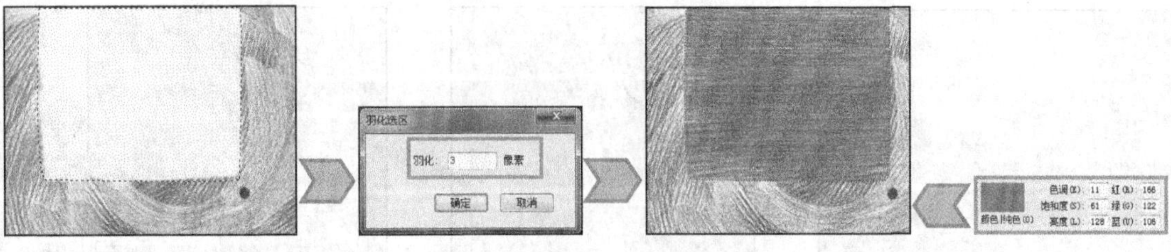

图 5-31　羽化选区并设置颜色

步骤 11：打开“颜色”面板，在面板中设置主要颜色的“色调”为 0、“饱和度”为 76、“亮度”为 83，设置附加颜色的“色调”为 17、“饱和度”为 76、“亮度”为 145，设置后在“颜色”面板中显示设置的颜色，如图 5-32 所示。

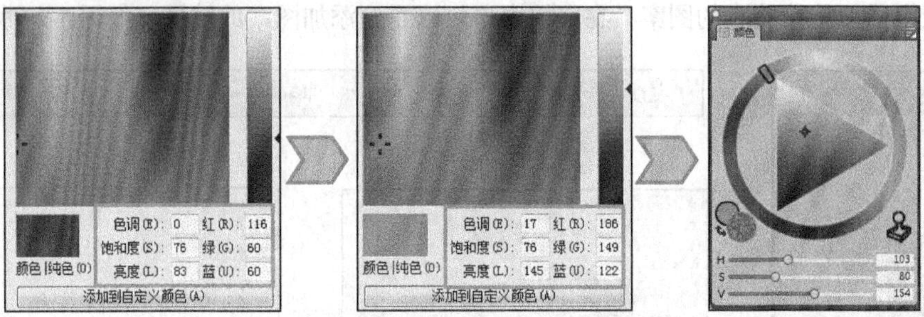

图 5-32　设置颜色

步骤 12：分别创建“轮廓线”图层和“边框线”图层，在属性栏中调整画笔的选项，使用“丙烯画笔”画笔中的“厚涂丙烯画笔”在新选区中涂抹绘制线条，在文档窗口中可看到绘制的效果，如图 5-33 所示。

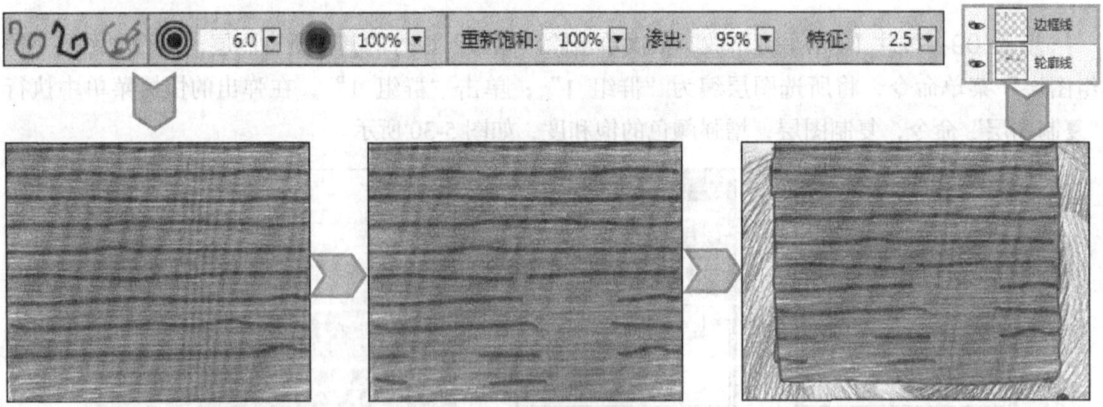

图 5-33　绘制线条

步骤 13：使用“钢笔工具”在图像中绘制叶片形状的矢量路径，单击属性栏中的“转换为选区”按钮，将绘制的路径转换为选区，创建“绿叶”图层；选择“丙烯画笔”中的“厚涂丙烯画笔”，在属性栏中调整笔刷选项，设置颜色为绿色，在选区内绘制绿色的叶子，如图 5-34 所示。

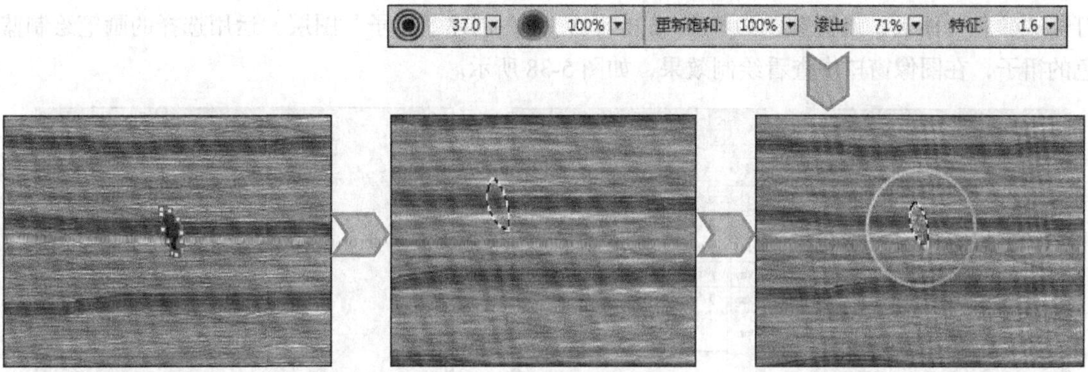

图 5-34　绘制绿色的叶子

步骤 14：右击“绿叶”图层，在弹出的快捷菜单中执行“复制图层”命令，复制“绿叶”图层；单击工具箱中的“图层调整工具”按钮，选中复制的“绿叶”图层，将其移至另外的位置，如图 5-35 所示。

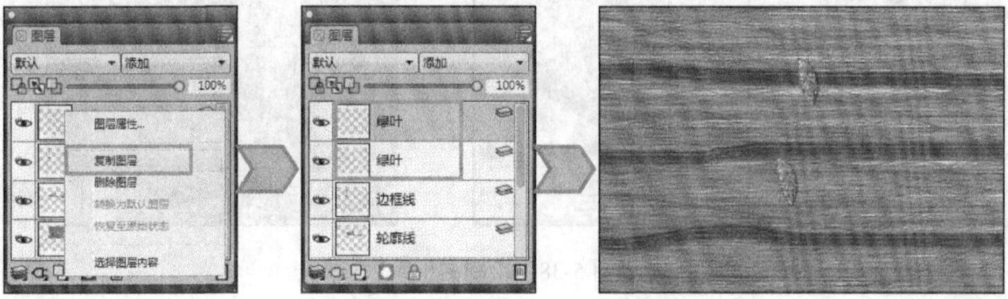

图 5-35　复制“绿叶”图层并移动

步骤 15：继续执行“复制图层”的操作，再复制两个绿叶图案，然后运用“图层调整工具”把复制的绿叶移至不同的位置，再用同样的方法在该区域内绘制并创建暗黄色叶子的效果，如图 5-36 所示。

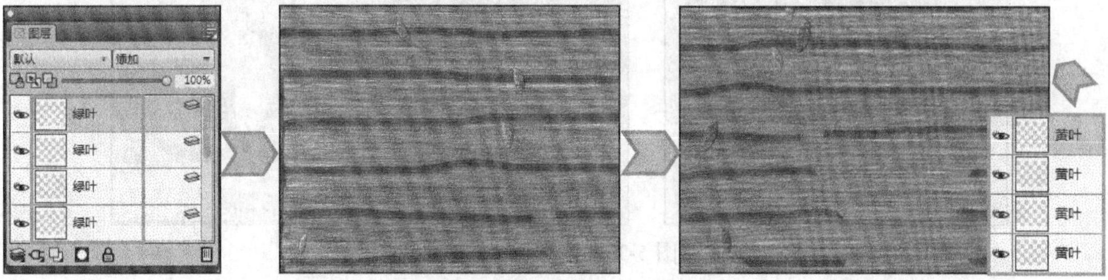

图 5-36　创建叶子

步骤 16：按住【Ctrl】键不放，依次单击除“画布”和“群组 1”图层组以外的其他所有图层，执行“图层→群组图层”菜单命令，将所选图层编为“群组 2”，右击“群组 2”，在弹出的快捷菜单中执行“复制图层”命令，复制图层组，增强颜色的饱和度，如图 5-37 所示。

步骤 17：单击工具箱中的“笔刷工具”按钮，在“画笔选取器”中选择“丙烯画笔”下的“上光丙烯”画笔变体，并在属性栏中调整工具选项，用“钢笔工具”绘制裙子形状的选区；

打开“颜色”面板，设置颜色为 H0、S254、V159，创建“裙子”图层，运用选择的画笔绘制蓝色的裙子，在图像窗口中查看绘制效果，如图 5-38 所示。

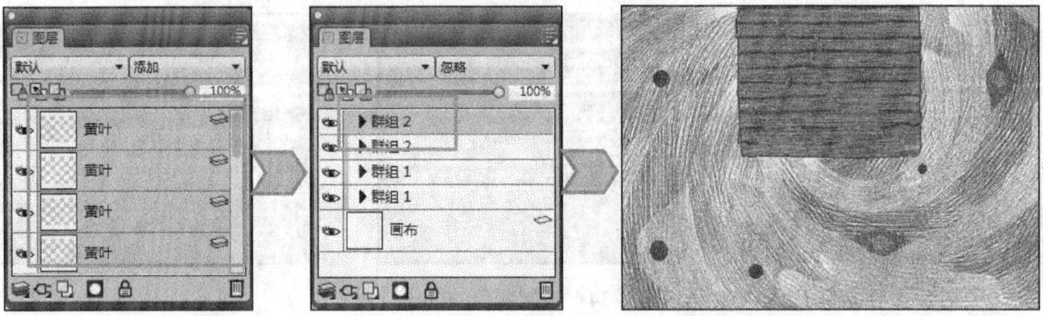

图 5-37　复制图层组

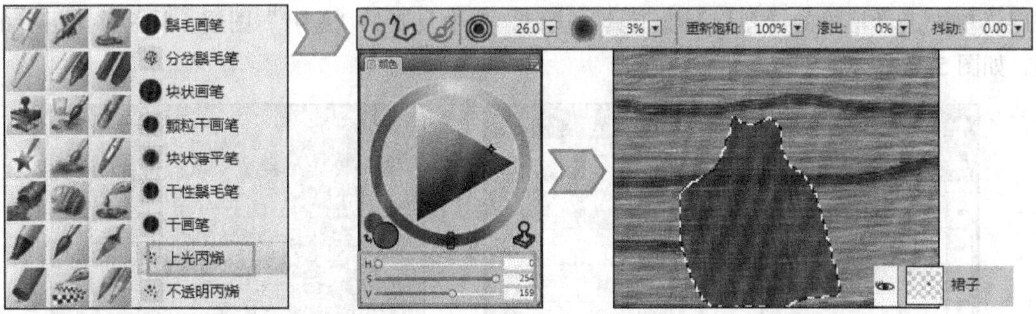

图 5-38　绘制裙子

步骤 18：选择“钢笔工具”，在蓝色的裙子下绘制腿部的轮廓，然后单击属性栏中的“转换为选区”按钮，将绘制的路径转换为选区；打开“颜色”面板，设置主要颜色为 H96、S128、V91，如图 5-39 所示。

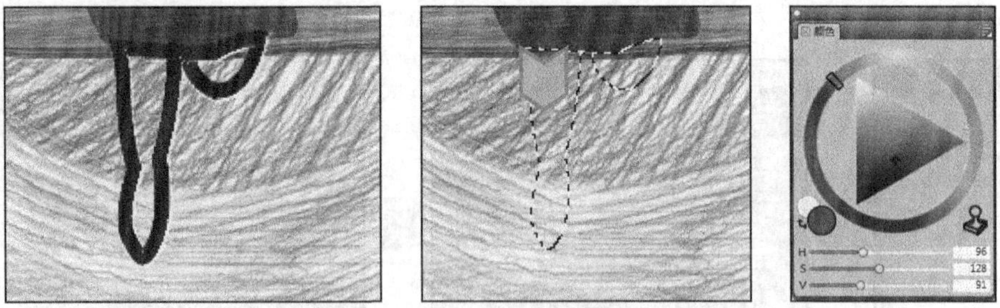

图 5-39　绘制腿部轮廓

步骤 19：单击工具箱中的“笔刷工具”按钮，在“画笔选取器”中选择“丙烯画笔”下的“湿丙烯”画笔变体，并在属性栏中调整工具选项，在选区内绘制涂抹出人的腿部形状。为了让绘制的腿部区域更有层次感，将主要颜色设置为 H96、S129、V47，调整画笔的大小，继续在选区边缘涂抹绘制，绘制后在图像窗口中查看绘制的效果，如图 5-40 所示。

步骤 20：参考步骤 17 至步骤 19 的绘制方法和笔刷，绘出人物的脸部、头发、手臂等区域，完成后将图层编组为“群组 3”；使用同样的方法再进行其他更多图像的绘制，在文档窗口中可以看到本例最终的绘制结果，如图 5-41 所示。想要获得更多的绘制信息，可以打开本案例的源文件进行查阅和学习。

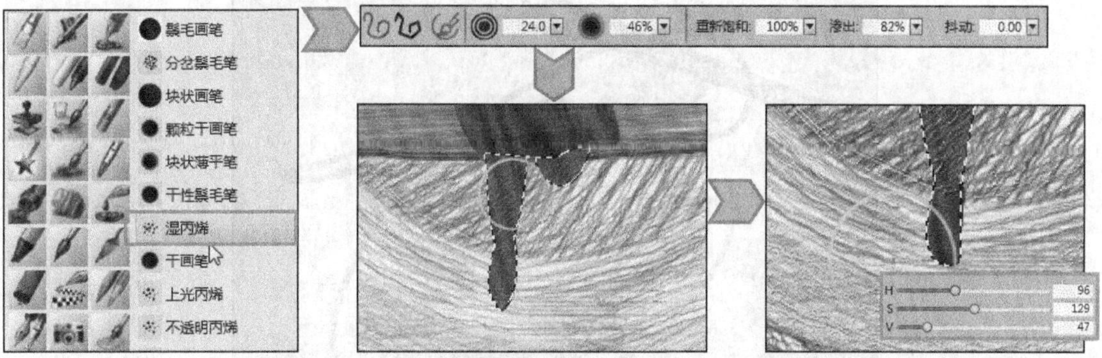

图 5-40　绘制腿部形状

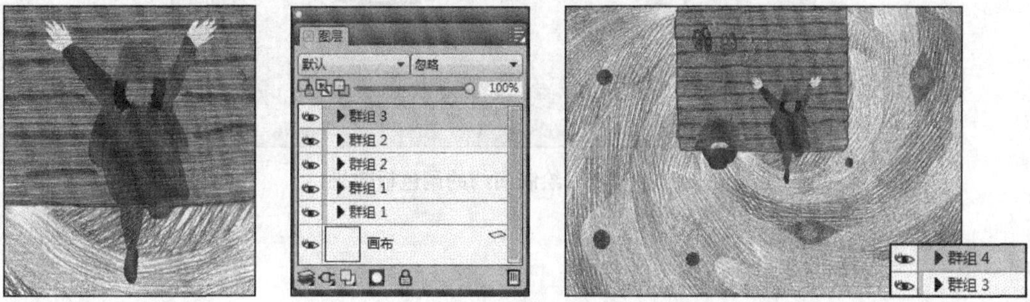

图 5-41　绘制完成其他部分

5.6 本章小结

“仿真鬃毛”画笔变体可以模拟自然的鬃毛画笔笔触的绘制效果。本章中介绍了 Corel Painter 中各种“仿真鬃毛”画笔的判别、“仿真鬃毛”画笔变体的选择和“仿真鬃毛”画笔笔触的控制及自定义“仿真鬃毛”画笔变体等内容。通过本章，读者应学习使用仿真鬃毛画笔绘制作品的技巧，应掌握“仿真鬃毛”画笔的用法，并能够运用所学知识创作出一幅完整的作品。

为了使读者巩固本章所学知识，在本章的后面还提供了一个案例，以完整、详尽的操作步骤介绍使用“仿真鬃毛”画笔进行艺术作品创作的方法。

5.7 课后习题

本章主要学习不同画笔类别下的“仿真鬃毛”画笔变体的选择与设置。经过前面的学习，读者能够准确判断所选画笔变体是否为“仿真鬃毛”画笔变体，并且掌握画笔变体笔触设置对绘画效果的影响。为了让读者能够更深入地掌握仿真鬃毛画笔变体的设置与应用技巧，下面准备了一个关于绘制一个彩色的调色盘的习题（见图 5-42）。本习题的源文件地址为：随书光盘\源文件\05\绘制简约的调色板效果.rif。

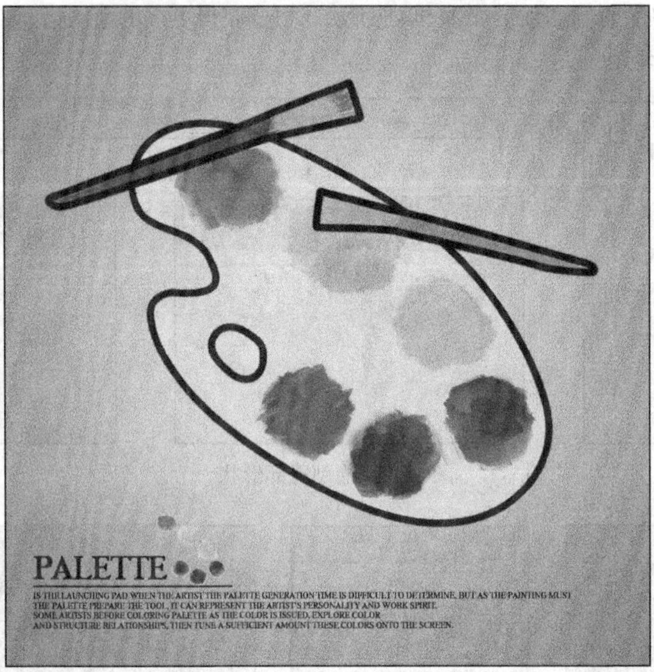

图 5-42　绘制简约的调色板效果

第6章

水彩 «

本章学习重点

- 学会使用水彩图层
- 掌握不同类型水彩画笔的使用方法
- 能够自定义水彩画笔
- 使用水彩画笔绘制水彩画
- 掌握水彩画笔的设置及绘制技巧

6.1 使用水彩图层

“仿真水彩”和“水彩”画笔可绘制水彩图层，可以让颜色流动、混合，并且融合于纸纹中。在 Painter 中，可以将画布的信息转换或分离为水彩图层，让绘制的水彩笔触效果更加逼真、美观。接下来就对水彩图层的创建、编辑等操作进行讲解。

6.1.1 创建新水彩图层

水彩图层会自动将画笔中的水墨融入到纸张中，模拟出真实水彩画中流畅和透明的效果。创建水彩图层的方式非常简单，只需执行“窗口→图层”菜单命令，打开“图层”面板，在“图层”面板中单击“图层选项”按钮，在打开的菜单中选择“新建水彩图层”命令即可，如图 6-1 所示，创建的水彩图层的名称将直接显示为“水彩图层 1”。

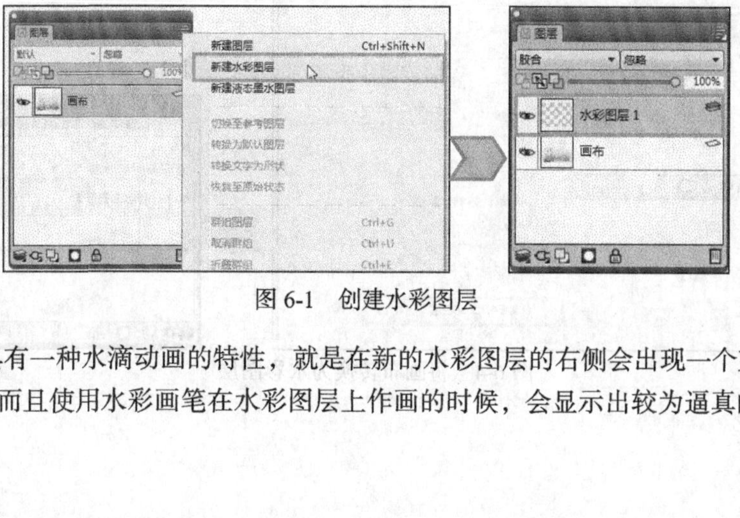

图 6-1 创建水彩图层

水彩图层具有一种水滴动画的特性，就是在新的水彩图层的右侧会出现一个蓝色和白色的双图层图标，而且使用水彩画笔在水彩图层上作画的时候，会显示出较为逼真的水彩颜料沉浸的效果，如图 6-2 所示。

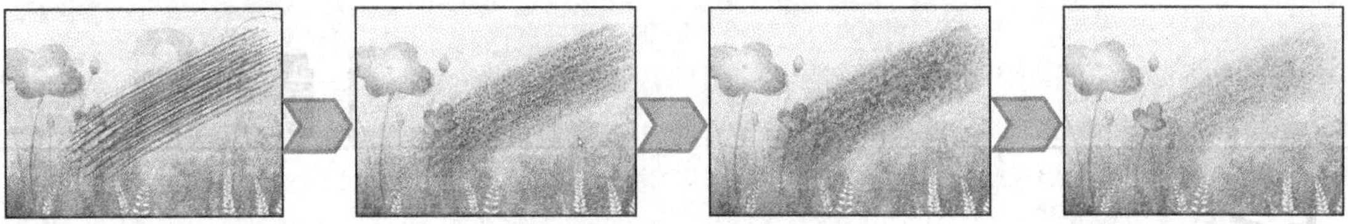

图 6-2　水彩图层的沉浸效果

除了利用“图层”面板创建水彩图层以外，从“画笔库”中选择“仿真水彩”或“水彩”画笔，在将画笔笔触移到文档窗口时，Painter 将自动创建水彩图层，如图 6-3 所示。除了“仿真水彩”和“水彩”画笔，其他画笔无法在水彩图层上作画。

图 6-3　Painter 自动创建水彩图层

6.1.2　将画布转换为水彩图层

在文档窗口中打开想要转换为水彩的图像，在“图层”面板中单击面板右上角的“图层选项”按钮，在打开的菜单中选择“分离画布为水彩图层”命令，原本画布中的图层内容将从画布中分离出来，此时的画布将变为空白画布，如图 6-4 所示。

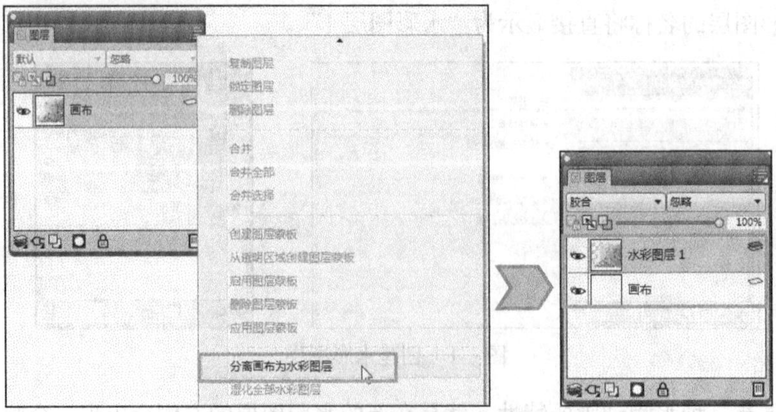

图 6-4　将画布转换为水彩图层

如果图像包含多个图层，可以将所有图层合并到画布上，只需单击“图层”面板中的“图层选项”按钮，在菜单中选择“合并全部”命令，就可将所有图层合并在一起，再进行上述的操作即可。

6.1.3 弄湿水彩图层

在使用 Painter 绘制水彩画的过程中，还可以将图层添加水浸湿的效果，也就是所谓的“弄湿水彩图层”。它可以让图层自动产生一种水溶的视觉效果，模拟出水和水彩颜料混合的感觉。

在“图层”面板中，单击面板右上角的“图层选项”按钮，在打开的菜单中选择“湿化全部水彩图层”命令后，可以看到原本平坦光滑的绘画表面显示出清水浸泡的感觉，如图 6-5 所示。

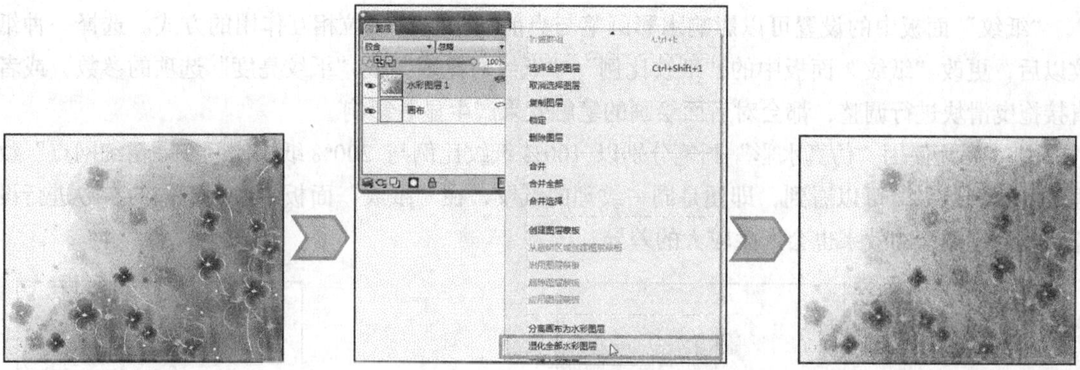

图 6-5 清水浸泡的效果

要使用干表面，可以单击“图层”面板中的菜单，选择“干燥水彩图层”命令，即可将纸张表面变干。但是水彩图层中原本被浸湿的画面效果不会恢复到原始的平滑笔触，而是会保持原本弄湿水彩图层之后的效果不变。

重点技法提示

虽然使用水彩图层能够让所绘制的水彩笔触效果显得更加逼真，但是众所周知，水彩是一种透明的湿质感颜料，这种特性决定了纸张对于水彩画笔笔触效果所产生的影响。因此，在使用水彩画笔作画之前，除了要使用水彩图层以外，还要选择合适的纸张纹理。一般情况下，可以利用工具箱中“纸张”下拉列表中的纸张材质来进行选择，也可以在“纹纹”面板中进行效果设置，具体的参数设置会对水彩画笔笔触效果产生显著的影响。

6.2 水彩画笔和纸纹的相互作用

水彩画笔会与纸纹和颗粒相互作用，这样颜色会流动、混合，并且融合于纸纹中。纸纹颗粒的亮度信息用于确定颜料晕染纸纹的方式。此外，它还会影响颜料在变干时沉淀到纸纹上的方式。

图 6-6 为使用“仿真水彩”画笔分别在“艺术粗糙纸纹”和“艺术家画布纸纹”上绘制云朵的效果，可以很清晰地看到，即使使用相同的画笔进行绘制，但是由于纸纹的不同，导致绘制出来的云朵纹理和颜料的浸湿程度完全不同。

图 6-6　不同纸纹对水彩的影响

“纸纹”面板中的设置可以影响水彩画笔与当前纸张纹理颗粒相互作用的方式。选择一种纸纹以后，更改“纸纹”面板中的“纸纹比例”“纸纹对比度”或“纸纹亮度”选项的参数，或者直接拖曳滑块进行调整，都会对后面绘画的笔触效果产生显著影响。

图 6-7 为使用“仿真水彩”画笔分别以 100% 纸纹比例与 200% 纸纹比例在“精细网点”纹理上的绘制效果，可以看到，即便是同一纹理的纸纹，在“纸纹”面板中使用不同的参数进行设置，其绘制出来的效果也会产生较大的差异。

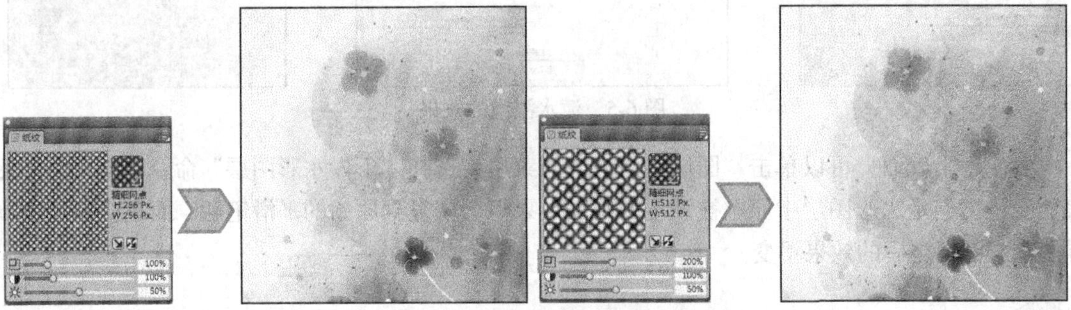

图 6-7　“纸纹”参数的影响

在 Painter 中使用水彩画笔作画的过程中，为了让绘制的效果逼真、自然，通常情况下一幅画作只会使用一种纸纹效果，也就是一个文档中使用一种设置的纸纹。具体的纸纹效果可根据作品的风格、表现内容来确定。

6.3 不同类型的水彩画笔

在 Painter 中可以使用 3 种不同类型的水彩画笔进行创作，分别为“仿真水彩”“水彩”和“数码水彩”画笔。这 3 种水彩画笔的创建、调整和自定义笔触的方式各有不同，绘制出来的笔画风格也略有差异。接下来，将对这 3 种不同类型的水彩画笔进行单独讲解。

6.3.1 “仿真水彩”画笔

“仿真水彩”画笔可生成非常逼真的水彩画笔笔触，因为它们复制了真实的水彩媒材。Painter

仿真了颜料与水的调和观感，使它们可以通过非常自然的方式与纸纹发生相互作用。使用“仿真水彩”画笔时，画笔笔触将应用到水彩图层。

◆ **“仿真水彩”面板**

“仿真水彩”面板可以让水彩画的绘制获得非常逼真的水彩画笔笔触。面板中的控制选项可以模拟使用水彩画笔、水彩纸、颜料和一杯水的效果。在具体的操作中，可以调整颜料等级和水的稠度以获得自然的流动和颜料沉淀效果，图 6-8 所示为“仿真水彩”面板中的设置选项。

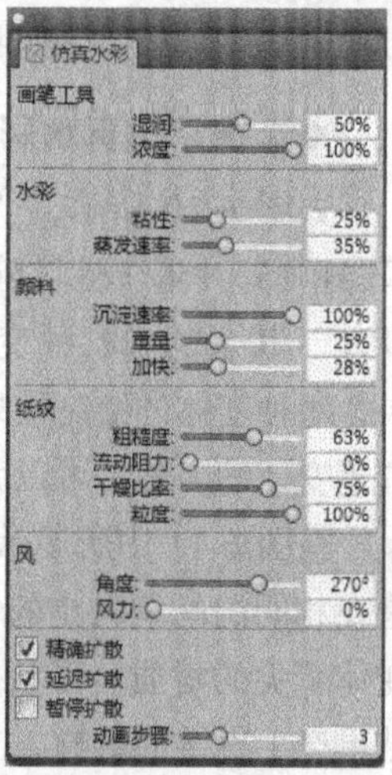

图 6-8 “仿真水彩”面板

- “画笔工具”选项组：设置画笔沉淀在纸纹上的水和颜料的数量。
- “水彩”选项组：调整水的粘滞度或厚度，以控制水在纸纹表面上流动和扩散的方式。
- “颜料”选项组：调整颜料在水蒸发以后沉淀在纸纹上的量及颜料沉淀在纸纹上的速度。
- “纸纹”选项组：调整画笔与纸纹和颗粒相互作用的方式。
- “风”选项组：控制水在纸纹上流动的角度。
- “扩散”设置选项：管理颜料在纸纹上扩散的方式和时间，指定精确地应用扩散以确保获得准确的水流。

在使用“仿真水彩”面板进行参数调整的过程中，要注意“水彩”选项组中的设置，如果水的粘滞度很高，则它会产生流动的效果，并且水会轻松流动和扩散；如果水的粘滞度又低又厚，则水会倾向于汇集而不是流动。此外，还可以调整水变干的速度，它会影响颜料在纸纹上沉淀的方式和位置。图 6-9 所示为“粘性”设置较低和“粘性”设置较高时画笔笔触的绘制效果。

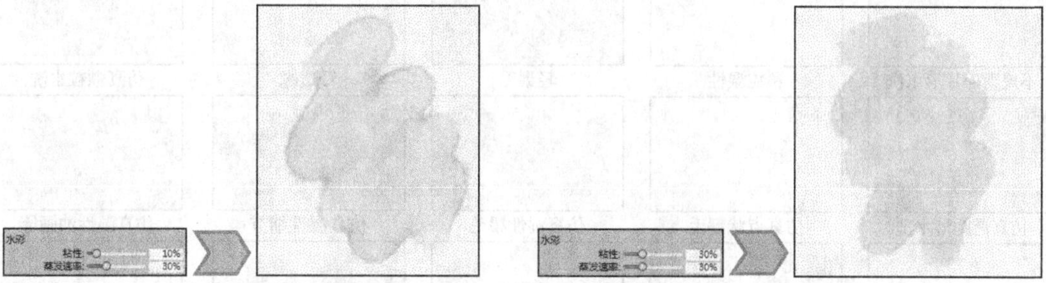

图 6-9 不同“粘性”的绘制效果

“仿真水彩”面板中的设置实际上是对画笔进行自定义，通过对画笔与颜料的数量、水的粘滞度与厚度、画笔与纸纹颗粒的相互作用、水的蒸发速度等选项的设置，来尽可能地模拟出真实水彩绘制中所会遇到的各个方面的问题，以达到逼真的水彩绘制效果。在“仿真水彩”面板中进行选项参数设置的过程中，可以对选项的参数进行大幅度的调整。这样绘制出来的效果才会产生较为明显的改变。

重点技法提示

在设置“仿真水彩”面板中的参数时，一定要注意当前选择的“纸纹”内容，因为部分纸纹由于其自身的吸水、融水特点，调整面板中的参数也许不会出现明显的差别。

◆选择“仿真水彩”画笔变体

如图 6-10 所示，“仿真水彩”画笔包含了 27 种变体，除了“不规则碎片形干性擦除”“划痕”和“湿橡皮擦”这 3 种变体以外，其余的 24 种变体均可以模拟出不同的水彩画笔绘制效果，每种变体的绘制效果如图 6-11 所示。通过理解“仿真水彩”画笔变体的名称，可以大致了解画笔绘制的笔触效果。

在图 6-11 中所展示的不同的“仿真水彩”画笔变体的绘制，是在相同的画笔大小的情况下绘制的，可见“仿真水彩”画笔中变体笔尖的材质、形状、干湿性等画笔属性的变化，会对绘制的结果产生直接的影响。

在使用“仿真水彩”画笔进行绘制的过程中，还可以通过设置“仿真水彩”面板中的参数以及工具属性栏中的选项，来对“仿真水彩”画笔的笔触进行精细的调整，以满足水彩画的绘制需要。

图 6-10 “仿真水彩”画笔变体

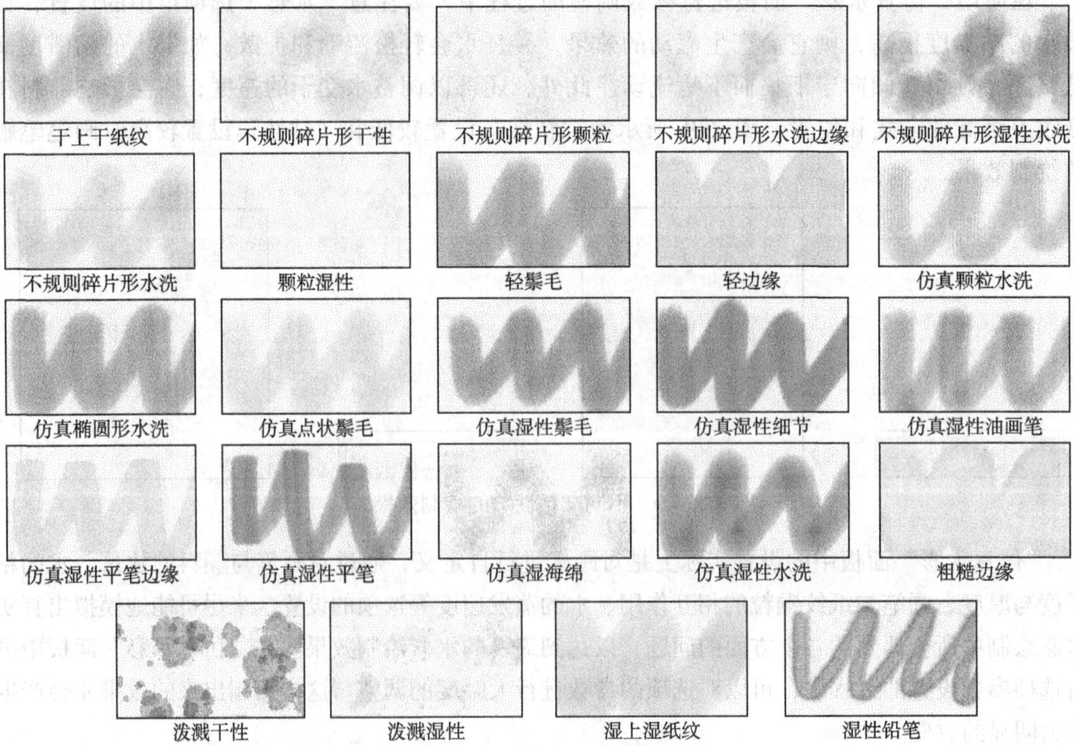

图 6-11 “仿真水彩”画笔变体的笔触效果

6.3.2 自然的“水彩”画笔

“水彩”画笔变体可生成外观自然的水彩效果。使用“水彩”画笔时，画笔笔触同样将应用到水彩图层。在“水彩”画笔类别中，除了“湿橡皮擦”画笔变体外，其他所有“水彩”画笔变体都与画布纹理相互作用。画笔压力会影响除“湿橡皮擦”以外的所有“水彩”画笔变体的笔触宽度，增加压力时会加宽笔触，减小压力时会使笔触变窄。

◆ “水彩”面板

使用“水彩”画笔时，可以利用“水彩”面板指定各种设置，控制水彩绘制效果。在“水彩”面板中可以调整画笔的大小，控制晕影，以及确定纸纹与笔触相互作用的方式等，如图 6-12 所示为“水彩”面板中的设置选项。

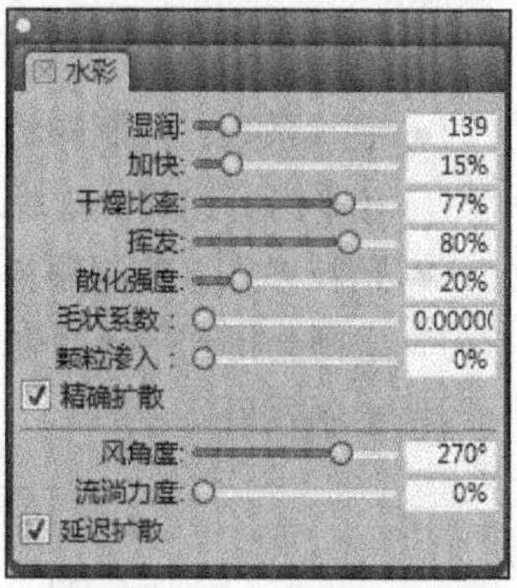

图 6-12 “水彩”面板

- 湿润：控制颜料的稀释与扩散。增加“湿润”时，产生的笔触会扩展至更大的区域，同时消除画笔鬃毛的外观。
- 加快：控制晕染期间吸取的干颜料量。较低的值表示未混合或过滤颜料，较高的值生成更多的过滤。图 6-13 所示为设置“湿润”值为 0、50 和 100 时的画笔笔触效果。

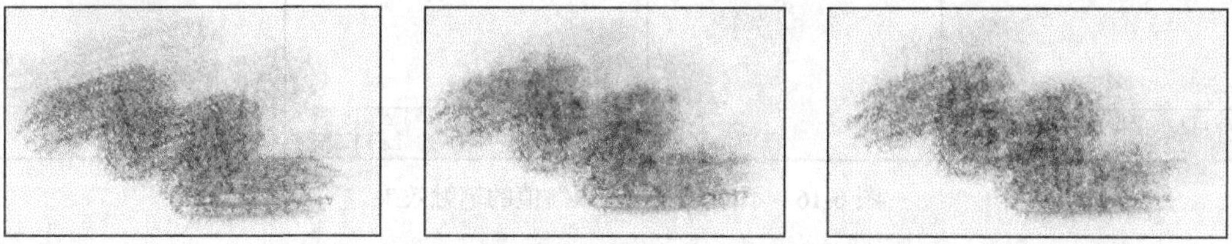

图 6-13 不同“湿润”值的笔触效果

- 干燥比率：控制晕染期间水分变干的速度。设置的值越低，扩散量越大；值越高，扩散量越小。图 6-14 所示为设置“干燥比率”值为 5%和 80%时的画笔笔触效果。

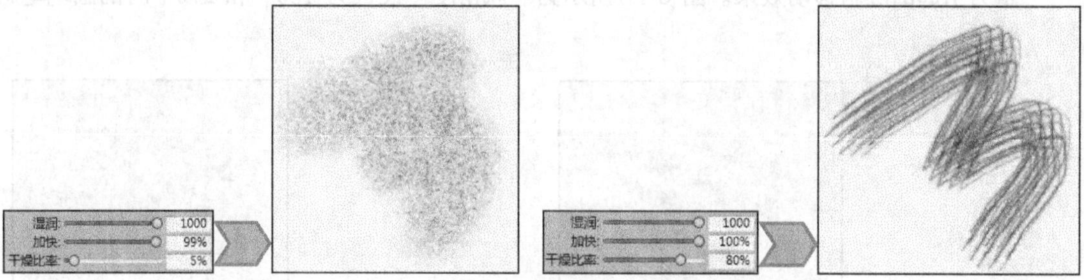

图 6-14 不同“干燥比率”的笔触效果

- 挥发：可控制可晕染的最低水分。设置的值越低，扩散量越大；值越高，扩散量越小。
- 散化强度：控制晕染的颜料量。使用高晕染量可创建羽化颗粒的轻柔边缘，如同在潮湿的吸水纸上绘画；使用低晕染量，类似在干燥的纸上绘画。图 6-15 所示为“散化强度”设置较低和“散化强度”设置较高时的画笔笔触绘制效果。

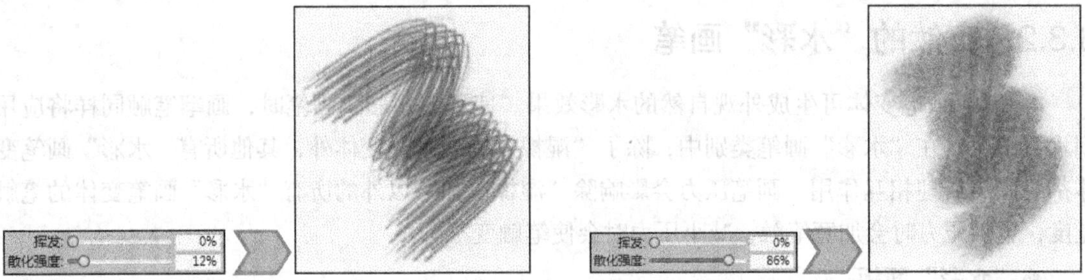

图 6-15　不同“散化强度”的笔触效果

- 毛状系数：控制颗粒的晕染效果。向右拖曳滑块可创建较为粗糙的边缘，反之则会创建比较平滑且连贯的边缘。
- 颗粒渗入：控制颜料变干时渗入颗粒的颜料量。向右拖曳滑块可创建较为粗糙的表面，反之则会得到平滑的表面效果。图 6-16 所示为设置“颗粒渗入”为 0 和 100% 时的画笔笔触绘制效果。

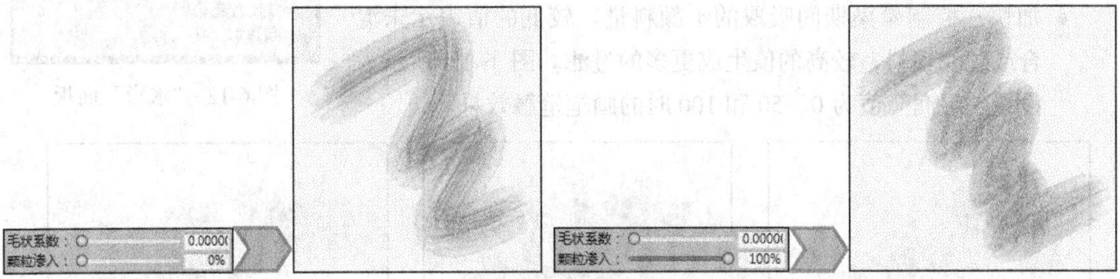

图 6-16　不同“颗粒渗入”值的笔触效果

- 精确扩散：勾选“精确扩散”复选框可使用较小的晕染窗口；取消勾选会让使用的窗口变大，但精确度降低。
- 风角度：用于控制颗粒晕染方向的风向。此操作可用于模拟倾斜较湿的水彩图像，以产生重力引起的颜料移动效果。图 6-17 所示为“风角度”设置为 180° 和 270° 时的画笔笔触效果。

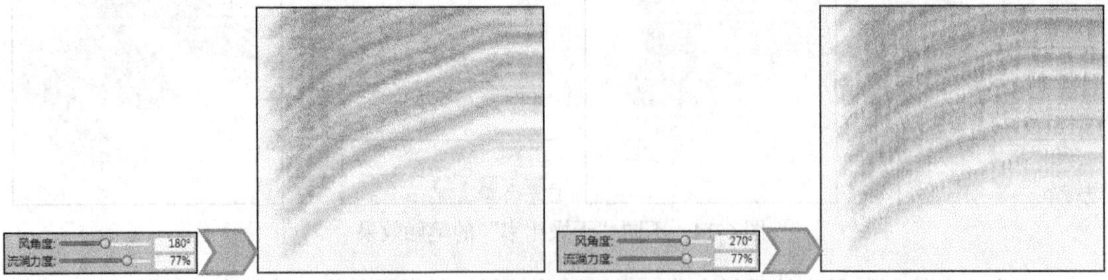

图 6-17　不同“风角度”的笔触效果

- 流淌力度：指定施加在晕染颗粒上的风速。向右移动滑块将增大风速，反之则减小风速；将“流淌力度”设置为 0 时则会关闭方向性晕染。

◆选择“水彩”画笔变体

如图 6-18 所示，“水彩”画笔包含了 51 种变体，除了“干性鬃毛笔”“渗化橡皮擦”和“干燥橡皮擦”这 3 种变体以外，其余的画笔变体均可以在水彩图层上模拟出不同的水彩画笔绘制效果，每种变体的绘制效果如图 6-19 所示。

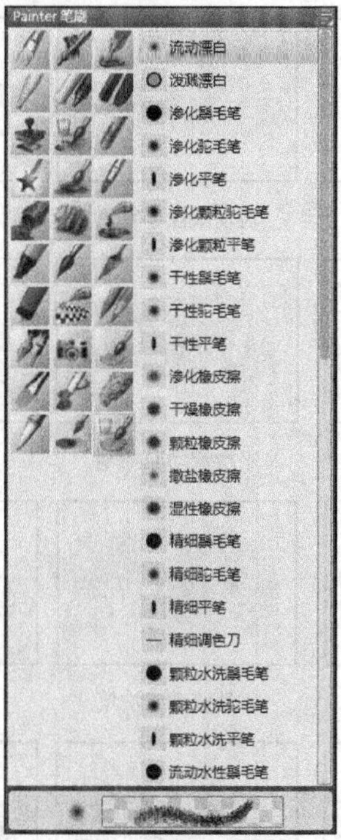

图 6-18 “水彩”画笔变体

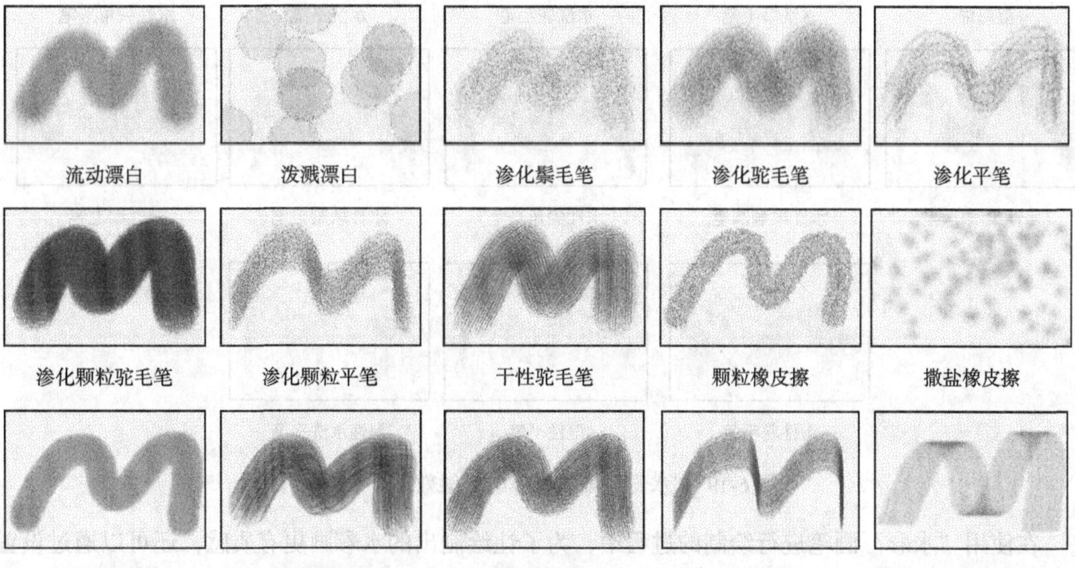

图 6-19 “水彩”画笔变体的笔触效果

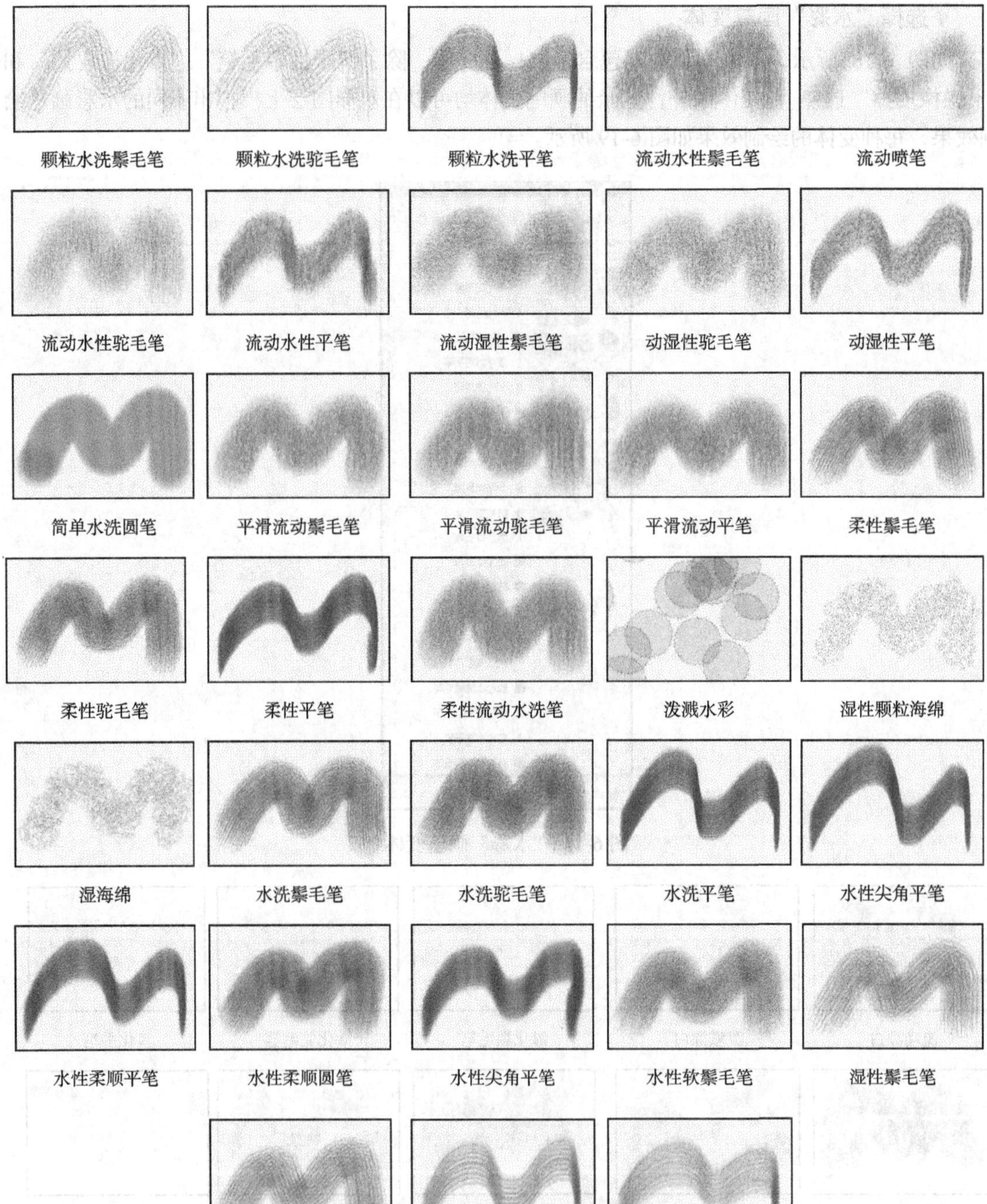

图 6-19 “水彩”画笔变体的笔触效果（续）

在使用“水彩”画笔进行绘制的过程中，为了让绘制出的水彩画更有质感，还可以通过设置“水彩”面板中的参数及工具属性栏中的选项来对“水彩”画笔的笔触进行精细的调整。在绘制过程中，即使我们选择了相同的画笔，当调整选项或属性时，同样可以得到不一样的绘画效果。

6.3.3 “数码水彩”画笔

“数码水彩”画笔可直接在画布图层或默认图层上绘画，其不需要创建独立的水彩图层就能使用数码水彩画笔创建类似于“水彩”画笔产生的类似效果。

◆“数码水彩”面板

“数码水彩”画笔也使用晕染在笔触上创造轻柔、羽化的边缘。使用此类画笔绘制时，不但可以使用属性栏中的控制选项调整晕染效果，还可以使用“数码水彩”面板控制数码水彩画笔笔触的外观，即调整画笔的扩散、湿性边缘等。图 6-20 所示为“数码水彩”面板中的设置选项。

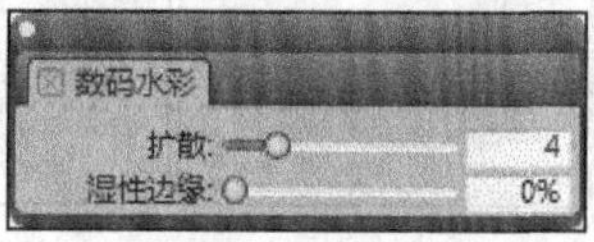

图 6-20 “数码水彩”面板

- 扩散：用于控制水彩的扩散量。将滑块向右拖动可增加晕染量，向左拖曳则减少晕染量。
- 湿性边缘：用于控制画笔笔触边缘处的水分汇集和颜色量。

“仿真水彩”和“水彩”画笔需要在水彩图中进行绘制，在绘画前需要在属性栏或面板中设置好对应的选项，绘制完成后不能再对其做浸染效果。而“数码水彩”画笔可在绘制前利用“湿性边缘”调整画笔边缘的水分汇集和颜料量，也可以在将其弄干前动态调整任意“数码水彩”画笔笔触上的湿边缘，以影响每个湿的“数码水彩”笔触，且在将其弄干前，笔触都会保持在湿的状态。图 6-21 所示为“湿性边缘”设置较低和“湿性边缘”设置较高时的画笔笔触绘制效果。

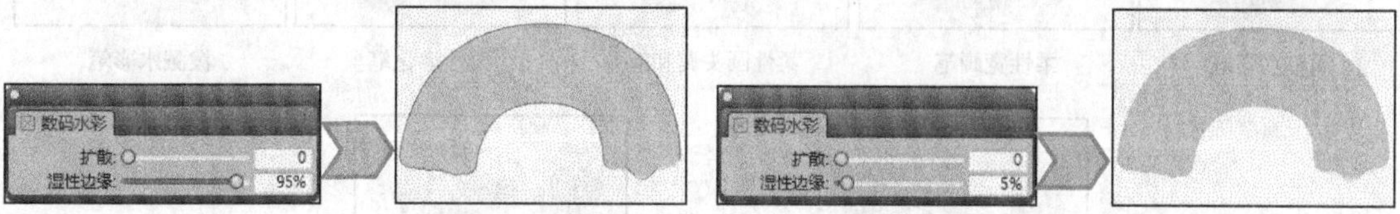

图 6-21 不同“湿性边缘”值的笔触效果

◆选择“数码水彩”画笔变体

如图 6-22 所示，“数码水彩”画笔包含 30 种变体，除了“柔和湿橡皮擦”“湿橡皮擦”“点状湿橡皮擦”“新简单调和笔”“新简单渗化笔”“纯水画笔”“纯水鬃毛笔”和“撒盐”8 种变体以外，其余的 22 种变体均可以模拟出不同的数码水彩画笔绘制效果，每种变体的绘制效果如图 6-23 所示。

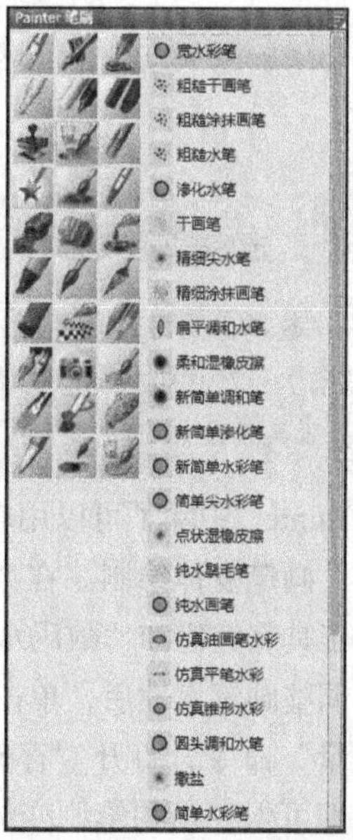

图 6-22 “数码水彩”画笔变体

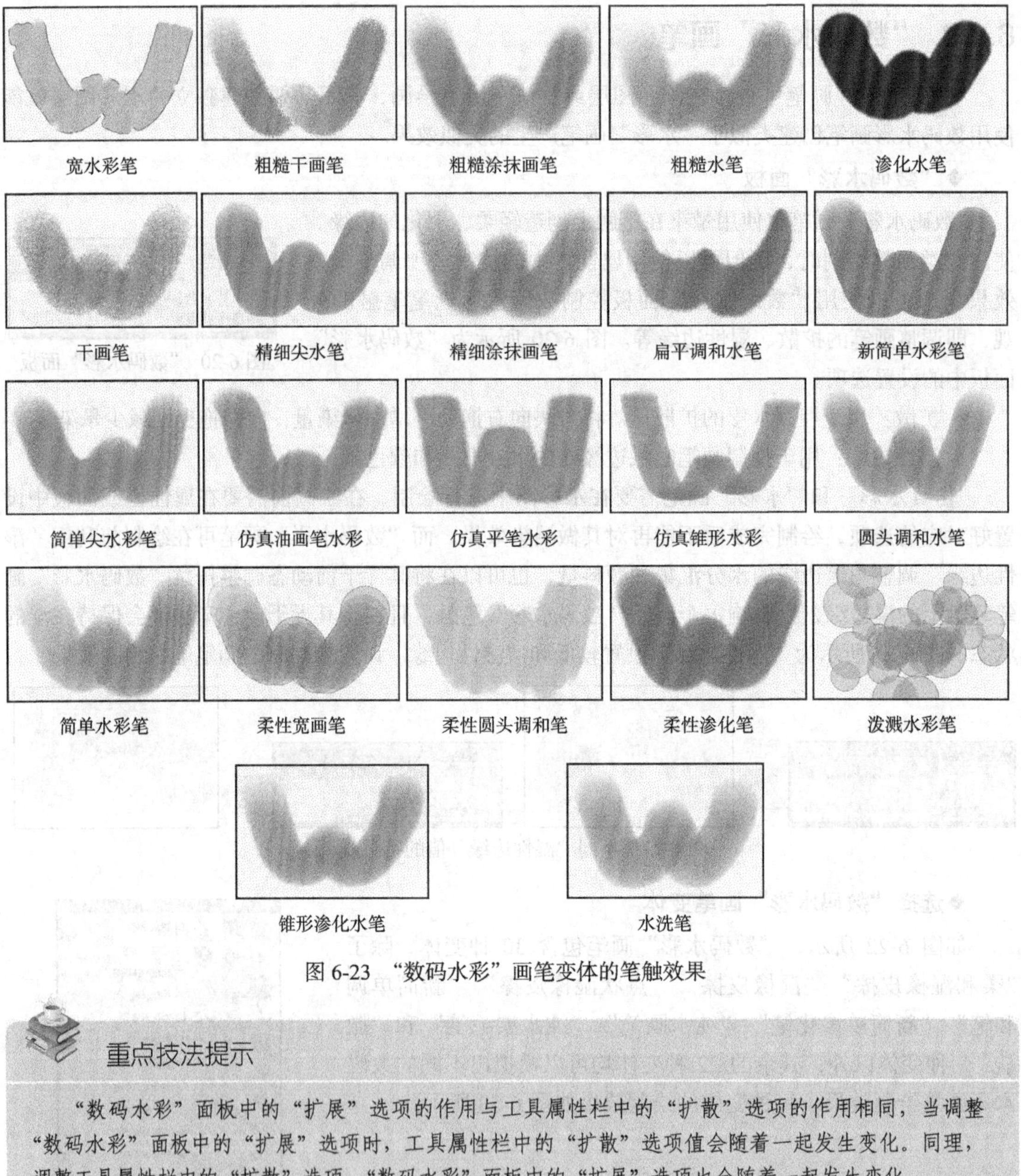

图 6-23 “数码水彩”画笔变体的笔触效果

重点技法提示

“数码水彩”面板中的“扩展”选项的作用与工具属性栏中的“扩散”选项的作用相同，当调整“数码水彩”面板中的“扩展”选项时，工具属性栏中的“扩散”选项值会随着一起发生变化。同理，调整工具属性栏中的“扩散”选项，“数码水彩”面板中的“扩展”选项也会随着一起发生变化。

Painter 中除了可以用软件预设的“数码水彩”画笔变体绘画以外，也可以使用自定义“数码水彩”画笔变体绘制。在“数码水彩”画笔类别中单击，选择一种“数码水彩”画笔变体，然后结合工具属性栏和“数码水彩”面板调整画笔的属性，如图 6-24 所示。

调整画笔属性后，单击“画笔库”面板右上角的扩展按钮，在弹出的下拉菜单中执行“存储变量”命令，打开“存储变量”对话框，在对话框中输入新建笔刷的名称，单击“确定”按钮，即可保存新的笔刷变体，此时新的自定义画笔变体会显示在画笔变体的最下方，如图 6-25 所示。

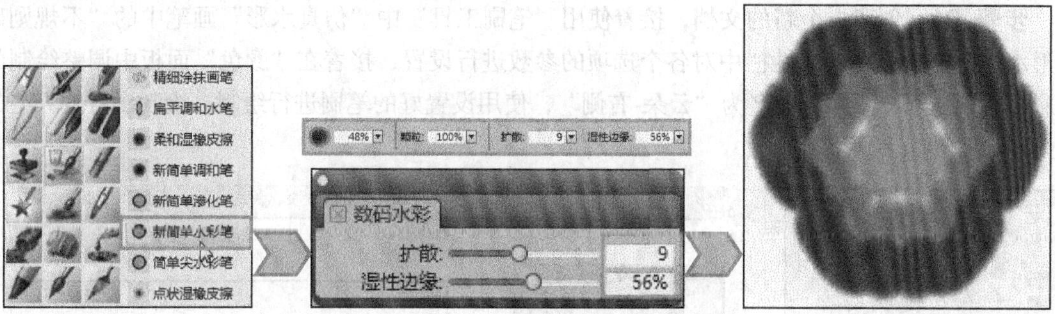

图 6-24　调整“数码水彩”画笔变体的属性

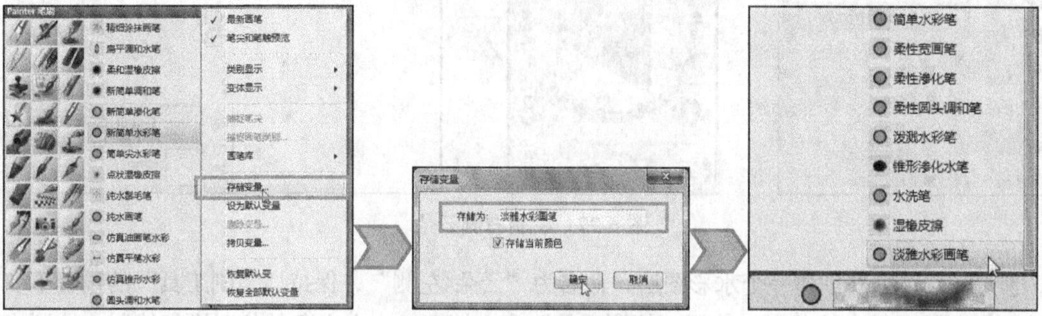

图 6-25　自定义画笔变体

6.4　课堂实训

本节主要内容为完成图 6-26 所示的绘制，其中，图 6-26 的源文件地址为：随书光盘\源文件\06\梦幻水彩风景画.rif。

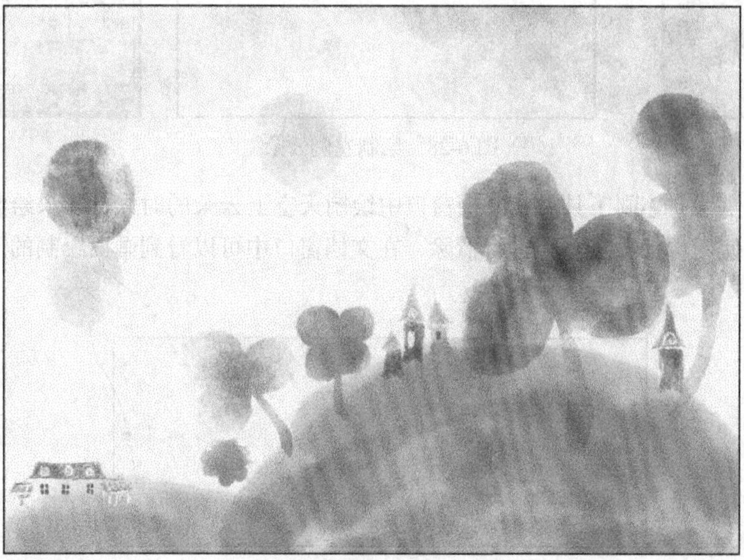

图 6-26　梦幻水彩风景画

步骤 01：创建一个新的文档，接着使用“笔刷工具”中“仿真水彩”画笔中的“不规则碎片形水洗”变体，在其属性栏中对各个选项的参数进行设置，接着在“颜色”面板中调整绘制的色彩，并创建水彩图层，命名为“云朵-右侧”，使用设置好的笔刷进行绘制，绘制出右侧天空的云朵，如图 6-27 所示。

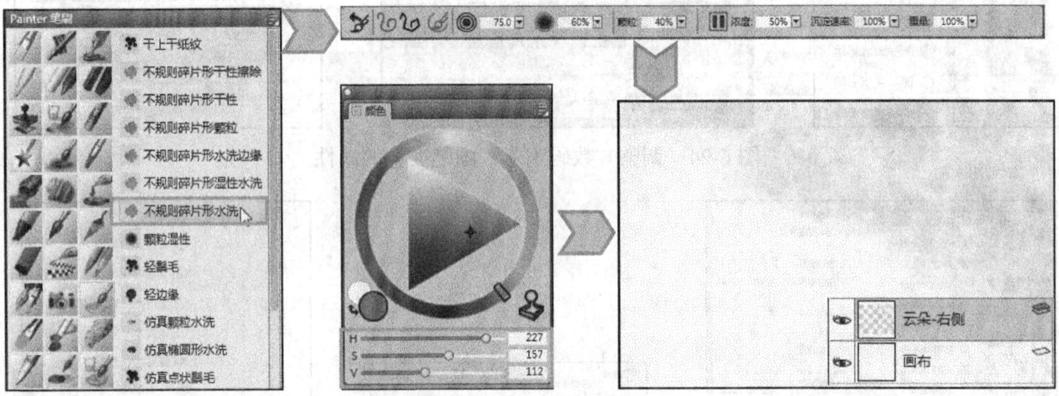

图 6-27　绘制右侧云朵

步骤 02：另外创建一个水彩图层，命名为“云朵-左侧”，保持“笔刷工具”的设置不变，调整“颜色”面板中的色彩，使用“笔刷工具”在文档窗口中左上角的位置进行绘制，绘制出画面左上角的云朵，在文档窗口中可以看到绘制的效果，如图 6-28 所示。

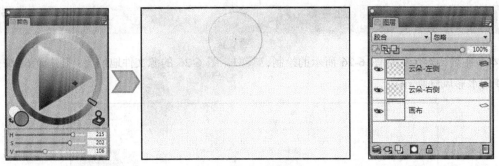

图 6-28　绘制左侧云朵

步骤 03：使用“笔刷工具”在文档窗口中绘制天空上云朵的时候，如果绘制的内容超出理想的范围，可以使用“擦除工具”进行清除，在文档窗口中可以看到画面绘制的天空云朵效果，如图 6-29 所示。

图 6-29　清除多余云朵

步骤 04：选择“笔刷工具”中“仿真水彩”中的“湿上湿纸纹”变体，在属性栏中调整笔刷的选项，并在“常规”面板中选择笔尖类型为“图形”，创建“草地-左侧”水彩图层，同时设置“颜色”面板中的色彩，使用设置好的笔刷绘制左侧的草地，多次涂抹后得到层次较为清晰的绘制效果，如图 6-30 所示。

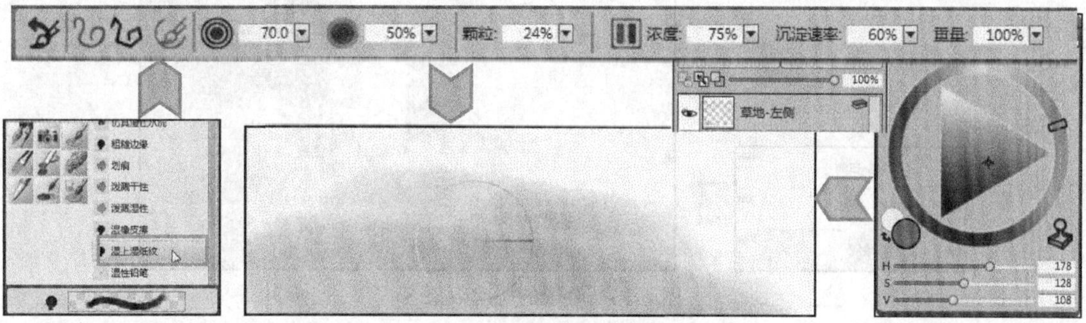

图 6-30 绘制左侧草地

步骤 05：新建水彩图层，命名为“草地-右侧”，调整“颜色”面板中的色彩，保持“笔刷工具”的设置不变，绘制出画面右侧的草地，在文档窗口中可以看到绘制的效果，如图 6-31 所示。

图 6-31 绘制右侧草地

步骤 06：选择工具箱中的“套索选区”工具创建三叶草形状选区，接着使用“仿真水彩”中的“不规则碎片形湿性水洗”变体在选区中绘制草地上的植物，如图 6-32 所示。

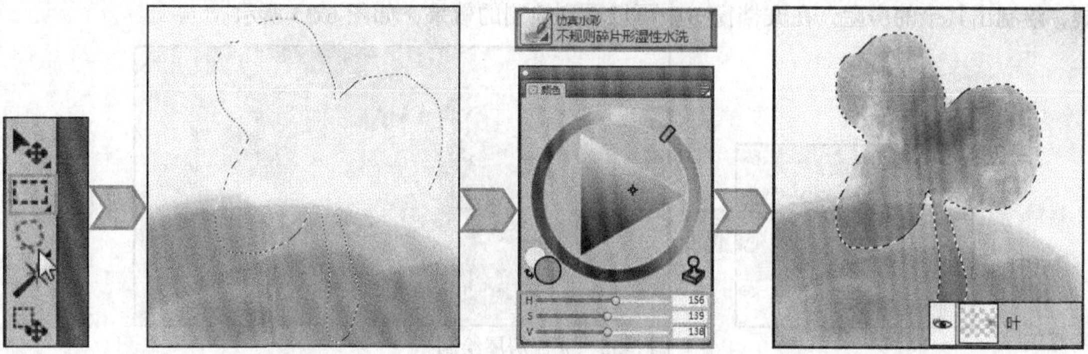

图 6-32 绘制草地植物

步骤 07：参考步骤 06 中的绘制方法，通过创建选区来控制绘制的区域，使用“仿真水彩”中的“不规则碎片形湿性水洗”变体绘制出风景画中其余的植物，使用“擦除工具”进行清除，让叶子呈现更自然的层次效果，如图 6-33 所示。

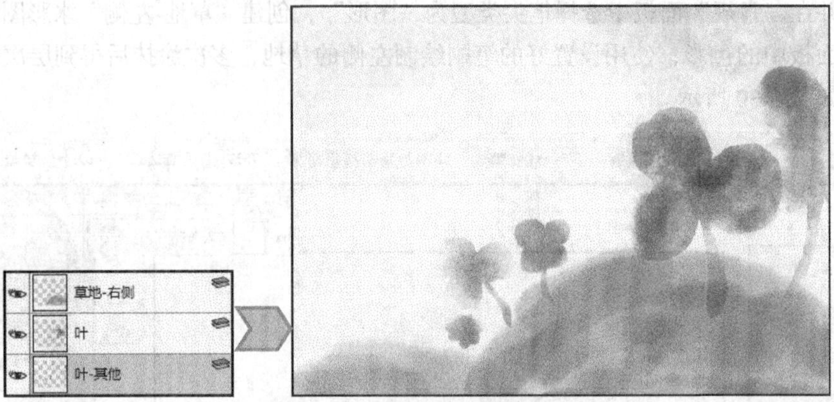

图 6-33　叶子的层次效果

步骤 08：将文档窗口中的图像放大，使用“数码水彩”画笔中的“仿真平笔水彩”变体进行绘制，在属性栏中调整画笔的选项，单击“图层”面板下方的“新建图层”按钮，创建一个新的图层，命名为“房子-左侧”，使用设置好的笔刷绘制房屋的形状，如图 6-34 所示。

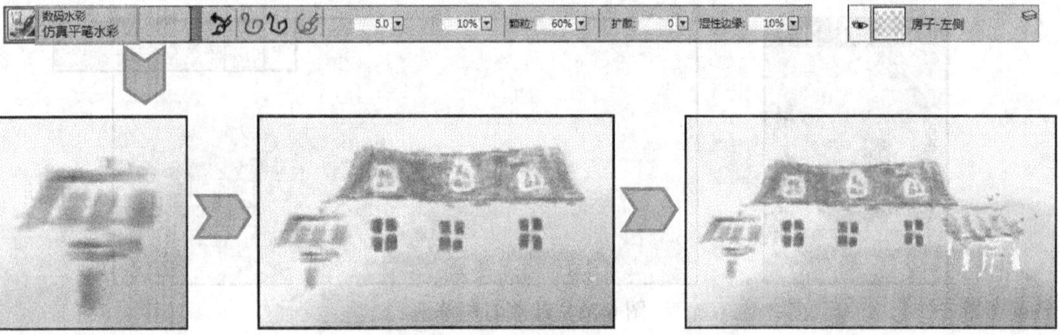

图 6-34　绘制房屋

步骤 09：参考步骤 08 中绘制房屋的操作，结合“仿真水彩”中的“湿上湿纸纹”变体笔刷，绘制出其余的房屋，在文档窗口中可以看到绘制的效果，如图 6-35 所示。

图 6-35　完成房屋绘制

步骤 10：选择“仿真水彩”中的“不规则碎片形湿性水洗”变体，在其属性栏中设置参数，再在“颜色”面板中调整色彩，绘制出气球的形状，在文档窗口中可以看到绘制的结果，如图 6-36 所示。

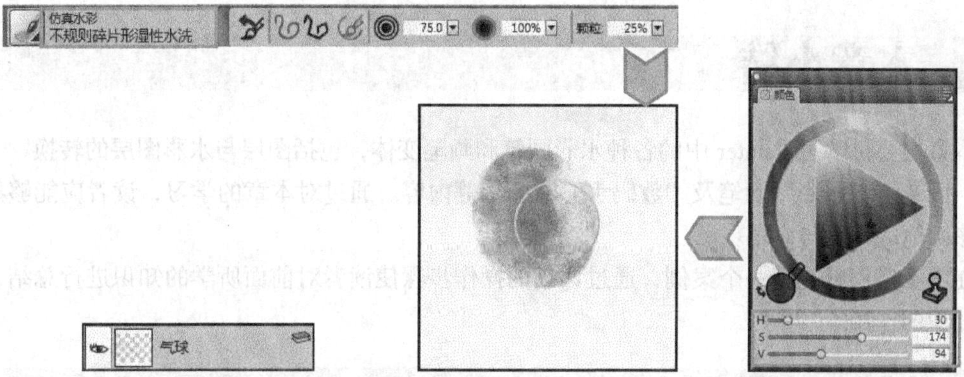

图 6-36　绘制气球形状

步骤 11： 单击“图层”面板下方的“新建图层”按钮，创建一个新的图层，命名为“线”使用“数码水彩”中的“新简单水彩笔”变体，绘制出气球下方的细线，在文档窗口可看到绘制的效果，如图 6-37 所示。

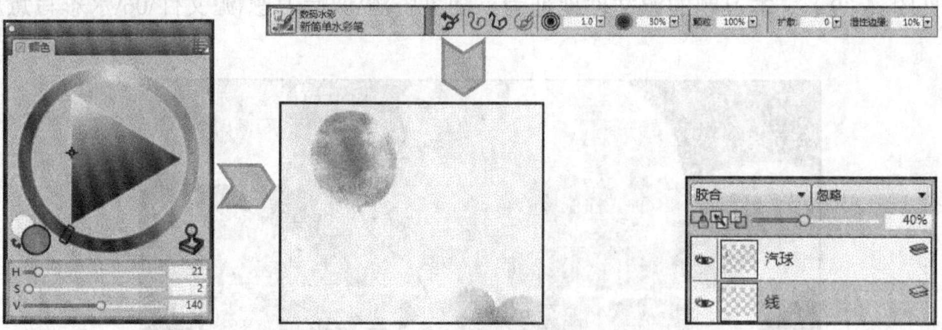

图 6-37　绘制细线

步骤 12： 参考步骤 10 和步骤 11 的绘制方法和笔刷，绘制出风景画中其余的气球，在文档窗口中可以看到本例最终的绘制结果，如图 6-38 所示。想要获得更多的绘制信息，可以打开本案例的源文件进行查阅和学习。

图 6-38　最终绘制效果

6.5 本章小结

本章主要讲解了 Painter 中的各种水彩画笔和画笔变体，包括图层与水彩图层的转换、“仿真水彩”画笔、“水彩”画笔及“数码水彩”画笔等内容。通过对本章的学习，读者应能够熟练掌握水彩画笔的设置与应用。

在本章后面补充了一个案例，通过详细的操作步骤使读者对前面所学的知识进行总结，起到巩固知识的作用。

6.6 课后习题

本章主要学习水彩画的绘画，通过本章内容大家知道了各种水彩画笔变体的应用效果及设置方法。为了使读者能够掌握水彩绘画技巧，下面准备了一个关于使用水彩画绘制写意风格花卉的习题（见图 6-39）。本习题的源文件地址为：随书资源\课后习题\源文件\06\水彩写意风格花卉.rif。

图 6-39　水彩写意风格花卉

第7章

液态墨水笔 «

本章学习重点

- 学会使用液态墨水图层
- 掌握不同类型液态墨水画笔的使用
- 了解“液态墨水”面板
- 掌握“液态墨水”面板中的选项设置

7.1 使用“液态墨水”画笔

Painter 中的“液态墨水”笔刷可创造与传统水墨媒材相似的液态绘图效果。“液态墨水”画笔只能在液态墨水图层中完成，而在其他图层或水彩图层中，将不能使用“液态墨水”画笔进行绘制。

7.1.1 创建“液态墨水”图层

使用“液态墨水”画笔绘画时，需要创建“液态墨水”图层。创建液态墨水图层的方式非常的简单，只需执行“窗口→图层”菜单命令，打开“图层”面板，在“图层”面板中，单击“图层选项”按钮，在打开的菜单中选择“新建液态墨水图层”命令，如图 7-1 所示，执行命令后创建“液态墨水”图层，并显示在“图层”面板中，图层会以“液态墨水”图层加序号的方式对图像进行命名。

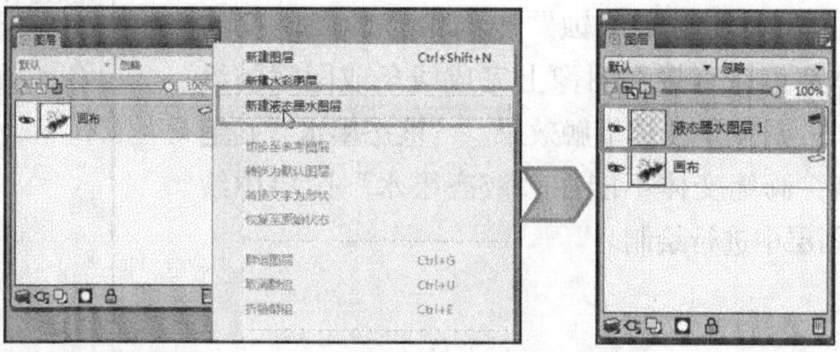

图 7-1 创建“液态墨水”图层

液态墨水图层与水彩图层相同，均具有一个水滴动画的特性，就是在新的液态墨水图层的右侧会出现一个黑色和白色的图层图标，并且在运用画笔在液态墨水图层上进行作画的时候，会显示出较为逼真的墨水自然流动的效果，如图 7-2 所示。

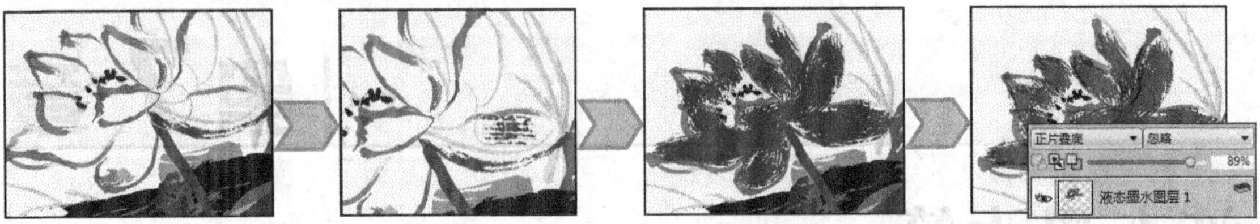

图 7-2　墨水自然流动效果

除了利用“图层”面板创建“液态墨水”图层以外，从“画笔库”中选择“液态墨水”画笔，在将画笔笔触应用于画布或图像图层时，Painter 将自动创建一个新的“液态墨水”图层，如图 7-3 所示。除了“液态墨水”以外，其他画笔无法在“液态墨水”图层上进行作画，且在编辑“液态墨水”图层时也不会影响到其他图层。

图 7-3　Painter 自动创建“液态墨水”图层

7.1.2　选择“液态墨水”画笔变体

使用“画笔库”中的“液态墨水”画笔绘画前，需要在该画笔类别中选择画笔变体。单击“画笔库”中的“液态墨水”画笔，在该画笔类别右侧会显示所有的画笔变体，如图 7-4 所示。

“液态墨水”画笔包含了 56 种变体，除了“喷笔腐蚀”“粗糙喷笔腐蚀”“粗糙鬃毛笔腐蚀”等腐蚀性的画笔变体外，其他画笔变体都可以直接在图像上完成线条或图案的绘制。图 7-5 展示了 56 种画笔变体笔触效果。“液态墨水”画笔中，“干性鬃毛笔”画笔变体不能在“液态墨水”图层中绘制，而需要在普通图层中进行绘制。

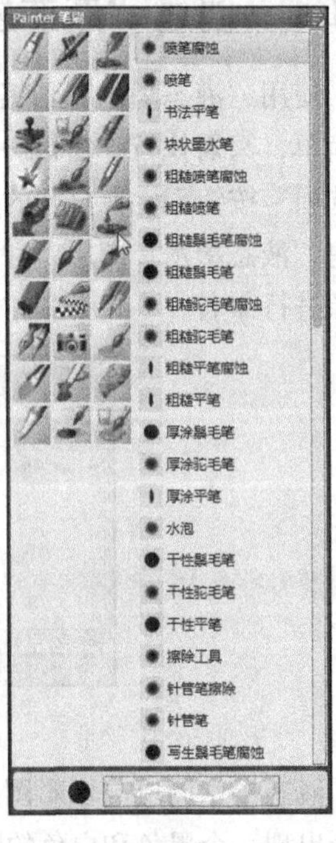

图 7-4　“液态墨水”画笔变体

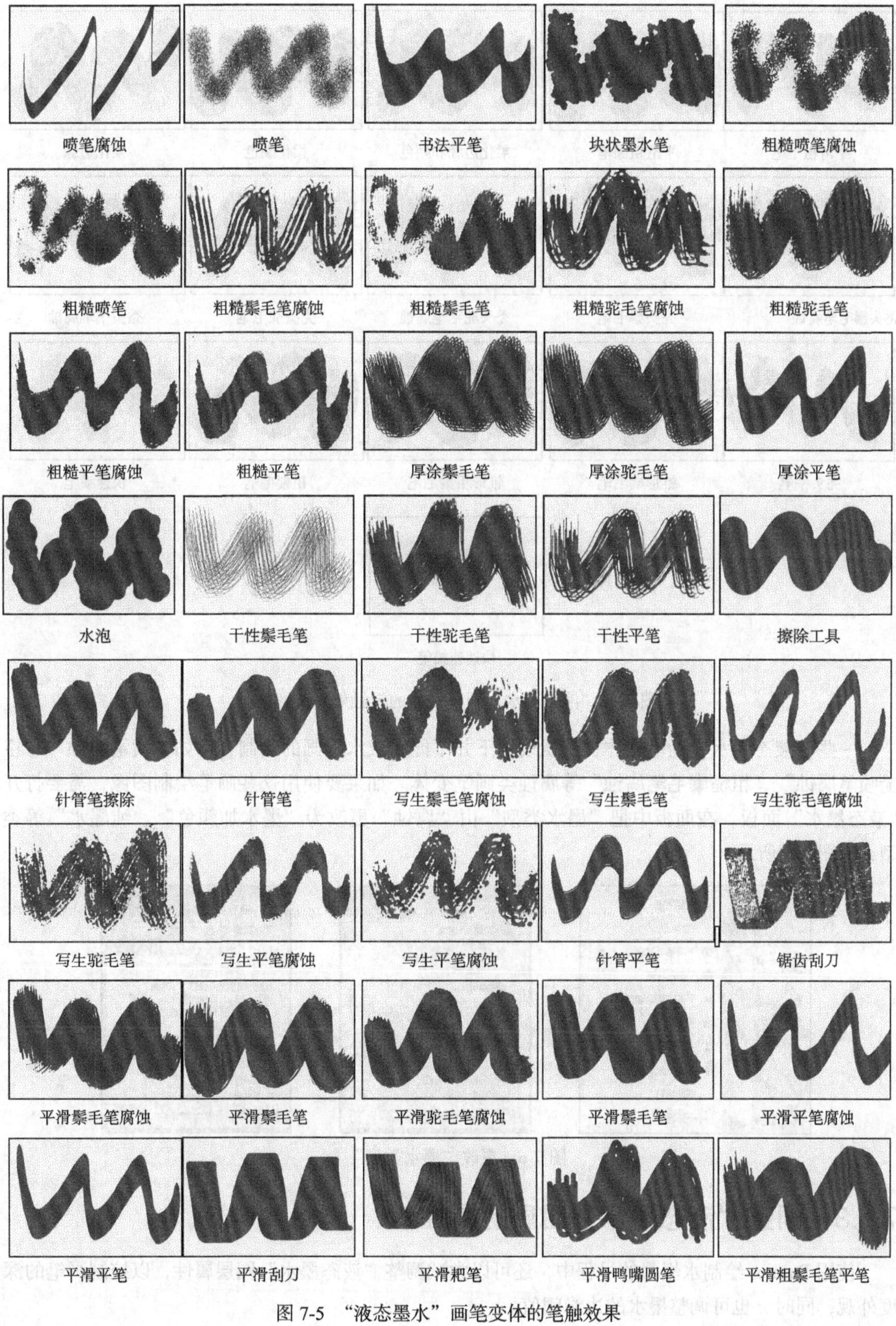

图 7-5 “液态墨水”画笔变体的笔触效果

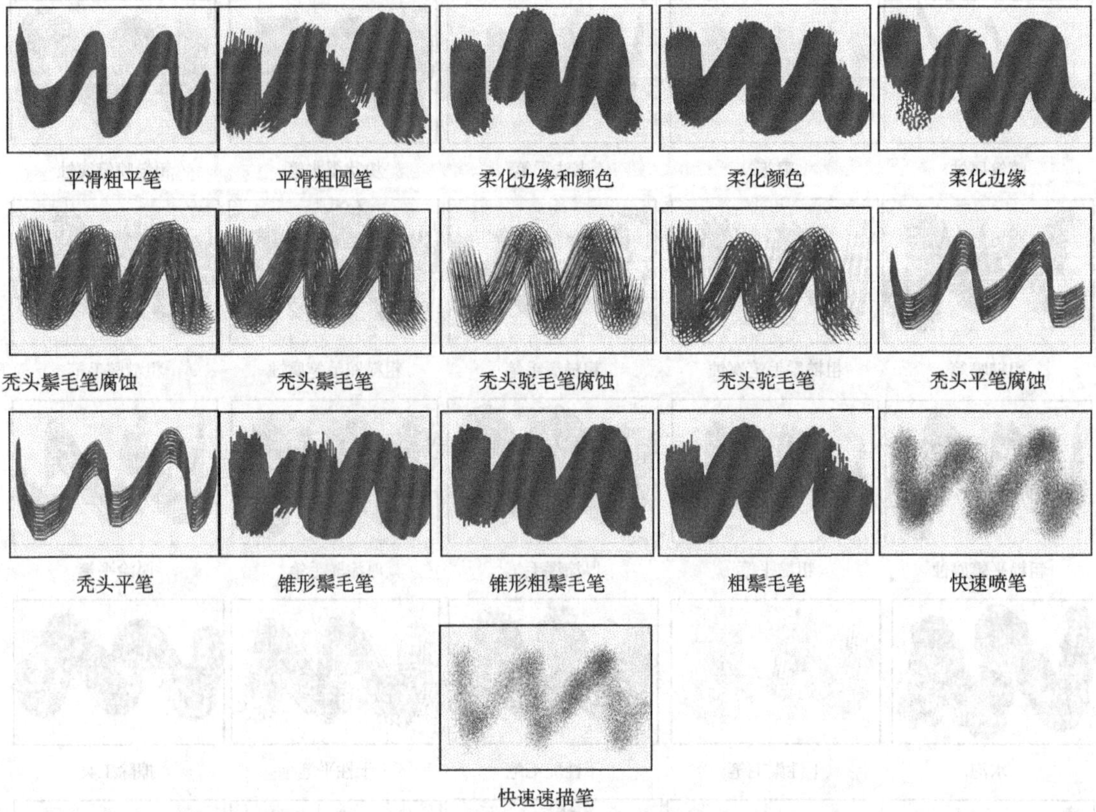

图 7-5 “液态墨水”画笔变体的笔触效果（续）

一些“液态墨水”画笔变体在默认设置下并不能完成水墨画的绘制，例如“喷笔腐蚀”“粗糙喷笔腐蚀”“粗糙鬃毛笔腐蚀”等腐蚀类画笔变体。如果要使用这些画笔绘制图像，需要打开“液态墨水”面板，在面板中把“墨水类型”由“腐蚀”更改为“墨水加颜色”“纯墨水”等类型，如图 7-6 所示。

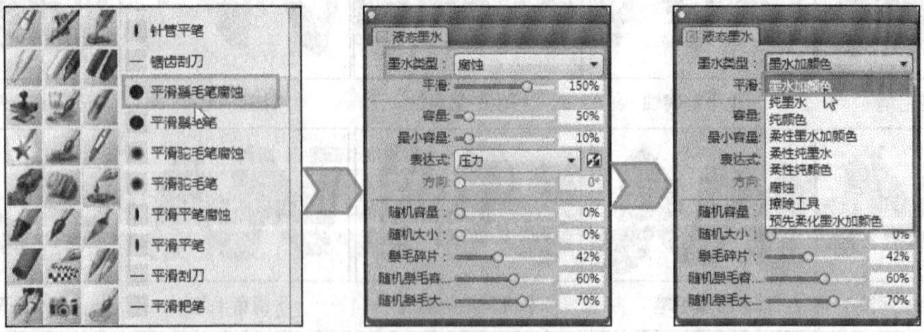

图 7-6 更改“墨水类型”

7.1.3 调整“液态墨水”图层的属性

使用 Painter 绘制水墨画的过程中，还可以尝试调整“液态墨水”图层属性，以控制画笔的深度外观，同时，也可调整墨水的边缘阈值。

在“图层”面板中，双击要修改其属性的“液态墨水”图层旁边的黑色和白色的图层图标，打开“液态墨水图层属性”对话框，在对话框中设置选项，如图 7-7 所示，设置后单击“确定”按钮即可完成“液态墨水”图层的属性调整。

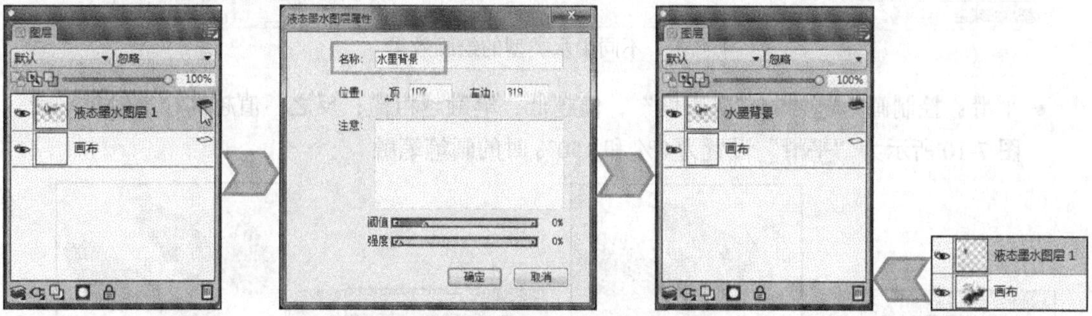

图 7-7　调整“液态墨水”图层属性

重点技法提示

使用“液态墨水图层属性”对话框中，在“注意”框中可为图层添加备注信息。如果需要增加或减少画笔笔触的宽度，则调整“阈值”滑块。如果需要增加或减少画笔笔触的高度或三维外观，则调整“强度”块。

7.2 使用液态墨水控制项

应用“液态墨水”画笔绘制画时，为了让绘制的图像更接近于画笔绘制的效果，需要在绘制之前对画笔的平滑度、大小、表现方式及光源效果等参数进行调节。

7.2.1 “液态墨水”面板

“液态墨水”面板可指定“液态墨水”画笔笔触的类型、平滑度、容量、大小等性质。它需要结合“液态墨水”图层使用。执行“窗口→画笔控制面板→液态墨水”菜单命令，即可打开“液态墨水”对话框，如图 7-8 所示。

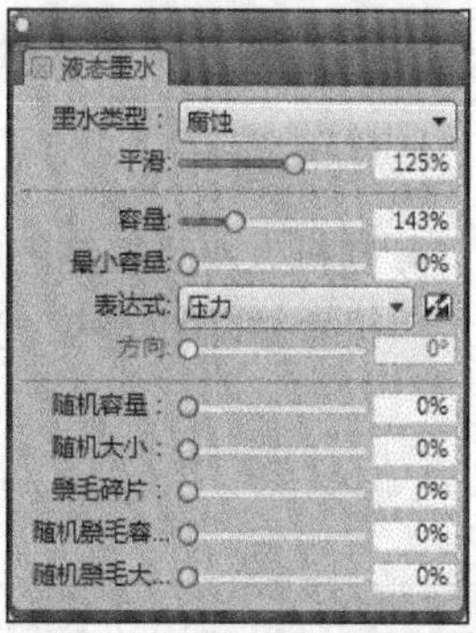

图 7-8　“液态墨水”对话框

- 墨水类型：用于选择液态墨水基本类型和属性，分“墨水”和“色彩”两种，其中，“墨水”组件提供笔触类型，而“色彩”组件则对“墨水”类型应用色彩。选择“墨水外加色彩”选项可对“墨水”类型应用当前选择的色彩；选择“纯墨水”选项仅应用墨水组件；选择“纯颜色”选项仅应用颜色组件；选择“柔性墨水加颜色”选项可对墨水类型应用色彩，使墨水与色彩调和成另一种色彩；选择“柔性纯墨水”仅应用墨水组件；选择“柔性纯颜色”选项仅应用颜色组件；选择“腐蚀”选项则排斥墨水；选择“擦除工具”可删除墨水与颜色；选择“预先柔化墨水外加色彩”可结合表面深度效果一起应用。图 7-9 展示了几种墨水类型绘画效果。

图 7-9　不同墨水类型的绘画效果

- 平滑：控制画笔笔触的“黏着度”，值越低，笔触越粗糙；反之，值越高，笔触越平滑，图 7-10 所示为“平滑”设置为 0% 和 150% 时的画笔笔触。

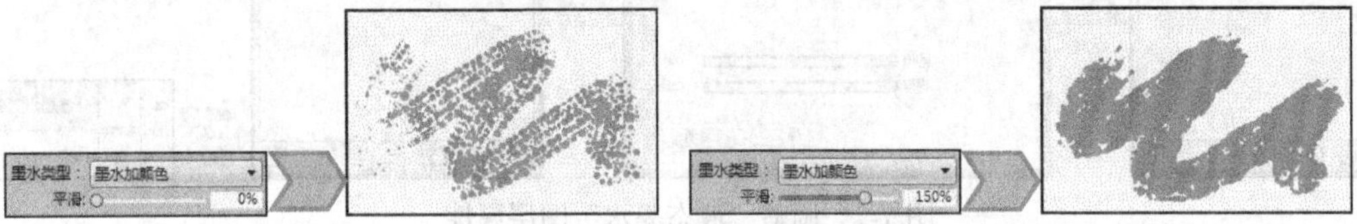

图 7-10 不同“平滑”值的画笔笔触

- 容量：控制笔触的高度或对图像应用的墨水量。值越高，笔触越粗，图 7-11 所示为“容量”设置为 100% 和 500% 时的画笔笔触。

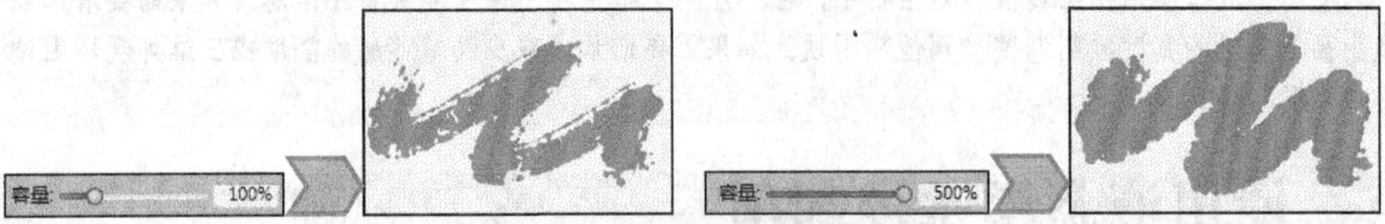

图 7-11　不同“容量”值的画笔笔触

- 最小容量：控制最大容量变化，当“最小容量”值为 100%，则表示绘制笔触期间不会有任何容量变化。
- 随机容量：控制笔触内的容量随机度，值设置为零时，笔触会极为平滑，图 7-12 所示为设置“随机容量”设置为 0% 和 100% 时的画笔笔触。

图 7-12　不同“随机容量”的画笔笔触

- 随机大小：控制笔触内的大小随机度。值设置为零时，笔触会极为平滑，图 7-13 所示为设置“随机大小”为 20% 和 90% 时的画笔笔触。

图 7-13　不同“随机大小”值的画笔笔触

- 鬃毛碎片：用于控制鬃毛厚度，设置的参数值越高，笔触越平滑，同时较高的值会使鬃毛黏在一起，反之，设置的参数越低，笔触越锐利，使各笔触显得更为清晰。图 7-14 所示为设置高“鬃毛碎片”和低“鬃毛碎片”时的画笔笔触。

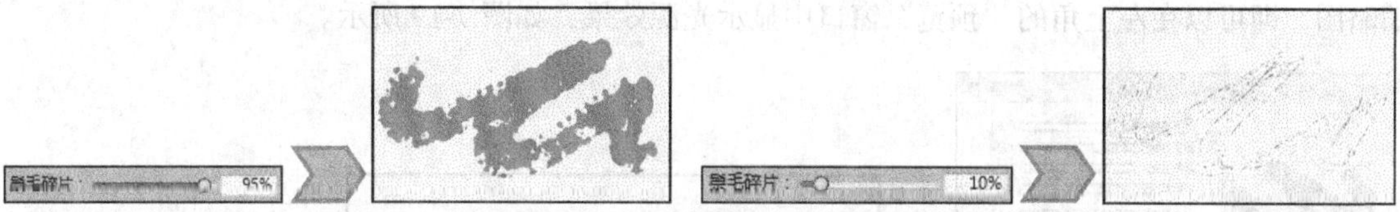

图 7-14　不同“鬃毛碎片”的画笔笔触

- 随机鬃毛容量：控制鬃毛高度变化，设置参数值为零时，表示所有鬃毛等高，如图 7-15 所示。
- 随机鬃毛大小：控制鬃毛宽度变化，设置参数值为零时，表示所有鬃毛等宽，如图 7-16 所示。

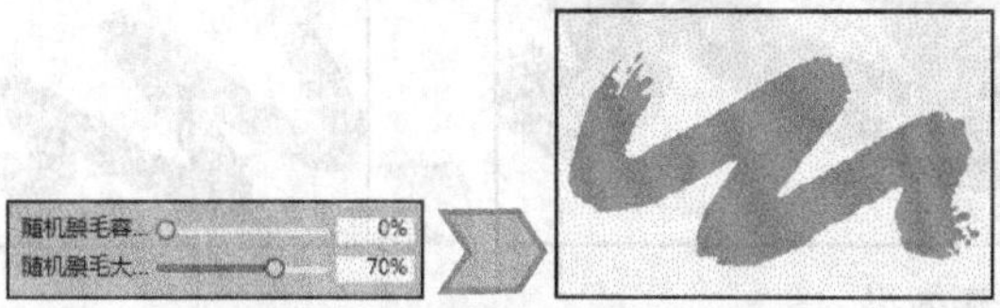

图 7-15　设置“随机鬃毛容量”

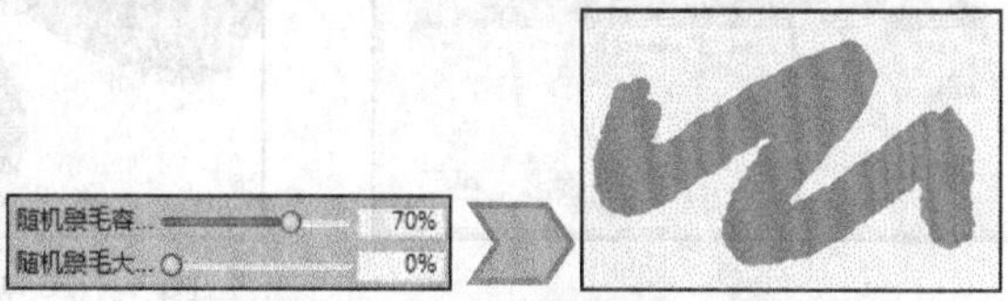

图 7-16　设置“随机鬃毛大小”

7.2.2　大小

使用“液态墨水”画笔绘制时，可以使用工具属性栏中的“特征”滑块调整鬃毛的间隙大小。设置“特征”越高，鬃毛的间距就越大，设置的“特征”越低，鬃毛的间距就越小。较低的设置将生成更连续的笔触。图 7-17 所示为设置低“特征”和高“特征”值时的画笔笔触。除此之外，也可以结合“液态墨水”面板中的控制项来调整画笔笔触大小。

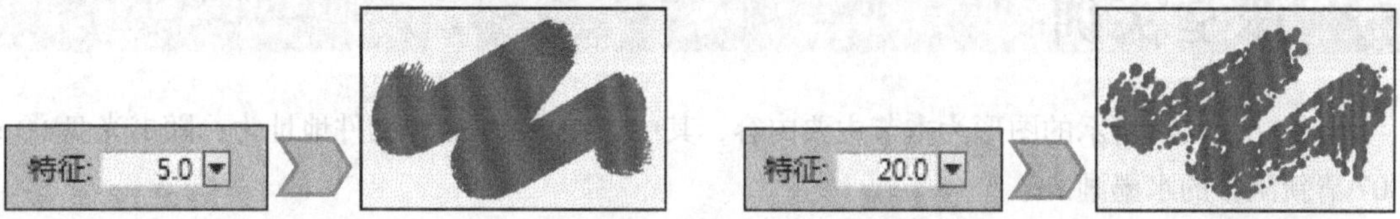

图 7-17　不同“特征”值的画笔笔触

7.2.3　表现

使用“液态墨水”面板中的“表达式”选项可以更改“液态墨水”的表现效果，例如，可以通过调整控制器的方向或速度来改变笔触的容量，或者使用“压力”控制器创造分层的“液态墨水”笔触效果。单击“表达式”下拉按钮，在展开的下拉列表中即可以选择“液态墨水”画笔的表达方式，如图 7-18 所示。当选择不同的表达方式绘制时，会得到不同的画笔表现方式。

图 7-18　“液态墨水”画笔表达式

7.2.4　光源效果

使用“液态墨水”画笔变体绘制图像时，可以利用“应用光源”面板中的控制项为图像添加光源，并且可以通过改变光源角度并将高度外观提供给液体墨水笔触。使用画笔绘制出线条或图案后，对其应用不同的光源效果时，图像所呈现出的效果也会存在一定的差异。

执行“效果→应用光源”菜单命令，即可打开“应用光源”对话框，在对话框中单击预设的缩略图，即可以在左上角的“预览”窗口中显示光源效果，如图 7-19 所示。

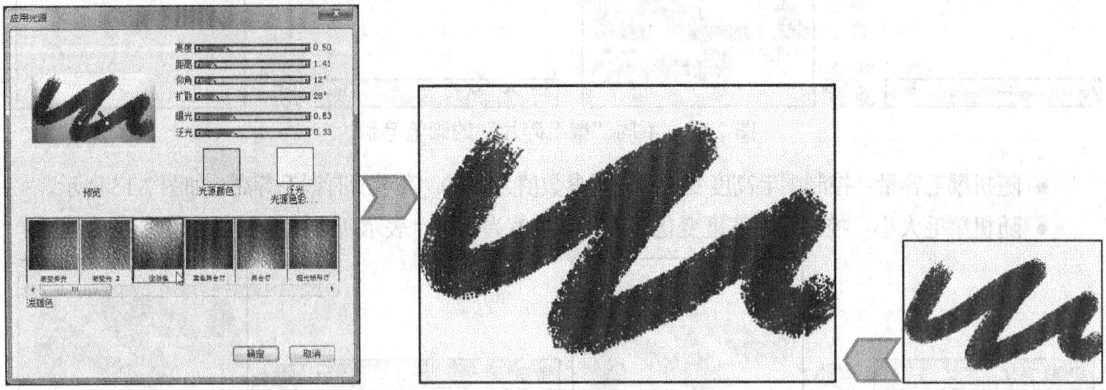

图 7-19　光源效果

重点技法提示

如果需要更改光源的颜色，则应在“应用光源”对话框中单击“光源颜色”或“泛光光源色彩”上方的颜色框，打开“颜色”对话框，在对话框中单击左侧的色标设置颜色，也可以在右下方的数值框中输入具体的颜色值。

7.3 课堂实训

绘制如图 7-20 所示的图形为本节主要内容，其中，图 7-20 的源文件地址为：随书光盘\源文件\07\清新淡雅的水墨画.rif。

图 7-20　清新淡雅的水墨画

步骤 01：执行“文件→新建”菜单命令，打开“新建图像”对话框，在对话框中设置用于绘制图像的文档大小，设置后单击“确定”按钮，新建文件，单击“图层”面板右上角的扩展按钮，在展开的面板菜单中单击“新建液态墨水图层”命令，新建“液态墨水图层 1”图层，如图 7-21 所示。

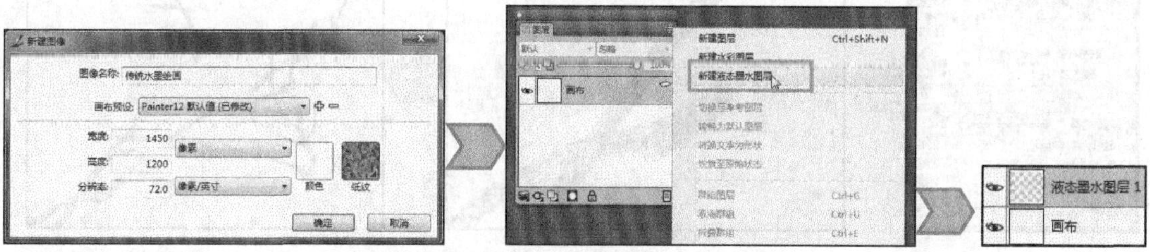

图 7-21　新建图层

步骤 02：双击“液态墨水图层 1”图层，将图层重命名为“枝干”图层，单击工具箱中的“笔刷工具”按钮，在“画笔选取器”中单击“液态”画笔类别，然后单击该类别中的“写生鬃毛笔腐蚀”画笔变体，执行“窗口→画笔控制面板→液态墨水”菜单命令，打开“液态墨水”面板，选择墨水类型为“墨水加颜色”，调整下方的选项，如图 7-22 所示。

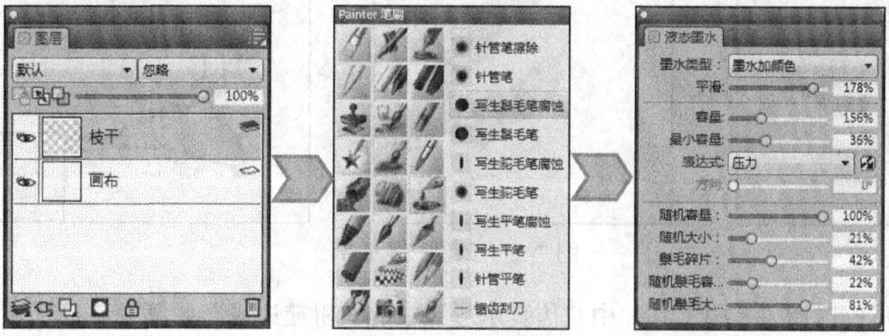

图 7-22　调整“墨水类型”

步骤 03：在属性栏中调整工具属性选项，打开“颜色”面板，设置颜色为 H213、S36、V14，设置颜色画笔笔触颜色后，将鼠标移至文档窗口左下角位置，单击并涂抹，绘制树干，如图 7-23 所示。

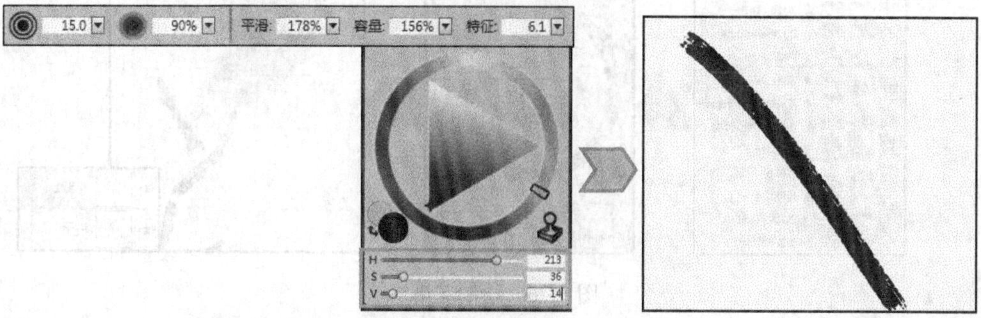

图 7-23　绘制树干

步骤 04：打开“液态墨水”面板，在面板中更改各选项值，调整画笔笔触形态，将鼠标移至已绘制的枝干旁边，单击并拖曳鼠标，再绘制图案，继续使用同样的方法，调整画笔笔触形态，绘制更多不同粗细的枝干效果，如图 7-24 所示。

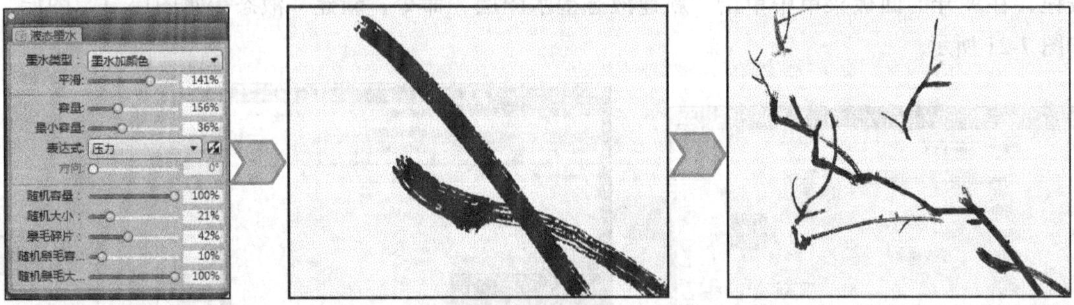

图 7-24　绘制枝干

步骤 05：打开“颜色”面板，在面板中更改颜色，将颜色设置为 H0、S0、V0，单击“图层”面板中的“新建图层”按钮，新建“枝干暗部”图层，调整画笔笔触形态，运用将鼠标移至已绘制的枝干旁边继续涂抹绘制图像，如图 7-25 所示。

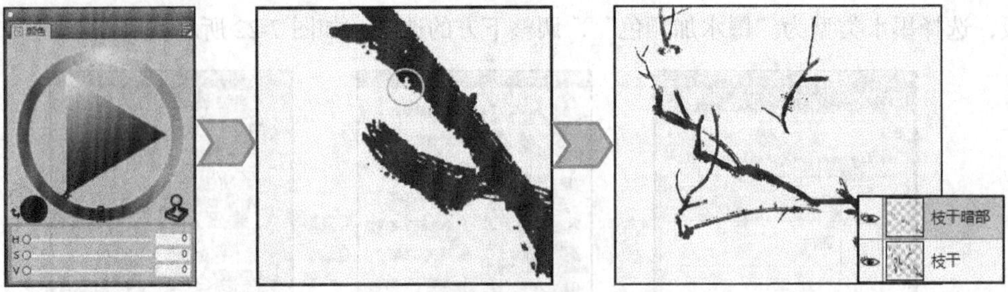

图 7-25　绘制枝干暗部

步骤 06：选择“笔刷工具”中“仿真水彩”中的“粗糙边缘”画笔变体，打开“颜色”面板，并在面板中将画笔笔触颜色设置为 H89、S166、V66，设置后单击“图层”面板中的“新建图层”按钮，新建“花瓣 1”图层，使用设置好的笔刷绘制花瓣，多次涂抹后得到层次较为清晰的绘制效果，如图 7-26 所示。

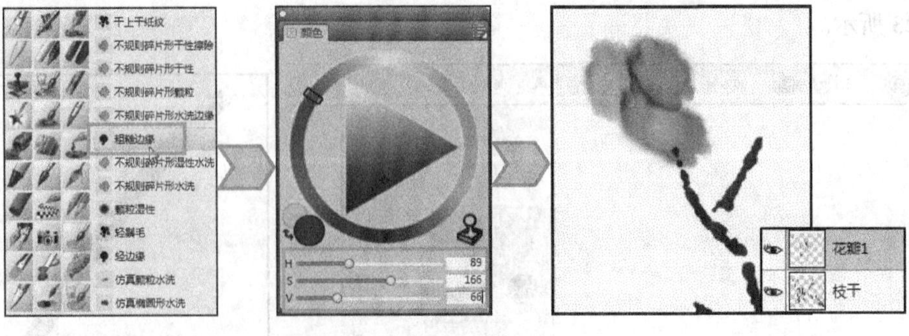

图 7-26　绘制花瓣

步骤 07：保持“粗糙边缘”画笔变体不变，调整画笔笔触大小，在枝干上绘制更多不同大小和明暗的花瓣图案，绘制后在“图层”面板中选中“花瓣 1”图层，将此图层的“不透明度”

设置为 51%，降低花瓣图像的不透明度，在文档窗口中可以看到绘制的效果，如图 7-27 所示。

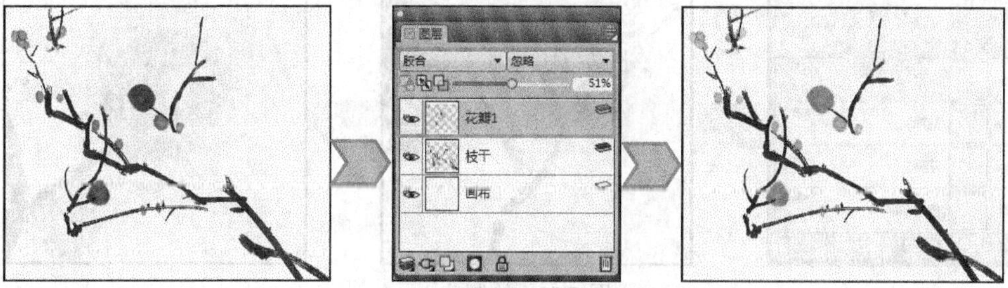

图 7-27　调整花瓣不透明度

步骤 08：打开“颜色”面板，并在面板中将画笔笔触颜色设置为 H75、S120、V189，设置后单击“图层”面板中的“新建图层”按钮，新建“花瓣 2”图层，继续使用“粗糙边缘”画笔绘制颜色浅一些的花瓣，绘制后文档窗口中看到更有层次的花瓣效果，如图 7-28 所示。

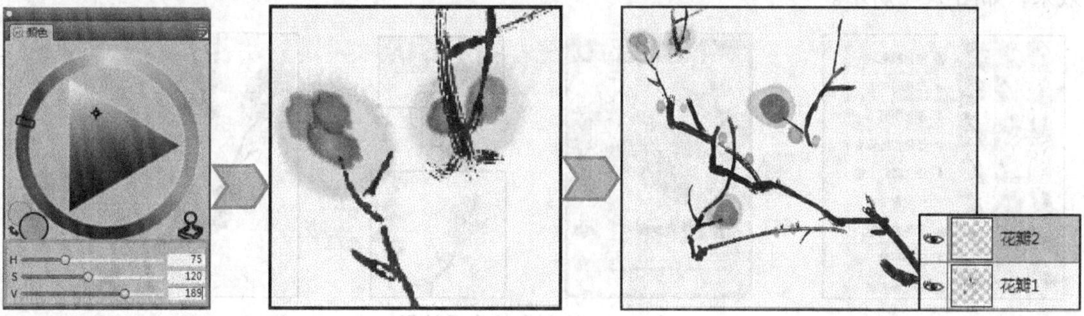

图 7-28　突出花瓣层次感

步骤 09：单击工具箱中的“笔刷工具”按钮，在“画笔选取器”中单击“仿真水彩”中的“平滑粗鬃毛笔”画笔变体，在属性栏中调整工具选项，然后切换至“液态墨水”画笔面板，在面板中选择“墨水加颜色”墨水类型，再调整画笔笔触选项，如图 7-29 所示。

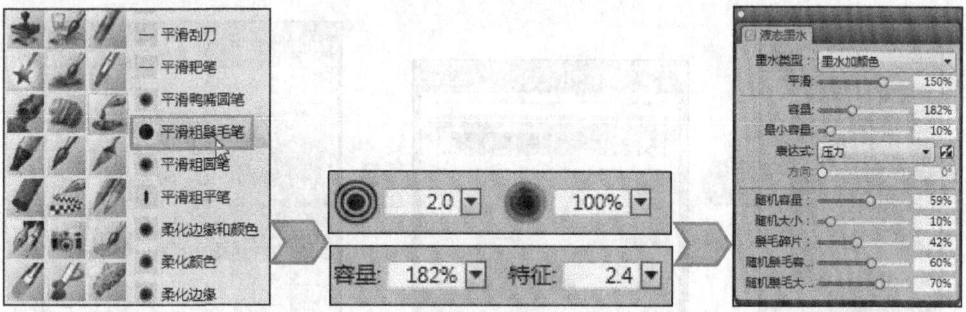

图 7-29　调整画笔笔触

步骤 10：单击“图层”面板中的“新建图层”按钮，新建“花蕊”图层，在“颜色”面板中将画笔笔触颜色设置为黑色，然后在主体花瓣图像中间位置单击并涂抹，绘制花心效果，绘制后在图像窗口中查看绘制的效果，如图 7-30 所示。

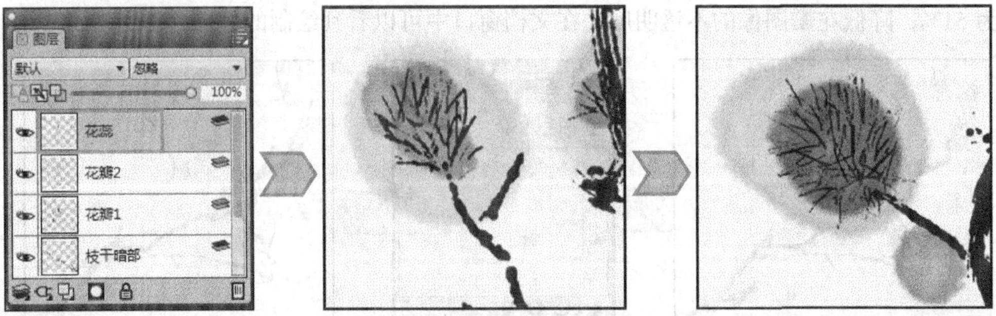

图 7-30　绘制花心

步骤 11：单击工具箱中的“笔刷工具”按钮，在“画笔选取器”中单击“水彩”中的“渗化驼毛笔”画笔变体，打开“颜色”面板，在面板中将画笔笔触颜色设置为 H85、S239、V63，新建“花色晕染”图层，使用选择的“渗化驼毛笔”在花朵上涂抹，绘制自然渗透的图案效果，如图 7-31 所示。

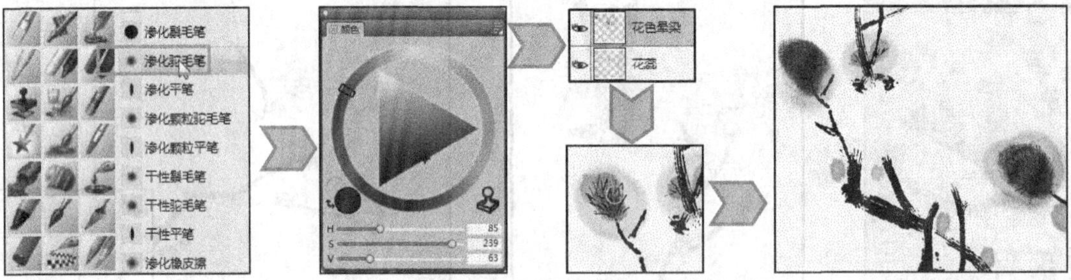

图 7-31　绘制自然渗透效果

步骤 12：执行“窗口→媒材材质库面板→渐变”菜单命令，打开“渐变材质库”面板，单击面板中的“绿色色彩”渐变，再单击面板下方的“编辑渐变”按钮，打开“编辑渐变”对话框，在对话框中重新编辑渐变颜色，设置后单击“确定”按钮，执行“窗口→媒材控制面板→渐变”菜单命令，打开“渐变”面板，在面板中显示编辑后的渐变颜色，如图 7-32 所示。

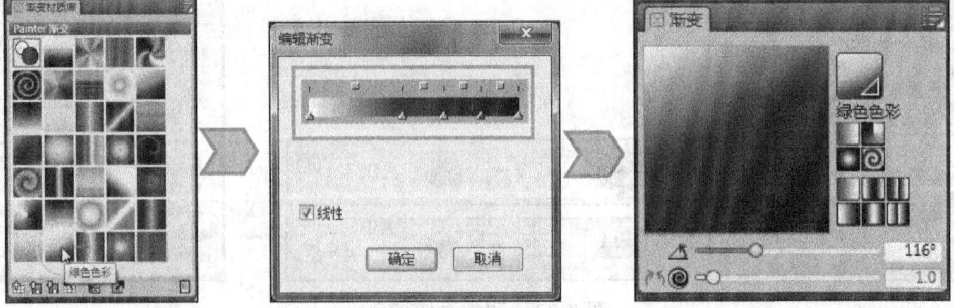

图 7-32　设置渐变

步骤 13：单击“渐变”面板右上角的扩展按钮，在弹出的面板菜单中执行“存储渐变”按钮，打开“存储渐变”对话框，在对话框中设置渐变名称，单击“确定”按钮，存储渐变，如图 7-33 所示。

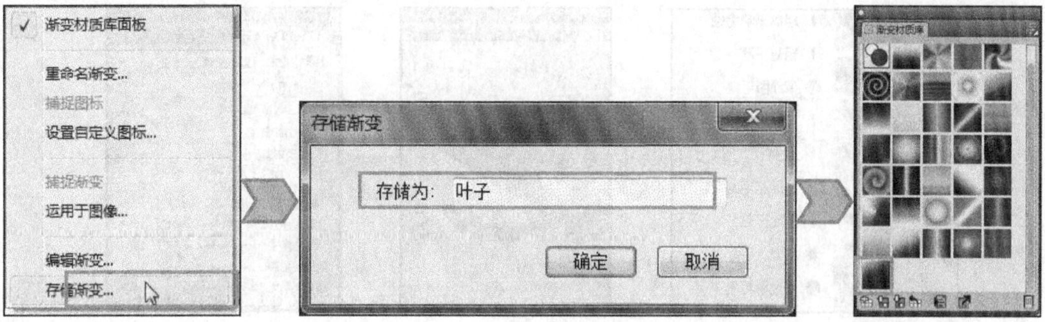

图 7-33　存储渐变

步骤 14：打开“颜色变化”面板，在面板中选择“以渐变”控制画笔颜色变化，打开“常规”面板，在面板中调整画笔选项，单击“笔刷工具”按钮，选择“仿真水彩”画笔中的“粗糙边缘”画笔变体，新建“蓝色叶片”图层，在画面中涂抹，绘制叶片效果，如图 7-34 所示。

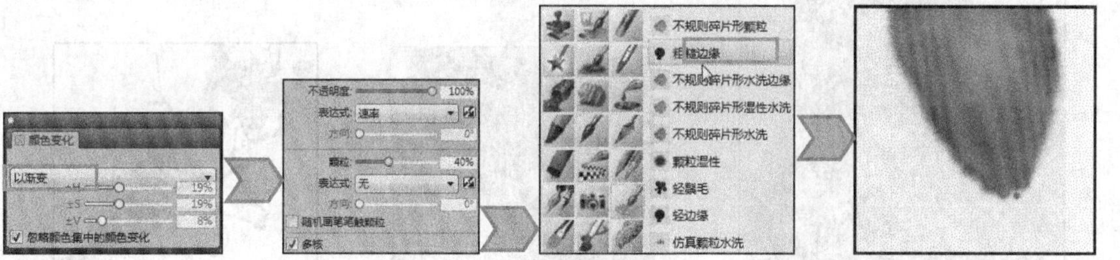

图 7-34　绘制叶片

步骤 15：参考步骤 08 中绘制叶片的操作，使用“仿真水彩”中的“粗糙边缘”变体笔刷，绘制出其余的叶片，然后打开“颜色变化”面板，选择“用 RGB”控制颜色变化，设置颜色为黑色，新建“黑色叶片”图层，继续绘制黑色的叶子效果，在文档窗口中可以看到绘制的效果，如图 7-35 所示。

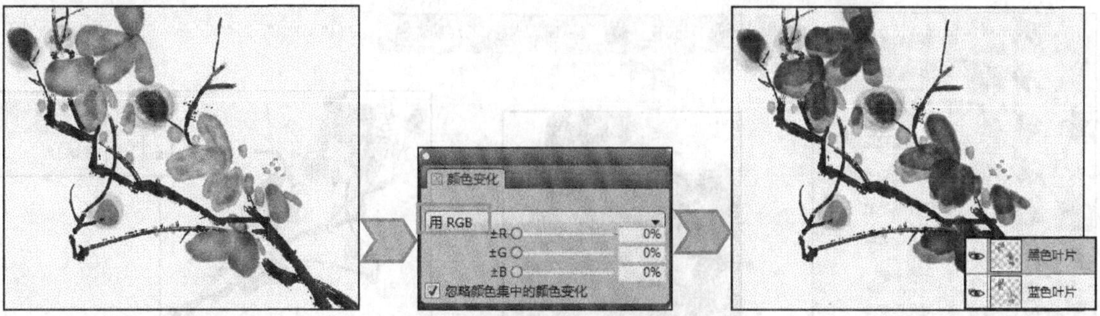

图 7-35　绘制黑色叶片

步骤 16：单击“笔刷工具”按钮，在“画笔选取器”中选择“液态墨水”中的“写生平笔”画笔变体，再在“颜色”面板中调整色彩为黑色，即设置颜色为 H0、S0、V0，打开“液态墨水”面板，在面板中调整画笔笔触选项，如图 7-36 所示。

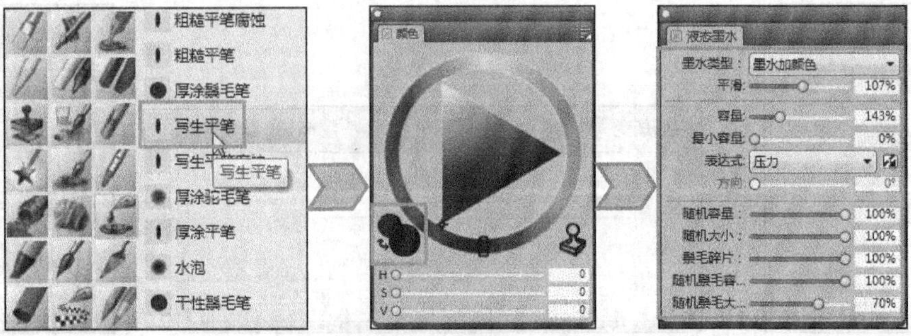

图 7-36　调整笔触选项

步骤 17：新建“叶脉纹理”图层，使用设置的“写生平笔”叶子上面绘制叶脉纹理，绘制时可以结合工具属性栏中的选项，调整画笔的大小、特征等选项，绘制出不同粗细变化的叶脉变化，在文档窗口中可以看到绘制后的图像效果，如图 7-37 所示。

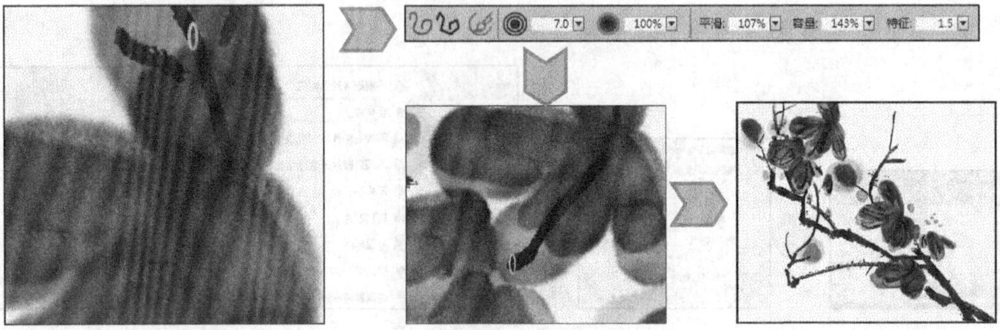

图 7-37　绘制“叶脉纹理”

步骤 18：单击“笔刷工具”按钮，在“画笔选取器”中单击“水彩”中的“渗化驼毛笔”画笔变体，在属性栏中调整画笔选项，将画笔颜色设置为黑色，新建“晕染叶片 1”图层，使用画笔在叶子上面涂抹，再新建“晕染叶子 2”图层，调整画笔属性，反复绘制得到更有层次的叶子效果，如图 7-38 所示。

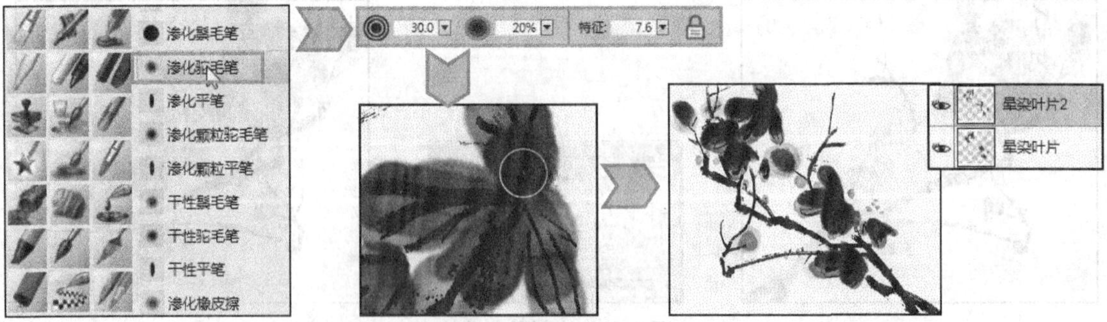

图 7-38　绘制叶子层次

步骤 19：单击工具箱中的“笔刷工具”按钮，在“画笔选取器”中选择“液态墨水”中的“粗糙鬃毛笔”变体，在属性栏中调整笔刷的选项，确认主体颜色为黑色，新建“蝉轮廓”图层，在图像叶子旁边绘制蝉的外形轮廓，在图像窗口中查看绘制的图像效果，如图 7-39 所示。

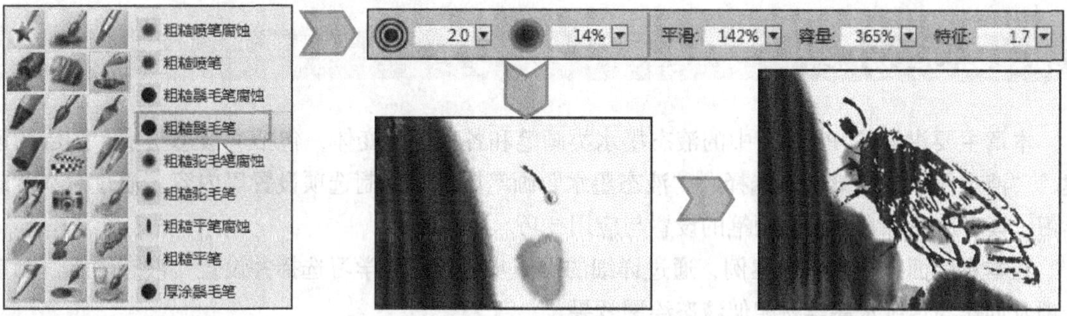

图 7-39　绘制蝉的外形轮廓

步骤 20：选择“笔刷工具”中“仿真水彩”中的“渗化驼毛笔”变体，在“蝉轮廓”图层下方新建“蝉上色”图层，将颜色设置为红色，然后使用选择的“渗化驼毛笔”的笔刷为绘制的蝉进行上色操作，如图 7-40 所示。

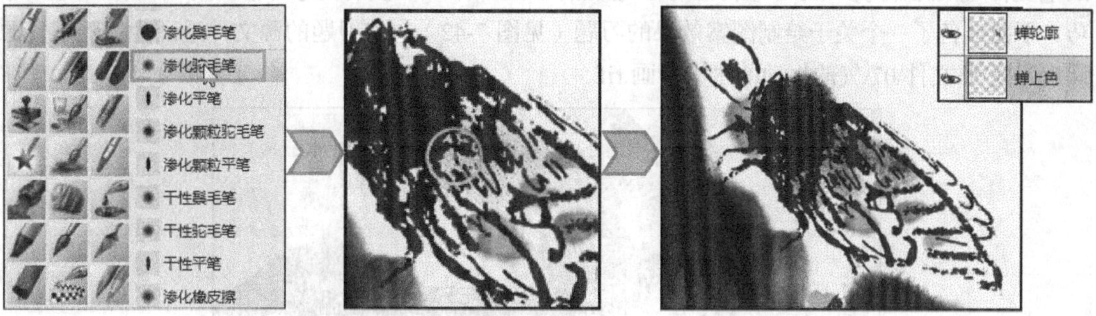

图 7-40　为蝉上色

步骤 21：经过前面的操作，完成了图像的绘制，最后为了让画面更有质感，可以对背景颜色进行调整，新建“背景”图层，在“颜色”面板中将颜色设置为 H128、S9、V243，选择“油漆桶工具”，在属性栏中设置填充选项，在图像中单击，填充颜色，用“文字工具”在图像右上角添加文字，如图 7-41 所示，修饰版面得到更完整的画面效果。

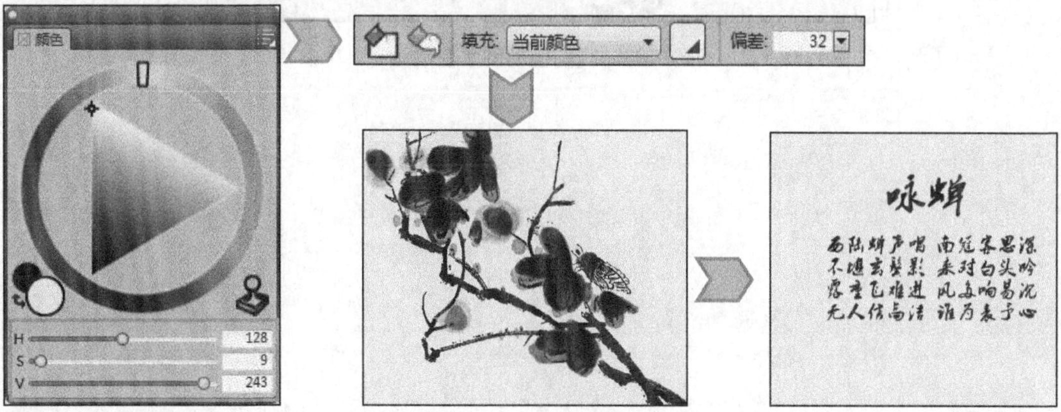

图 7-41　添加文字

7.4 本章小结

本章主要讲解了 Painter 中的液态墨水类画笔和各种画笔变体，包括“液态墨水”图层的创建、“液态墨水”画笔变体选择、“液态墨水”画笔属性与控制选项设置等内容。通过对本章的学习，读者应熟练掌握水彩画笔的设置与应用技巧。

在本章后面补充了一个案例，通过详细的操作步骤让读者学习选择并设置“液态墨水”画笔选项及创作与传统水墨媒材相似液态绘图效果。

7.5 课后习题

本章主要学习运用液态墨水绘画，通过本章内容大家知道了“液态墨水”画笔类别中的各种画笔变体笔触绘制效果及画笔属性对于笔触的影响。为了使读者能够掌握“液态墨水”绘画技巧，下面准备了一个关于绘制图案效果的习题（见图 7-42）。本习题的源文件地址为：随书资源\课后习题\源文件\07\气韵生动的水墨绘画.rif。

图 7-42　气韵生动的水墨绘画

第8章

厚涂颜料 «‹

本章学习重点

- 了解不同“厚涂颜色”画笔变体
- 掌握厚涂画笔的画法
- 控制颜料的厚度与混色设置
- 调整表现光源的位置与颜色
- 掌握光源的添加与删除方法

8.1 创建厚涂颜料效果

厚涂颜料是一种将浓厚颜料涂抹在画布上以创建厚度的常规技术。在 Painter 中，厚涂颜料是指能让笔刷以厚度错觉进行绘制的笔刷功能。我们可以使用不同的厚涂颜料画笔来仿制不同类型的传统艺术媒材，例如浓厚油画或具有纹理的粉笔等。

8.1.1 “厚涂”笔刷

如图 8-1 所示，“厚涂”画笔包含了 45 种画笔变体，除了“厚涂均衡”“厚涂颜色擦除”“沾染厚涂”“扭曲厚涂”画笔变体以外，其他的 41 种画笔均可以通过调整绘制方式模拟传统艺术媒材作品绘制效果。图 8-2 展示了“厚涂”画笔中的画笔变体以及画笔变体笔触效果。

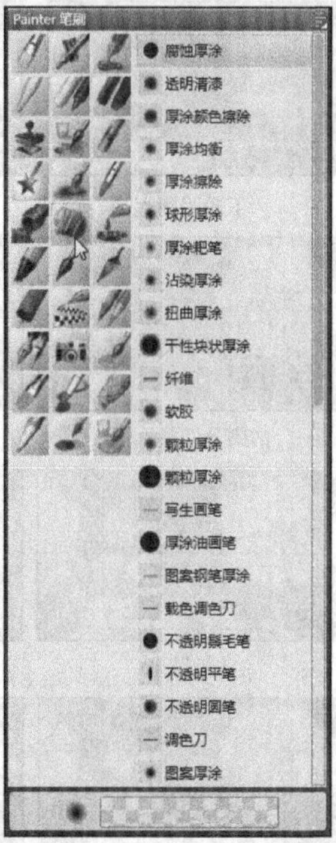

图 8-1 “厚涂”画笔变体

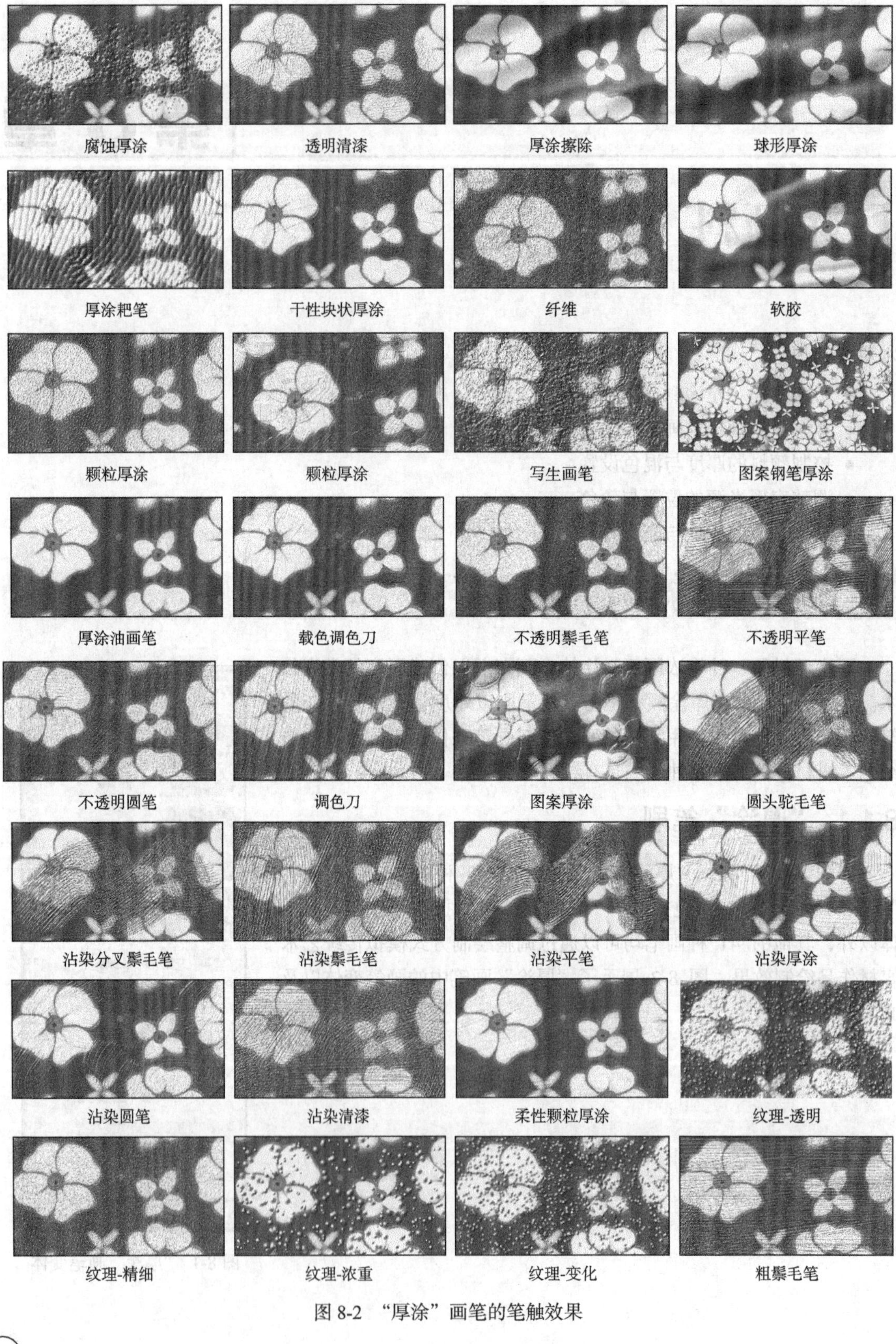

图 8-2 “厚涂”画笔的笔触效果

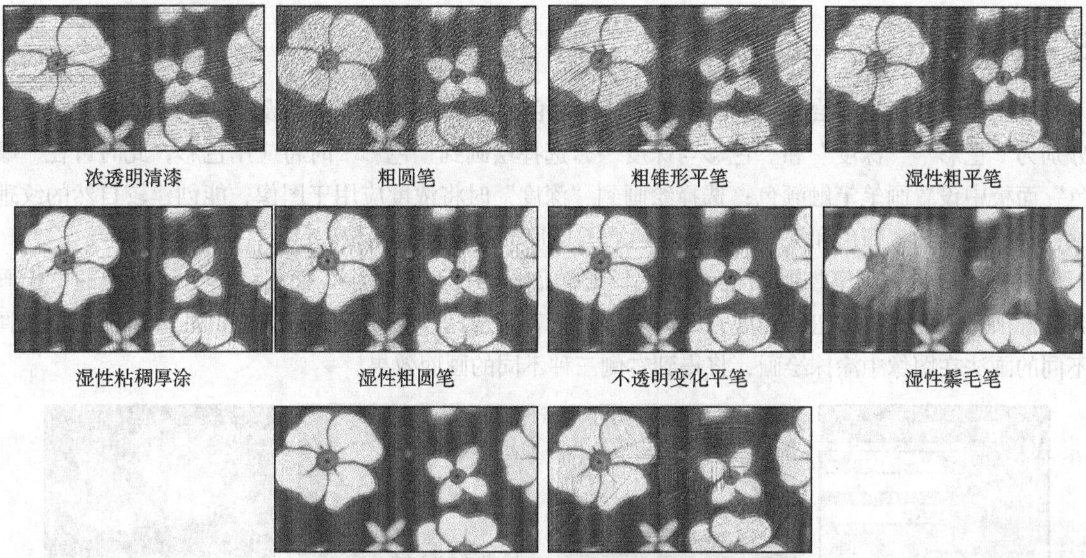

图 8-2　“厚涂”画笔的笔触效果（续）

使用“厚涂”画笔时，可在绘制时积累厚度信息，如果使用该画笔绘画时，未显示厚度效果，则有可能是因为禁用了“厚涂”视图。这时，需要启用该视图后才能再查看其效果。在 Painter 中，要启用“厚涂”视图，需要打开“导航”面板，单击面板中的“打开导航器”按钮 ，在弹出的快捷菜单中执行“显示厚涂”命令即可激活“厚涂”视图，如图 8-3 所示。

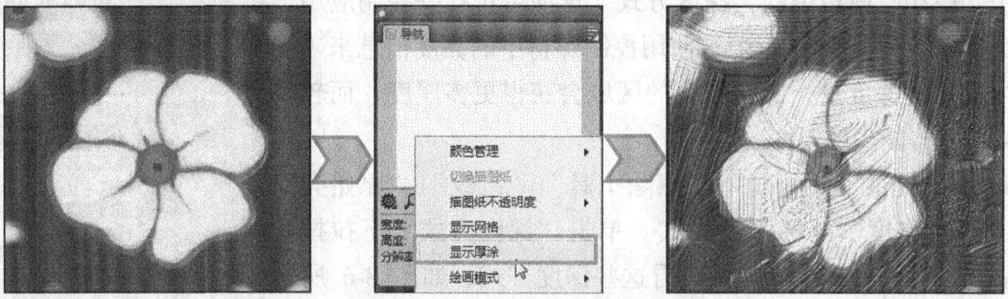

图 8-3　激活“厚涂”视图

要启用“厚涂”视图，也可以执行“画布→表面光源”菜单命令，打开“表面光源”对话框，在对话框中勾选“启用厚涂”菜单命令来启用“厚涂”视图，如图 8-4 所示。

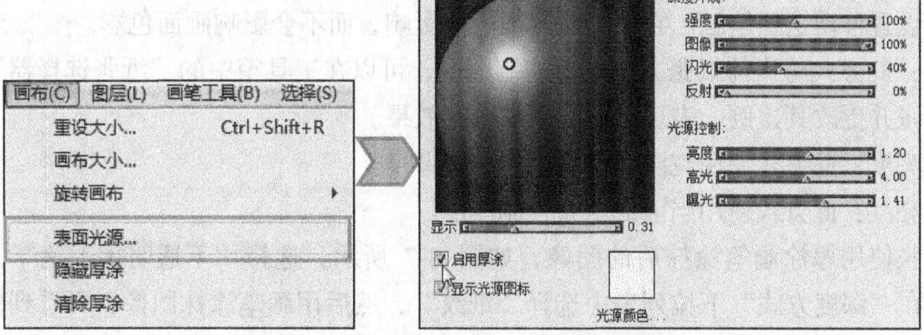

图 8-4　使菜单命令启用“厚涂”视图

8.1.2 画法

使用“厚涂”画笔绘画时，需要选择厚涂颜色的画法。Painter 中共设有 3 种厚涂颜色画法，分别为“色彩”“深度”和“色彩与深度”，选择绘画到“色彩”时将应用色彩，此时可在“颜色”面板中设置画笔笔触颜色；选择绘画到“深度”时将浓度应用于图像，能创建较自然的纹理感；选择绘画到“颜色和深度”时会将色彩与厚度同时应用于图像。

执行“窗口→画笔控制面板→厚涂”菜单命令，打开“厚涂”面板，单击面板中的“绘画到”选项右侧的下拉按钮，在展开的列表中可查看并选择厚涂颜色的画法，如图 8-5 所示，选择不同的画法在图像中涂抹绘画，将得到右侧三种不同的画面效果。

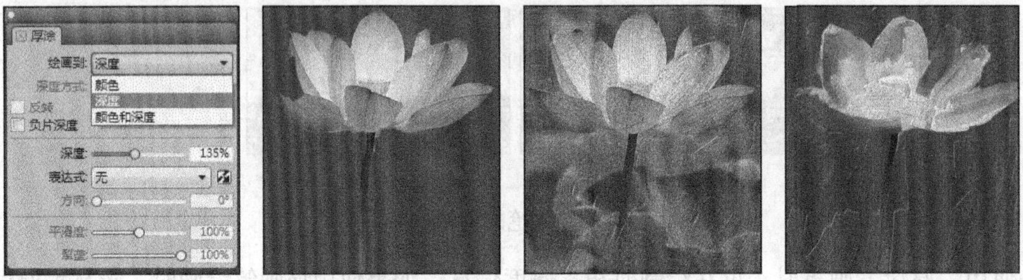

图 8-5　不同厚涂颜色画法的效果

8.1.3 深度方式

应用“厚涂”面板中的“深度方式”选项可选择并控制应用深度画笔笔触效果。Painter 中，使用控制媒材中的亮度信息来确定笔触内应用的深度量，媒材较亮的区域会获得更多厚度，而较暗的区域则获得较少的厚度。

Painter 中提供了“相同”“擦除工具”“纸纹”“原始亮度”和“织物亮度”5 种深度方式。单击“深度方式”下拉按钮，在展开的列表中即可选择并查看这些深度方式，如图 8-6 所示。在绘画时，可以根据需要选择适合的深度方式绘制。

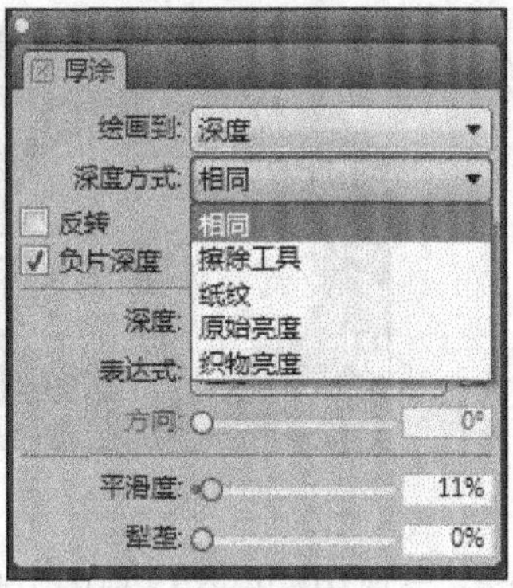

图 8-6　5 种“深度方式”

- 相同：选择“相同”方式可均匀应用厚度，笔触几乎没有纹理。
- 擦除工具：选择“相同”方式会弄平厚度图层，如果我们不喜欢创建的纹理笔触。可以利用此设置移动这些笔触。它只会对厚度产生影响，而不会影响画面色彩。
- 纸纹：此方式将当前纸张方法用于控制深度，可以在工具箱中的“纸张选择器”中选择不同纸张并更改其比例，表现不同的纸纹绘制效果。
- 原始亮度：此方式使用克隆源的亮度来控制厚度。
- 织物亮度：此方式使用当前的织布控制厚度。

打开一张使用厚涂画笔涂抹后的图像，如图 8-7 所示，选择“不透明鬃毛笔”，打开“厚涂”面板，在“深度方式”下拉列表中选择“纸纹”，然后用画笔涂抹图像，可看到擦除涂抹的厚度效果。

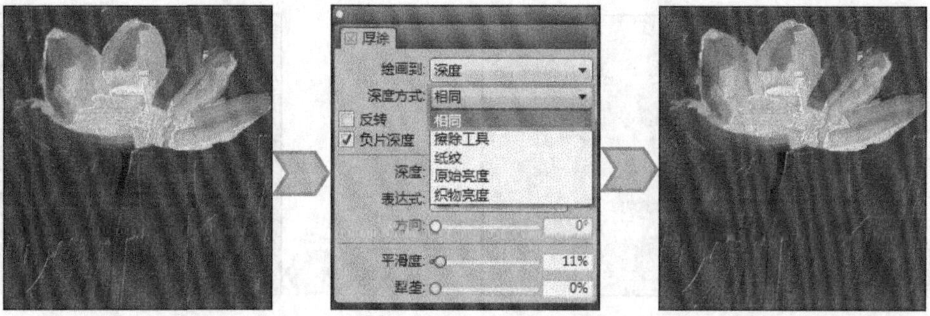

图 8-7 “深度方式”对绘制效果的影响

8.1.4 控制颜料的厚度相互作用

“厚涂”面板中除了选择“厚涂”画笔的画法和浓度方式以外，还可以通过调整深度、平滑度及表达方式来影响绘制效果。使用深度方式时，可以使用带纹理的新颜料绘制，并像累积画笔笔触一样构建深度。如图 8-8 所示，Painter 中，应用“厚涂”面板中的选项可进一步设置笔触应用的厚度、笔触内应用的纹理量，以及各笔触与其他“厚涂”笔触颜色的相互作用方式。

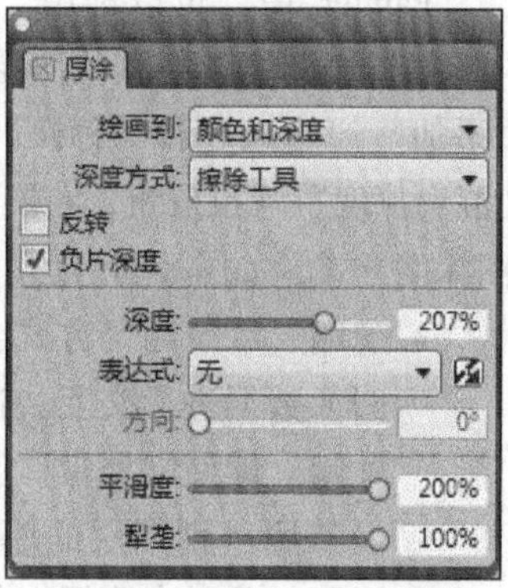

图 8-8 “厚涂”面板选项

- 深度：控制单个笔触的深度，较高的值生成凹度较深的笔触。
- 平滑度：滑块控制应用于笔触的纹理转换。
- 犁痕：滑块控制笔触与其他“厚涂颜料”笔触相互作用的方式，具有高“犁痕”值的笔触遇到其他“厚涂颜料”笔触时，会替换现有笔触的厚度，并在整个现有笔触中留下犁痕。图 8-9 所示为高“犁痕”和低“犁痕”设置时生成的效果。

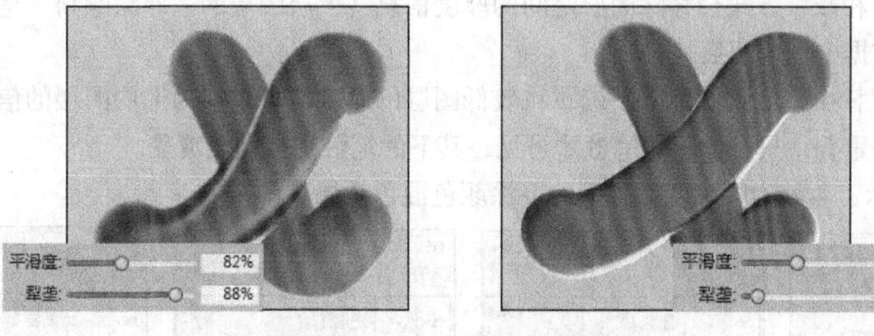

图 8-9 不同“犁痕”值的效果

- 负片深度：一般而言，厚涂颜色会产生隆起和凸出的效果。在“厚涂”面板中应用“负片深度”选项更改厚涂深度的方向，当勾选并启用“负片深度”时，笔刷会生成凹陷的效果。当不勾选该复选框时，笔刷会生成隆起的效果。图 8-10 展示了勾选和取消勾选“负片深度”时的画笔绘制效果。

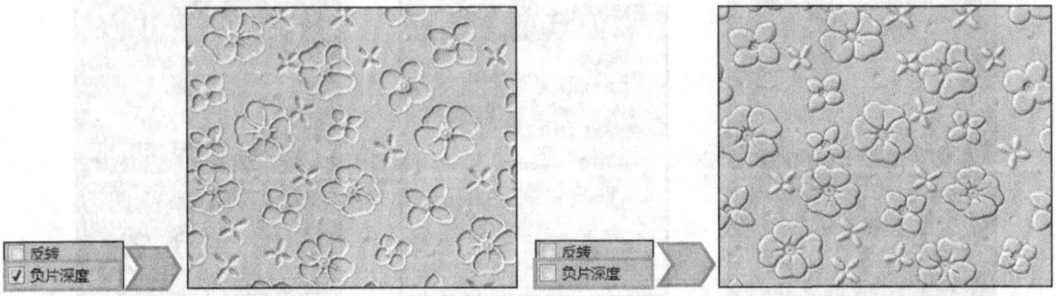

图 8-10 “负片深度”对绘制效果的影响

8.1.5 将厚涂颜色与其他图层混色

Painter 中，可以利用“图层”面板中的构图深度方式选项控制“厚涂”画笔笔触与其他图层图像的混色方式，其中包括了“忽略”“添加”“相减”和“替换”4 种构图深度方式。单击图层面板中的“混合深度”下拉按钮，在展开的下拉列表中即可选择并应用合适的构图深度方式，如图 8-11 所示。

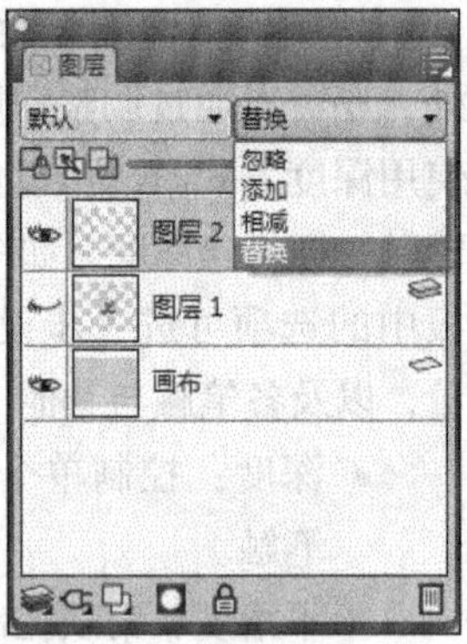

图 8-11 构图深度方式

- 忽略：“忽略”方式会阻止“厚涂颜料”笔触与不同图层上的图像数据进行交互。选择“忽略”方式时，图层的厚度显示将关闭。即使文档窗口上的“查看厚度”图标已启用，这样也可以禁用个别图层的厚度显示。如果构图深度方式设置为“忽略”，此时在图层上使用“厚涂颜料”笔刷变体，那构图深度方式会自动变回“添加”。
- 添加：“添加”方式是默认的构图深度方式。它可以组合图层之间的深度信息。在此构图方式下不同图层上的笔触会在其重叠的地方叠加。
- 相减：“相减”方式会移除图层之间的厚度信息，上层图层的“厚涂颜料”笔触会在其下的图像数据中创建凹痕。
- 替换：“替换”方式使用图层遮罩将较低图层的厚度信息置换为上层图层的信息，不论笔触在何处重叠，只有上层的笔触才可见，其下的笔触则被完全覆盖。

图 8-12 展示了 4 种构图深度方式下的厚涂颜色混色效果。

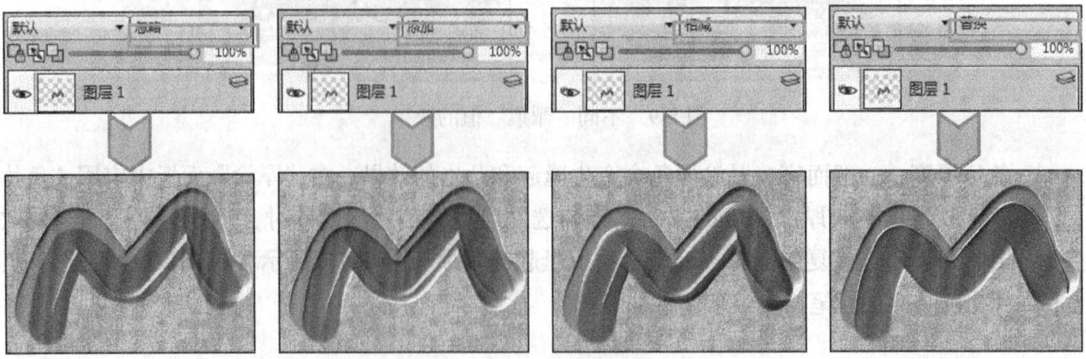

图 8-12 不同构图深度的效果

8.2 调整表面光源

光源对于“厚涂颜料”创建的整体厚度效果非常重要。正确的光源能呈现出纹理较深的笔触外观，反之，不当的光源则会完全洗掉笔触上的纹理外观效果。Painter 中利用“表面光源”控制项设置照射在“厚涂颜料”笔触上的光源位置与属性。由于“表面光源”中的控制项是通用的，所以对它们进行设置与调整时，会影响所有图层上的全部“厚涂”画笔笔触。

8.2.1 设置光源位置

要调整应用到画笔上的光源效果，需执行“画布→表面光源”菜单命令，如图 8-13 所示，打开“表面光源”对话框。在对话框中，光源球体显示所有可能的表面打光角度及光源如何照亮这些角度。球体上的光源指示器显示所有光源的当前位置；球体下方的“显示”滑块用于控制球体的亮度，便于查看和设置光源效果。

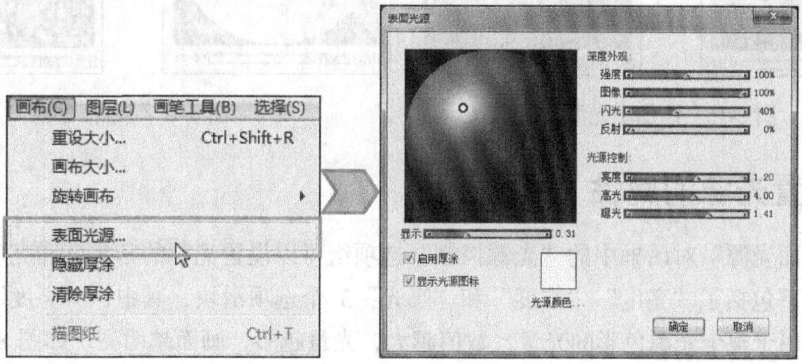

图 8-13　“表面光源”对话框

打开应用“厚涂”画笔绘制的图案，如图 8-14 所示，打开“表面光源”对话框，在对话框中单击并拖曳光源球体上的光源指示器，设置后单击“确定”按钮，返回文档窗口，查看调整光源位置效果。

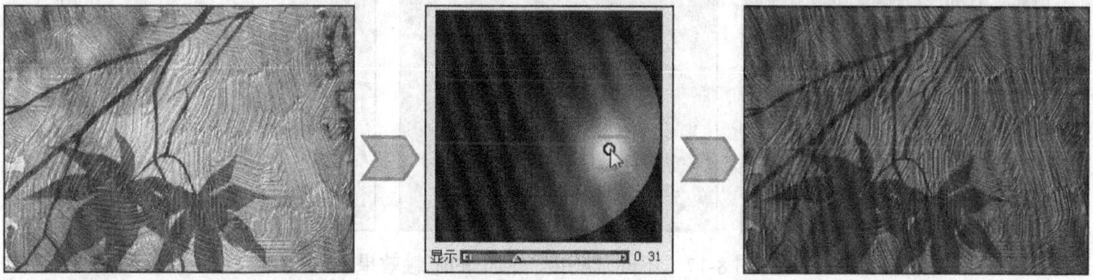

图 8-14　调整光源指示器

8.2.2 添加与删除光源

默认情况下，只在画面的左上角创建了一个白色的光源。如果系统内存允许，我们也可以增加尽可能多的光源。当在画面中添加多个光源后，每个光源都会与所有的“厚涂颜料”笔触相互作用，所以，不要设置会与构图颜色产生冲突的彩色光源，也不要设置会创建多余阴影的光源。另外，在添加光源后，如果对添加的光源不满意，也可以将其删除。

◆添加光源

执行“画布→表面光源”菜单，打开“表面光源”对话框，在对话框中单击光源球体，即可在鼠标单击位置添加一个新的光源并以小圆圈方式显示光源指示器，如图 8-15 所示。

◆删除光源

要删除光源球上的添加的光源，只需要在“表面光源”对话框中，单击选中要删除的光源指示器，然后按下【Delete】键即可删除光源，如图 8-16 所示。

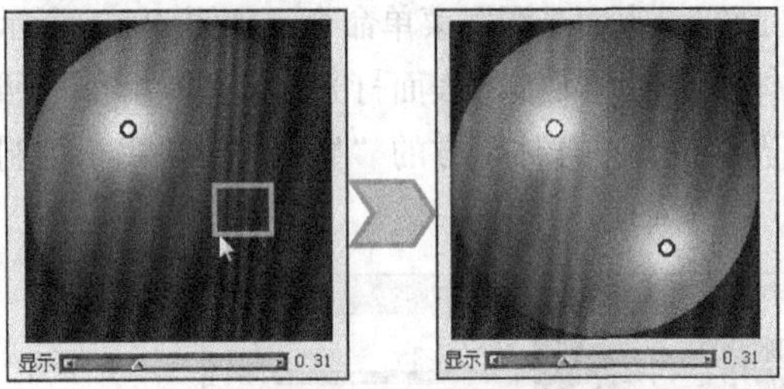

图 8-15　添加小光源

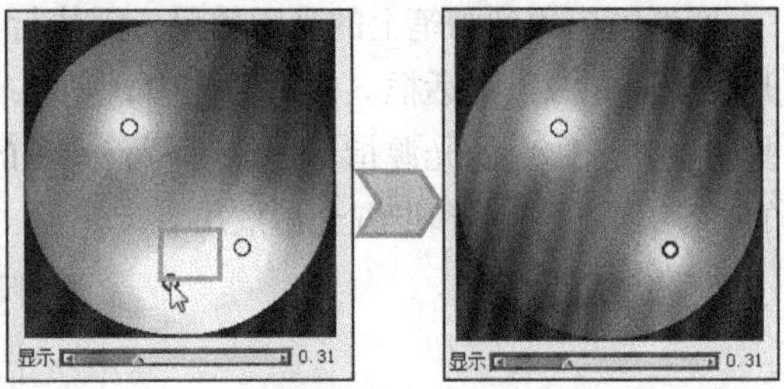

图 8-16　删除光源

8.2.3　设置光源的属性

使用“表面光源”对话框中的“光源控制”选项组可以设置光源的密集度和亮度。在“光源控制”选项组下包括了“亮度”“浓度”和“曝光”3 个选项滑块，其中，“亮度”选项滑块用于指示光源作用于整个光源色彩的光量，数值越大，光量越多，画面越明亮。如图 8-17 所示，分别展示不同“亮度”值下的笔触效果。

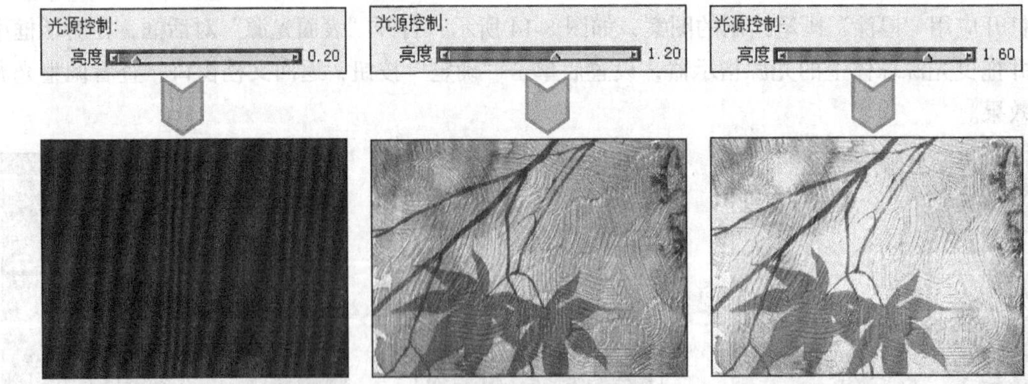

图 8-17　不同“亮度”值下的笔触效果

如图 8-18 所示，“浓度”选项滑块用于调整光源在表面的散布程度，设置的参数值越小，光散散布范围越宽，画面越亮；反之，设置的参数值越大，光源散布越小。

如图 8-19 所示，“曝光”选项滑块用于全局调整整体光源量，由最暗到最亮，设置的“曝光”值越小，画面越暗；反之，设置的“曝光”值越大，画面越亮。

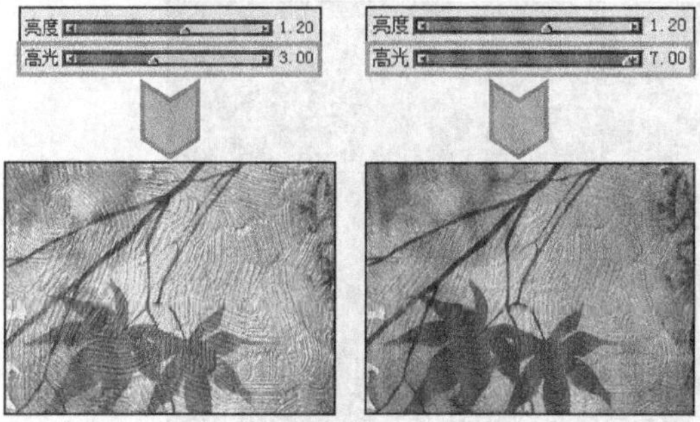

图 8-18　不同“浓度”值的效果

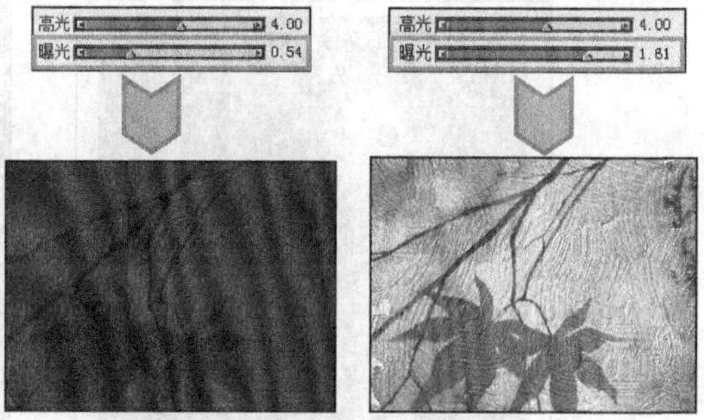

图 8-19　不同“曝光”值的效果

8.2.4　调整光源的颜色

默认情况下，照射到图像上的光源颜色为白色，但我们也可以根据图像需要对光源的颜色进行更改。如图 8-20 所示，在画面中应用“厚涂”画笔绘制图案，打开“表面光源”对话框，在对话框中单击需要更改颜色的一个光源指示器，单击“光源颜色”选项上的色块，打开“颜色”对话框，在对话框中单击或输入数值，设置光源颜色。

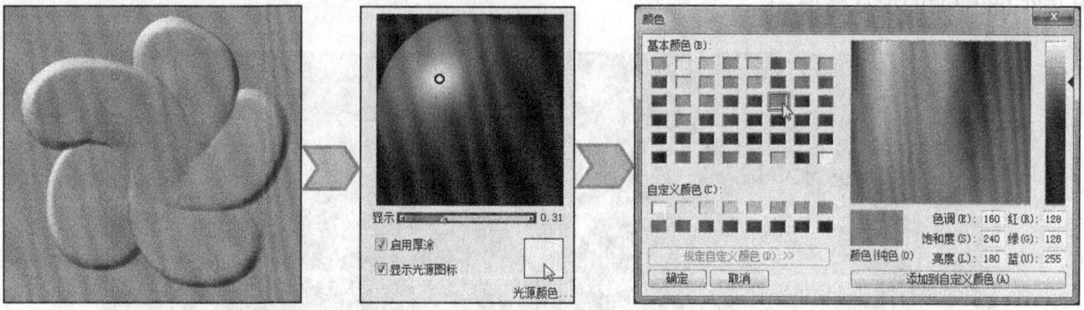

图 8-20　设置光源颜色

设置后单击“确定”按钮，返回“表面光源”对话框，在对话框中的“光泽颜色”选项上可看到更改后的颜色，如图 8-21 所示，单击“确定”按钮，即可完成光源颜色的设置。

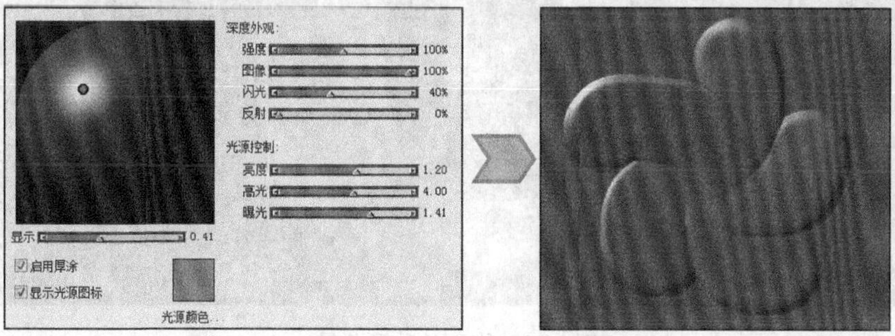

图 8-21　完成光源颜色设置

在“表面光源”对话框中不但可以利用“光源色彩”控制项来更改单个光源的颜色，还能同时对多个光源颜色进行调整。通过使用多重彩色光源与厚度相互作用，以生成不同纹理的效果，图 8-22 即为多种光源色混合时的笔触。

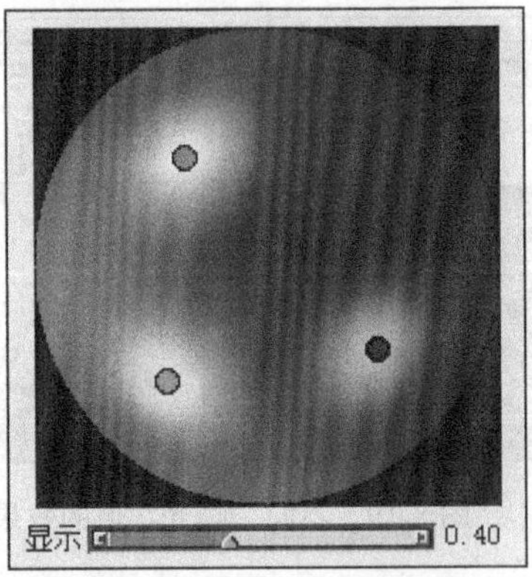

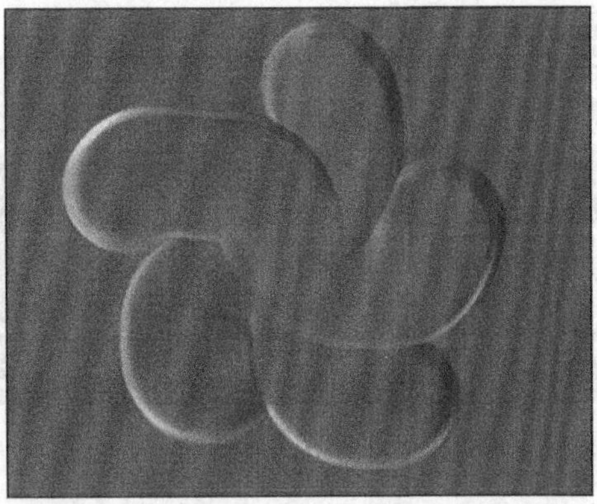

图 8-22　多种光源色混合时的笔触

8.3 课堂实训

绘制如图 8-23 所示的秋日美景为本节主要内容，其中，图 8-23 的源文件地址为：随书光盘\源文件\08\绚丽的秋日美景.rif。

图 8-23　绚丽的秋日美景

步骤 01：创建一个新的文档，单击工具箱中的“笔刷工具”按钮，在“画笔库”中单击“厚涂”画笔下的“厚涂油画笔”画笔变体，打开“厚涂”面板，单击“绘画到”下拉按钮，选择绘画方法为“颜色和深度”，如图 8-24 所示。

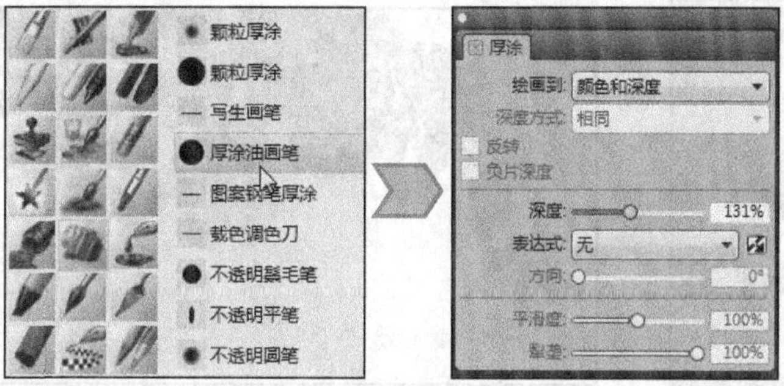

图 8-24 设置"厚涂"面板

步骤 02：打开"颜色变化"面板，在面板中选择色彩变化方式为"以渐变"，再打开"颜色"面板，在面板中将主要颜色"色调"设置为 0、"饱和度"为 229、"亮度"为 80、次要颜色"色调"为 5、"饱和度"为 232、"亮度"为 116，设置后在"颜色"面板中显示更改的颜色效果，如图 8-25 所示。

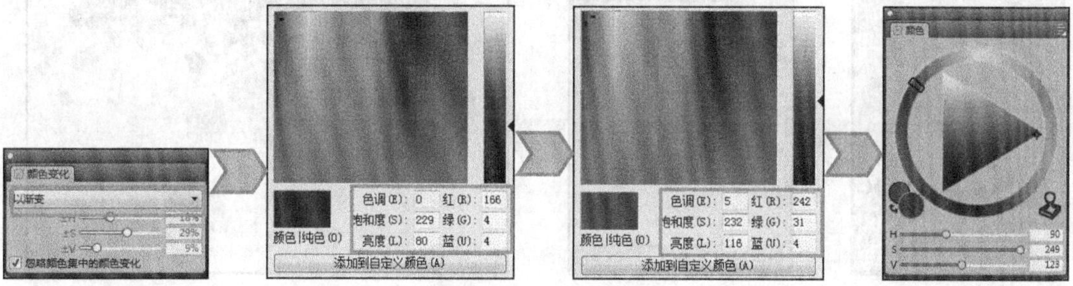

图 8-25 设置颜色

步骤 03：单击"图层"面板底部的"新建图层"按钮，新建图层并将新建的图层命名为"红叶"，将鼠标移至画面顶部，单击鼠标进行红色树叶的绘制，通过连续的单击涂抹，完成更多不同形状的叶子的绘制，如图 8-26 所示。

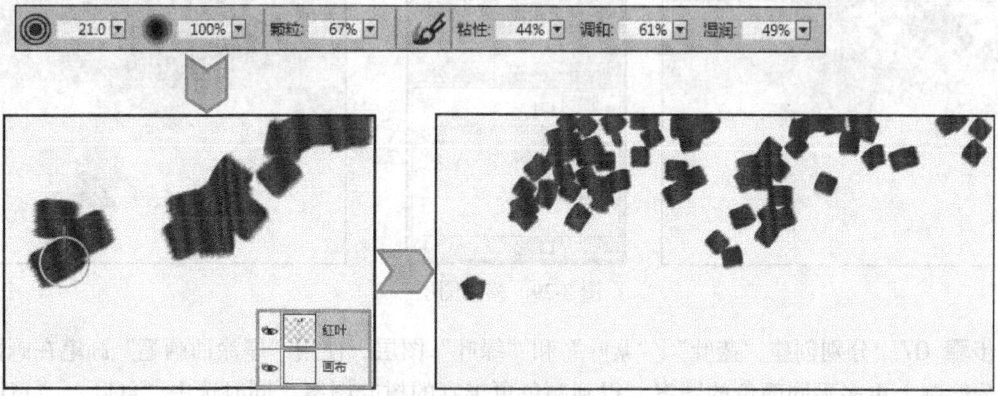

图 8-26 绘制叶子

步骤 04：打开"颜色"面板，在面板中将颜色设置为 H94、S353、V101，设置后选择"红叶"图层，继续使用"厚涂油画笔"在已绘制的红色树叶旁边绘制上橙色的树叶，如图 8-27 所示。

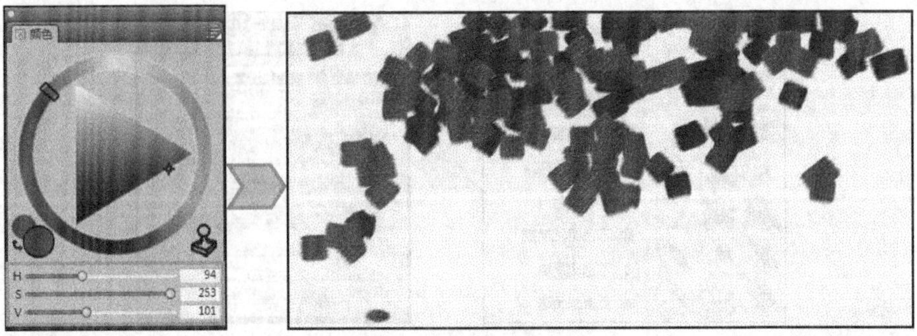

图 8-27　绘制橙色树叶

步骤 05：打开“颜色”面板，在面板中将颜色设置为 H116、S253、V108，单击“新建图层”按钮，新建“黄叶”图层，设置后选择“红叶”图层，继续使用“厚涂油画笔”在已绘制的红色树叶旁边绘制上黄色的树叶，如图 8-28 所示。

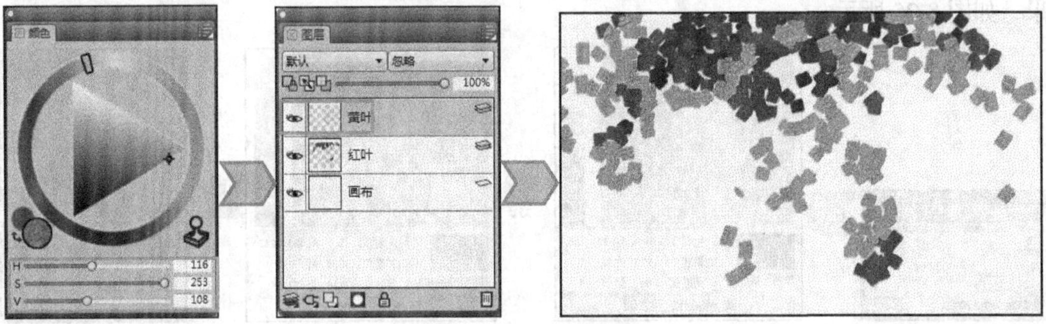

图 8-28　绘制黄色树叶

步骤 06：使用同样的方法调整颜色，使用“厚涂画笔”工具在画面中绘制更多明暗的黄色树叶，绘制后，选择“黄叶”图层，执行“图层→向下移一层”菜单命令，将“黄叶”图层移至“红叶”图层下方，如图 8-29 所示。

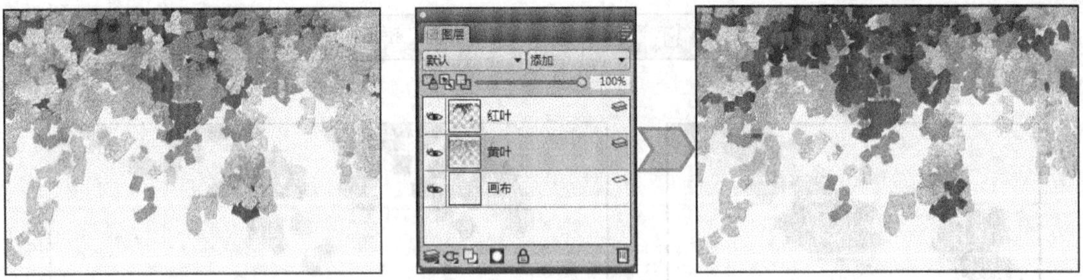

图 8-29　移动图层

步骤 07：分别创建“蓝叶”“紫叶”和“绿叶”图层，使用“厚涂油画笔”画笔在画面上半部分绘制上更多不同颜色的图案，得到颜色更丰富的树叶图案，同时选中“红叶”“黄叶”“蓝叶”“紫叶”和“绿叶”图层，执行“图层→群组图层”菜单命令，将图层编辑组，命名为“树叶”图层组，如图 8-30 所示。

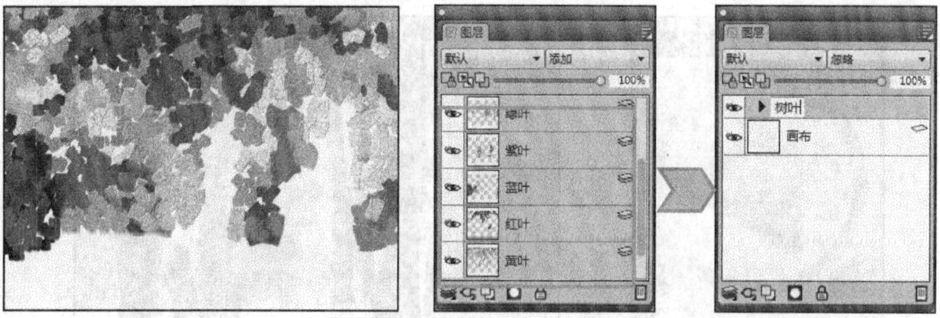

图 8-30 创建“树叶”图层组

步骤 08：选择“厚涂”中的“沾染厚涂”画笔变体，在“厚涂”面板中选择绘画到“颜色和深度”，调整下方的控制选项，打开“颜色”面板，将主要颜色设置为 H184、S255、V3，如图 8-31 所示。

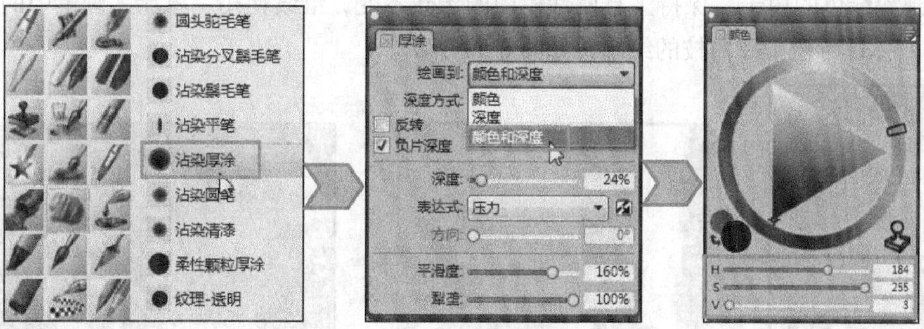

图 8-31 设置颜色

步骤 09：新建图层，命名为“树干”，在工具属性栏中调整工具选项，将鼠标移至树叶图像下方，单击并涂抹，进行树干的绘制，连续涂抹后得到不同粗细的树干效果，如图 8-32 所示。

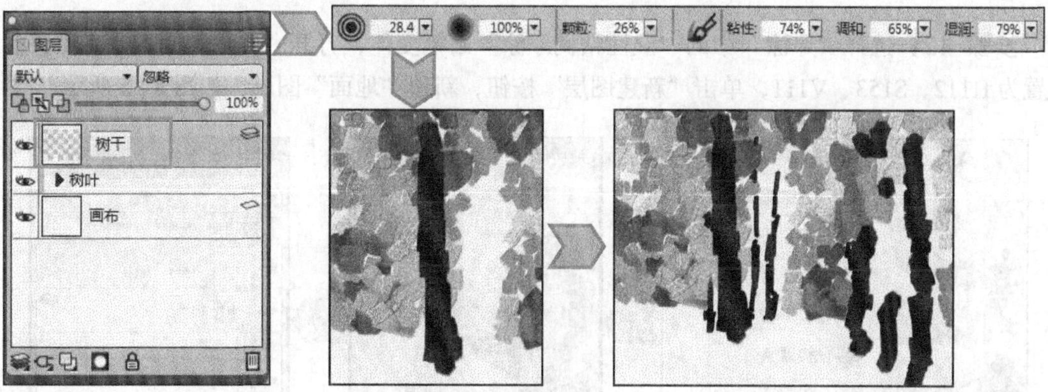

图 8-32 绘制树干

步骤 10：打开“颜色”面板，调整“颜色”面板中的色彩，输入颜色值为 H106、S223、V47，保持“笔刷工具”的设置不变，绘制深褐色的树干，在文档窗口中可以看到绘制的效果，如图 8-33 所示。

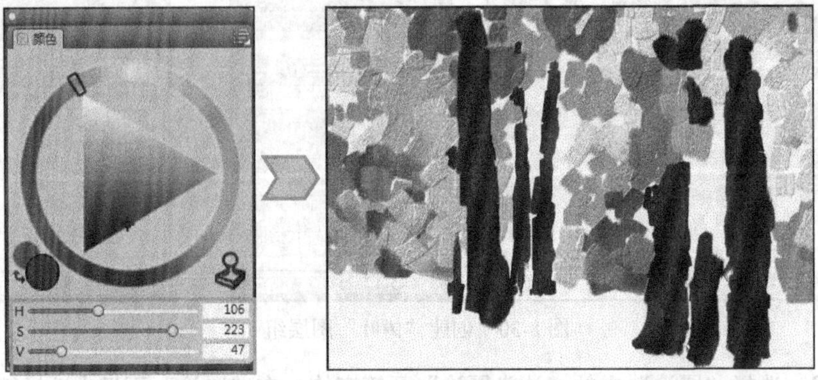

图 8-33　绘制深褐色树干

步骤 11：打开“颜色”面板，调整“颜色”面板中的色彩，输入颜色值为 H128、S44、V38，绘制深绿色的树干，保持工具属性栏中的参数不变，继续使用“厚涂”画笔中的“沾染厚涂”画笔变体进行树干和树枝的绘制，如图 8-34 所示。

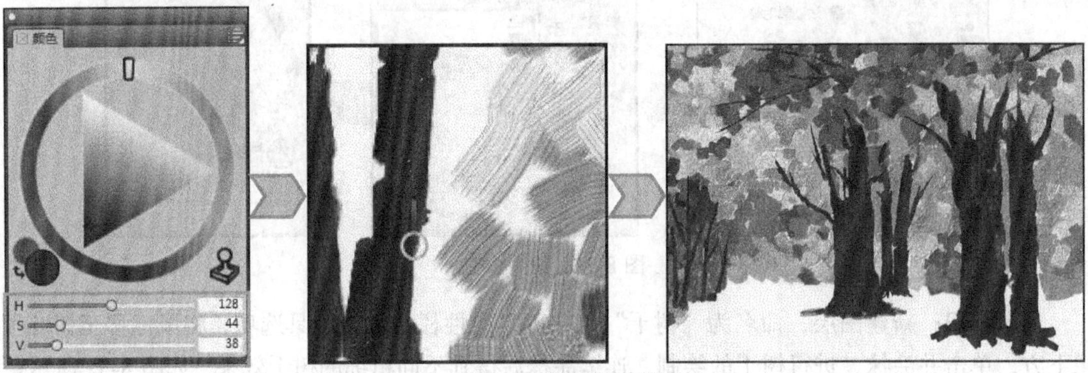

图 8-34　绘制深绿色树干

步骤 12：选择“厚涂”中的“湿性粘稠厚涂”画笔变体，打开“颜色”面板，将主要颜色设置为 H112、S153、V111，单击“新建图层”按钮，新建“地面”图层，如图 8-35 所示。

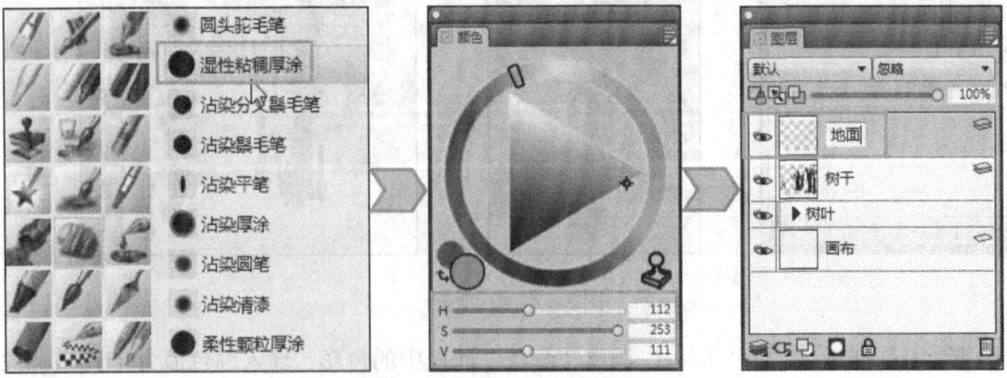

图 8-35　创建“地面”图层

步骤 13：在“厚涂”面板中选择绘画到“颜色和深度”，调整下方的控制选项，然后在属性栏中调整画笔的选项，使用设置好的画笔在图像下方的空白处单击并涂抹，绘制黄色地面，如图 8-36 所示。

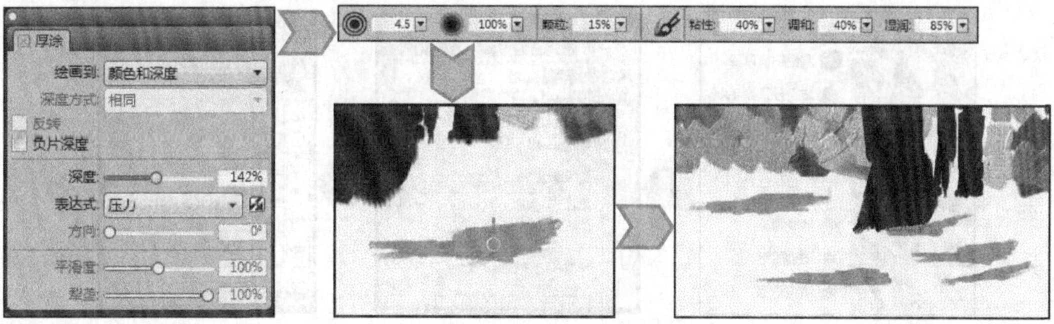

图 8-36　绘制黄色地面

步骤 14：打开“颜色”面板，调整“颜色”面板中的色彩，输入颜色值为 H238、S210、V85，绘制蓝色的地面，如图 8-37 所示。然后再打开“颜色”面板，调整“颜色”面板中的色彩，输入颜色值为 H85、S255、V73，绘制暗红色的地面，如图 8-38 所示。

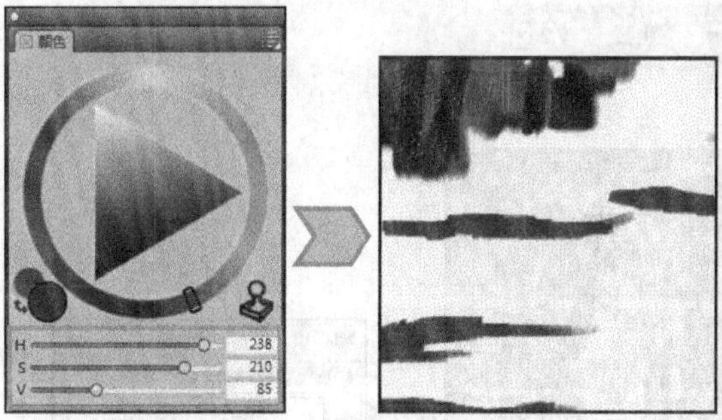

图 8-37　绘制蓝色地面

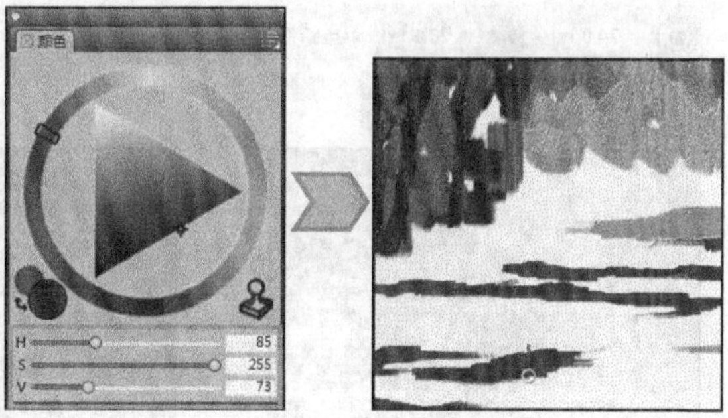

图 8-38　绘制红色地面

步骤 15：参考上一步中的绘制方法，使用“厚涂”画笔中的“湿性粘稠厚涂”画笔变体绘制出风景画中其余的地面区域，在文档窗口可以看到绘制的效果。为了显示更完整的树干效果，选择“地面”图层，执行“图层→向下移一层”菜单命令，将“地面”图层移至“树干”图层下方，如图 8-39 所示。

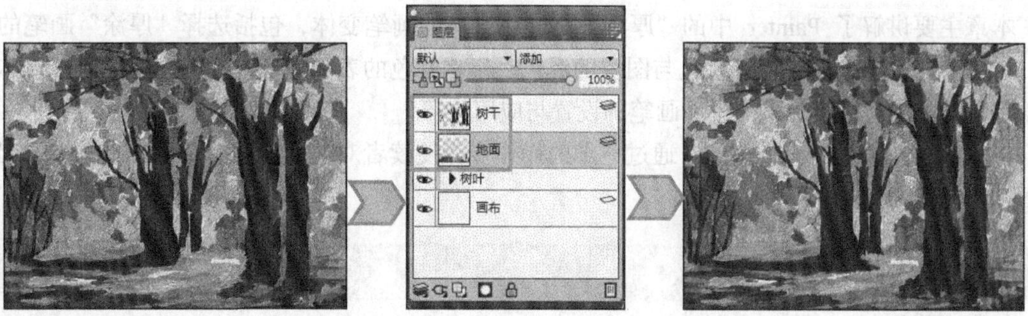

图 8-39　移动图层

步骤 16：为让增强油画纹理，选择“厚涂”中的“粗圆笔”画笔变体，在“厚涂”面板中选择绘画到“深度”，调整下方的控制选项，打开“图层”面板，单击“新建图层”按钮，新建图层并将其命名为“纹理”图层，如图 8-40 所示。

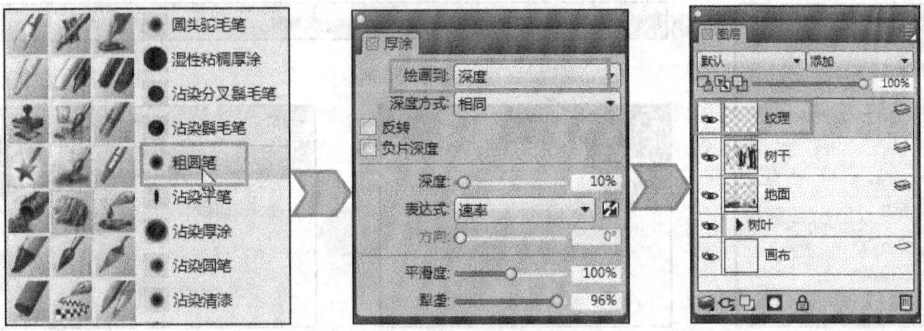

图 8-40　创建“纹理”图层

步骤 17：在工具属性栏中调整工具选项，然后在画面中单击并涂抹，涂抹后在图像窗口中查看效果，最后选择“纹理”图层，将图层的构图深度方式由默认的“添加”更改为“相减”，增强纹理质感，如图 8-41 所示。

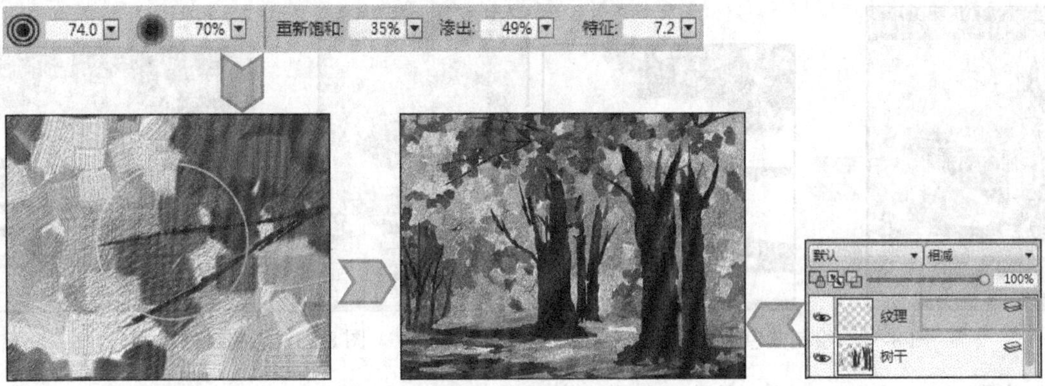

图 8-41　增强纹理质感

8.4　本章小结

本章主要讲解了 Painter 中的“厚涂”画笔和对应的画笔变体，包括选择“厚涂”画笔的选择、设置“厚涂”选项、控制颜色与图层的混色、影响颜色的表面光源设置等内容。通过对本章的学习，读者应能够熟练掌握厚涂画笔的设置与应用技巧。

在本章后面补充了一个案例，通过详细的操作步骤使读者对前面所学的知识进行总结，起到巩固知识的作用。

8.5　课后习题

本章主要学习“厚涂颜料”的绘画，通过本章内容大家知道了各种“厚涂”画笔变体的应用效果及相应设置方法。下面为了使读者能够掌握“厚涂颜料”绘画技巧，准备了一个关于绘制创意水彩画效果的习题（见图 8-42）。本习题的源文件的地址为：随书资源\课后习题\源文件\08\丰收的季节.rif。

图 8-42　丰收的季节

第 9 章

矢量绘图 «‹

本章学习重点

- 矢量图形的创建与编辑
- 掌握选区的编辑与调整技术
- 绘画作品中的文字处理

9.1 矢量图形

矢量图形由线条、曲线、对象和填色物组成。这些组成元素是以数学方式计算的。在 Painter 中使用矢量图形与在 CorelDRAW 和 Adobe Illustrator 等绘图软件中使用矢量对象相同，可以运用特定的矢量图形创建工具或菜单命令创建矢量图形，还可以对图形进行自由地编辑，获得更理想的画面效果。

9.1.1 创建矢量图形

Painter 中提供了多种创建矢量图形的工具，主要包括“矩形形状”工具、“椭圆形形状”工具、“钢笔工具”和“快速曲线”4 种，分别用于绘制矩形、圆形、不规则图形。使用矢量工具创建矢量图形时，Painter 会向其指定默认的笔触和填充属性。

单击工具箱中的“矩形形状”工具按钮，显示工具属性栏，如图 9-1 所示，在属性栏中设置选项再进行图形的绘制。

图 9-1 “矩形形状”工具属性栏

- 切换笔触颜色：单击“切换笔触颜色”按钮，将应用右侧选择的颜色切换轮廓线颜色。
- 选择笔触颜色：单击按钮或右下角的倒三角形按钮，在弹出的面板中可以重新设置轮廓线颜色。
- 切换填充颜色：单击“切换填充颜色”按钮，将应用右侧选择的颜色切换图形的填充颜色。
- 选择填充颜色：单击按钮或右下角的倒三角形按钮，在弹出的面板中可以重新设置图形填充颜色。
- 关闭形状：单击“关闭形状”按钮，可将开放矢量图形转换为闭合矢量图形，如图 9-2

所示为关闭形状和未关闭形状时的图形效果。

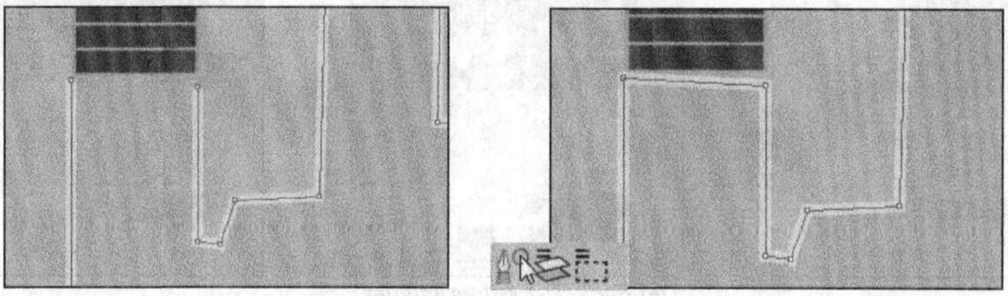

图 9-2 “关闭形状”按钮的影响

- 转换为普通图层：创建矢量图形后，单击“转换为普通图层”按钮可将矢量图形图层转换为普通图层。
- 转换为选区：单击“转换为选区”按钮，可将绘制或选中的矢量图形转换为选区。
- 设置形状属性：单击按钮，会弹出“设置形状属性”对话框。在对话框中可以设置矢量图形的描边和填充属性，如图 9-3 所示。

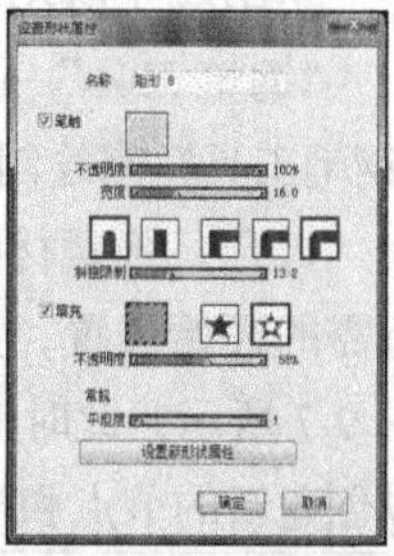

图 9-3 “设置形状属性”对话框

◆创建矩形

使用“矩形形状”工具能够创建矩形图形。单击工具箱中的“矩形形状”工具按钮，然后在图像中单击并拖曳鼠标即可绘制任意大小的矩形。使用“矩形形状”工具绘制图形时，按住【Shift】键的同时进行绘制，可以得到正方形效果。

打开一张素材图像，选择“矩形形状”工具，在属性栏中设置笔触颜色为“深黄色”，填充颜色为“翡翠”，在画面中间位置单击并拖曳光标，绘制一个矩形图形，如图 9-4 所示。

图 9-4 绘制矩形图案

◆创建椭圆形

使用“椭圆工具”可以绘制椭圆形图形。按下工具箱中的“矩形形状”工具按钮不放，在弹出菜单中单击“椭圆形形状”工具，然后在图像中单击并拖曳鼠标即可绘制任意椭圆。使用“椭圆形形状”工具绘制图形时，按住【Shift】键的同时进行绘制，可以得到正圆形效果。

打开一张素材图像，选择“椭圆形形状”工具，在属性栏中设置笔触颜色为“印度黄色”，填充颜色为“钛白色”，在画面中间位置单击并拖曳光标，绘制一个椭圆形图案，如图 9-5 所示。

图 9-5　绘制椭圆形图案

◆**创建不规则矢量图形**

“钢笔工具”是创建矢量图形最为常用的工具，其使用贝塞尔线创建矢量图形。可以使用“钢笔工具”来绘制直线或平滑曲线，也可以创建包含任何直线和曲线混合的矢量图形。

打开一张素材图像，单击工具箱中的“钢笔工具”按钮，将鼠标鼠标文档窗口中，单击所需的开始位置，如图 9-6 所示，如果要绘制一条直线线段，则单击所需的线段结束位置，如图 9-7 所示，此时 Painter 会在两个节点之间绘制一条直线；如果要制作曲线线段，则单击并拖曳以创建新的节点和控制线，如图 9-8 所示。

图 9-6　打开图像

图 9-7　绘制直线线段

图 9-8　绘制曲线线段

重点技法提示

使用“钢笔工具”绘制曲线时，控制线的角度和长度决定路径的弯曲度，拖得越远，控制线就越长，曲线弯曲越深。

“快速曲线”可以如同画笔在画布上画图一样自由绘制路径线条，而不需要定义锚点位置，系统会根据路径自动添加锚点。

打开一张素材图像，按下工具箱中的“钢笔工具”不放，在弹出的隐藏工具中单击选择“快速曲线”工具，在画面中需要绘制图形的位置单击并拖曳鼠标，绘制矢量图形，如图 9-9 所示。

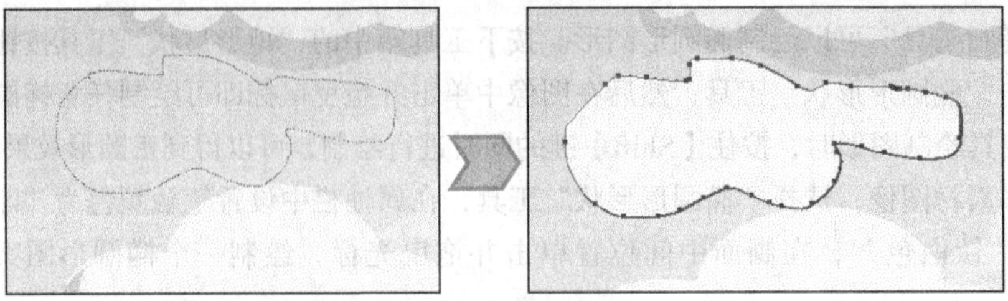

图 9-9　绘制矢量图形

◆**从选区创建矢量图形**

Painter 不仅可以用矢量图形工具创建矢量图形，也可以从选区中创建矢量图形。打开一张素材图像，使用“魔棒工具”在图像中单击以创建选区，创建选区以后执行“选择→转换为形状”菜单命令，即可将创建的选区转换为矢量图形，如图 9-10 所示。

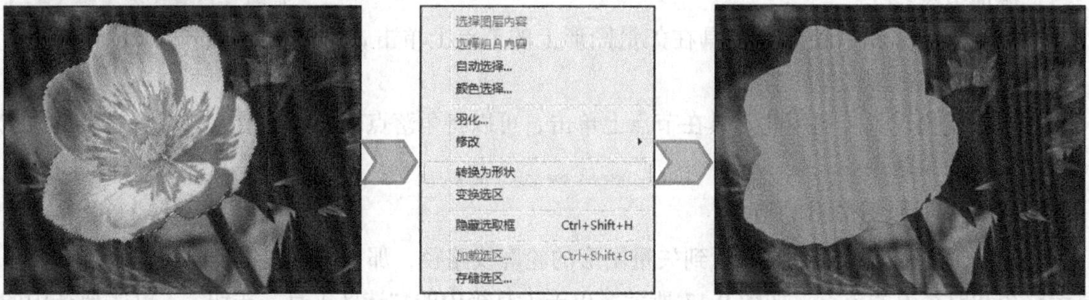

图 9-10　在选区中创建矢量图形

在 Painter 中的“选区库”中存储了许多简单的小图形，执行“窗口→媒材材质库面板→选择区”菜单命令，即可打开“选区库”面板，在面板中双击选区库中的图形即可在图像中创建对应的图形选区，再通过执行“选择→转换为形状”菜单命令，即可将这些选区转换为矢量图形。

打开“选区库”面板，双击“选区库”下的“思想泡沫”选区，如图 9-11 所示，在图像窗口中可以看到创建的选区效果，执行“选择→转换为形状”菜单命令，将选区创建为矢量图形，并在“图层”中创建相应的形状图层，使用“图层调整工具”可以对图层中的矢量图的位置做调整。

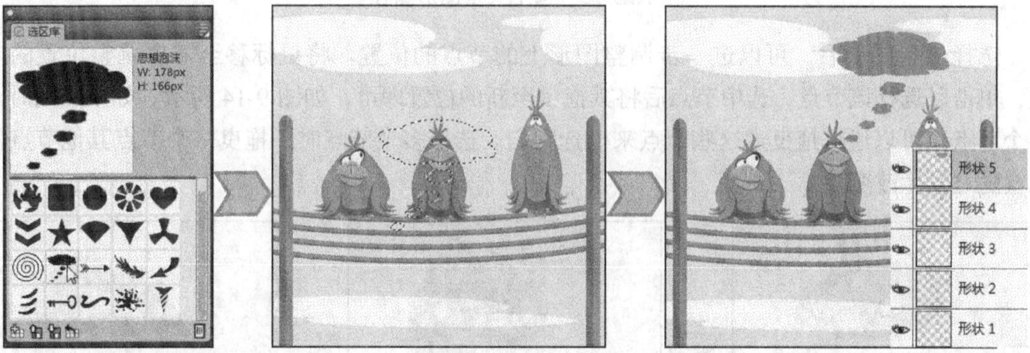

图 9-11　从“选区库”中选取图形创建矢量图形

9.1.2　编辑矢量图形

创建矢量图形后，为了让图形更完美，可以做进一步编辑。Painter 中包括了 5 个矢量图形编辑工具，分别为“选区工具”“剪刀工具”“添加节点工具”“删除节点工具”和“节点变换工具”。按住工具箱中的“矢量图形选择工具”图标不放，会弹出隐藏的矢量图形编辑工具，如图 9-12 所示。

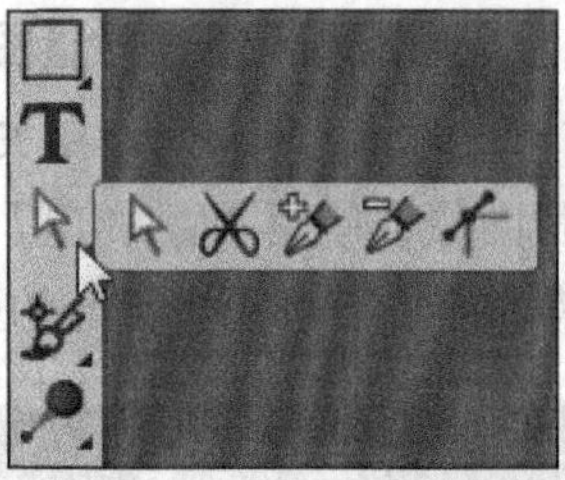

图 9-12　矢量图形编辑工具

- 选区工具：用于拖曳矢量图形上的节点和控制点。
- 剪刀工具：使用此工具在矢量图形上单击，可以从单击的节点处剪断线段。
- 添加节点工具：使用此工具可以在曲线或直线上的任意位置添加节点。
- 删除节点工具：使用此工具在矢量图形上的节点上单击，可以删除鼠标单击处的节点。
- 节点变换工具：运用此工具在节点上单击，可以将角落点转换为平滑点，或者是将平滑点转换为角落点。

◆选择图形和图形上的节点

创建矢量图形后，如果没有看到矢量图形的轮廓线路径，那么需要在编辑前将路径选中，以显示路径和路径上的节点。如图 9-13 所示，单击工具箱中的“选区工具”按钮，在需要选中的矢量图形上单击，即可将单击的路径选中，如果需要同时选择多个矢量图形，则按住【Shift】键不放，依次单击图形即可。

图 9-13　选中矢量图形路径

选择矢量图形后，可以进一步调整图形上的节点的位置。将鼠标移至需要调整位置的节点上，单击以选择该节点，选中节点后将其拖曳至新的位置即可，如图 9-14 所示。如果要同时选择多个节点，可以通过拖曳过这些节点来框选它们。选择多个节点时，拖曳一个节点其他节点位置也会随之发生改变。

图 9-14　调整节点位置

◆添加/删除图形上的节点

对于创建的矢量图形，可以使用“添加节点工具”来添加节点以创建新的顶点或曲线，也可以使用“删除节点工具”删除图形上的节点以更改矢量图形，或使有不必要节点的轮廓变得更为平滑。

选中需要添加或删除节点的矢量图层，选择工具箱中的“添加节点工具”，将鼠标移至要添加节点的位置，单击鼠标添加节点，如图 9-15 所示。

图 9-15　添加节点

如果需要删除节点，选择工具箱中的“删除节点工具”，将鼠标移至要添加需要删除的节点位置，单击鼠标删除节点，如图 9-16 所示。删除节点后，Painter 会根据矢量图形上剩下的节点自动调整矢量图形的轮廓。

图 9-16　删除节点

◆转换图形上的节点

矢量图形上的节点分为平滑点和角落点，可以使用“节点变换工具”在平滑点和角落点之间自由的转换。如图 9-17 所示，用“选区工具”单击矢量图形上的节点，将该节点选中，选择“节点变换工具”，在节点位置单击将原来的角落点转换为了平滑点。

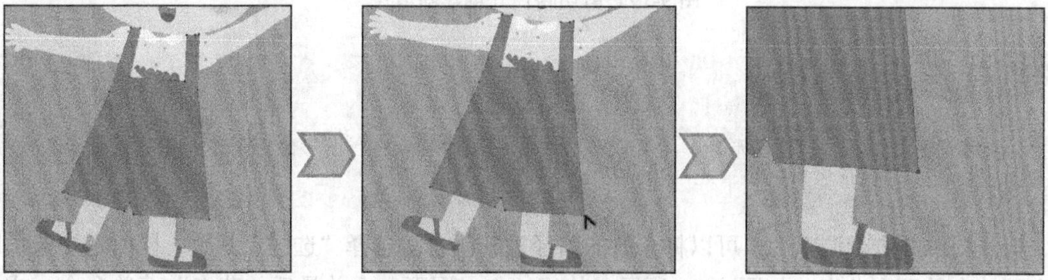

图 9-17　角落点转换为平滑点

转换为平滑点以后，可以再使用“选区工具”进一步的调整曲线。从工具箱中选择“选区工具”或单击属性栏中的“选区工具”按钮，选择工具，单击选中转换后的平滑点以显示切点旁边的控制线控制点，更改曲线形态，如图 9-18 所示。

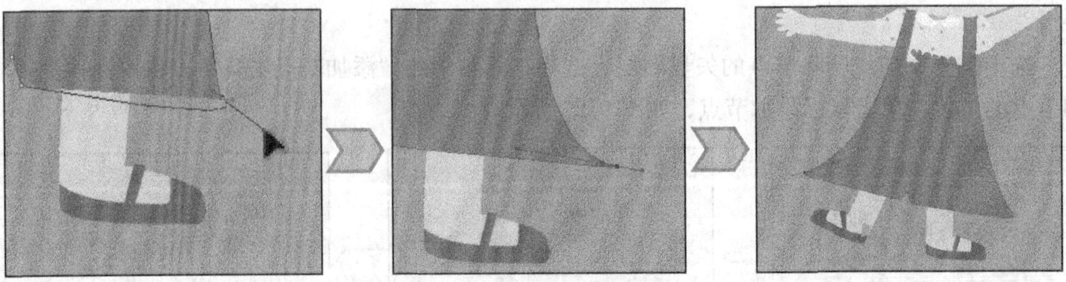

图 9-18　更改曲线形态

重点技法提示

转换节点后，如果路径节点旁边未显示控制线，需要在该节点上拖动以显示控制线，或者是再次使用“节点变换工具”单击图形上的节点调出控制线。

◆剪切和结合矢量图形线段

Painter 中可以将封闭的矢量图形转换为开放矢量图形以便于向图形添加新曲线或连续另一开放矢量图形。除此之外，我们也可以连接同一个矢量图形或不同矢量图形的任意两个端点等，闭合某一开放矢量图形，或将一个矢量图形连接至另一个矢量图形。

选择要剪切的矢量图形，单击工具箱中的“剪刀工具”按钮，将鼠标移至需要剪切的矢量图形位置，单击鼠标即可剪断路径，并创建两个新的路径节点，如图 9-19 所示，此时可以用“选区工具”拖曳新创建的节点，调整节点的位置。

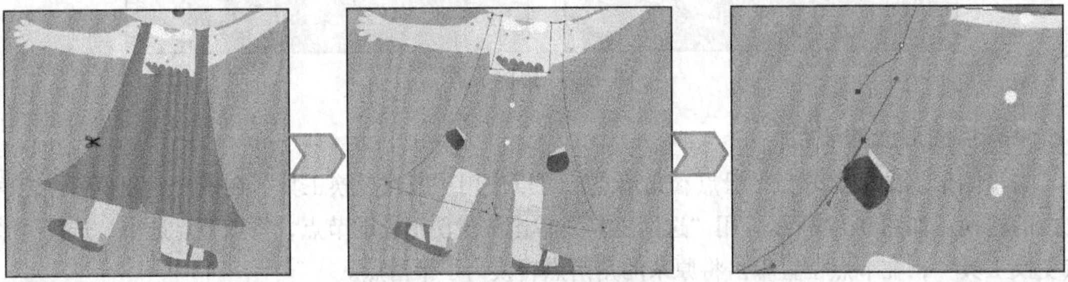

图 9-19　剪切路径并创建新节点

重点技法提示

使用“剪刀工具”剪切图形时，不可以单击矢量图形的端点进行图形的剪切，而应将其置于线条上再单击。

剪开图形并进行调整后，可以将开放的路径重新闭合。选择“选区工具”，同时选中矢量图形上要结合的两个节点，如图 9-20 所示。执行“矢量图形→合并最后的节点”菜单命令，或单击属性栏中的“关闭形状”按钮，连接两个节点并在两个节点之间创建一条直线，如图 9-21 所示。

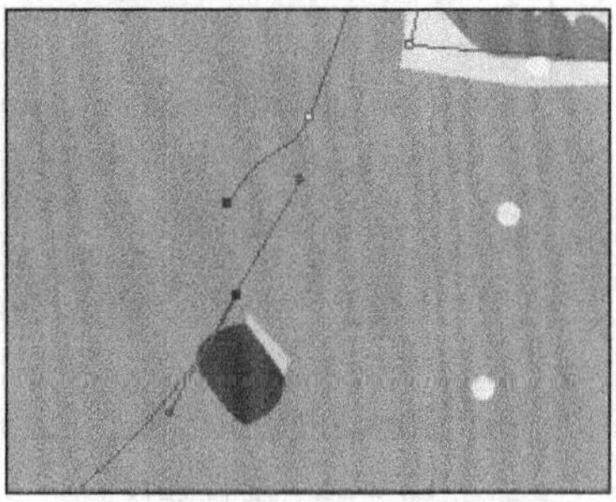

图 9-20　选中要结合的节点

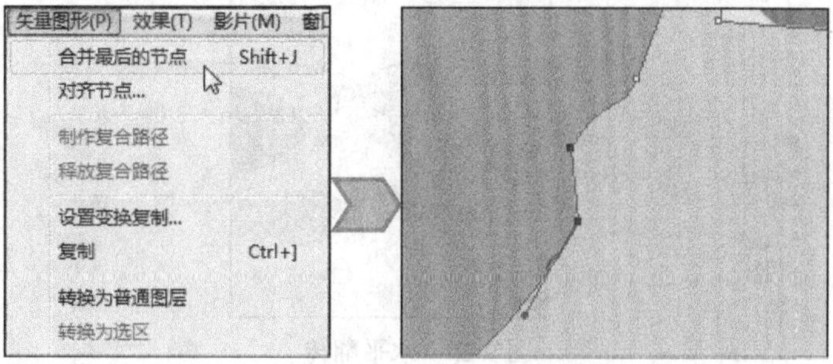

图 9-21　结合两个节点

9.1.3　转换矢量图形

Corel Painter 中不但可以编辑矢量图形上的节点和曲线以更改图形的外观，还可以转换矢量图形、调整矢量图像的大小、角度等，同时还能利用复制功能创建多个相同的矢量图形等。

◆缩放、旋转和外斜图形

Painter 可让应用“图层调整工具”“自由变换”和“变形”命令等多种方式操控和修改矢量图形。使用“图层调整工具”转换矢量图形时会保留矢量图形图层，用户可以再用路径编辑工具对图形的外形加以更改，而使用“自由变换”命令和“变换”命令变形图形时，则会将矢量图形图层转换为普通图像图层。

选择工具箱中的“图层调整工具”，单击选中要调整大小的矢量图形或组，此时选区矩形显示在矢量图形周围，并在其每一个角和每一条上都有一个控制点，将鼠标移至其中一个控制点处，单击并拖曳即可改变所选矢量图形的大小，如图 9-22 所示；如果需要旋转矢量图形，按住【Ctrl】键不放，然后拖曳角落控制点，如图 9-23 所示；如果需要歪斜单个矢量图形或一组矢量图形，按住【Ctrl】键不放，然后拖动中间的控制点，如图 9-24 所示。

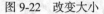

图 9-22　改变大小

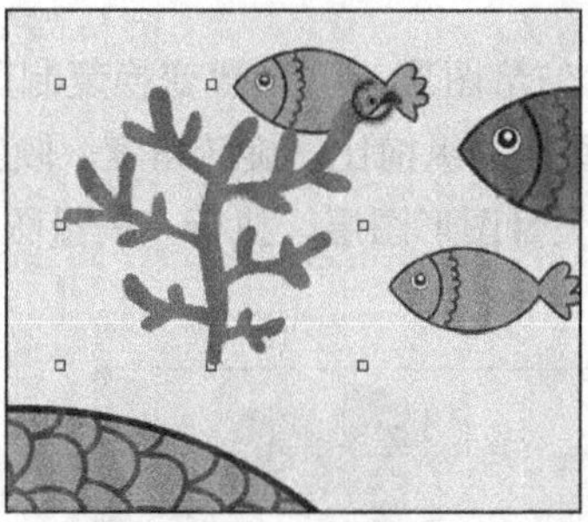

图 9-23　旋转图形

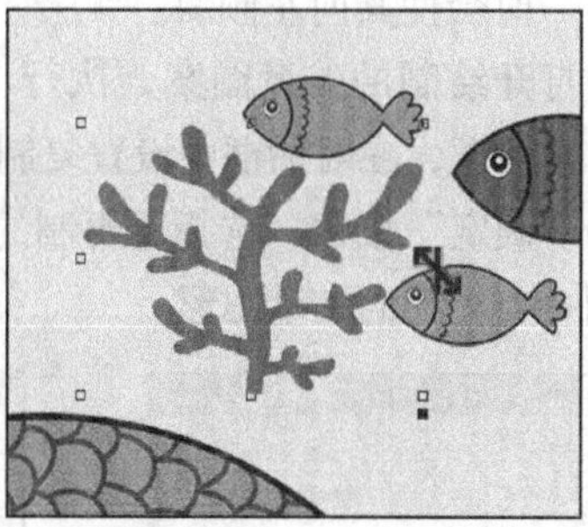

图 9-24　歪斜图形

如果需要等比例调整图形的大小，可按住【Shift】键不放，单击并拖曳控制点，缩放图形。

◆缩放、旋转和外斜图形

Painter 不但可以缩放和旋转矢量图像，还可以对图形进行翻转操作。如果要水平翻转矢量图形，则需在选中矢量图形后执行“编辑→水平翻转”菜单命令，如图 9-25 所示。如要想垂直翻转图形，则执行“编辑→垂直翻转”菜单命令，如图 9-26 所示。

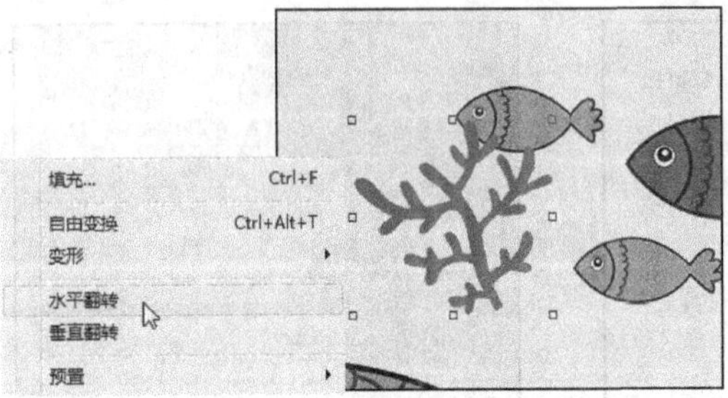

图 9-25　水平翻转

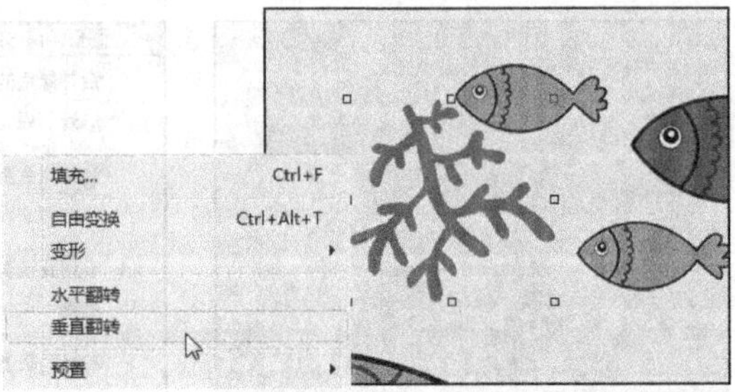

图 9-26　垂直翻转

◆创建变形再制品

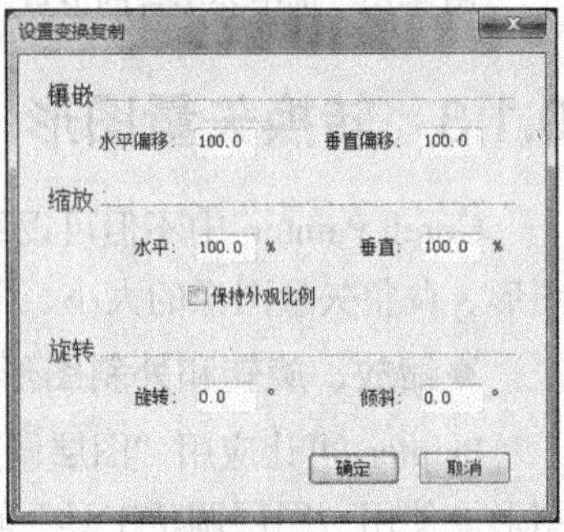

图 9-27　“设置变换复制”对话框

使用矢量绘图工具绘制图案时，如果需要绘制相同的矢量图形，可以使用“复制”功能完成。复制图形操作会为所选矢量图形创建一个相同的副本，而复制图形的大小、位置等都是依据“设置变换复制”对话框中所设置的选项所决定的。执行“矢量图形→“设置变换复制”菜单命令，打开“设置变换复制”对话框，如图 9-27 所示。

- 镶嵌：控制 Corel Painter 依照原始矢量图形创建的复制矢量图形的位置。它以像素为单位。
- 缩放：控制复制对象相较于原始矢量图形的大小。
- 保持外观比例：勾选“保持外观比例”复选框时，在复制图像时会保持矢量图形的纵横比不变。
- 旋转：用于指定复制的图形的旋转角度，输入正值逆时针旋转并复制图形，输入负值顺时针旋转并复制图形。
- 倾斜：用于控制复制的图形的倾斜角度，输入正值时会使复制的图形向右倾斜，输入负值时会使其向左倾斜。

打开绘制的矢量图案，执行“矢量图形→“设置变换复制”菜单命令，打开“设置变换复制”对话框，在对话框中设置复制图形的纵横比、旋转角度、倾斜角度，如图 9-28 所示，设置后单击“确定”按钮，选择要再制的矢量图形图层，执行“矢量图形→复制”菜单命令，以创建并复制一个相同的矢量图形。

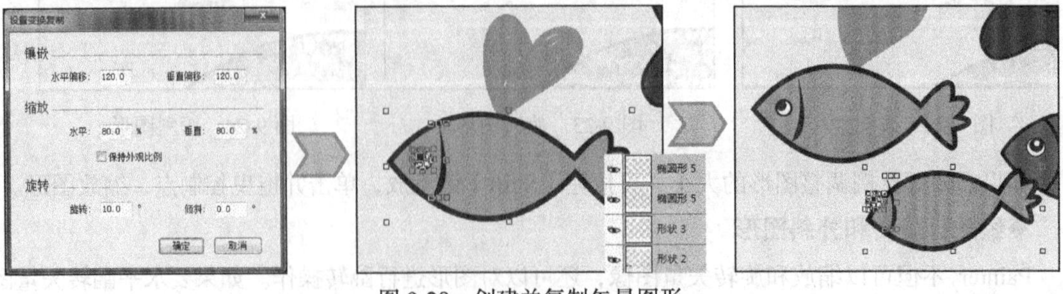

图 9-28　创建并复制矢量图形

9.1.4　混合及调和矢量图形

当画面中绘制了多个矢量图形时，为了达到某些特定的效果，我们会对矢量图形进行混合或是调和。混合两个或多个矢量图形可以得到复合矢量图形，而调和单个矢量图形或矢量图形组，则会创建从一个矢量图形到另一个矢量图形的渐变。

◆混合矢量图形

应用“制作复合路径”菜单命令可以混合矢量图形，即将两个矢量图形构建成一个矢量图形。它主要用于使用一个矢量图形在另一个矢量图形上剪出一个空白区域。混合矢量图形后，新生成的矢量图形会采用顶层图层的矢量图形属性。如果对该矢量图形填色，任何重叠区域都不会被填色。

选择“选区工具”，按住【Shift】键并选择两个矢量图形，或拖曳鼠标框选要混合的两个矢量图形，执行“矢量图形→制作复合路径”菜单命令，混合矢量图形，如图 9-29 所示。

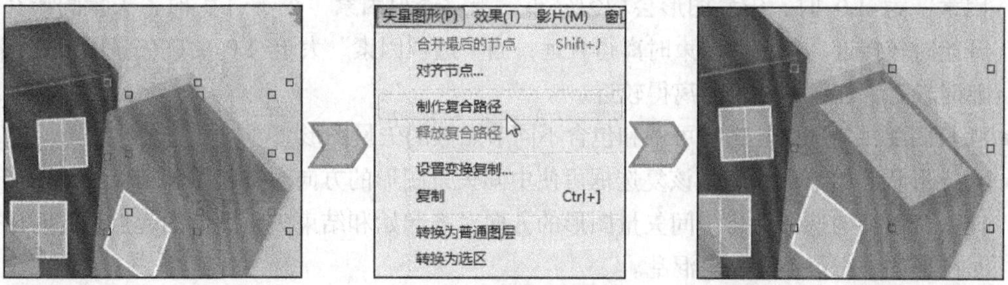

图 9-29　混合矢量图形

混合矢量图形后，可以释放混合矢量图形。这会将该混合矢量图形恢复为原始矢量图形。选中混合的矢量图层，执行“矢量图层→释放复合路径”菜单命令即可完成操作，如图 9-30 所示。

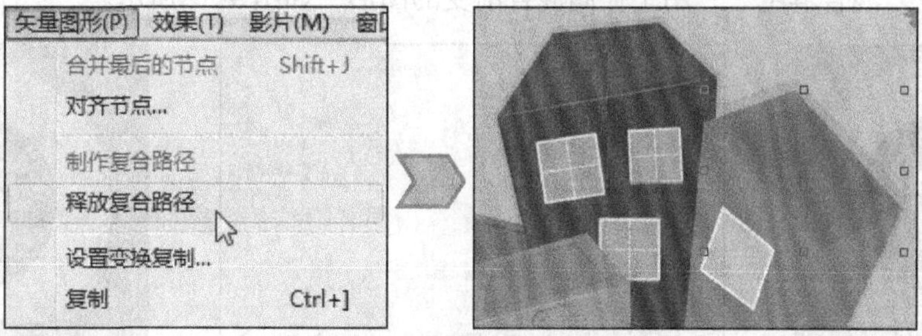

图 9-30　恢复原始矢量图形

◆调和矢量图形

调和可在两个或多个所选矢量图形之间创建中间矢量图形。这对于将一个矢量图形渐变成另一个矢量图形非常有用。通过调和矢量图形也可在不规则的矢量图形上创建仿真阴影效果。Painter 中可以将一个矢量图形组和另一个组调和在一起，但不能将单个矢量图形和一个组调和在一起，也不能从较低的图层渐进至较高的图层。创建调和图形效果由“混色”对话框中设置的选项所决定。执行“矢量图形→调和”菜单命令，即可打开“混色”对话框，如图 9-31 所示。

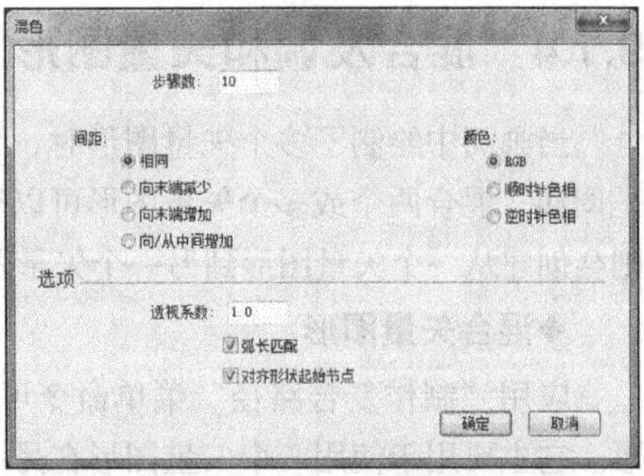

图 9-31 “混色”对话框

- 间距：用于设置调和图形之间的距离，单击“相同”单选按钮，调和矢量图形会均匀分布；单击“向末端减少”单选按钮，间距顺着调和末端方向由宽至窄；单击“向末端增加”单选按钮，间距顺着调和末端方向由窄至宽；单击“向/从中间增加”单选按钮，间距从中间至两端由宽至窄。
- 颜色：设置调和图形的颜色过渡方式，单击“RGB”单选按钮，将使颜色在调和过程中直接渐变；单击“顺时针色相”单选按钮，将使颜色按色相环顺时针渐变至目标颜色；单击“逆时针色相”单选按钮，将使颜色按色相环逆时针渐变至目标颜色。
- 透视系数：用于控制中间矢量图形的间距，可输入 0.01 和 100 之间的任意值，当“透视因素”为 1.0 时，矢量图形会均匀分布；当“透视因素”小于 1.0 时，矢量图形在调和开始时较接近，在调和结束时离得较远；当“透视因素”大于 1.0 时，矢量图形在调和开始时较远，在调和结束时离得较近。
- 弧长匹配：勾选此复选框可调和包含不同节点数的矢量图形。
- 对齐形状起始节点：勾选该复选框可使中间矢量图形的方向对齐起始和结束矢量图形的方向；若取消勾选，会将中间矢量图形的方向对齐起始和结束矢量图形的起点，此时中间矢量图形的外观可能会显得混乱。

调和矢量图形前，从工具箱中选择“图层调整工具”，在“图层”面板中按住【Shift】键不放，单击选择要调和的矢量图形图层，执行“矢量图形→调和”菜单命令，打开“调和”对话框，在对话框中设置选项，单击“确定”按钮，调和矢量图形，调整矢量图形后，在“图层”面板中将创建一个“混合群组”，用于存储混合渐变的图形，如图 9-32 所示。

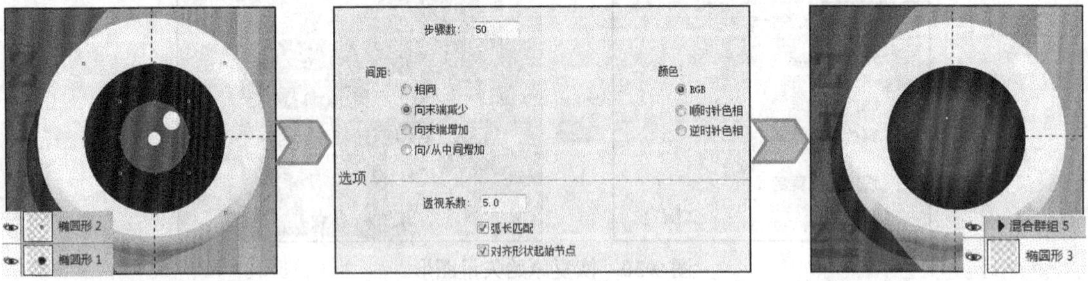

图 9-32 创建“混合群组”

9.2 选区的编辑

选区会指定想要更改的区域，或保护不想更改的区域。Painter 包含各种可以划分出画布区域以进行特殊处理的选区工具，使用这些工具可以完成特殊区域的编辑，使图像的绘制与编辑更为准确。

9.2.1　创建和保存选区

Painter 提供了多种工具和命令，用于在文档中创建选区。常用的选区创建工具包括“矩形选区工具”“圆形选区工具”“套索工具”“多边形选择区”“魔棒工具”及“颜色选择”等。每当应用工具或命令创建选区时，Painter 会禁用先前的选区。

◆使用“矩形选区工具”创建矩形或方形选区

“矩形选区工具”可以通过拖曳鼠标来创建圆形或椭圆形的选区。单击工具箱中的“矩形选区工具”按钮，即可选择“矩形选区工具”，选择该工具后在属性栏中可以看到如图 9-33 所示的选项。

- 新建选区：单击“新建选区”按钮，可以用“矩形选区工具”在画面中创建新的矩形选区，如图 9-34 所示。

图 9-33　“矩形选区工具”属性栏

- 添加选区：单击“添加选区”按钮，在画面中创建选区时，可将后建立的选区与原选区相加，如图 9-35 所示。
- 自动区移除：单击“自动区移除”按钮，在画面中创建选区时，可在原选区中减去新选区，如图 9-36 所示。

图 9-34　新建选区

图 9-35　添加选区

图 9-36　移除选项

- 转换为形状：使用工具在画面中创建选区后，单击“转换为形状”按钮，可以将当前创建的选区转换为矢量图形。

打开一张需要创建选区的素材图像，选择“矩形选区工具”，将鼠标移至图像中间位置，单击并拖曳鼠标，当拖曳至合适的大小后，释放鼠标即可得以一个矩形的选区，如图 9-37 所示。

图 9-37　创建矩形选区

◆使用“圆形选区工具”创建圆形或椭圆形选区

“圆形选区工具”可以通过拖曳鼠标来创建圆形或椭圆形的选区。按下工具箱中的“矩形选区工具”按钮不放，在弹出的隐藏工具中即可选择“圆形选区工具”。使用“圆形选区工具”创建选区时，按住【Shift】键的同时，单击并拖曳，可创建方形选区。

打开一张素材图像，单击工具箱中的“圆形选区工具”按钮，将鼠标移至需要创建圆形选区的位置，单击并拖曳鼠标，当拖曳至合适的大小后，释放鼠标创建圆形选区，如图 9-38 所示。

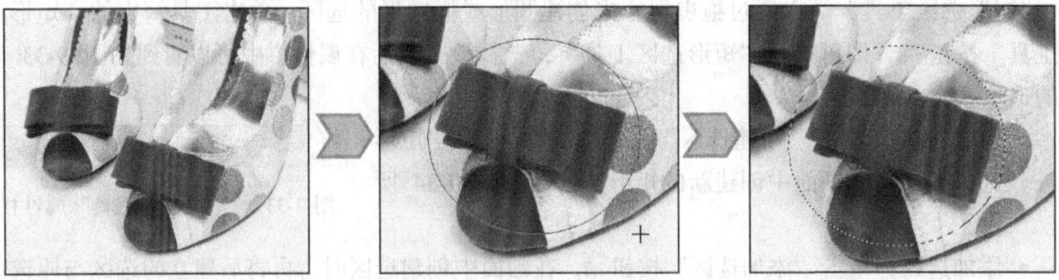

图 9-38　创建圆形选区

◆应用“魔棒工具”创建像素式选区

“魔术工具”可以通过单击鼠标来快速创建像素式选区，其根据图像中颜色的相似度来选择图像。应用“魔棒工具”选择图像时，可以调整属性控制颜色的选择范围，并且可以选择只包括相近的一种或多种颜色等。单击工具箱中的“魔棒工具”按钮，即可选择“魔棒工具”，在属性栏中可以看到如图 9-39 所示的设置。

图 9-39　“魔棒工具”属性栏

- 重置工具：单击“重置工具”按钮，可以将属性栏中的选项恢复为默认设置。
- 容差：控制所选颜色所允许的变化量，选区的默认“容差”值为 32，可输入的范围为 0 ~ 255 的整数。设置的参数越大，选取的范围就越大。
- 邻近的：单击“邻近的”按钮可使用相邻像素创建选区。
- 变换选区：单击“变换选区”按钮会在选区四周显示编辑框，可以对创建的选区进行缩放、旋转等。

打开一张素材图像，选择“魔棒工具”，将鼠标移至需要选择的图像位置，单击鼠标即可创建选区。如果需要扩大选择范围，单击“添加选区”按钮，运用鼠标在图像中继续单击操作，扩大选择范围选择图像，如图 9-40 所示。

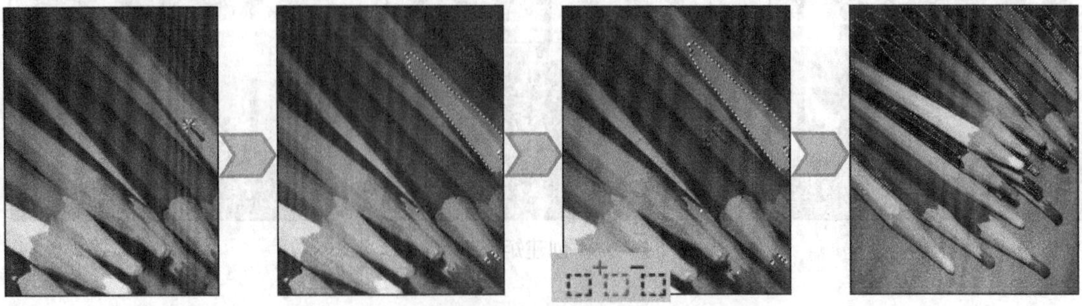

图 9-40　使用“魔棒工具”创建多个选区

◆使用“套索工具”创建不规则选区

“套索工具”可以通过拖曳鼠标并移动位置，在图像或某个图层中自由地绘制出一个不规则选区。单击工具箱中的“套索工具”按钮，即可选择“套索工具”，选择工具后在打开的图像上按住鼠标左键并沿要选择的对象边缘拖曳，当绘制的起点和终点重合时会自动创建一个闭合选区。图 9-41 所示为运用“套索工具”创建选区的方法。

图 9-41　运用“套索工具”创建选区

◆应用“多边形套索工具”创建多边形选区

“多边形套索工具”主要用于在图像或某个图层中手动创建多边形选区。在拖曳时，它以直线段的形式将需要选择的图像圈住。此工具也适合于选择一些棱角分明且边缘呈直线的图像的选择。按住“套索工具”不放，在弹出的隐藏工具中单击“多边形套索工具”按钮，选择“多边形套索工具”。

打开一素材图像，选择“多边形套索工具”，使用鼠标在图像中需要创建选区的图形上连续单击，以绘制出一个多边形，绘制完成后，双击鼠标即自动闭合多边形并形成选区。图 9-42 为运用“多边形套索工具”创建选区的方法。

图 9-42　运用“多边形套索工具”创建选区

◆“自动选择”命令快速创建选区

Painter 中提供了一个“自动选择”命令，使用此命令可以快速地在打开的图像中创建选区。打开一张素材图像，执行“选择→自动选择”菜单命令，打开“自动选择”对话框，在对话中从“使用”列表框中选择图像属性，选择后单击“确定”按钮，即可根据选择的图像属性创建选区，如图 9-43 所示。

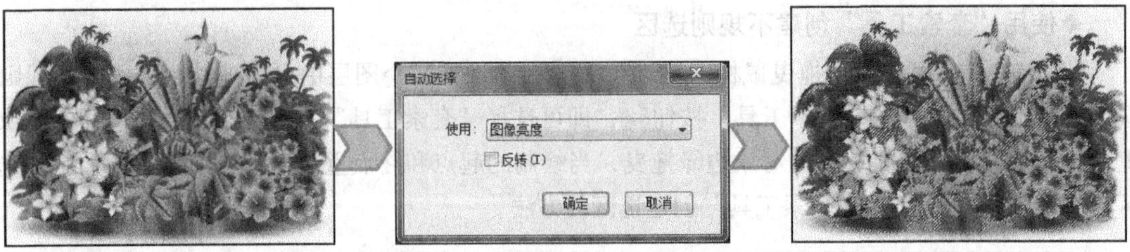

图 9-43 “自动选择”命令创建选区

在“自动选择”对话框中的“使用”下拉列表中提供了“纸纹”“3D 笔触”“原始选区”“图像亮度”“原始亮度”和“当前颜色”6 个选项，如图 9-44 所示。创建选区时，可以根据需要使用选项，以获得最准确的选区效果。

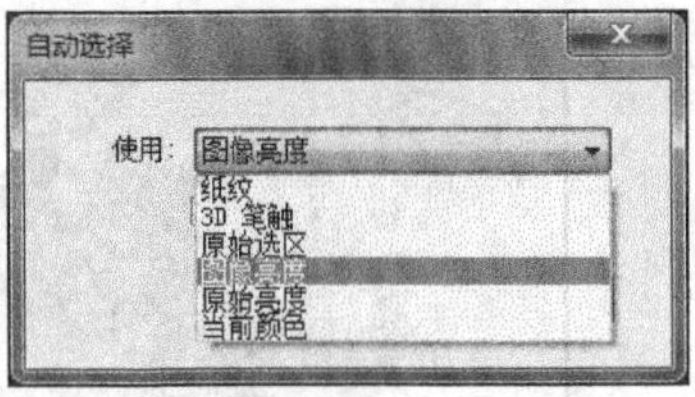

图 9-44 “使用”下拉列表

- 纸纹：通过使用当前纸纹来创建选区。
- 3D 笔触：创建基于当前图像与克隆源间差异的选区。如果没有选择任何克隆源，将使用当前的图案。
- 原始选区：导入源自克隆源文档的选区。此选项只有在建立一个克隆源文件并在文件中创建选区后才有效，并且克隆源文档需要与正在处理的文档的尺寸相符。
- 图像亮度：根据当前图像的明暗区域来创建选区。
- 原始亮度：根据克隆源的明暗区域在当前文档中生成选区。
- 当前颜色：创建由当前主要颜色像素构成的选区，使用此选项前，可使用“吸管工具”从图像中选取颜色。

◆“颜色选择”命令根据颜色创建选区

应用“颜色选择”命令可通过选择图像中包含的某种颜色来创建选区，在操作中可以将它与“吸管工具”结合起来使用。执行“颜色选择”命令后，将会打开“颜色选择”对话框。由于此命令是根据颜色来选择图像，所以需要把鼠标移至文档窗口中，当光标会变为“吸管工具”时，在图像中单击吸取颜色，然后再根据吸取的颜色在“颜色选择”对话框调整选项滑块来控制要选择的颜色范围，从而确定选择的图像区域。

打开一张素材图像，执行“选择→颜色选择”菜单命令，打开“颜色选择”对话框后，将鼠标移至画面中要选的人物衣服区域，单击鼠标吸取颜色，如图 9-45 所示。在“颜色选择”对话框中以半透明的蒙版显示选择的区域，拖曳预览框右侧的选项滑块，如图 9-46 所示，调整参数后单击“确定”按钮，根据颜色创建选区。

图 9-45 吸取颜色

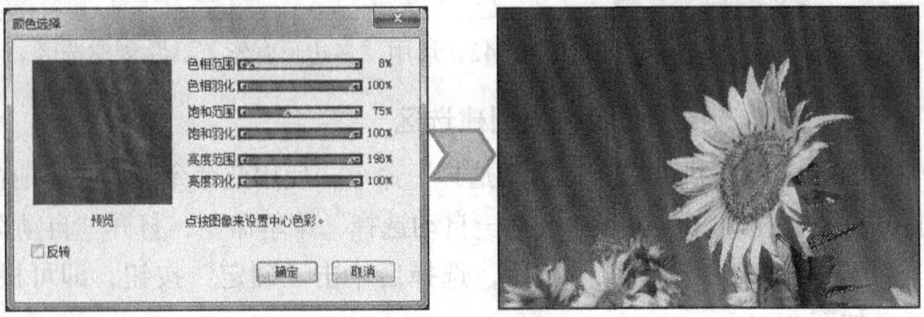

图 9-46 根据颜色创建选区

◆保存选区

可以将创建的选区存储起来以便再次使用。保存选区会生成通道，并且可以指定是以新通道存储选区，还是通过修改或替换现有的通道来存储选区。

执行“选择→存储选区”菜单命令，打开“存储选区”对话框，在对话框中的“存储到”下拉列表中选择存储方式，然后在下方的“名称”文本框中输入存储的选区名称，输入后单击“确定”按钮，实现选区的存储，如图 9-47 所示。

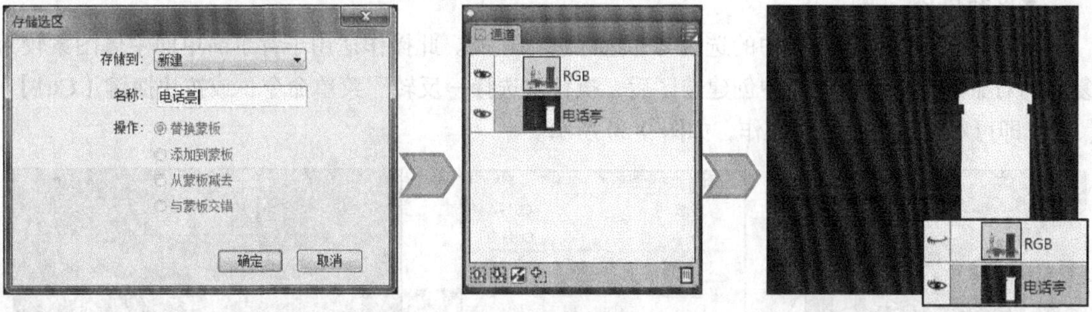

图 9-47　存储选区

9.2.2　显示/隐藏选区

对于图像中创建的选区，可以使用“隐藏/显示选取框”命令控制选区框的显示，从而查看选区效果。在图像中创建选区后，默认情况下，选取框为显示状态，执行“选择→隐藏选取框”菜单命令，可以将选取框隐藏，如图 9-48 所示。隐藏选取框后，要查看选区效果，则执行“选择→显示选取框”菜单命令，重新显示选取框，如图 9-49 所示。

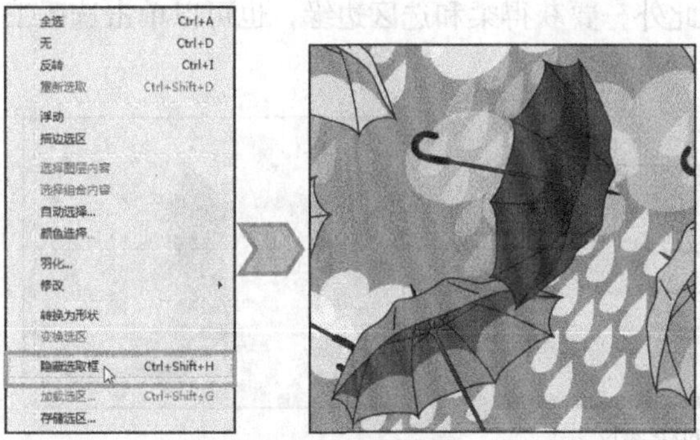

图 9-48　隐藏选区

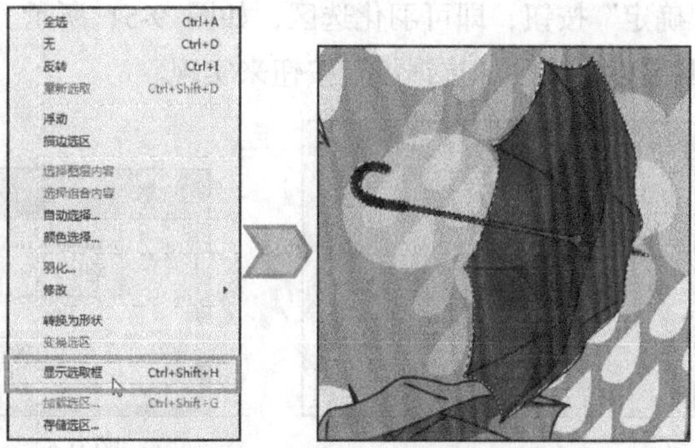

图 9-49　查看选区

重点技法提示

创建选区后，如果要取消选区的选中状态，可以执行“选择→无”菜单命令，或按快捷键【Ctrl】+【D】，关闭选区。关闭选区后，若要重新激活选区，则执行“选择→重新选取”菜单命令，或按快捷键【Ctrl】+【Shift】+【D】。

9.2.3 调整选区

Painter 包括了多种调整选区的菜单命令，其中包括“反转”“羽化”“修改”。使用这些命令可以快速反转选区，取消选择先前所选的区域并选择先前未选的区域，也可以通过羽化、反锯齿补偿、笔触或更改边框来更改选区的边缘外观。此外，还可以通过伸展和收缩像素来调整选区的大小等。

◆反转选区

反转选区是将当前图像中的选区与非选区进行互换。此操作适用于背景简单而主体图案较为复杂的对象的选取。在图像中创建选区后，执行“选择→反转”菜单命令，或按快捷键【Ctrl】+【I】，即可对选区进行反转操作，如图 9-50 所示。

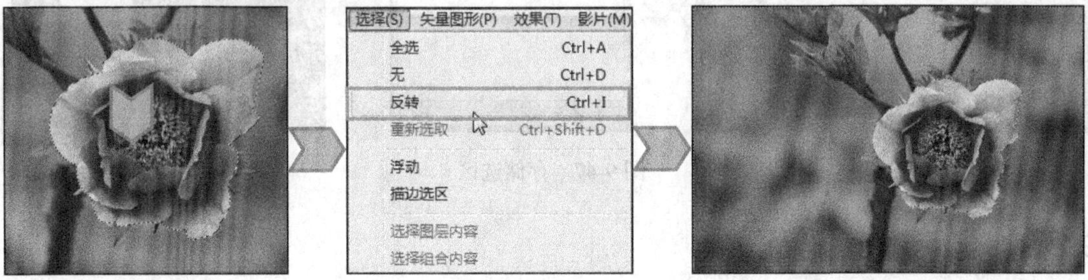

图 9-50　反转选区

◆羽化选区

羽化选区通过沿着选区边缘逐渐增加像素透明度来柔化边缘。在图像中创建选区后，执行“选择→羽化”菜单命令，即可打开“羽化选区”对话框，在对话框中输入“羽化”参数，单击“确定”按钮，即可羽化选区，如图 9-51 所示。此外，要获得柔和选区边缘，也可以单击选区工具属性栏中的“抗锯齿”按钮来实现。

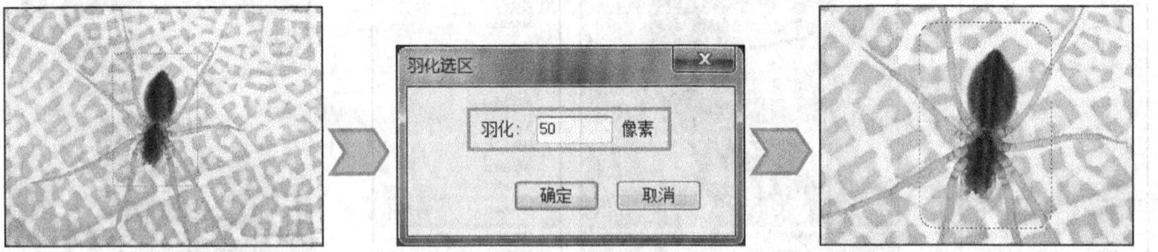

图 9-51　羽化选区

◆修改选区

在 Painter 中创建选区后，若需要进一步操作，可以执行“选择→修改”菜单命令，在打开的子菜单中选择修改命令对选区进行修改。“扩展”命令可将原选区边缘向外扩大指定的宽度，即放大选区，扩展的参数范围为 1~100 的整数。如图 9-52 所示，打开一张图像，选用“矩形选区工具”创建选区，执行“选择→修改→扩展”菜单命令，打开“扩展”对话框，在对话框中设置参数，扩展选区效果。

“收缩”命令可将原选区边缘按照指定的像素从四周收缩，即收缩选区。“收缩”的参数范围为 1~100 的任意整数，图 9-53 所示为收缩选区效果。“边界”命令可以为原选区创建指定宽度的边框，可以设置的参数范围为 1~200，图 9-54 所示为选区设置边框效果；“平滑”命令可以用于清除锐边、圆化角和拉直轮廓线路径来使选区变得平滑，可以设置的参数范围为 1~200 的任意整数，图 9-55 所示为平滑选区效果。

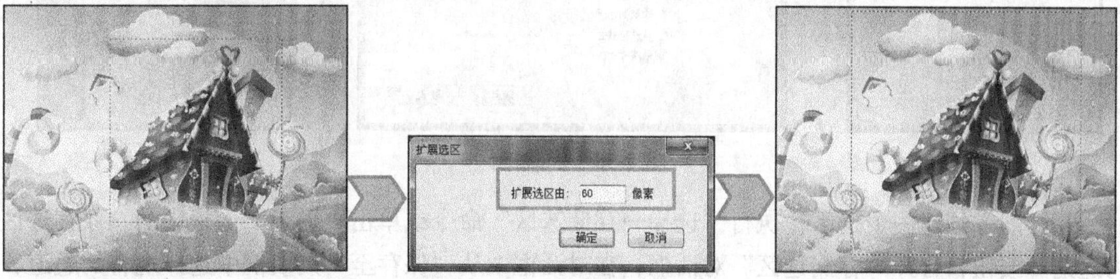

图 9-52 扩展选区效果

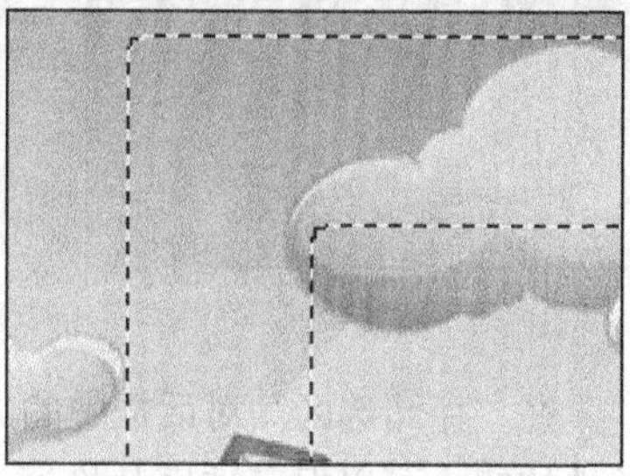

图 9-53 收缩选区效果　图 9-54 创建边框　图 9-55 平滑选区效果

9.2.4 装入和组合选区

当我们保存了某个选区时，会在“通道”面板中创建新通道用于存储该选区。在编辑图像的过程中，如果需要重复使用该选区，可以将通道作为选区载入。除此之外，也可以通过布尔运算将保存的选区和现有通道组合在一起，创建新的选区。

◆加载选区

Painter 中要将通道作为选区载入的操作非常简单。先在“通道”面板中选中要加载的通道选区，然后单击面板下方的“加载通道为选区”按钮，或者执行“选择→加载选区”菜单命令，打开“加载选取区”对话框，在对话框中选择加载的通道并指定操作方式，设置完成后单击“确定“按钮，即可加载选区，如图 9-56 所示。

◆修改选区

当我们保存选区时，可使用布尔运算（添加、移除和交集）将保存的选区和现有通道组合在一起。添加选区会使其与现有的通道组合在一起；移除选区会将其从现有通道中切除；交集选区时，将只包含该选区和现有通道相同的那些部分。

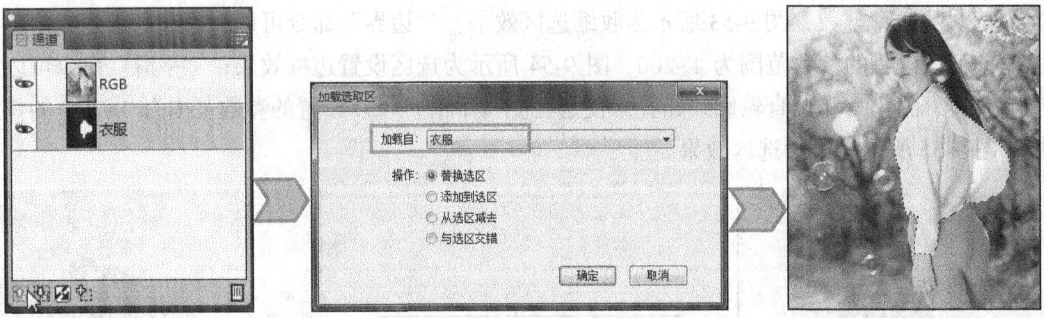

图 9-56　加载选区

打开图像创建一个选区，执行“选择→存储选区”命令或单击“通道”面板中的“保存选区为通道”按钮，打开“存储选区”对话框，在对话框中从“保存至”列表框中选择现有的通道，然后在“操作”区域选择选区的组合方式，设置后单击“确定”按钮，保存组合选区，如图 9-57 所示。

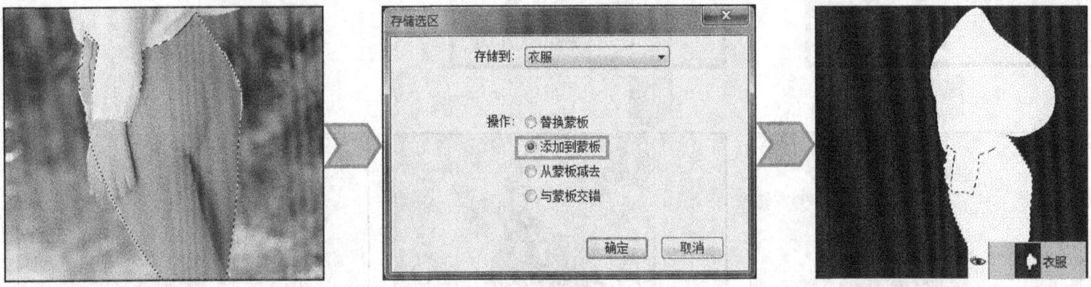

图 9-57　保存组合选区

在“存储选区”对话框中的“操作”选项下包括了 4 种选区的组合方式，单击“替换蒙版”单选按钮，可以保存选区替换通道；单击“添加到蒙版”按钮，可将当前的选区与选择的通道结合；单击“从蒙版减去”单选按钮，可从所选通道中移除当前选区；单击“与蒙版交错”单选按钮，可将选择区域与所选通道相交的区域保存至通道。图 9-58 展示了选择不同方式组合时得到的选区效果。

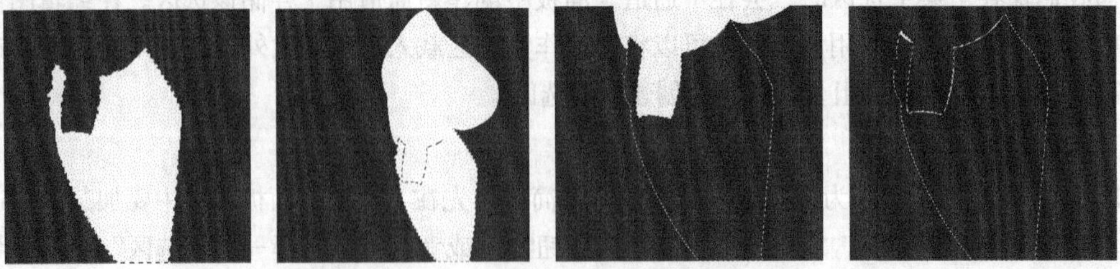

图 9-58 不同组合方式的选区效果

9.2.5　变形选区

在 Painter 中创建选区后，可能因为选择范围的位置大小不合适而需要对其进行移动、变换、缩放、旋转和变形等操作。要完成选区的移动、变换和变形等操作，需使用到工具箱中的“变形”工具。

◆移动选区

使用“变形”工具中的“移动”功能可以将选区移动到画布的新位置上。打开图像选区创建工具在画布中绘制选区，按住“图层调整工具”按钮不放，在弹出的隐藏工具中单击“变形”工具按钮，选择“变形”工具，单击属性栏中的“移动”按钮，在选区中间单击，然后将其拖曳至画布的新位置上，最后单击属性栏中的“确认变形”按钮，如图 9-59 所示。

图 9-59　移动选区

◆缩放选区

使用“变形”工具和“缩放”命令可以对选区进行快速缩放操作。打开图像创建选区，选择“变形”工具，单击工具属性栏中的“比例”按钮，将鼠标移至选区控制框上。如果单击并拖曳其中一边的控制点，则可以向一个方向缩放选区，如图 9-60 所示。

图 9-60　缩放选区

显示控制框以后，如果需要向两个方向同时缩放选区，可拖曳角落控制点。如果要在保持选区形状或“纵横比”的情况下缩放，则需要按住【Shift】键的同时拖曳角落控制点。

如果要按特定的比例缩放选区，则执行“编辑→变换→缩放”菜单命令，打开“缩放选区”对话框，在对话框中输入“水平缩放”或“垂直缩放”百分比，如图 9-61 所示，输入后单击“确定”按钮即可按输入的数值缩放选区。

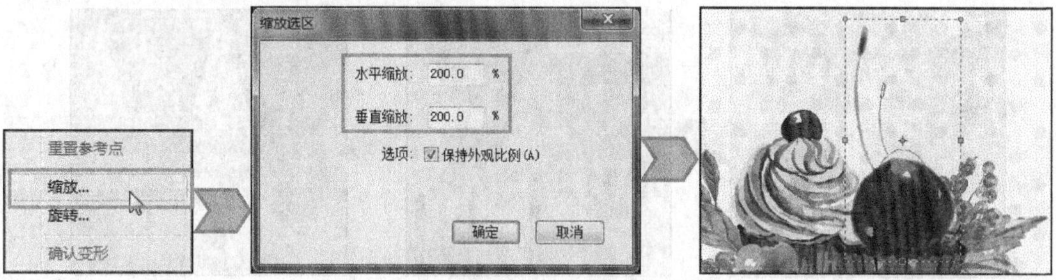

图 9-61　按比例缩放图像

◆**旋转选区**

Painter 中可以使用“变形”工具快速对创建的选区进行旋转。打开图像并创建选区，单击工具箱中的“变形”工具按钮，单击属性栏中的“旋转”按钮，将鼠标指针移至选区范围框角落控制点位置，单击并拖曳即可对选区进行旋转，如图 9-62 所示。

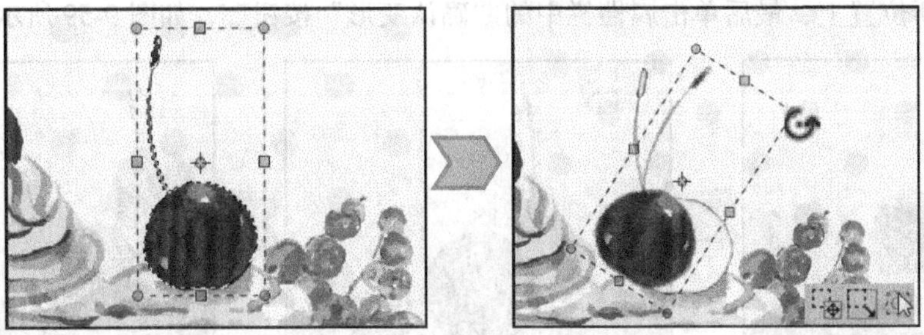

图 9-62　旋转选区

如果要将创建的选区按特定的角度进行旋转，可以使用“旋转”命令实现。在图像中创建选区后，执行“编辑→变形→旋转”菜单命令，打开“旋转选区”对话框，在对话框中输入要旋转的角度。如果输入数值为正数，则按顺时针方向旋转选区，如图 9-63 所示。若输入数值为负数，则按逆时针方向旋转选区，如图 9-64 所示。

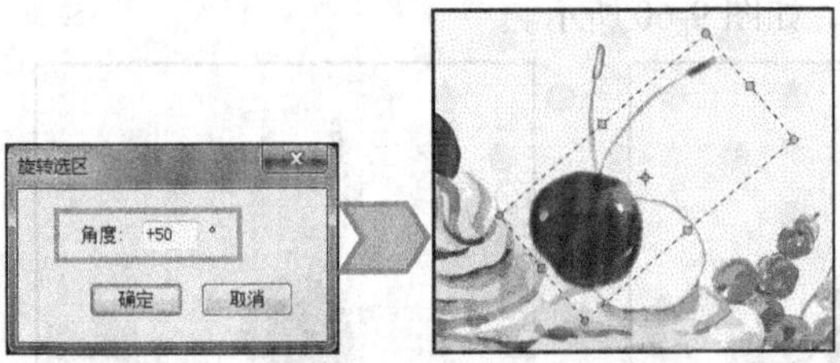

图 9-63　顺时针旋转选区

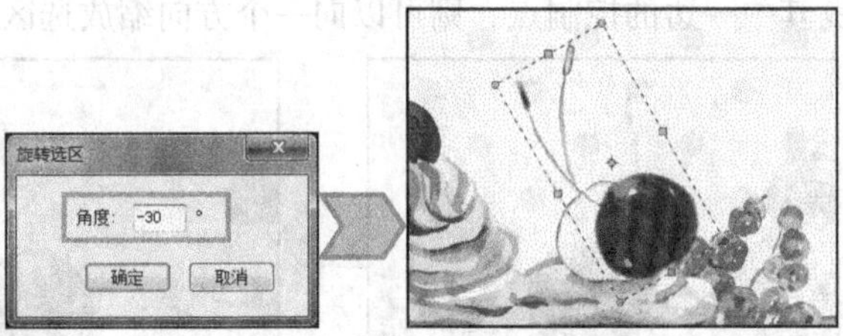

图 9-64　逆时针旋转选区

◆**歪斜和扭曲选区**

Painter 中使用“变形”工具不但可以缩放、旋转选区，还可以歪斜、扭曲或透视扭曲选区。歪斜会在垂直和水平方向不按比例地倾斜选区；扭曲选区可以向不同方向移动选区的侧边或角；透视扭曲可以给予对象深度外观，创建三维外观效果。

打开图像创建选区，单击“变形”工具按钮，单击属性栏中的“歪斜”按钮，将指针移出选区范围框的边框并拖动侧边控制点，歪斜选区效果，如图 9-65 所示。

图 9-65　歪斜选区

重点技法提示

使用“变形”工具对选区变形后，如果对变形不满意，可以单击“变形”工具属性栏中的“取消变形”按钮，或者按下【Esc】键，取消变形将选区返回至未变形时的状态。

如果要扭曲选区，单击“变形”工具属性栏中的“扭曲”按钮，将鼠标移至角落控制点位置，单击并拖曳，扭曲选区，如图 9-66 所示。如果要创建透视扭曲的选区，单击“变形”工具属性栏中的“透视扭曲”按钮，将鼠标移至角落控制点位置，单击并拖曳，创建透视扭曲选区，如图 9-67 所示。

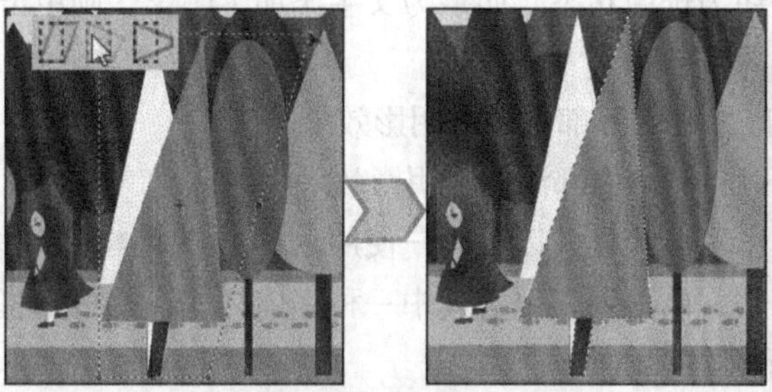

图 9-66 图形的扭曲变形

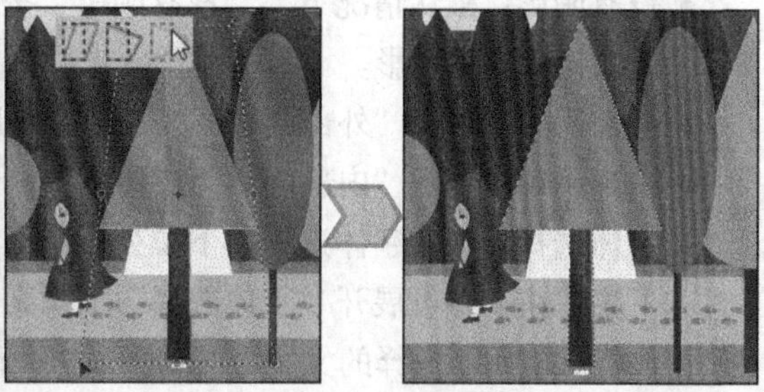

图 9-67 创建透视扭曲选区

9.3 文本的添加

Painter 中，可以使用“文字工具”在图像上添加任意的文本，同时，在添加文本后还可以利用工具属性栏中的选项调整文字的大小、颜色和对齐方式等。如果需要为文字做更精细地设置，则可以执行“窗口→文字工具”菜单命令，打开“文字工具”面板，在面板中进行文字曲线变形、文字与投影模糊设计等。

9.3.1 文本图层

文字图层是由文本工具建立的图层。一旦在文档窗口中输入文字，就会在“图层”面板中自动生成文本图层，并且用一个 T 图标表示。一个文本图层包含一个文本框，并且包括有文字内容，它可单独保存在文件中，并且可以反复修改和编辑。由于文本图层与绘制的图像处于不同的图层上，所以在处理图像时不会对文本属性做出任何更改。图 9-68 所示为使用“文字工具”在画面中输入文字后，在“图层”面板中显示的文本图层效果。

图 9-68 文本图层效果

9.3.2 创建和格式化文本

Painter 中，文字的添加通过“文字工具”来实现。单击工具箱中的“文字工具”按钮，显示如图 9-69 所示的“文字工具”属性栏，在属性栏中可以更改文字字体、大小、调整文字或各行之间的距离等。

图 9-69 “文字工具”属性栏

- 没有阴影：默认情况下，“没有阴影”按钮为选中状态。如果为文字添加了阴影，则单击此按钮可去除阴影。
- 外部阴影：单击“外部阴影”按钮，可以在文字外部添加上阴影效果。
- 内部阴影：单击“内部阴影”按钮，可以在文字内部添加上阴影效果。
- 字体选择：在“字体选择”下拉列表中列出了多种样式以供用户使用。单击“字体选择”下拉按钮，即可展开“字体选择”下拉列表，单击列表中的其中一种字体样式，就可以将该样式应用至选择的文字上，如图 9-70 所示。

图 9-70 不同字体样式的效果

- 文字大小：用于设置文字的大小，可直接输入数值，也可以单击右侧的下拉按钮，在展开的列表中选择预设的字体大小，设置的值越大，文字显示越大，如图 9-71 所示。

图 9-71 不同文字大小的效果

- 对齐方式：主要用于设置文字的对齐方式，包括“左对齐”“居中对齐”和“右对齐”3 种方式，单击其中一个按钮后，会以创建文本时鼠标单击处为基准对齐文本。
- 文字属性：单击按钮可以调整文本属性，包括文本的混合方式、不透明度等。
- 阴影属性：单击按钮可调整文本阴影的属性。
- 选择颜色：用于设置文字的颜色，单击颜色块，即可打开“颜色集”，单击其中的色块即可重新设置文本颜色。

- 不透明度：用于调整文字的不透明度，可直接输入数值，也可以单击倒三角形按钮，弹出不透明度滑块，拖曳该滑块调整不透明度。
- 混合方式：调整文字与下层对象的混合方式，其作用效果与图层混合方式相似。

打开素材图像，在工具箱中选择“文字工具”，在属性栏中调整文字属性，然后在文档窗口中需要添加文字的位置单击，然后输入文字内容，输入完成后单击工具箱中的任意工具，退出文字编辑框，创建文本效果，如图 9-72 所示。

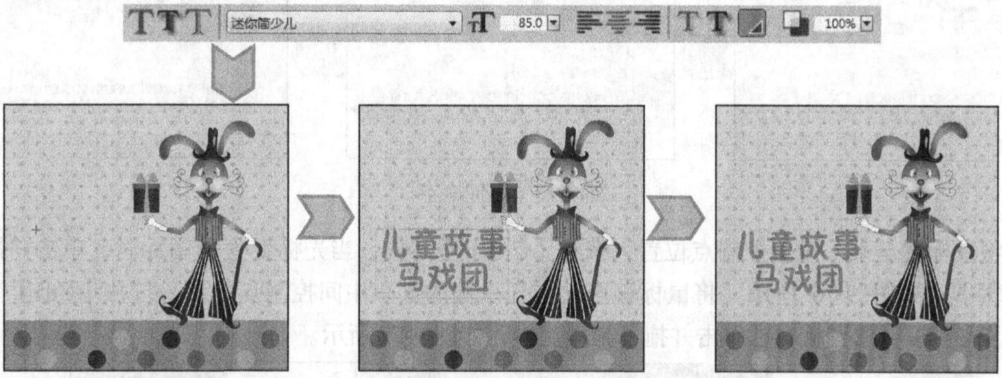

图 9-72　创建文本

对输入的文字进行调整后，可以将文字图层通过格式化处理转换为普通图层。在“图层”面板中选中要转换的文本图层，单击面板右上角的扩展按钮，在弹出的面板菜单中执行“转换为默认图层”菜单命令，即可把文字图层转换为默认的像素图层，如图 9-73 所示。也可以右击图层面板中的空白处，在弹出的快捷菜单中执行“转换为默认图层”命令，转换图层，如图 9-74 所示。

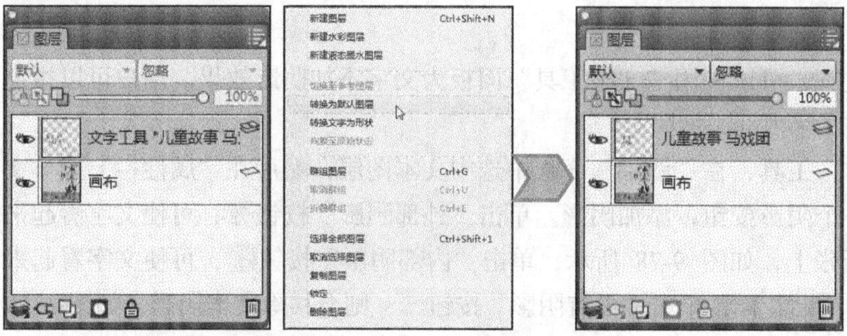

图 9-73　文字图层转换为像素图层

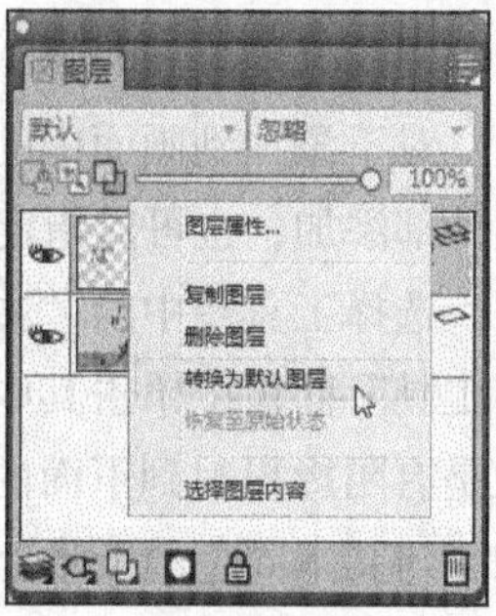

图 9-74　菜单命令转换图层

9.3.3　将效果应用至文本

使用“文字工具”在画布中输入文字后，可以延展、旋转及歪斜文本，也可以使用“文本”面板中的任何可用效果创建更有创意的文本效果，例如为文字添加阴影、设置曲线变形文本、创建模糊的文字效果等。

◆延展、旋转及歪斜文本

延展文本会影响文字的水平和垂直大小，垂直延展时，文本会显得较细较高，水平延展时，文本会显得较扁较矮。旋转会根据文本的对齐方式，以文本框端点为中心转动文本。歪斜文本可使文本向左或向右倾斜。

打开图像使用“文字工具”在画面中输入文本，使用“图层调整工具”选中文本。此时在文本的四周会显示一个编辑框，并显示控制点。将鼠标移至编辑框的一侧，单击并拖曳可以延展文本，如图 9-75 所示。

图 9-75　延伸文本

将鼠标移至某一角落控制点位置，按住【Ctrl】键不放，当光标变为图标时，单击并拖曳旋转文本，如图 9-76 所示。将鼠标移至文本任一侧的某一中间控制点位置，按住【Ctrl】键不放，当光标变为图标时，单击并拖曳歪斜文本，如图 9-77 所示。

图 9-76　旋转文本

图 9-77　歪斜文本

◆为文本添加阴影

对于添加到画面中的文本，可以利用“文字工具”面板为文字添加阴影效果。用户可以指定在外部添加，也可以指定在文字内部添加阴影。

选择工具箱中的“文本”工具，在“图层”面板中选中文本图层，然后在“属性栏”或“文字工具”面板中单击其中一个阴影按钮，添加阴影。单击“外部阴影”按钮，可使文字看起来像是有阴影投射到下面的纸张上，如图 9-78 所示；单击“内部阴影”按钮，可使文字看起来像是与文本同色的纸张上的拼贴花样；单击“没有阴影”按钮，则会移除文本阴影，如图 9-79 所示。

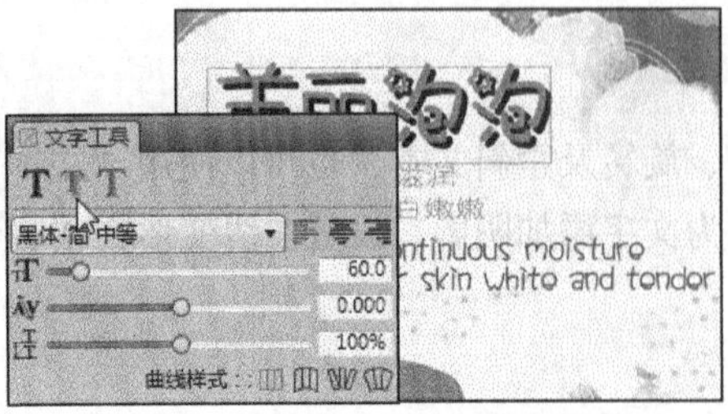

图 9-78　外部阴影

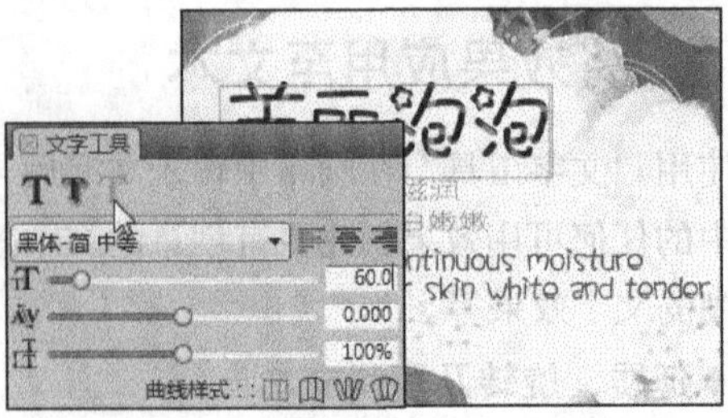

图 9-79　移除阴影

为文本添加阴影后可以调整阴影的位置和不透明度。若要调整阴影位置，单击工具箱中的“图层调整工具”按钮，将文字旁边的阴影拖曳到所需位置即可。如果要调整阴影的不透明度，则拖曳“文本”面板中的“透明度”滑块。

◆**模糊文本**

使用“文字工具”输入文字以后，可用“文字工具”面板中的“模糊”选项为文字或是文字旁边的投影指定模糊效果。如果需要按一定的方向模糊，则可以勾选“模糊方向”复选框，再拖曳“模糊方向”滑块以确定模糊的方向。

选择要模糊文本图层，如果要模糊文本对象，单击“文字工具”面板中“文字属性”按钮，然后拖曳下方的“模糊”和“模糊方向”滑块，设置模糊的文字效果，如图 9-80 所示。如果要对阴影应用模糊，则单击“文字工具”面板中的“阴影属性”按钮，再拖曳下方的“模糊”和“模糊方向”滑块，设置模糊的阴影效果，如图 9-81 所示。

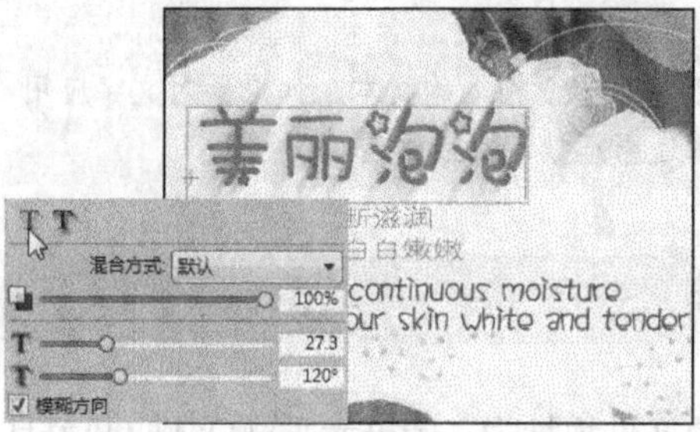

图 9-80　设置模糊的文字效果

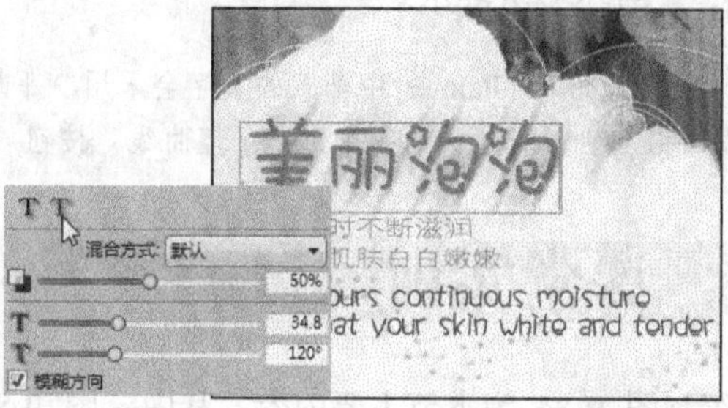

图 9-81　模糊的阴影效果

◆**设置曲线样式变形文本**

在 Painter 中可以利用“曲线样式”定义文本流的曲线样式与路径（基线）的排列方式，包括了“平坦曲线”“缎带曲线”“垂直曲线”和“伸展曲线”4 种曲线样式。

要更改曲线与文字排列方式时，先确保工具箱中的“文字工具”为选中状态，然后在“图层”面板中选择文本图层，打开“文字工具”面板，单击面板中的“伸展曲线”按钮，将“中心点”滑块向右或向左拖，这时文本就会沿着曲线移动，如图 9-82 所示。

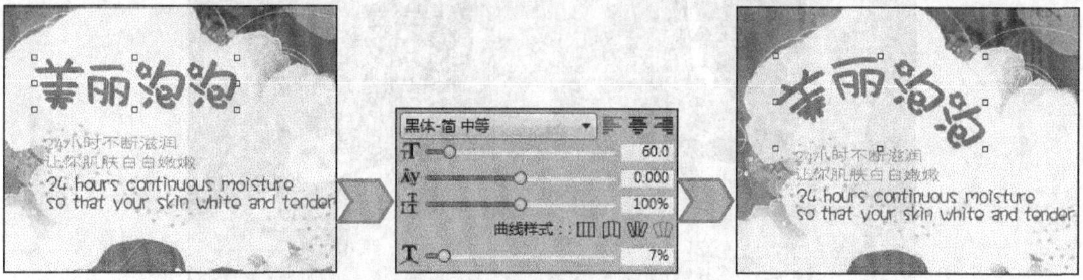

图 9-82　文本沿曲线移动

- 平坦曲线：样式使文本流沿着一条直线。
- 缎带曲线：样式会使文本流沿着一条曲线，并使字母位置保持直立向上。应用“缎带曲线”样式时，可以使用【Shift】键及旋转工具控制文本绕着基线移动的方式。
- 垂直曲线：样式会沿着曲线放置文本，每个字母都与曲线垂直。

- 伸展曲线：样式实际上会更改字母矢量图形以填充曲线弯曲时留下的空间，例如，如果将文本设置在一条圆形路径上，则 Painter 会使得字母的顶端变重变粗以填充空间。图 9-83 展示了应用不同“曲线样式”后的文字效果。

图 9-83　不同“曲线样式”的文字效果

重点技法提示

默认情况下，Painter 中输入的文字会采用“平坦曲线”样式显示输入的文本。如果要对文字应用了另外 3 种曲线样式，则需单击“平坦曲线”按钮将文本还原至默认直线排列。

9.4 课堂实训

绘制图 9-84 为本节主要内容，其中，图 9-84 的源文件地址为：随书光盘\源文件\09\节日卡通风格插画.rif。

图 9-84　节日卡通风格插画

步骤 01：创建一个新的文档，单击工具箱中的“矩形形状”按钮，选择“矩形形状”工具，沿文档边缘单击并拖曳鼠标，绘制矩形，单击属性栏中的“打开设置默认形状属性对话框”按钮，打开“设置默认形状属性”对话框，在对话框中单击“填充”选项右边的颜色块，打开“颜色”面板，在面板右下角设置颜色“色调”为 204、“饱和度”为 218、“亮度”为 72，如图 9-85 所示。

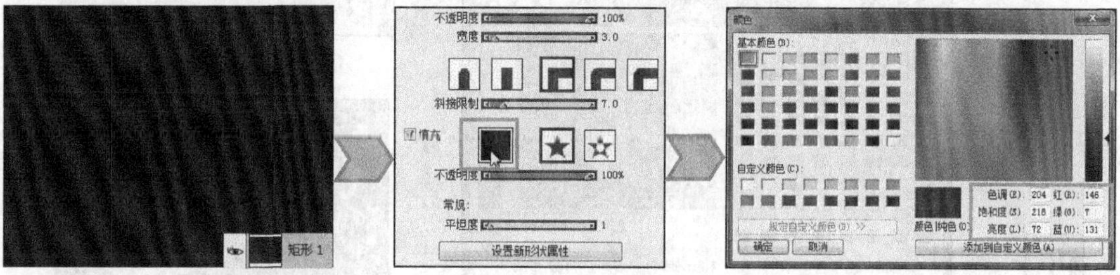

图 9-85　设置颜色

步骤 02：设置要填充的颜色后，单击“颜色”对话框中的“确定”按钮，返回“设置默认形状属性”对话框，对话框中的“填充”选项右侧的颜色块变为新设置的颜色，单击“确定”按钮，应用新设置的颜色填充矩形，如图 9-86 所示。

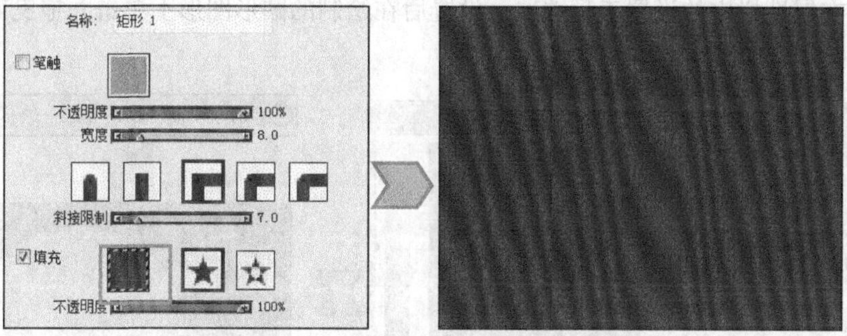

图 9-86　填充矩形

步骤 03：单击工具箱中的“钢笔工具”按钮，选择“钢笔工具”，在画面中单击并拖曳鼠标，绘制矢量图形。绘制后，单击属性栏中的“打开设置默认形状属性对话框”按钮，打开“设置默认形状属性”对话框，在对话框中单击“填充”选项右边的颜色块，打开“颜色”面板，在面板右下角设置颜色“色调”为 198、“饱和度”为 219、“亮度”为 65，单击“确定”按钮，再单击“设置默认形状属性”对话框中的“确定”按钮，应用设置的颜色填充图形，如图 9-87 所示。

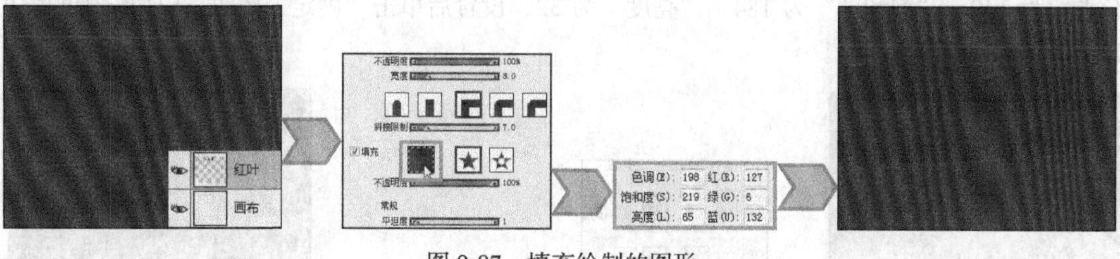

图 9-87　填充绘制的图形

步骤 04：单击工具箱中的“附加色彩”按钮，打开“颜色”对话框，在对话框中设置颜色“色调”为 38、“饱和度”为 238、“亮度”为 120，设置后单击“确定”按钮，单击“椭圆形形状”按钮◯，选择“椭圆形形状”工具，在属性栏中的设置工具选项，设置后按下【Shift】键不放，单击并拖曳鼠标，绘制一个黄色圆形，如图 9-88 所示。

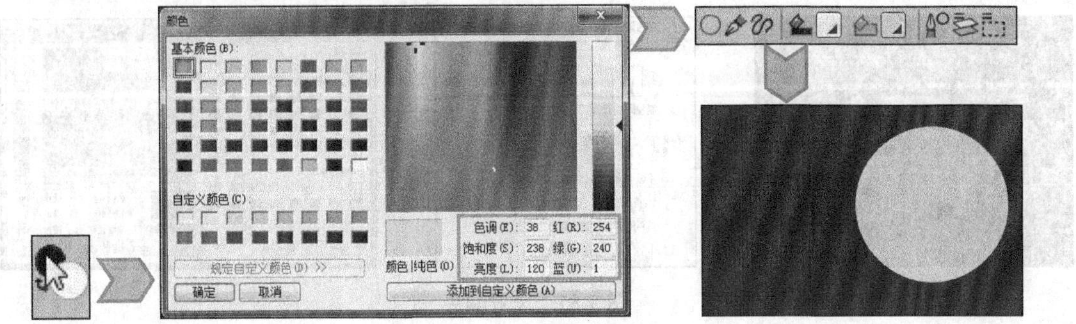

图 9-88　绘制黄色圆形

步骤 05：单击工具箱中的“附加色彩”按钮，打开“颜色”对话框，在对话框中设置颜色“色调”为 35、“饱和度”为 240、“亮度”为 112，设置后单击“确定”按钮，单击“钢笔工具”按钮，在属性栏中的设置工具选项，设置后在绘制的圆形图形上单击并拖曳鼠标，绘制一个不规则矢量图形，如图 9-89 所示。

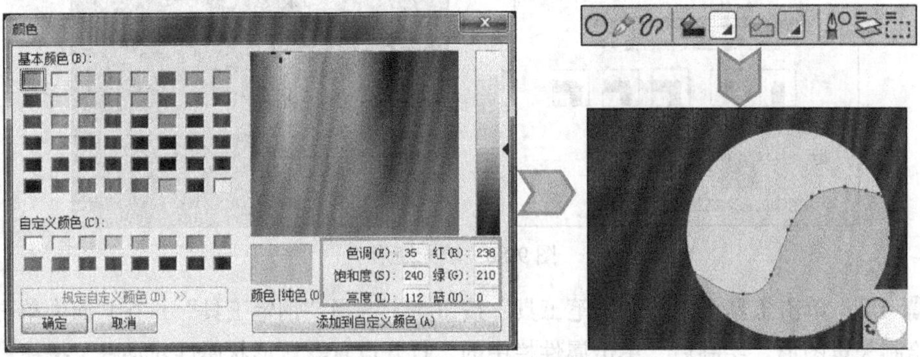

图 9-89　绘制不规则矢量图形

步骤 06：选择“钢笔工具”，继续在画面中间位置单击并拖曳鼠标，绘制黄色的矢量图形，单击属性栏中的“打开设置默认形状属性对话框”按钮，打开“设置默认形状属性”对话框，在对话框中单击“填充”选项右边的颜色块，打开“颜色”面板，在面板右下角设置颜色“色调”为 149、“饱和度”为 184、“亮度”为 32，设置后单击“确定”按钮，应用设置的颜色填充图形，如图 9-90 所示。

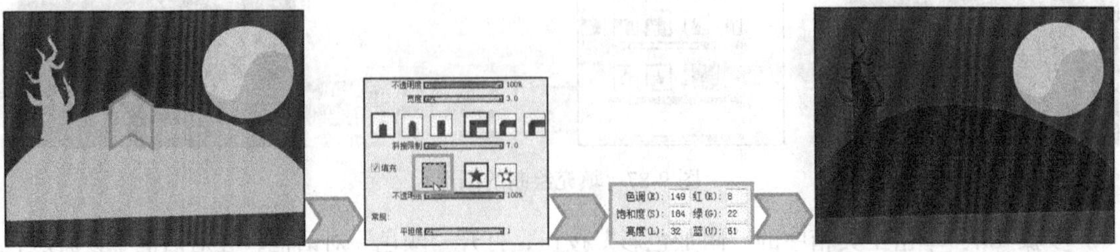

图 9-90　填充矢量图形

步骤 07：继续使用同样的方法，结合“椭圆形形状”工具和“钢笔工具”在画面中绘制更多的图形，得到完整的背景图案效果，按住【Ctrl】键不放，依次单击“图层”面板中除“画布”外的所有图层，将它们同时选中，执行“图层→群组图层”菜单命令，将选中图层编组，然后将群组后的图层命名为“背景”，如图 9-91 所示。

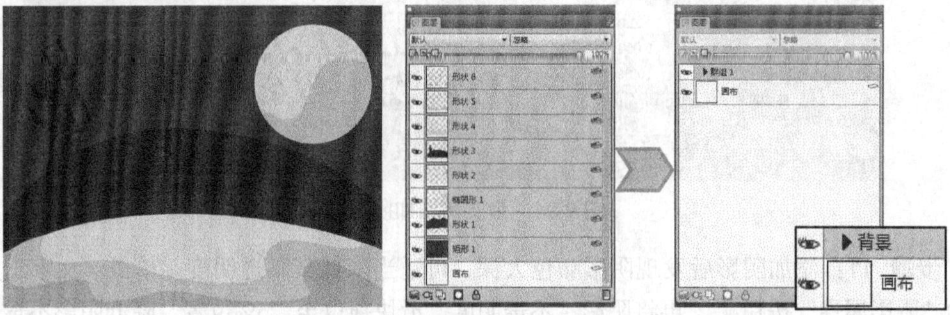

图 9-91 创建群组图层

步骤 08：继续使用矢量图形创建工具在画面中绘制更多的图形，并将绘制的图形分别编入“卡通形象 1”“树枝 1”“卡通形象 2”“树枝 2”“房屋”和“其他元素”图层组中，完成插画图案的绘制，如图 9-92 所示。

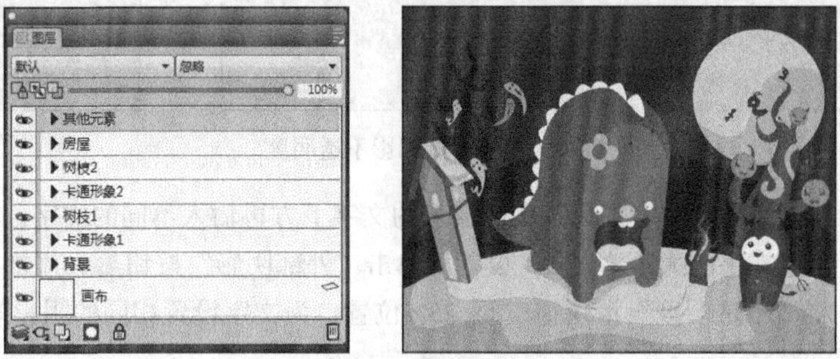

图 9-92 完成图案绘制

步骤 09：单击工具箱中的“文字工具”按钮T，执行“窗口→文字工具”菜单命令，打开“文字工具”面板，在面板中设置文字字体、文字大小等选项，然后在图像左下角输入文字，输入后需要再对文字的颜色加以修改，单击属性栏中的“选择颜色”右下角的倒三角形按钮，打开“Painter 颜色”面板，在面板中单击“钛白色”，将输入的文字更改为白色，如图 9-93 所示。

图 9-93 输入文字并更改颜色

步骤 10：切换至“文字工具”面板，单击面板中的“外部阴影”按钮T，为输入的文字添加黑色的阴影效果，如图 9-94 所示。

图 9-94　为文字增加阴影效果

步骤 11：添加阴影后发现阴影颜色太深，可适当降低其不透明度。单击“文字工具”面板中的“阴影属性”按钮T，再将阴影“不透明度”滑块拖曳至 25%位置，降低阴影不透明度，使文字下方创建的阴影显得更为自然，如图 9-95 所示。

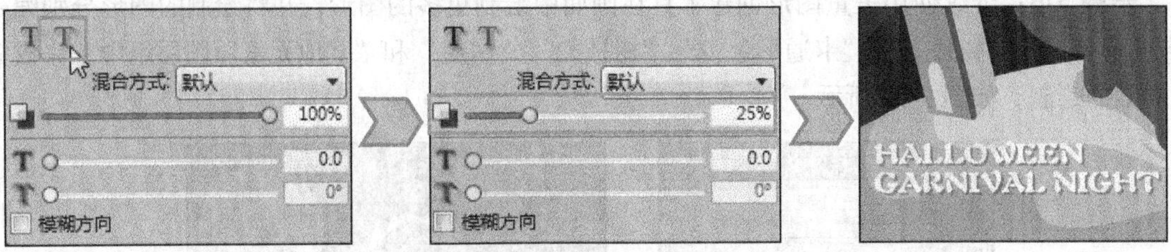

图 9-95　降低阴影不透明度

步骤 12：继续使用“文字工具”在已输入的文字下方再输入不同的文字，输入后打开“文字工具”面板，调整文字的大小为 5.5，设置后单击“外部阴影”按钮T，添加阴影，再“阴影属性”按钮T，将“不透明度”滑块拖曳至 25%位置，为文字设置相同的阴影效果，如图 9-96 所示。

图 9-96　为文字添加外部阴影

9.5 本章小结

本章主要讲解了 Painter 中的矢量图形的绘制与文字的添加，包括各种创建矢量图形的工具、矢量图形编辑工具、文字的输入、文字效果的设置等内容。通过对本章的学习，读者应熟练掌握矢量工具、文字工的设置与应用技巧。

为了巩固本章所学，在本章后面补充了一个案例，通过详细的操作步骤向读者讲解矢量插画的绘制方法与创作过程。

9.6 课后习题

通过本章内容，大家知道了 Corel Painter 中有哪些重要的矢量图形绘制工具及如何对绘制的矢量图形进行属性的更改等。为了让读者能更全面掌握矢量绘图，下面准备了一个关于使用矢量图形工具创建简单而漂亮的绘画作品的习题（见图 9-97）。本习题的源文件地址为：随书资源\课后习题\源文件\09\色彩绚丽的女鞋.rif。

图 9-97　色彩绚丽的女鞋

第10章

图像效果 «<

本章学习重点

- 掌握不同色调的调整方法
- “表面控制”菜单中的表面控制选项应用
- 学习“焦点”范围的模糊与锐化
- 应用“应特效果”菜单为图像添加特殊效果
- 图像对象阴影与对齐设置

10.1 色调控制

颜色是图像的表现部分，也是一幅作品带给观者最为直观的视觉印象。因此，控制图像的颜色也是绘画和图像处理中不可缺少的步骤。Painter 中提供了专用于调整图像色调的“色调控制”命令，其包括多个不同的色调控制命令，例如校正颜色、调整颜色、均衡等。利用这些调整命令可以改变图像的色彩，创建具有特殊视觉感的图像。

10.1.1 校正颜色

当绘制或打开的图像颜色不太自然时，应用 Painter 提供了颜色校正功能可以帮助我们轻松校正不自然的色彩。“校正颜色”是一个较全面的颜色校正工具，其可以使用 4 种不同的方法对图像的颜色进行调整。执行“效果→色调控制→校正颜色”菜单，将会打开如图 10-1 所示的“颜色校正”对话框，在对话框中用户可以调整滑块位置，并结合预览窗口实时查看颜色变化的情况。

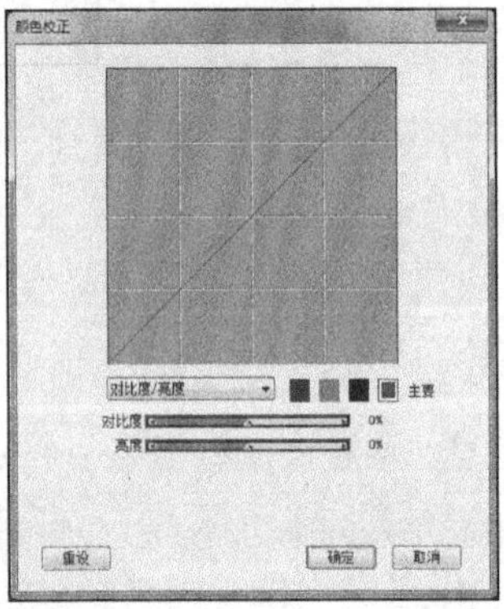

图 10-1 “颜色校正”对话框

- 调整方法：选择校正颜色的方法，Painter 中提供了“对比度/亮度”“曲线”“手绘”和“进阶”4 种调整方法，单击右侧的下拉按钮，即可选择相应的调整方法。选择“对比度/亮度”调整方法时，可调整图像的对比度和亮度；选择“曲线”调整方法时，将鼠标移至曲线上时，鼠标指针呈现为手形，此时可拖曳曲线来改变图像颜色；选择“手绘”调整方法时，可以直接使用铅笔工具绘制出曲线，以调整图像颜色；选择“进阶”调整方法时，会在 5 个特定点上指定色值。

- 调整选项：此处的调整选项根据选择的“调整方法”决定，选择不同调整方法时所显示的调整选项也会不一样。

打开一张偏暗且对比较弱的素材图像，执行“效果→色调控制→校正颜色”菜单命令，打开“校正颜色”对话框，在对话框中单击调整方法下拉按钮，在展开的下拉列表中选择“曲线”调整方法，然后将鼠标移至曲线上，单击并向上拖曳曲线，调整图像亮度，调整后可以看到图像窗口中的图像颜色也变得明亮起来，如图 10-2 所示。

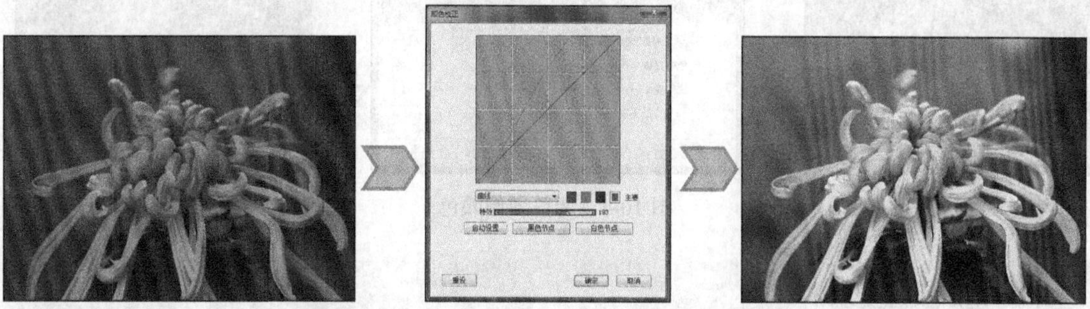

图 10-2　图像的颜色校正

重点技法提示

使用“校正颜色”对话框调整图像颜色时，通过预览窗口可观察调整后的图像效果，如果对当前的设置不满意，可以单击对话框中的“重设”按钮，将图像返回到未调整前的状态，然后再重新进行选项的设置。

10.1.2　调整颜色

使用“调整颜色”命令可以直接调整颜色的色相、饱和度和亮度来改变图像的颜色构成。执行“效果→色调控制→调整颜色”菜单命令，将打开“调整颜色”对话框，如图 10-3 所示。在“调整颜色”对话框中可选择调整的使用方法，并且可以通过拖曳色相、饱和度等滑块控制图像的颜色变化。

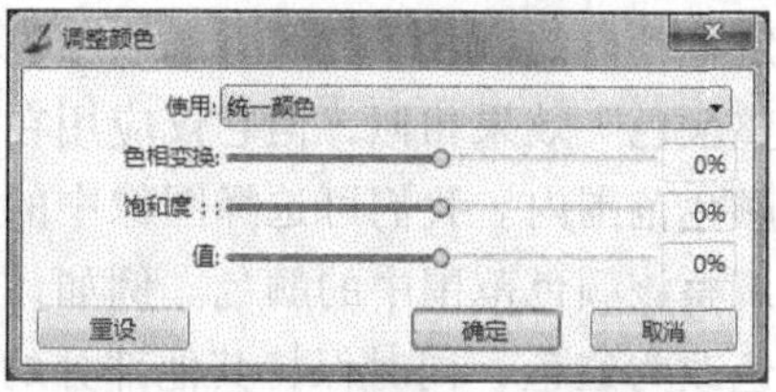

图 10-3　“调整颜色”对话框

- 使用：选择“使用”调整的方法，包括了“统一颜色”“纸纹”“图像亮度”和“原始亮度”4 个选项。选择“统一颜色”选项，可均匀调整所有像素；选择“纸纹”选项，可使用所选的纸纹颗粒来控制颜色调整；选择“图像亮度”选项，可将图像的亮度用作颜色调整的依据，区域越亮，调整越多；选择“原始亮度”选项，可将克隆来源的亮度用作颜色调整的依据，如果尚未设置克隆来源，将使用当前的图案。
- 色相变换：通过更改色相来调整像素颜色，向右移动此滑块可增加色相。
- 饱和度：调整颜色中的纯色相量，将此滑块向左移动到底可创造灰阶图像。
- 值：用于调整颜色亮度，向左移动此滑块将使颜色变暗。

打开一张色彩不自然的素材图像，执行“效果→色调控制→调整颜色”菜单命令，打开“调整颜色”对话框，在对话框中单击“使用”下拉按钮，在展开的下拉列表中选择“统一颜色”调整方法，并分别设置“色相变换”“饱和度”和“值”，以调整图像亮度，调整后可以看到图像窗口中的图像颜色也变得更鲜艳起来，如图 10-4 所示。

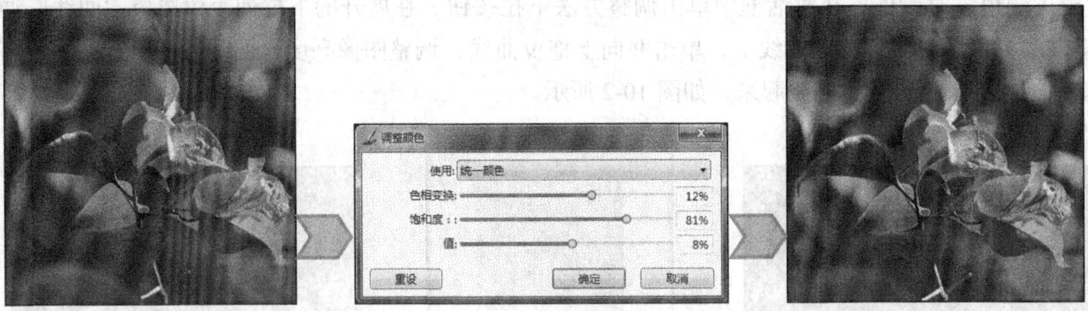

图 10-4　调整图像颜色

重点技法提示

在“调整颜色”对话框中，如果对设置的参数不满意，可以重新拖曳选项滑块位置以更改选项值，也可以单击对话框左下角的“重设”按钮，将对话框中的所有选项恢复为默认状态后，再进行选项地设置。

10.1.3　调整选取颜色

如图 10-5 所示，“调整选取颜色”可以调整与所选颜色完全相同的颜色，或是根据所选颜色的周围颜色（位于色相环或颜色空间上）更改特定范围内的颜色。“调整选取颜色”效果与“调整颜色”效果相似，但它仅应用在图像中指定的颜色范围内。我们可选择图像中的某种颜色，并调整该颜色范围中的颜色。例如，把图像中的黄色改为红色，同时保持其他部分的颜色尽量不发生变化。

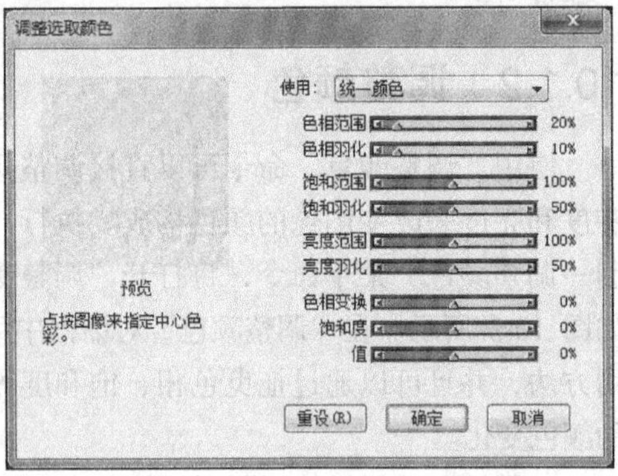

图 10-5　“调整选取颜色”对话框

- 使用：选择色彩调整的方式，与“调整颜色”对话框中的“使用”选项作用相同。
- 色相/饱和/亮度范围：设置色相、饱和度和亮度的作用范围，即在设定的颜色空间中，选定颜色附近的颜色区域的大小，向右拖曳滑块可增加影响的颜色空间的范围。
- 色相/饱和/亮度羽化：设置影响颜色作用区域边缘的过渡程度。
- 色相变换/饱和度/值：用于调整色相、饱和度和亮度。

打开一张需要调整颜色的素材图像，执行“效果→色调控制→调整选取颜色”菜单命令，打开“调整选取颜色”对话框，然后在文档窗口中将光标移至原始图像上方，此时光标将变为一支滴管形状，单击想要调整的颜色，如图 10-6 所示。

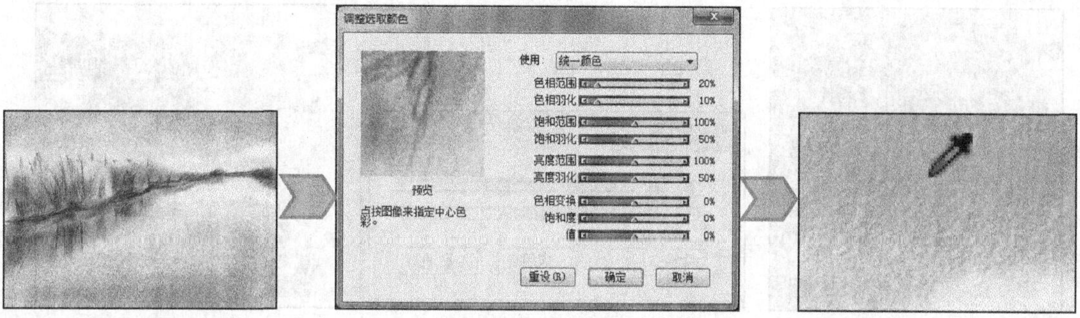

图 10-6 选取颜色

从“调整选取颜色”对话框中的“使用”下拉菜单中选择一种方法，确定色彩调整的来源，然后拖曳下方的选项滑块，进行颜色地调整，完成调整操作后，单击“确定”按钮，应用调整效果如图 10-7 所示。

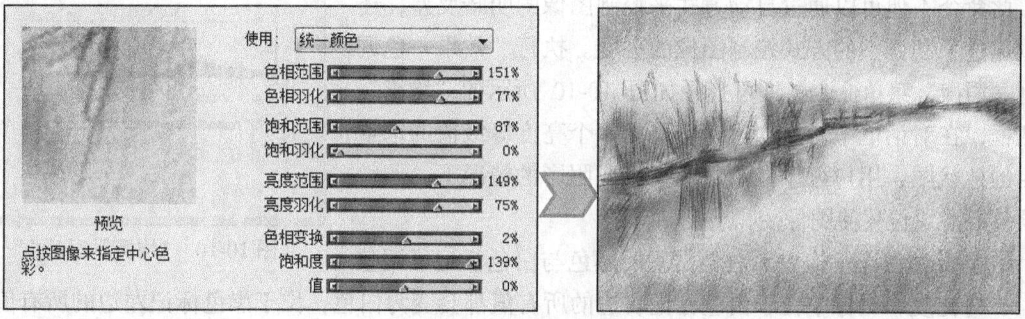

图 10-7 应用调整效果

10.1.4 亮度/对比度

为了让图像的颜色更有视觉冲击力，可以使用“亮度/对比度”命令来调整图像的亮度和对比度。执行“效果→色调控制→亮度/对比度”菜单命令，打开“亮度/对比度”对话框，如图 10-8 所示，在对话框中利用不同的滑块分别对图像的亮度和对比度进行调整。

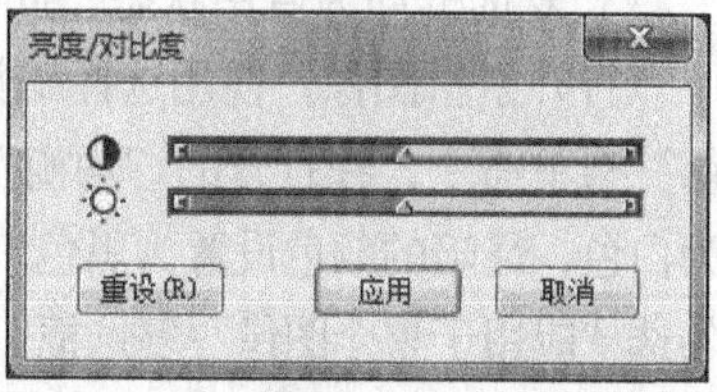

图 10-8 “亮度/对比度”对话框

- 对比度：用于调整图像的明暗对比度，向左拖曳滑块，降低图像对比度，向右拖曳滑块，增强图像对比度。
- 亮度：用于调整图像的亮度对比度，向左拖曳滑块，图像的亮度会减弱，向右拖曳滑块，图像的亮度增强，画面变得更亮。

打开一张对比不足的图像，执行“效果→色调控制→亮度/对比度”菜单命令，打开“亮度/对比度”对话框，由于素材图像偏暗，所以先将亮度滑块向右拖曳，提高图像的亮度，为了增强图像的对比效果，再将对比度滑块也向右拖曳，提高对比度，使图像对比增强，层次更加突出，如图 10-9 所示。

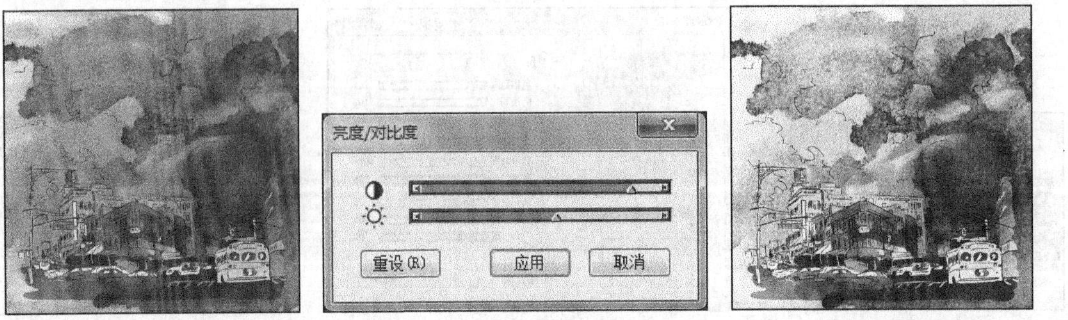

图 10-9　调整图像对比效果

10.1.5　均衡

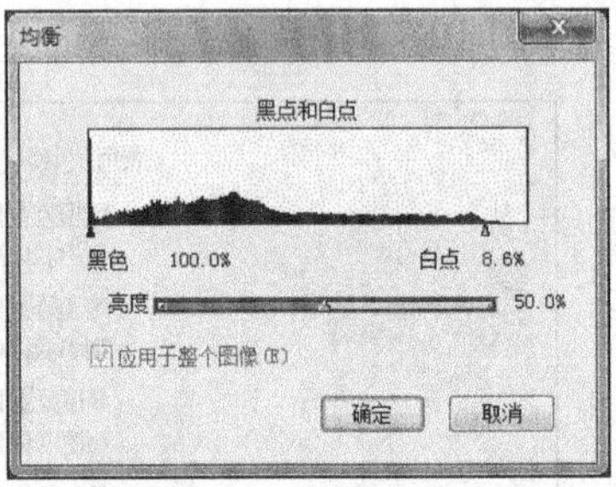

图 10-10　“均衡”对话框

“均衡”命令通过重置最暗点与最亮点来增加图像的对比度。此命令不但可以通过自动方式来控制图像的明暗反差，还可以通过手动调整的方式控制图像的亮度。执行“效果→色调控制→均衡”菜单命令，即可打开如图 10-10 所示的“均衡”对话框，在对话框中通过创建一个显示每个亮度等级值的像素数目的柱状图，用户可以在不更改亮光或阴影的情况下，调整选项值或滑块位置使图像变亮或变暗。

- 黑点和白点：拖曳黑白与白下的黑色与白色标记可调整对比度，图像中位于白色标记右边的所有值都会变为白色；位于黑色标记左边的所有值都会变成黑色。
- 亮度：用于调整 Gamma，向右边移动此滑块将使图像变暗；向左边移动此滑块将使图像变亮，此选项仅对中间调区域有影响，不会触及黑色与白色区域。
- 应用于整个图像：如果在图像中创建为选区，在“均衡”对话框中的“应用于整个图像”复选框即为启用状态，此时勾选该复选框可以等化整张图像。

打开素材图像，使用选择工具创建选区，选择要调整的图像范围，执行“效果→色调控制→均衡”菜单命令，在打开的“均衡”对话框中，Painter 会自动地调整图像的亮度值，最亮的颜色设置为白色，最暗的颜色设置为黑色。我们可适当拖曳黑色与白色标记，进一步调整图像的对比度，然后勾选“应用于整个图像”复选框，设置后单击“确定”按钮，调整选区内的图像，如图 10-11 所示。

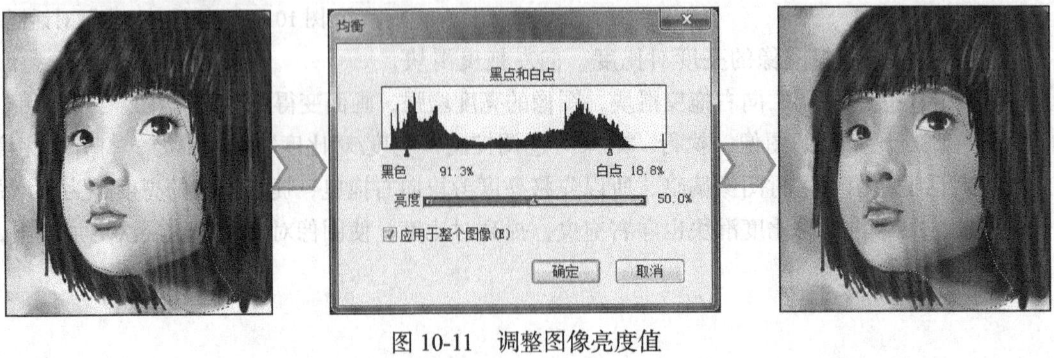

图 10-11　调整图像亮度值

10.1.6 色调分离

“色调分离”命令可以让图像中的色相分离，减少图像的颜色，使画面变得更简洁。应用此命令分离图像色彩时，通过指定步数来确定图像所包含颜色的多少，设置的步数越少，效果越明显。

选择并打开要进行色调分离的图像，执行“效果→色调控制→色调分离”菜单命令，打开“色调分离”对话框，在对话框中输入“步数”3，输入后单击“应用”按钮，应用色调分离效果，如图 10-12 所示。

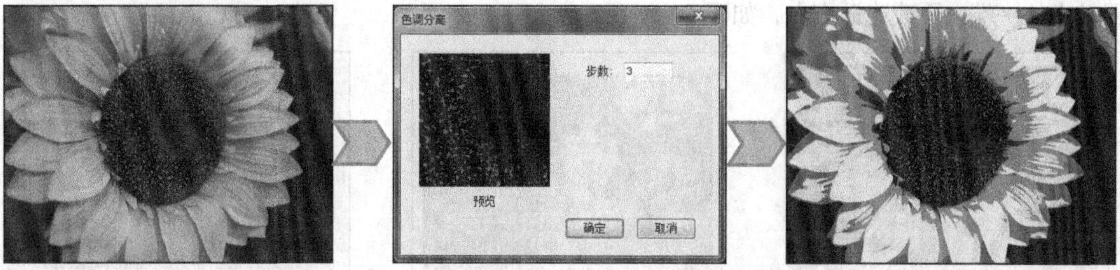

图 10-12 应用色调分离效果

10.2 表面控制

Corel Painter 中不但可以利用调整命令控制图像的色彩，还可以应用“表面控制”菜单命令为图像添加纸纹、光源、木刻等特殊的纹理效果。执行“效果→表面控制”菜单命令，在展开的“表面控制”菜单下的级联菜单中即可通过执行菜单命令控制图像表面，得到更有创意的画面效果。

10.2.1 应用光源

“应用光源”效果可在一张图像上应用一个或多个光源。它可以模拟彩色聚光灯照射在图像上的效果，使作品更加光彩夺目。在 Painter 中，可以从材质库中选择不同的光源效果，或是通过定义亮度、距离、颜色和其他特性来创建自己需要的效果，同时，还可以把自定义的光源效果保存在材质库中，以供不同的图像使用。执行“效果→表面控制→应用光源”菜单命令，将会打开“应用光源”对话框，打开的对话框如图 10-13 所示。

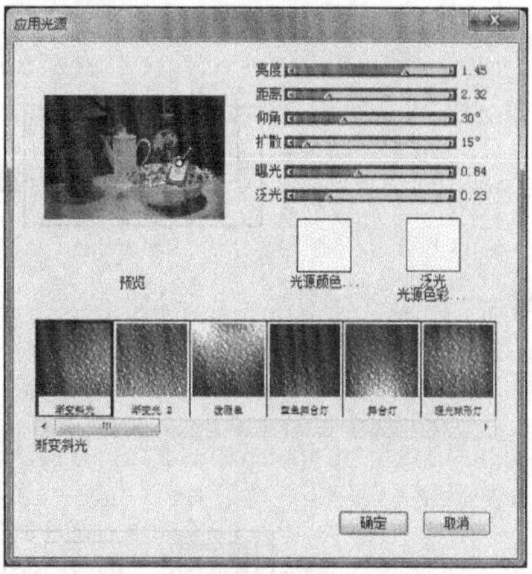

图 10-13 “应用光源”对话框

- 亮度：类似于调光器旋钮，向左移动此滑块将调暗光源；向右移动此滑块则调亮光源。
- 距离：控制图像与光源之间的距离。
- 仰角：设置光源与画布之间的角度。当角度为 90° 时，光源将垂直向下打光，当角度为 1° 时，则趋近水平。

- 扩散：设置光锥的角度。
- 曝光：控制图像的亮度，与摄影中曝光相似，向左移动此滑块将减少曝光并使图像变暗；向右移动此滑块则将增加曝光并使图像变亮。
- 泛光：控制图像的周围光源，向左移动“泛光”滑块将使整个光源变暗；向右移动此滑块则光源图像变亮。如果图像中没有设置独立光源，则泛光光源决定整张图像的亮度。

◆添加、删除或重新定位光源

“应用光源”对话框中，可以在“预览”窗口中的任意位置单击，添加光源，如图 10-14 所示。也可以单击上面的光标指示器，移动光源的位置，如图 10-15 所示。还也可以拖曳光源指示器较小的一端，更改光源方向，如图 10-16 所示。

图 10-14　添加光源

图 10-15　移动光源

图 10-16　更改光源方向

◆更改光源颜色

对于图像中添加或已创建的光源，可以对其颜色进行更改。在“预览”窗口中单击要更改光源色彩的光源指示器，单击右侧的“灯光颜色框”，在打开的“颜色”对话框中选择一种颜色，单击“确定”按钮，设置光源颜色，如图 10-17 所示。如果要更改图像周围光源的颜色，则单击“泛光光源颜色”框，打开“颜色”对话框，在对话框中单击选项颜色，以设置泛光光源颜色，如图 10-18 所示。

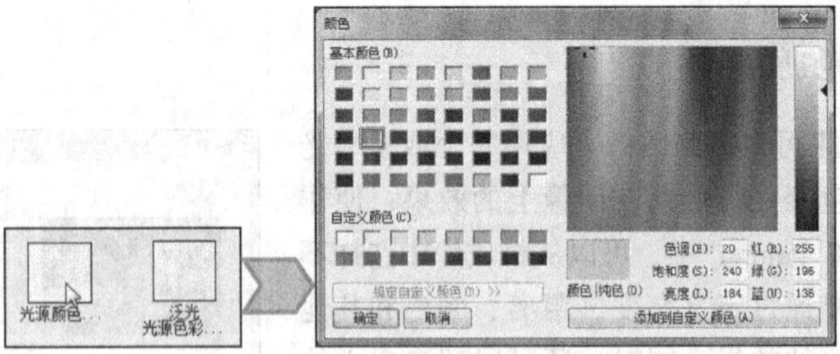

图 10-17　设置光源颜色

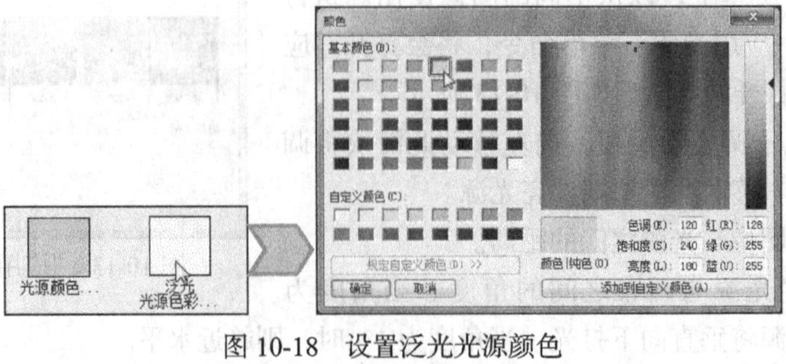

图 10-18　设置泛光光源颜色

◆**更改光源属性应用其效果**

设置光源颜色后，为了让图像呈现更自然的光照效果，还可以利用“应用光源”对话框中的控制选项，调整光源的大小、范围、强度等。在“应用光源”对话框中的“预览”窗口右侧列出了亮度、距离、仰角等多个光源属性选项，用户可拖曳对应的选项滑块调整光源属性。

选择要应用光源效果的图像，如图 10-19 所示，执行“应用光源”命令，打开“应用光源”对话框，在对话框中设置好光源颜色，然后运用拖曳光源选项控制滑块，分别设置为 1.00、1.61、44、134、1.22 和 0.46，设置后单击“确定”按钮，应用光源效果。

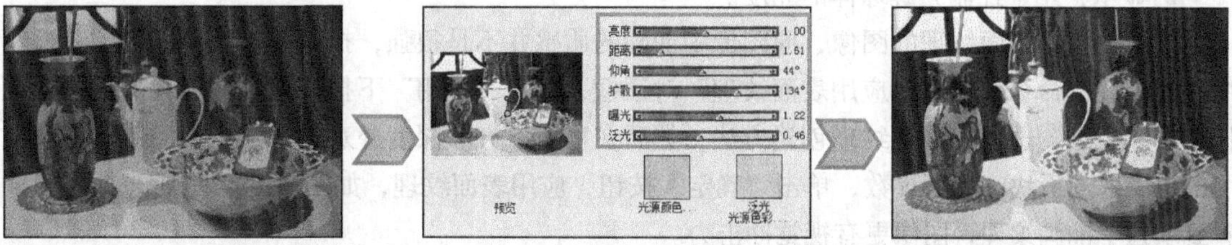

图 10-19 应用光源效果

10.2.2 应用表面纹理

应用表面纹理可以让图像产生生动逼真的三维立体表面纹理。通过使用此功能，可以在图像中应用纸张材质使油画和笔刷具有浓度或者是创建三维马赛克花砖效果等。Painter 中应用纹理效果后不能对其擦除，因此此效果一般需要在图像绘制完成后再进行添加。执行“效果→表面控制→应用表面纹理”菜单命令，将打开如图 10-20 所示的“应用表面纹理”对话框，在此对话框可通过选择或拖曳选项进行表面纹理效果的控制。

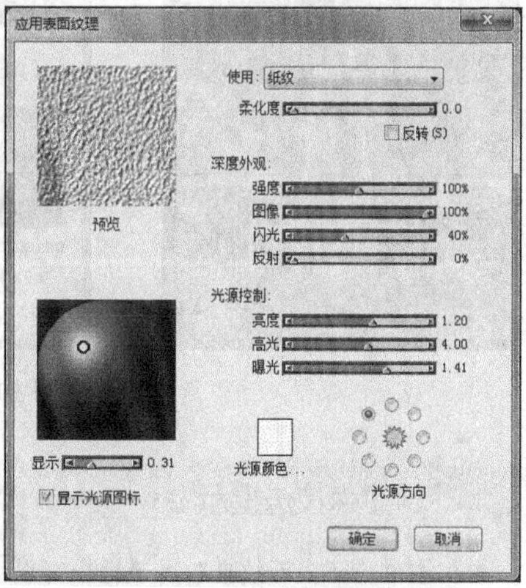

图 10-20 “应用表面纹理”对话框

- 使用：选择创建纹理的方法，包括“纸纹”“3D 笔触”“图像亮度”“原始亮度”4 种方法，单击“使用”选项右侧的下拉按钮，即可展开“使用”选项下拉列表，在该列表中即可选择创建纹理的方法。图 10-21 展示了不同纹理的创建效果。

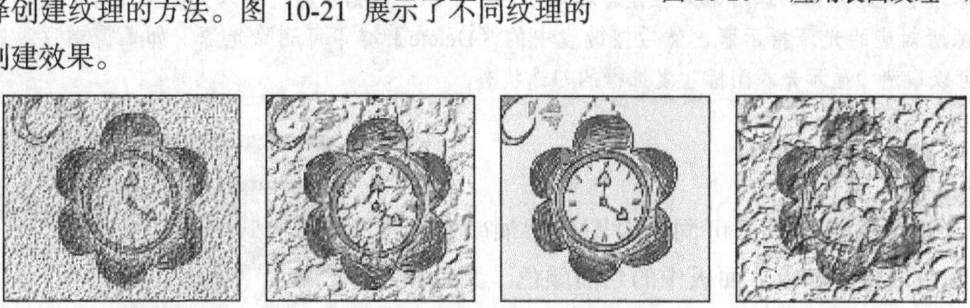

图 10-21 不同纹理的效果

- 强度：控制表面应用纹理的材质数量，将滑块移至最右侧将应用最大量的材质。

- 图像：用于控制从原始图像向材质应用的色彩数量，向左拖曳滑块将显示更多的黑色，只留下闪亮区，若设置为100%时，将应用图像中的所有颜色。
- 闪光：用于控制材质表现显示的亮光量，数值较大时会使材质看起来更有金属光泽感。
- 反射：用于按各种比例将克隆来源图像或图案对应到纹理上。
- 亮度：用于调整光源强度。
- 高光：用于调整光源在表面的散布程度。
- 曝光：用于全局调整整体光源量，由最暗到最亮。
- 显示：用于控制光源球体的亮度。

选择要应用表面纹理的图像，原图像中油画的质感并不是很强，执行“效果→表面控制→应用表面纹理”命令，打开“应用表面纹理”对话框，单击“使用”下拉按钮，在展开的列表中选择“图像亮度”选项，确定纹理创建方法，然后在拖曳下方“深度外观”和“光源控制”选项组中的控制选项滑块，调整参数，单击“确定”按钮，应用表面纹理，如图 10-22 所示，此时可以看到增强了油画纹理，图像更有视觉冲击力。

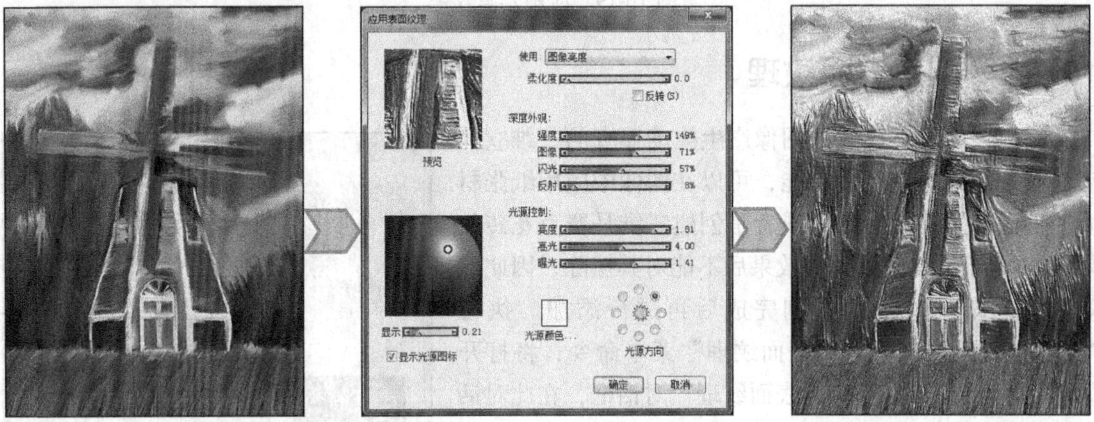

图 10-22　应用表面纹理的效果

重点技法提示

在“应用表面纹理”对话框中可以添加或删除光源。如果要添加光源，将鼠标移至光源球体上，单击鼠标即可完成光源的添加，并在光源球体上显示新的光源指示器。如果要删除光源，则单击要删除的光源所对应的光源指示器，然后按键盘中的【Delete】键即可删除光源。如果需要隐藏光源图标，则可以取消“显示光源图标”复选框的勾选状态。

10.2.3　颜色叠加

使用“颜色重叠”效果可同时对图像添加颜色和纹理。叠加颜色取自“颜色”面板中的当前颜色。颜色和纹理材质的应用效果则由“颜色叠加”对话框中“使用”选项所决定。执行“效果→表面控制→颜色叠加”菜单命令，可打开“颜色叠加”对话框，如图 10-23 所示。

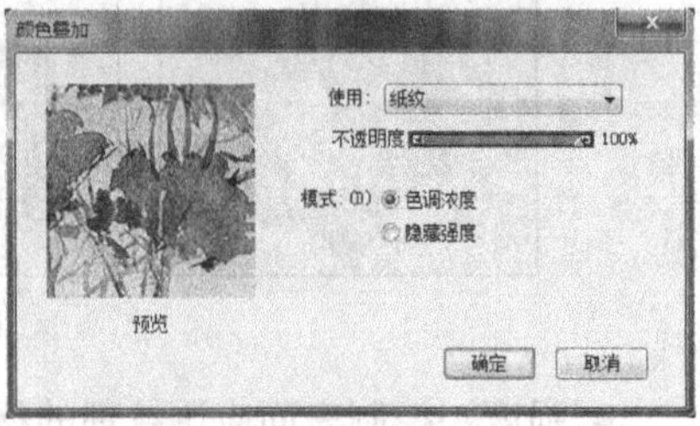

图 10-23　“颜色叠加”对话框

- 使用：选择颜色叠加的应用方式，包括“统一颜色”“纸纹”“图像亮度”和“原始亮度”4 种。“统一颜色”方法用于均匀对图像添加染色；“纸纹”方法用于将纸纹用作对应依据来覆盖颜色，纸张颗粒中的亮色区域将应用较多的颜色，而暗色区域则应用较少的颜色；“图像亮度”方法用于将图像亮度用作颜色重叠的依据，原始图像的亮色区域将应用较多的效果，而暗色区域则应用较少的颜色；“原始亮度”方法使用克隆来源的亮度作为颜色重叠的依据。克隆来源的亮色区域将在图像中生成较多的颜色。图 10-24 展示了在不同使用方式下叠加的颜色效果。

图 10-24　4 种叠加颜色效果

- 不透明度：用于控制颜色叠加的不透明度，数值越大，颜色叠加效果越强。
- 模式：用于调整颜色叠加模式，单击“色调浓度”单选按钮，表示允许画纸吸收颜色；单击“隐藏强度”单选按钮，表示减弱颜料的遮盖能力，使图像产生透明效果。

为图像设置颜色叠加效果前，需要指定叠加颜色和选择应用颜色的纸张。打开“颜色”面板，在面板中设置要叠加的主要颜色，如图 10-25 所示，打开“纸纹”面板，在面板中选择要应用的纸纹类型，设置好叠加颜色和纸张后，接下来打开需要创建颜色叠加效果的素材图像。

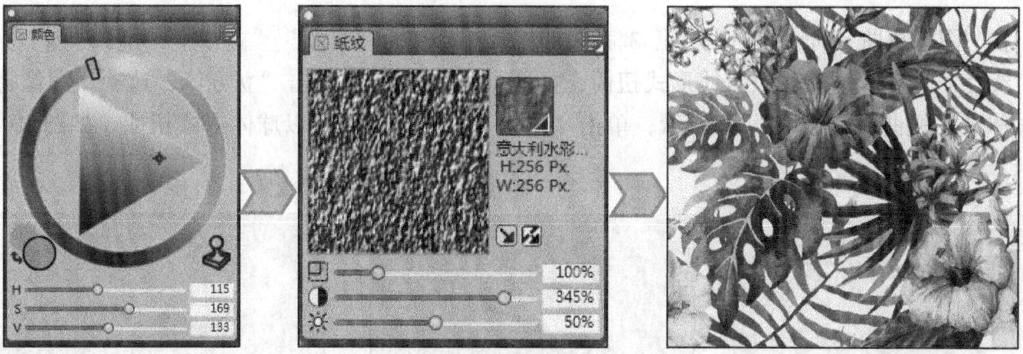

图 10-25　设置主要颜色和纸纹类型

执行“效果→表面控制→颜色叠加”命令，打开“颜色叠加”对话框，单击“使用”下拉按钮，在展开的列表中选择“纸纹”选项，用我们前面选择的纸纹覆盖颜色，然后在拖曳下方“不透明度”滑块，调整颜色和纸纹叠加的不透明度效果，如图 10-26 所示，设置后单击“确定”按钮，应用颜色叠加。

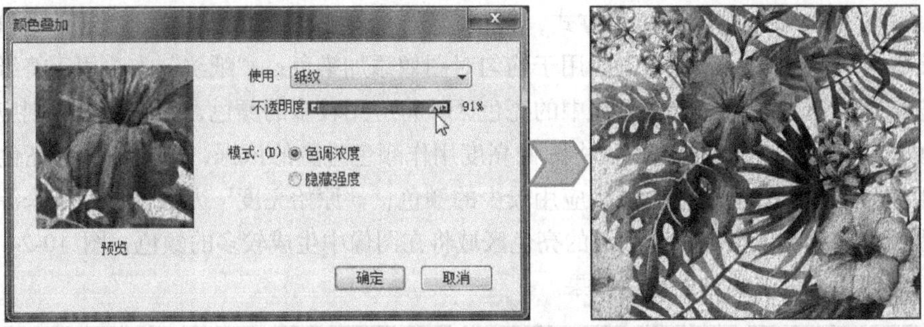

图 10-26　应用“颜色叠加”

10.2.4　图像扭曲

通过使用“图像扭曲”效果，可以随意扭曲图像的表面，让图像就像一张柔软的胶卷，呈现出哈哈镜反射的效果。

打开需要扭曲的素材图像，执行“效果→表面控制→图像扭曲”菜单命令，打开“图像扭曲”对话框，在对话框中运用在“预览”窗口中，拖动以扭曲图像，如图 10-27 所示，当扭曲到满意的状态后，单击“确定”按钮，应用扭曲效果。

图 10-27　应用扭曲效果

在“图像扭曲”对话框中提供了 3 种扭曲方式，分别为“线性”“立方体”和“球体”。单击“线性”选项，图像将以直线形式扭曲，如图 10-28 所示。单击“立方体”选项，图像将以立方体形式扭曲，如图 10-29 所示；单击“球体”选项，图像将以球体方式扭曲，如图 10-30 所示。

图 10-28　直线扭曲

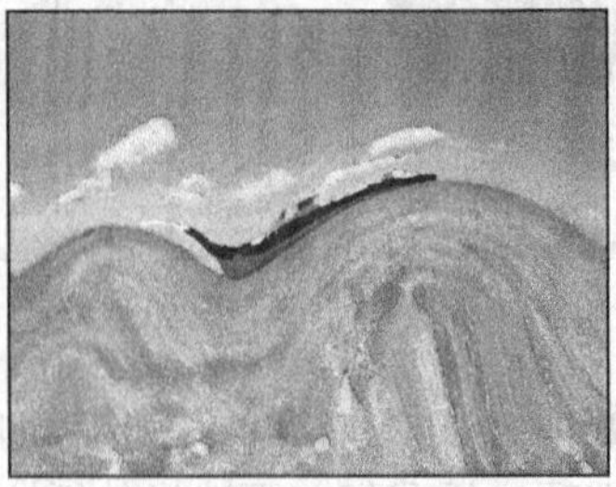

图 10-29　立方体扭曲

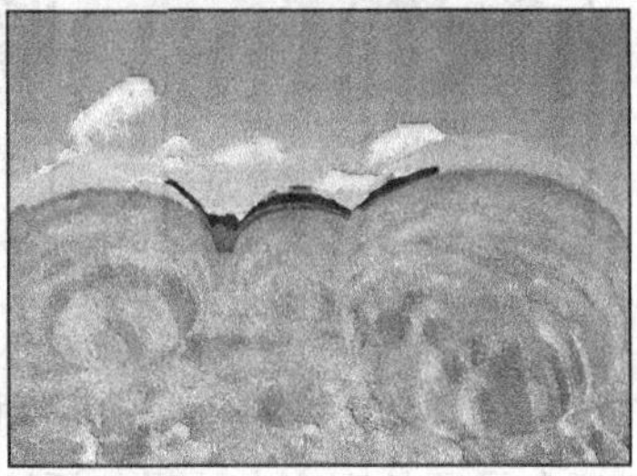

图 10-30　球体扭曲

10.2.5　快速扭曲

使用“快速弯曲”效果可以创建一些基本的扭曲，例如延展或凸出。“快速弯曲”将应用于整张画布，而不是选区或图层。

打开需要扭曲的素材图像，执行“效果→表面控制→快速扭曲”菜单命令，打开“快速扭曲”对话框，在对话框中选择默认的“球体”扭曲类型，然后拖曳上方的“强度”和“角度因素”，控制图像的扭曲效果，设置完成后单击“确定”按钮，扭曲图像，如图 10-31 所示。

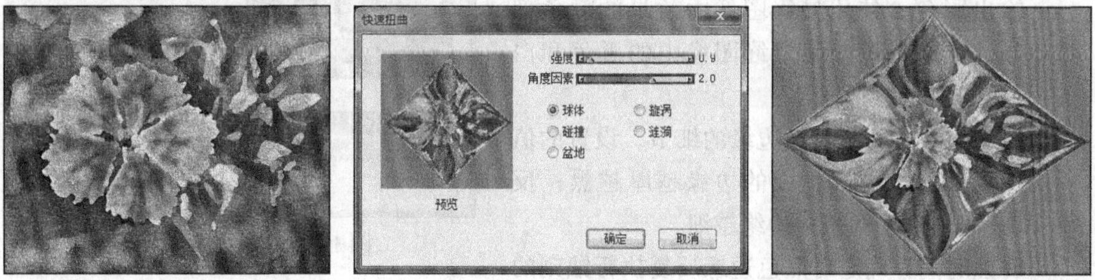

图 10-31　快速扭曲

在“快速扭曲”下提供了 5 种不同的扭曲类型，分别为“球体”“旋涡”“碰撞”“涟漪”和“盆地”。“球体”可使图像弯曲成球状，类似于反射在圆滑的银球上；“旋涡”可使图像扭曲成漩涡状；“碰撞”可使图像中心向外弯曲，让图像呈现凸出效果；“涟漪”可使图像扭曲成同心圆状，类似将石头丢入水池时产生的波环；“盆地”可使图像中心向内弯曲，让图像呈现凹陷效果。图 10-32 展示了不同扭曲样式的效果。

图 10-32　不同扭曲样式的效果

10.2.6　木刻、拓印、绢印及素描

在“表面控制”菜单下，除了已经介绍的颜色叠加扭曲、快速扭曲等有趣的视觉效果外，还提供了类似于木刻、拓印、绢印和素描等艺术绘画效果。下面分别对这些效果的选项设置和应用进行详细地介绍。

◆木刻

Painter 中的木刻画效果摆脱了传统木版画复杂的工艺术，用户只需要应用“木刻”命令就可以可以快速将任何图像处理成漂亮的木刻版画效果。执行“效果→表面控制→木刻”菜单命令，打开“木刻”对话框，如图 10-33 所示。

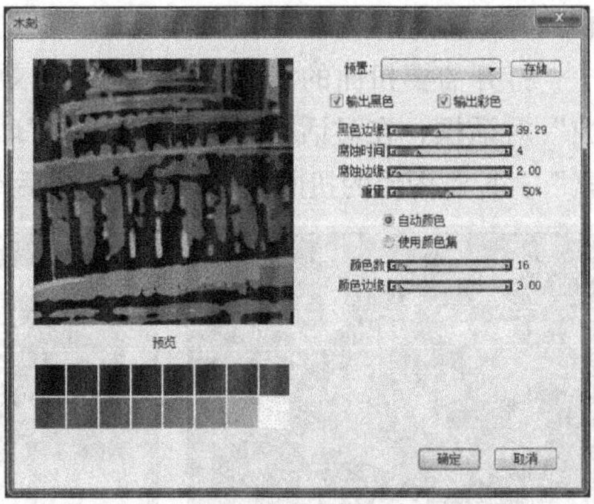

图 10-33 “木刻”对话框

- 输出黑色：使用最终图像中效果的黑色部分，如果只想使用最终图像中的颜色，禁用此复选框。
- 输出彩色：使用最终图像中效果的颜色部分，如果只想使用最终图像中的黑色和白色，禁用此复选框。
- 黑色边缘：确定黑色边缘的细节，设置的值越大，对象周围生成的边缘越厚越黑；反之，值越小，生成的边缘越细。
- 腐蚀时间：确定对黑色边缘反复执行蚀刻的次数，设置蚀刻次数越多，边缘越薄。
- 腐蚀边缘：控制黑色边缘的平滑程度，较大的值可生成外观圆滑的黑色边缘。
- 重量：确定最终图像中的黑色量。
- 自动颜色：自动通过原始图像的颜色计算颜色集。
- 使用颜色集：使用预定义的颜色集。
- 颜色数：确定效果中使用的颜色数量，范围是 2 ~ 256。仅当已启用“自动颜色”选项和“输出彩色”复选框时，才能调整颜色数量。
- 颜色边缘：确定对图像边界应用的彩色边缘厚度。向右移动此滑块可增加边缘厚度，以像素为测量单位。通过选择“预览”窗口下方的色块，可选择边缘颜色。使用此功能前，必须启用“输出彩色”复选框。

打开一张拍摄的照片，如图 10-34 所示，我们需要将照片转换为木刻画效果，执行“效果→表面控制→木刻”菜单命令，在打开的对话框中设置木刻选项，将“黑色边缘”滑块拖曳至 44.90 位置，“腐蚀时间”滑块拖曳至 18 位置，“腐蚀边缘”滑块拖曳至 1.00，“重量”滑块拖曳至 18%，其他参数值不变，设置后单击“确定”按钮，应用设置的参数，将图像转换为了木刻版面效果。

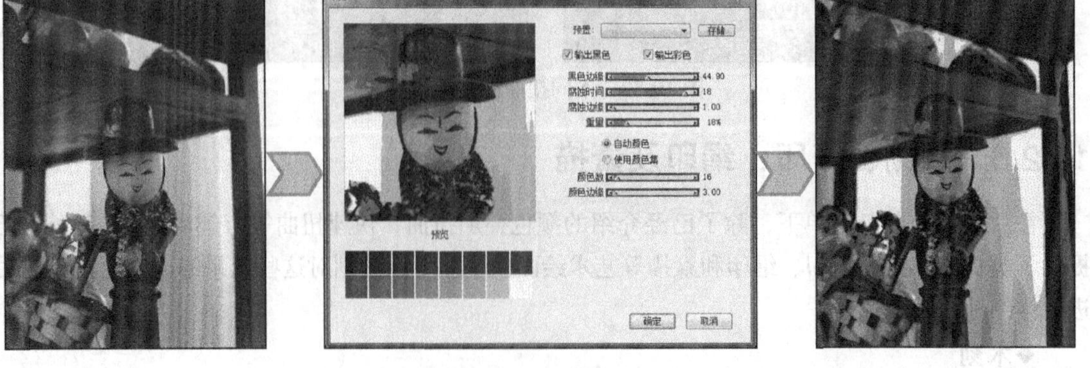

图 10-34 应用木刻版面效果

◆拓印

图 10-35　“拓印”对话框

“拓印”命令可以基于当前选择的纸张将图像或文本制作成黑白的纹理效果。执行“效果→表面控制→拓印”菜单命令，将打开“拓印”对话框，如图 10-35 所示。

- 边缘人小：用于控制在画纸或用图案制成的黑白纹理的边缘尺寸。
- 边缘强度：用于调整黑白纹理所显示出的画纸纹理边缘增加的量。
- 平滑度：用于调整确定黑白边缘之间的圆滑度。
- 变化：用于确定为边缘添加的颗粒量，即图像中纹理的的多少，数值越大，纹理表现的效果越强烈。
- 阈值：用于控制黑色在图像中的数理，值越大，黑色的数量越多。
- 使用：用于选择拓印的方法，包括“颗粒”和“原始亮度”两个选项，选择“颗粒”选项将基于纸纹创建拓印效果；选择“原始亮度”选项，将基于克隆源图像的亮度而创建拓印效果。

打开一张拍摄的照片，如图 10-36 所示，我们需要将照片转换为黑白效果，执行“效果→表面控制→拓印”菜单命令，在打开的对话框中设置选项，将“边缘大小”滑块拖曳至 36.49 位置，“边缘强度”滑块拖曳至 96%位置，“平滑度”滑块拖曳至 5.67，“变化”滑块拖曳至 4%，“阈值”滑块拖曳至 51%位置，确定使用“颗粒”转换，如图 10-36 中间所示，设置后单击“确定”按钮，应用设置的参数，将图像转换为黑白拓印效果，如图 10-36 右图所示。

图 10-36　黑白纹理效果

◆绢印

一些艺术家在创作版画时，采用丝网印技术。Painter 中使用“绢印”命令也可以使图像产生类似使用丝网印特有的简化色彩的效果。对图像应用“绢印”效果时，由于每次缩减色彩都会被保存为一个独立的图层，所以，也可以在应用该效果后单击编辑图层中的对象，创建更丰富的画面效果。执行“效果→表面控制→绢印”菜单命令，将会打开“绢印”对话框，如图 10-37 所示，通过在对话框中调整或设置选项控制图像的表面效果。

- 平滑度：用于确定黑色边缘的平滑度。
- 阈值：用于控制与中心色彩之间的色彩差异总量。
- 末梢增量：用于确定与中心色彩之间的色彩差距。
- 色相增量：设置图像色相作用于填充颜色效果的程度。
- 饱和度增量：设定图像饱和度作用于填充颜色效果的程度。
- 亮度增量：设定图像亮度作用于填充颜色效果的程度。

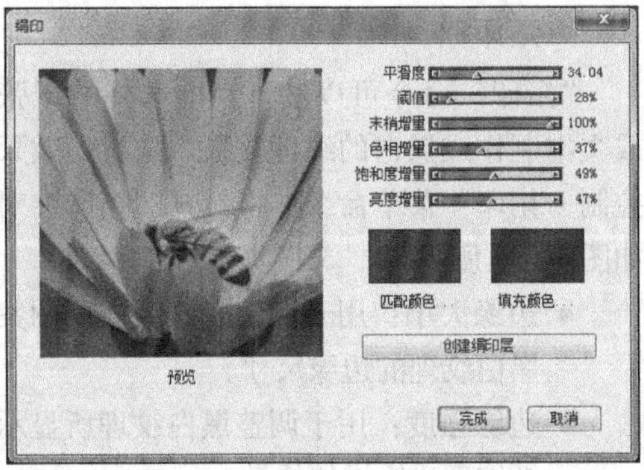

图 10-37 “绢印”对话框

选择并打开要应用丝网印效果的图像，如图 10-38 所示，执行“绢印”菜单命令以打开“绢印”对话框，在对话框中可看到“匹配颜色”和“填充颜色”均为红色，将鼠标移至文档窗口中的图像上，鼠标指针会变为吸管形状，在需要应用色彩的位置单击，吸取颜色。

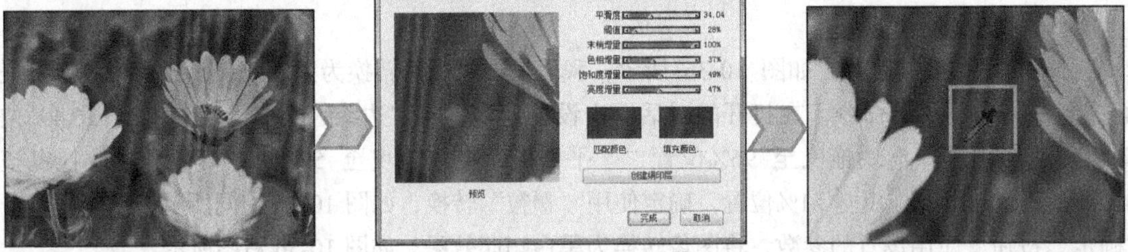
图 10-38 吸取颜色

吸取颜色后，在“绢印”对话框中的“匹配颜色”和“填充颜色”将替换为鼠标单击处的图像颜色，此时再拖曳上方的选项滑块，调整颜色所占的比例，如图 10-39 所示，单击“创建绢印层”按钮，即可在“图层”面板中生成一个新的节点图层，确认设置即可看到简化颜色后的图像效果，为了让图像的颜色更加丰富，再反复执行“绢印”命令，在图像中需要简化的色彩区域单击，创建多个不同颜色的节点图层，得到绢印效果。

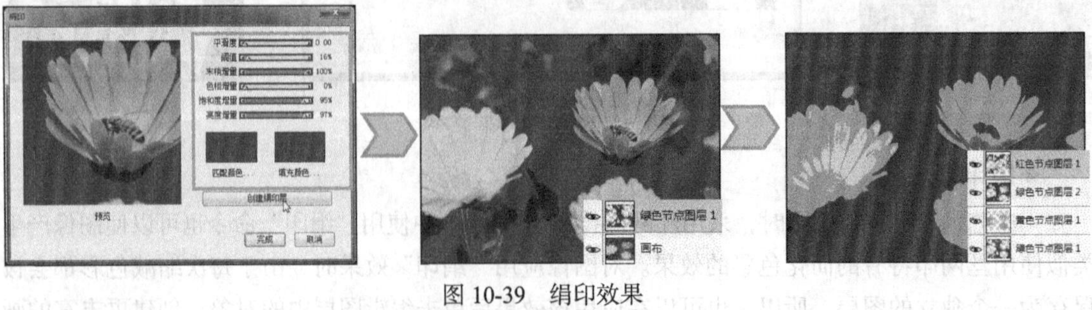

图 10-39 绢印效果

◆**素描**

使用“素描”命令可以快速将图像转换为黑白的铅笔素描绘画效果。执行“效果→表面控制

→素描”菜单命令，将打开如图 10-40 所示的“素描”对话框，在对话框中根据打开的图像调整参数，控制素描画效果。

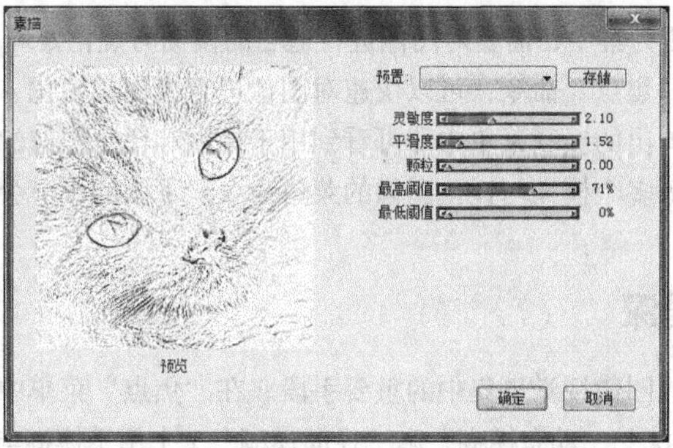

图 10-40　“素描”对话框

- 灵敏度：用于确定细节敏感度，较低的值时只检测主边缘；较高的值时检测主边缘与细纹。图 10-41 展示了低灵敏度和高灵敏度检测到的图像效果。

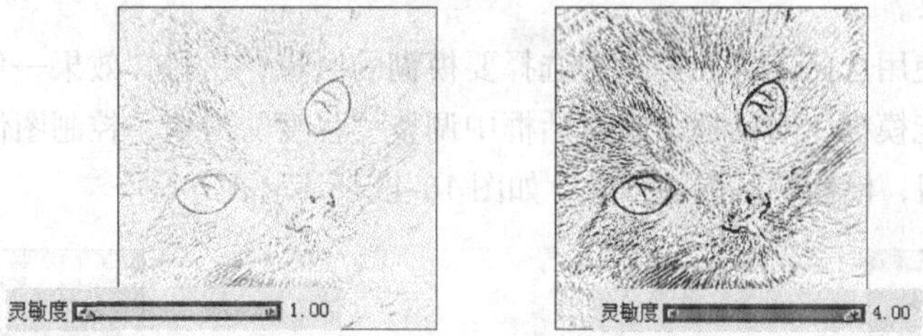

图 10-41　不同灵敏度的图像效果

- 平滑度：用于确定生成素描画的线条宽度和精细度，设置的值越高，线条越宽、越亮、越模糊。
- 颗粒：控制素描标记上显示的纸张颗粒量，向右移动此滑块时可显示较多的纸张颗粒。
- 阈值：用于在检测边缘之后删除杂质，其中“最高阈值”用于标记可能正好是图像中的杂点的亮色像素，“最低阈值”用于测试周边像素。

选择并打开要应用素描效果的图像，执行“素描”菜单命令以打开“素描”对话框，如图 10-42 所示，在对话框中参照设置选项值，满意后单击“确定”按钮，创建素描画效果。

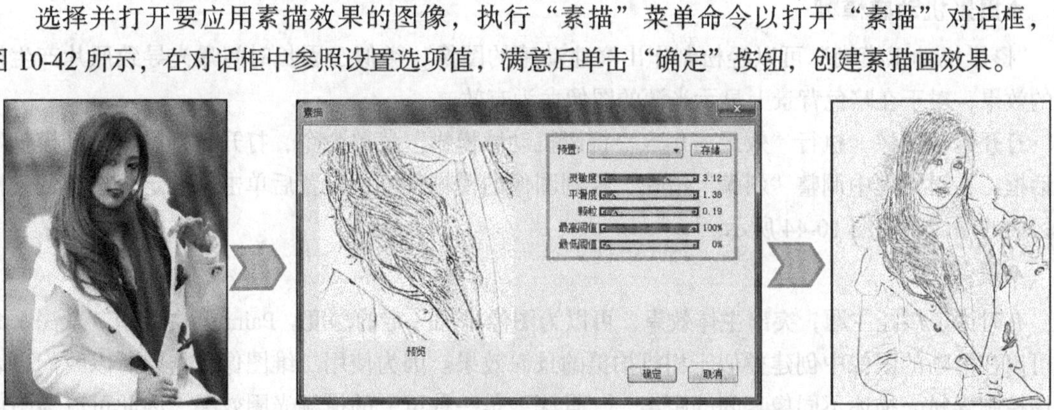

图 10-42　创建素描画效果

10.3 焦点

为了让图像的焦点更为集中，需要对图像进行适当的模糊与锐化处理。在 Corel Painter 中，通过使用“效果”中的“焦点”命令，可以快速对图像进行模糊、锐化、柔化处理。执行“效果→焦点”菜单命令，在弹出的级联菜单中即可看到用于模糊和锐化图像的“智能模糊”“摄影机动感模糊”及“锐化”等多个模糊与锐化图像的菜单命令。下面的小节会详细介绍这些命令的使用技巧。

10.3.1 模糊与景深

模糊与增强景深是让图像视觉更集中的重要手段。在“焦点”菜单中，包含了“智能模糊”“摄影机动感模糊”“景深”“动态模糊”和“径向模糊”5 个用于模糊与景深设置的菜单命令，使用这些命令能够轻松实现图像的模糊与景深效果的制作。

◆智能模糊

“智能模糊”通过平滑颜色和尖锐细节来柔化图像的外观。此效果可以让图像产生类似于应用轻柔画笔绘制的效果。

打开素材图像，使用选区工具在画布中选择要模糊的区域，执行“效果→焦点→智能模糊”菜单命令，打开“智能模糊”对话框，在对话框中调整“强度”滑块，控制图像的模糊程度，设置后单击“确定”按钮，模糊选区内的图像，如图 10-43 所示。

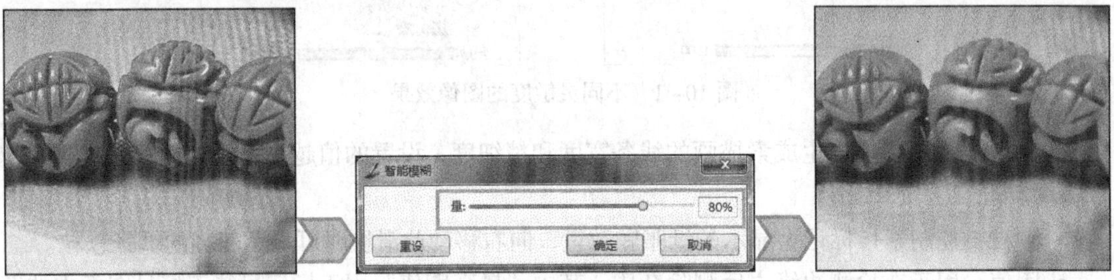

图 10-43　模糊选区内的图像

◆摄影机动感模糊

“摄影机动感模糊”可以轻松制作出高速动感的图像，类似于因长时间曝光导致照片产生模糊的效果，对于在暗色背景上显示光源的图像尤为有效。

打开素材图像，执行“效果→焦点→摄影机动感模糊”菜单命令，打开“摄影机运动模糊”对话框，在对话框中调整“斜偏”滑块，控制图像的模糊程度，设置后单击“确定”按钮，模糊选区内的图像，如图 10-44 所示。

◆景深

有时为了烘托主题，突出主体效果，可以为图像添加一定的深度。Painter 中应用“景深”命令可以在清晰的图像中创建类似于相机拍摄的景深效果。因为使用二维图像工作，所以我们可以使用控制媒材来描述不同像素间的距离。“景深”是一种可变的模糊光圈效果，因此可以为图像的不同区域指定模糊光圈的半径，得到更加自然的模糊效果。

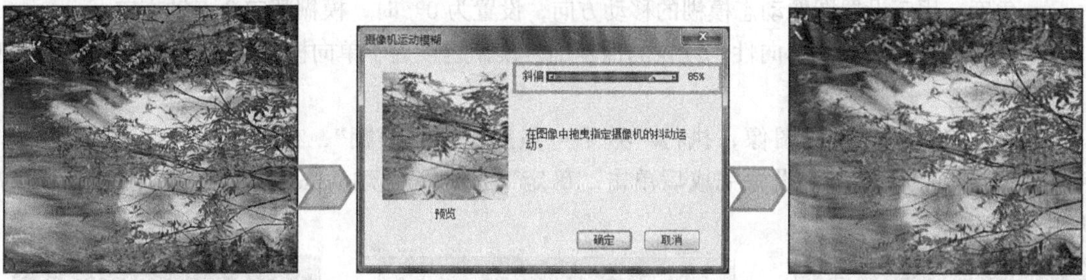

图 10-44　使用“摄影机动感模糊”效果

打开一张素材图像，应用选区工具选择要增强景深的区域，执行“效果→焦点→景深”菜单命令，打开“景深”对话框，从“景深”对话框的“使用”列表框中选择“图像亮度”选项，然后调整选项，拖曳“最小尺寸”滑块至 13.9 位置，拖曳“最大尺寸”滑块至 10.9 位置，设置后单击“确定”按钮，应用景深模糊选区内的图像，如图 10-45 所示。

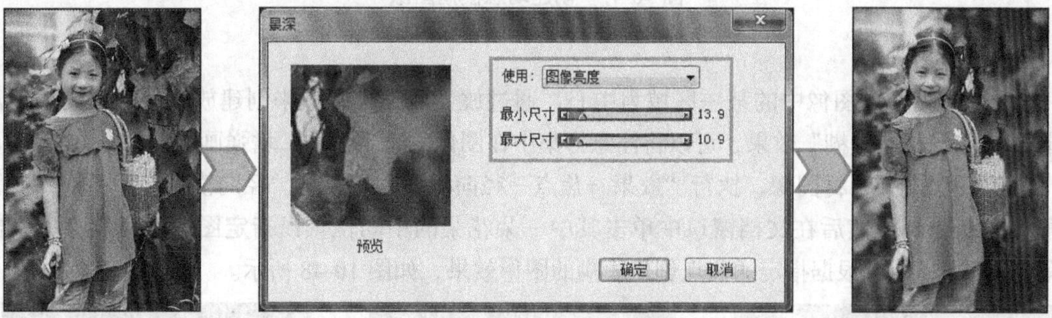

图 10-45　应用景深模糊图像

◆动态模糊

“动态模糊”可以使图像呈现出类似移动留下的模糊效果，其与 Photoshop 中的“动感模糊”滤镜作用相似。“动态模糊”滤镜通过指定“动态模糊”对话框中的模糊的方向和强度来控制画面的模糊效果，执行“效果→焦点→动态模糊”菜单命令，即可打开如图 10-46 所示的“动态模糊”对话框。

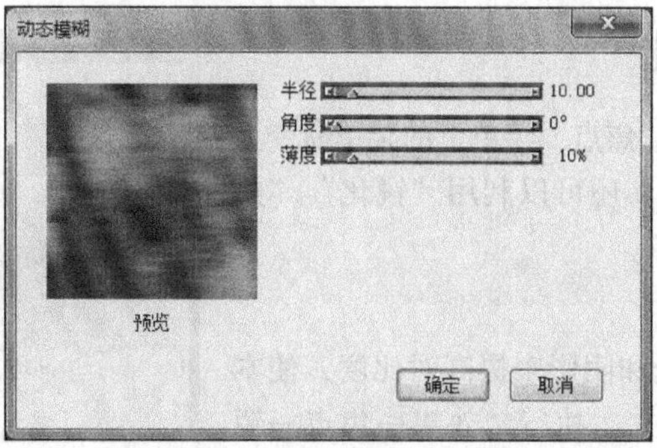

图 10-46　“动态模糊”对话框

- 半径：控制动态模糊的模糊量，向右移动此滑块将使图像呈现出快速移动的效果。
- 角度：用于设置图像动态模糊的移动方向，设置为 0° 时，模糊朝向 3 点钟方向。
- 薄度：控制模糊的单向性，设置的值越小，模糊越接近于单向模糊，值越大，模糊的方向性越差。

选择一张纪实类素材图像，执行“效果→焦点→动态模糊”，在打开的“动态模糊”对话框中，调整以下滑块，设置完成后单击“确定”按钮，创建动态模糊的图像，如图 10-47 所示。

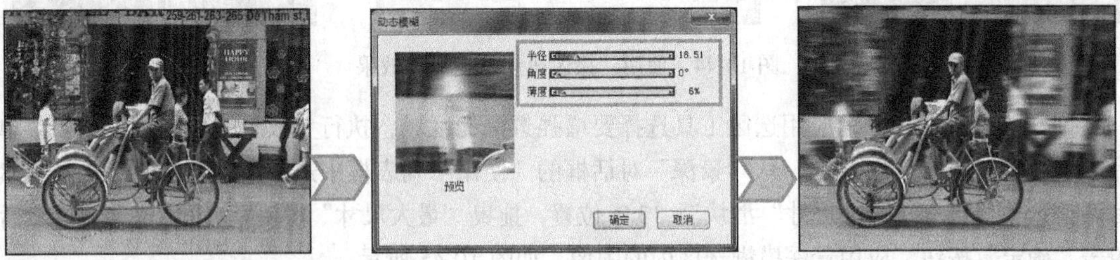

图 10-47　创建动态模糊图像

◆径向模糊

“径向模糊”以图像中的某一区域为中心，通过放大或缩小区域来创建放射状的模糊效果。对图像应用“径向模糊”效果，可以将注意力集中在图像的特定区域，增强画面的视觉冲击力。

打开一张花朵素材图像，执行“效果→焦点→径向模糊”，打开“径向模糊”对话框，设置“强度”为 30%，然后在文档窗口中单击其中一朵花朵的中间位置以指定图像的变焦点，单击“确定”按钮，即可根据指定的焦点创建模糊的图像效果，如图 10-48 所示。

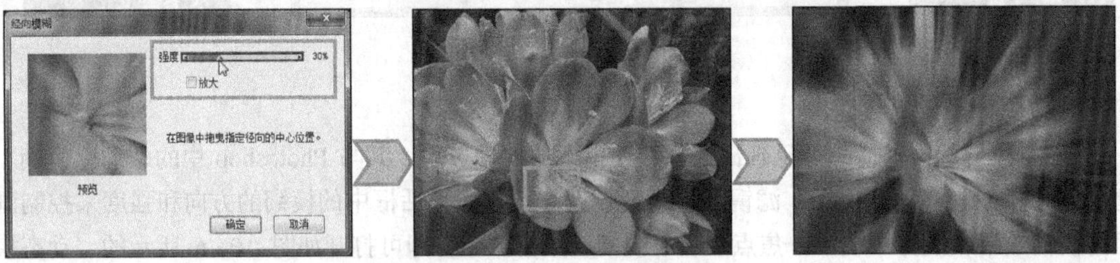

图 10-48　“径向模糊”效果

10.3.2　锐化与柔化

Painter 不但可以使用“焦点”菜单下的菜单命令为图像设置模糊和景深效果，还可以利用“锐化”“柔化”等命令锐化或柔化图像。

◆锐化

“锐化”通过强化亮光和阴影来提高对比度，使本身模糊的图像变得清晰起来。执行“效果→焦点→锐化”菜单命令，打开“锐化”对话框，如图 10-49 所

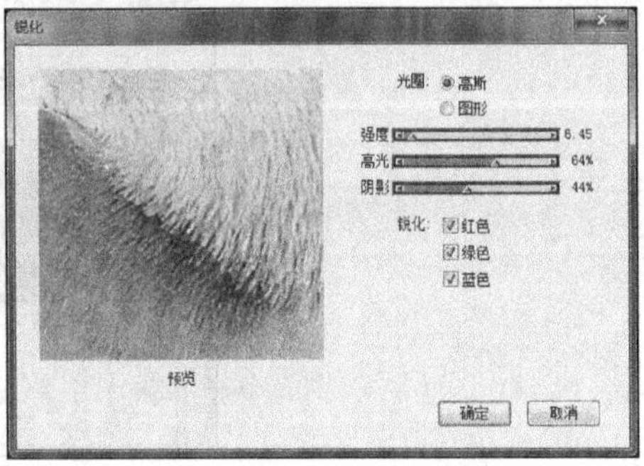

图 10-49　“锐化”对话框

示。在“锐化”对话框中可以指定锐化的方式，同时还可以通过拖曳选项滑块，控制锐化的范围和强度。

- 光圈：用于指定应用锐化图像的计算方式。单击“高斯”单选按钮可锐化红、绿、蓝三原色；单击“圆形”单选按钮可根据亮度锐化图像。
- 强度：用于确定元素边缘受影响的程度。
- 高光：用于控制亮光区域的锐化强度。
- 阴影：用于控制阴影部分的锐化强度。

打开一张小猫图像，执行“锐化”命令，打开“锐化”对话框。为了让小猫的毛发显示得更清晰，在“锐化”对话框中设置选项，将“强度”滑块拖曳至 13.71 位置，“高光”滑块拖曳至 64% 位置，“阴影”滑块拖曳至 44% 位置，设置后单击“确定”按钮，应用效果锐化图像，如图 10-50 所示。

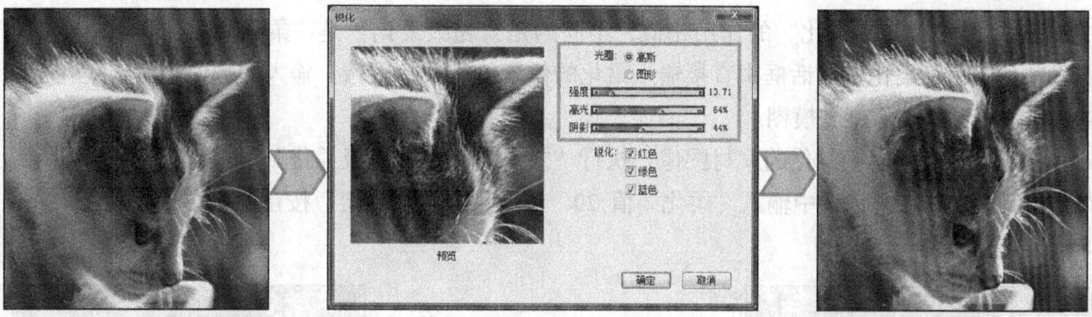

图 10-50 锐化图像

◆柔化

“柔化”与“锐化”命令刚好相反，它可以增加从图像的一部分到另一部分的转换，从而加强笔触的反锯齿补偿，使图像产生逐渐过渡的模糊效果。“柔化”效果由“柔化”对话框中的选项控制。我们可以选择使用“高斯”或“圆形”计算方式柔化图像，也可以通过调整“强度”滑块控制图像的模糊程度，值越大创建的图像就越模糊。执行“效果→焦点→柔化”菜单命令，即可打开如图 10-51 所示的“柔化”对话框。

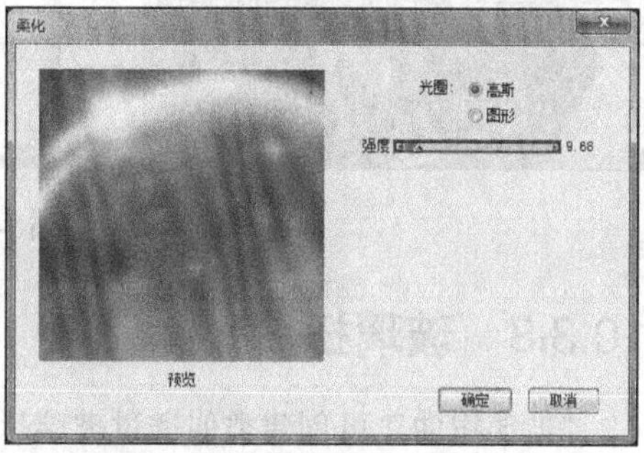

图 10-51 “柔化”对话框

- 光圈：用于指定应用柔化图像的方式。单击“高斯”单选按钮，将使用高斯模式进行模糊。这时模糊效果较精确，但速度较慢。单击“圆形”单选按钮，可快速地模糊图像，但模糊精确程度低于高斯模式。
- 强度：用于调整图像的模糊程度，右移动滑块的距离越远，图像元素之间的阶层越多，创建的模糊区域也越大。

打开一张需要应用柔化效果的图像，在图像中用选区工具选择需要模糊的图像区域，执行“效果→焦点→柔化”菜单命令，打开“柔化”对话框，在对话框中单击“圆形”单选按钮，启用孔径选项，再单击并向右拖曳“强度”滑块，设置完成后单击“确定”按钮，柔化图像，如图 10-52 所示。

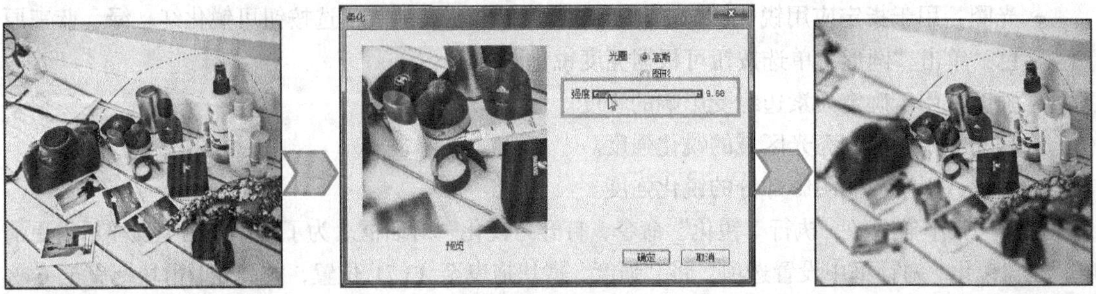

图 10-52　柔化图像

◆**超级柔化**

“超级柔化”与“柔化”的作用相似，不同的是“超级柔化”是“柔化”的加强版。我们可以通过在“超级柔化”对话框中直接输入柔化的像素值来柔化图像。输入的数值越大，柔化效果越明显，得到的图像就越模糊。

打开需要应用超级柔化的素材图像，执行“效果→焦点→超级柔化”菜单命令，打开“超级柔化”对话框，在对话框中输入“柔化”值 20，输入后单击“确定”按钮，应用超级柔化效果，如图 10-53 所示。

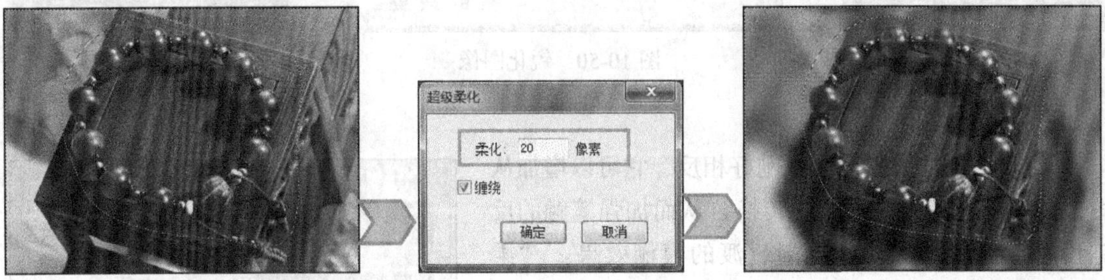

图 10-53　应用超级柔化结果

10.3.3　玻璃扭曲

“玻璃扭曲”可创建类似透过玻璃片观看对象所产生的模糊、变形效果。此命令可以让图像呈现类似从浴室波纹玻璃门后透出的效果，或者使图像扭曲到难以辨识的模糊状态。“玻璃扭曲”根据替换对应重置图像像素来生成效果。执行“效果→焦点→玻璃扭曲”菜单命令，可打开“玻璃扭曲”对话框，如图 10-54 所示。我们可以通过调整对话框中的各个选项滑块的位置来控制图像的扭曲和模糊效果。

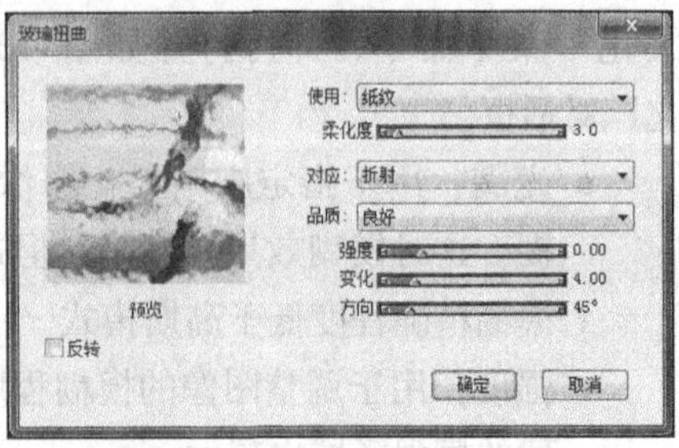

图 10-54　“玻璃扭曲”对话框

- 使用：用于指定替换信息的来源，包括了“纸纹”“3D 笔触”“图像亮度”和“原始亮度”4 个选项，单击“使用”选项右侧的倒三角形按钮即可进行选择。

- 柔化度：用于控制替换颜色之间的转换，增加“柔化度”设置将创建更多中间阶层，让扭曲更加平滑。
- 对应：用于选择图像对应类型，包括“折射”“向量替换”和“角度替换”3 种，选择“折射”选项将以光学镜片折射光线的方法替换像素；选择“向量替换”选项将以特定方向移动像素；选择“角度替换”选项将以不同的方向移动像素。图 10-55 展示了原图像对应“折射”“向量替换”和“角度替换”类型时应用玻璃扭曲的画面效果。

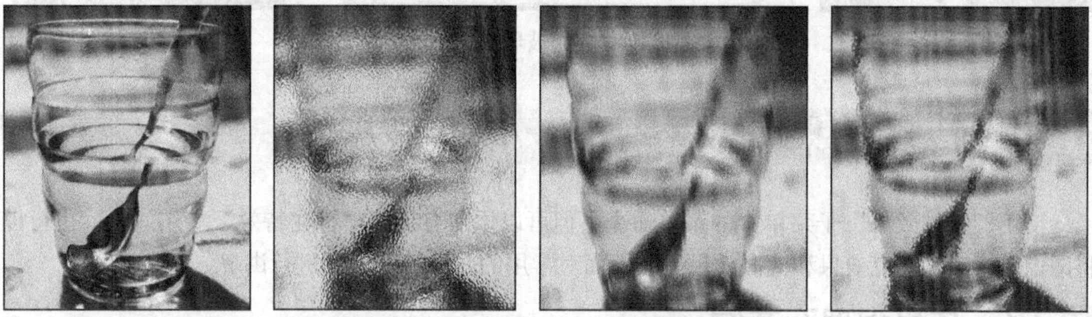

图 10-55　原图像应用玻璃扭曲后的效果

- 品质：此选项用于选择品质类型。
- 强度：用于控制像素位移的程度，设置的数值越大，得到的图像扭曲效果就越明显。图 10-56 展示了高“强度”和低“强度”时锐化的图像效果。

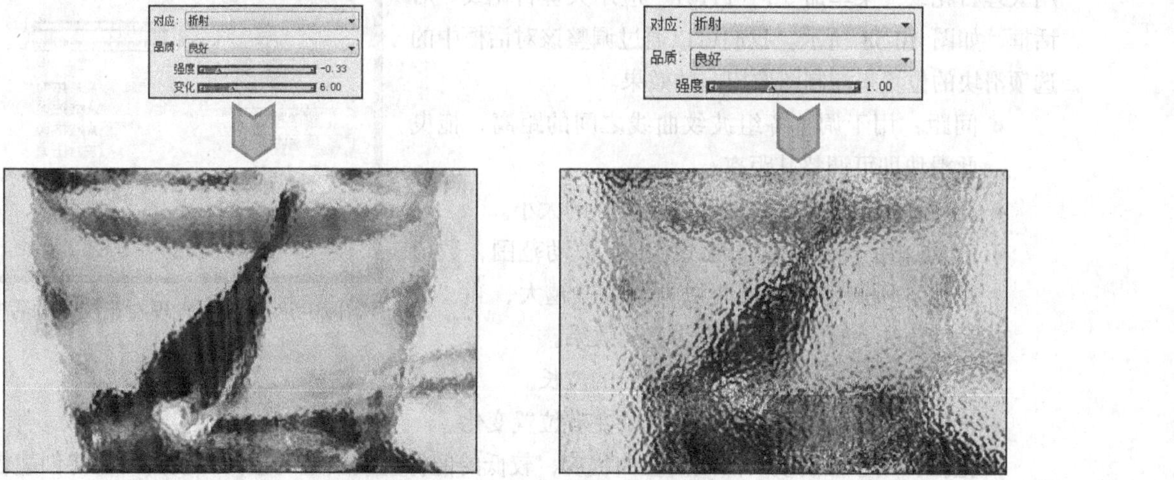

图 10-56　不同“强度”锐化后的效果

- 变化：用于控制像素位移的变化程度。
- 方向：指定像素位移的方向。

选择并打开一张需要创建扭曲效果的素材图像，执行“效果→焦点→玻璃扭曲”菜单命令以打开“玻璃扭曲”对话框，在“玻璃扭曲”对话框中的“使用”列表框中选择“纸纹”，然后拖曳“柔化度”滑块至 1.7 位置、“强度”滑块至 0.08 位置、“变化”滑块至 4.96 位置，其他参数不变，设置后单击“确定”按钮，即可应用玻璃扭曲效果，如图 10-57 所示。

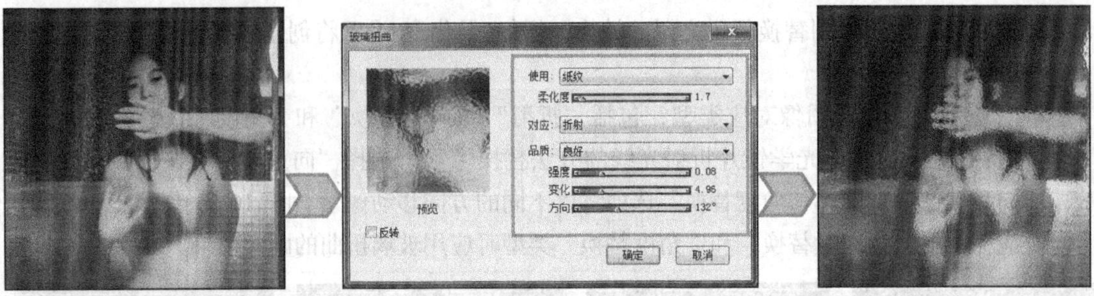

图 10-57　应用玻璃扭曲效果

10.4 特殊效果

使用“特殊效果”子菜单中的菜单命令不但可以添加有趣的“神秘特效”专用效果，也可以将图像转换为马赛克效果和镶嵌效果等。下面对常用的几种特殊效果进行讲解。

10.4.1　应用大理石花纹

“应用大理石花纹”效果可创建错综复杂的图像变形，生成的效果类似在巧克力糖浆和融化的冰淇淋混合物上拖动叉子形成的纹理效果。执行“效果→特殊效果→应用大理石花纹”菜单命令，可打开“应用大理石花纹”对话框，如图 10-58 所示。我们可以通过调整该对话框中的选项滑块的位置来控制图像扭曲的效果。

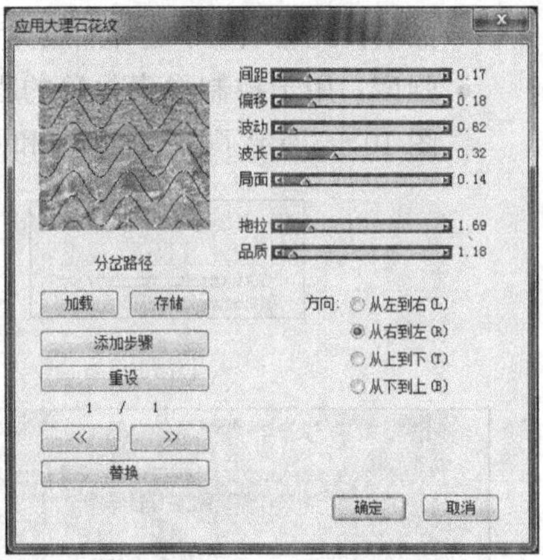

图 10-58　“应用大理石花纹”对话框

- 间距：用于调整各组波纹曲线之间的距离，拖曳此滑块即可调整其距离。
- 偏移：用于调节波纹曲线横向位移的大小。
- 波动：用于调节每组曲线的上下波动范围，数值越大，所产生的波纹曲线幅度也就越大，当“波动”值为 0 时，曲线会变为直线效果。
- 波长：确定波峰间距及波纹曲线的波长。
- 局面：用于调整每组波纹曲线的左右位置变化。
- 拖拉：用于控制波纹曲线的扭曲程度，较低的值将生成细短的扭曲；较高的值将创建较为强烈的扭曲。
- 品质：用于控制石纹图像中的平滑度。

打开素材图像，执行“效果→特殊效果→应用大理石花纹”菜单命令以打开“应用大理石花纹”对话框，在对话框中单击“从左到右”单选按钮，确定花纹方向，然后拖曳上方的选项滑块，控制花纹效果，设置完成后单击“确定”按钮，应用大理石花纹，如图 10-59 所示。

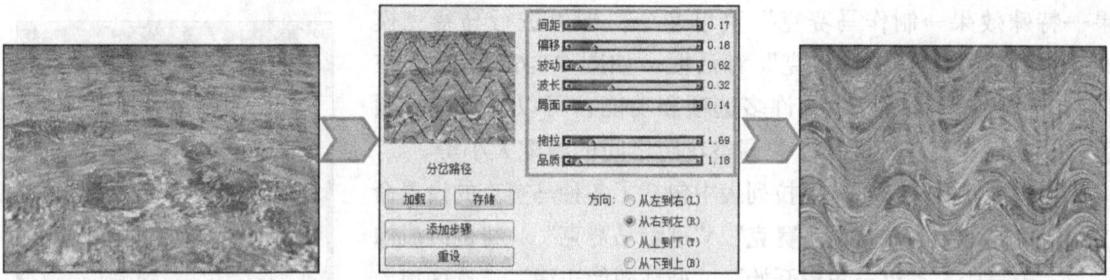

图 10-59 应用大理石花纹

10.4.2 自动梵高

“自动梵高”命令可以使用“艺术家画笔”类别中的“自动梵高”变体模拟酷似梵高笔下的画面效果。选择要克隆的图像，执行“文件→快速克隆”菜单命令，克隆图像，如图 10-60 所示。

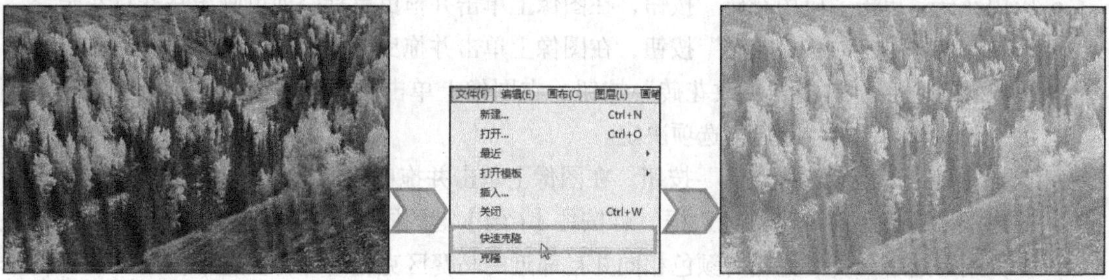

图 10-60 克隆图像

单击“画笔选择器”栏上的“画笔选择器”，在“画笔库”面板中，单击“艺术家画笔”画笔类别，然后单击该类别下的“自动梵高”画笔变体，执行“效果→特殊效果→自动梵高”菜单命令，即可把图像转换为梵高式绘画效果，如图 10-61 所示。

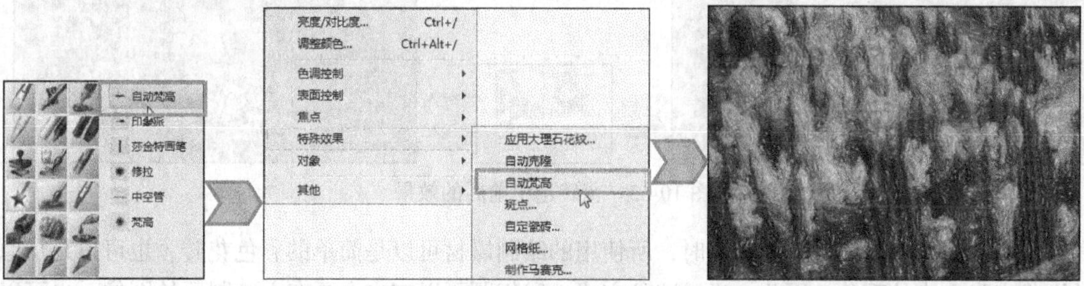

图 10-61 梵高式绘画效果

10.4.3 制作马赛克

马赛克的制作是一项典型的透过彩色的瓦片制作图片的美术技巧。马赛克功能与 Painter 中的其他自然媒材工具不同。使用马赛克媒材时，实际上是在以不同的模式工作，即从普通工具模式进入到马赛区工作模式。在该模式中，必须使“制作马赛克”对话框保持为打开状态。执行“效果→特殊效果→制作马赛克”菜单命令，即可进行马赛克模式，并且打开“制作马赛克”对话框，如图 10-62 所示。在“制作马赛克”对话框中有许多选项和功能，可以用来选择颜色、设置马赛克花砖的尺寸、调整花砖之间的缝隙大小等。

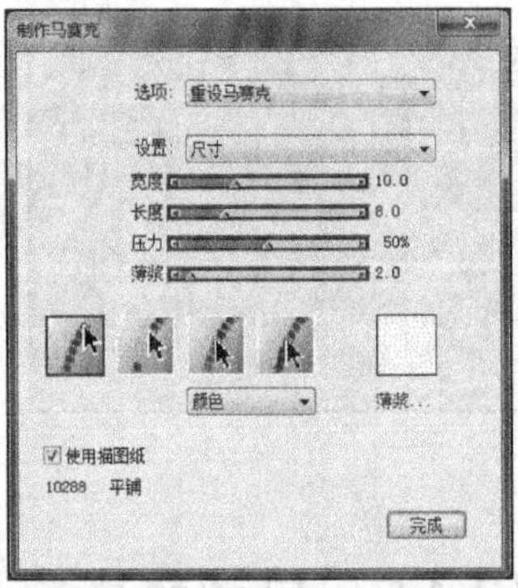

图 10-62 “制作马赛克”对话框

- 选项：在“选项”下拉列表中包括了各种马赛克的设置命令，分别为“重设马赛克”“重绘马赛克”“将瓷砖成像于蒙版”“以三角形开始”“循环图像边缘”“选区填入笔触”和“填充选区”7 个选项，单击“选项”右侧的下拉按钮，即可进行选择。
- 设置：用于选择马赛克瓦片形状生成的方式，包括“尺寸”和“随机”两种。在“尺寸”方式下，以像素点为计量单位，控制花砖的宽度与长度等。在“随机”方式下，以百分比为单位控制马赛克花砖的长宽变化范围。选择不同的选项时，下方的选项滑块也会有所区别。
- 应用花砖：单击“应用花砖”按钮，在图像上单击并拖曳鼠标，即可画出马赛克花砖。
- 移除花砖：单击“移除花砖”按钮，在图像上单击并拖曳鼠标，即可删除马赛克花砖。
- 更改花砖颜色：单击“更改花砖”按钮，在图像上单击并拖曳鼠标，即可改变花砖的颜色，改变的颜色由“颜色”选项决定。
- 选择花砖：单击“选择花砖”按钮，在图像上单击并拖曳鼠标，即可将马赛克花砖选中，被选中的花砖上会出现红色边框，若按住【Ctrl】键的同时，在某种颜色的花砖上单击鼠标，则与这个马赛区克花砖颜色相同并且邻近的马赛区克花砖都将被选中。图 10-63 为选择花砖前与选择后所显示的效果。

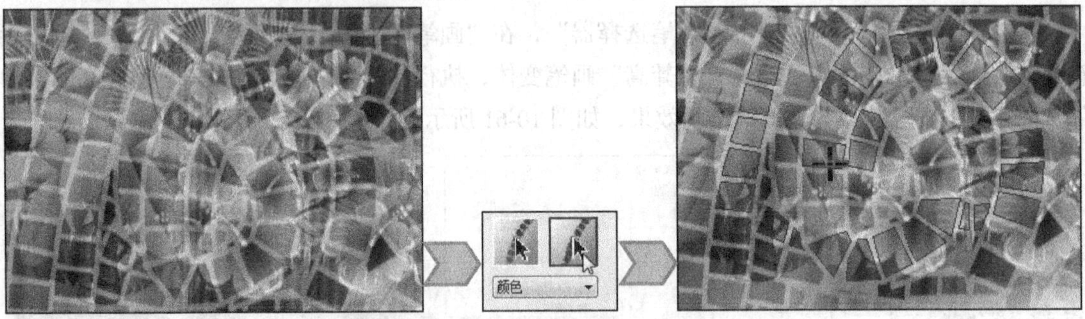

图 10-63 花砖选中前后的效果

应用“马赛克”功能处理图像时，所使用的绘画媒材可以是简单的彩色花砖，也可以是从原始图像克隆出来的颜色，因此，通过这种方式，我们既可以在空白画布上绘制原始图像，也可以通过已克隆的照片重新创建图像。打开一张素材图像，执行“文件→快速克隆”菜单命令，快速克隆源图像，如图 10-64 所示。

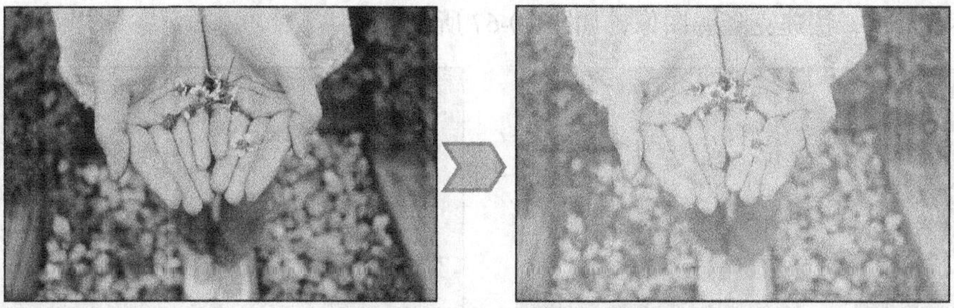

图 10-64　克隆源图像

执行“效果→特殊效果→制作马赛克”菜单命令，打开“制作马赛克”对话框，在对话框中选择“以三角形开始”选项，设置马赛克花砖的生成方式为“随机”，然后调整下方的选项滑块，单击“应用花砖”按钮，将鼠标移至克隆源图像上，单击并涂抹，绘制花砖效果，绘制完成后单击“完成”按钮，退出马赛克模式，单击“克隆源”面板中的“切换描图纸”按钮，隐藏描图纸，查看制作的马赛克效果，如图 10-65 所示。

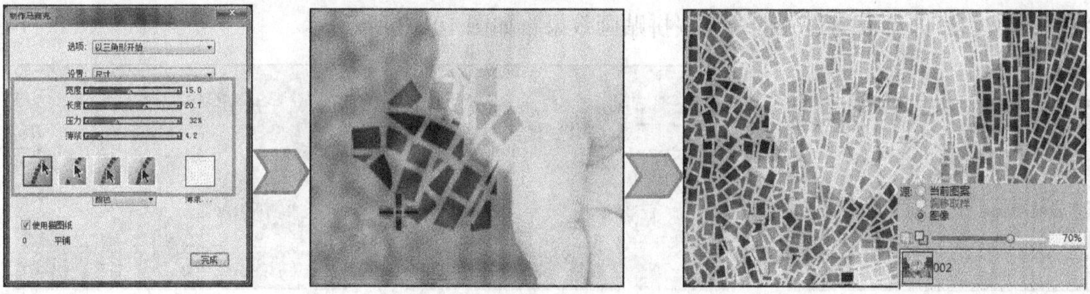

图 10-65　制作马赛克效果

10.4.4　制作镶嵌

“制作镶嵌”是一种使用非矩形瓷砖的马赛克效果。“制作特塞拉”与“制作马赛克”所遵循的规则相同，不同的是“制作镶嵌”会将画布区分为多边形矢量图形，并最终形成马赛克花砖效果。这些形成马赛克的多边形实际上是由许多线段所连接而成的点。我们可以使用“制作镶嵌”对话框中的选项控制一组由线段所连接的点的多少、分布与连接方式。执行“效果→特殊效果→制作镶嵌”菜单命令，即可打开“制作镶嵌”对话框，如图 10-66 所示。

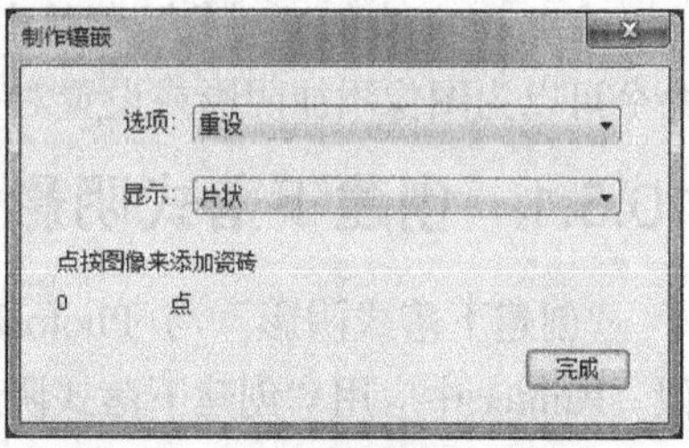

图 10-66 “制作镶嵌”对话框

- 选项：用于指定马赛克花砖生成的方式，包括“重设”“添加 500 个随机点”“添加 500 个平均分布点”“添加 500 个克隆分布点”和“添加 500 个反向克隆分布点”。
- 显示：“显示”列表中的选项用于设置马赛克花砖生成的形状，共有 3 种，分别为“三角形”“破碎”和“片状”。

“制作镶嵌”与“制作马赛克”效果相同，既可以用绘画媒材绘制简单的花砖效果，也可以通过克隆图像创建花砖效果。打开一张需要通过克隆创建镶嵌效果的素材图像，执行“文件→快速克隆”菜单命令，快速克隆源图像，如图 10-67 所示。

图 10-67　克隆图像

执行“效果→特殊效果→制作镶嵌”菜单命令，打开“制作镶嵌”对话框，在对话框中单击“选项”下拉按钮，在展开的列表中选择“添加 500 个随机点”选项，单击“显示”下拉按钮，在展开的列表中选择“片状”选项，设置后可以看到文档窗口中蓝色线条划分出花砖色块，单击“完成”按钮，即可根据划分创建镶嵌拼贴画效果，如图 10-68 所示。

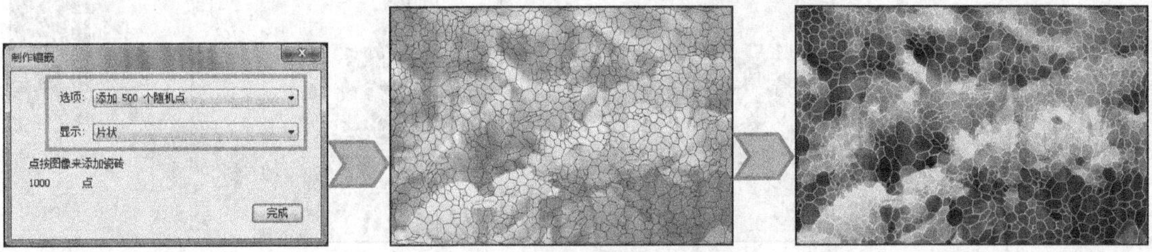

图 10-68　创建镶嵌拼贴画效果

10.5 对象

在 Painter 中的“对象”菜单中包括了“创建下落式阴影”和“对齐”两个命令，使用这两个命令可以为图像添加阴影或设置对齐效果。

10.5.1 创建下落式阴影

“创建下落式阴影”与 Photoshop 中的“阴影”样式相似。Painter 中应用“创建下落式阴影”命令能够快速地为图像层或图层组添加阴影效果。执行“效果→对象→创建下落式阴影”菜单命令，即可打开“下落式阴影”对话框，如图 10-69 所示，在对话框中可以指定阴影产生的方向、角度以及阴影的厚度等。

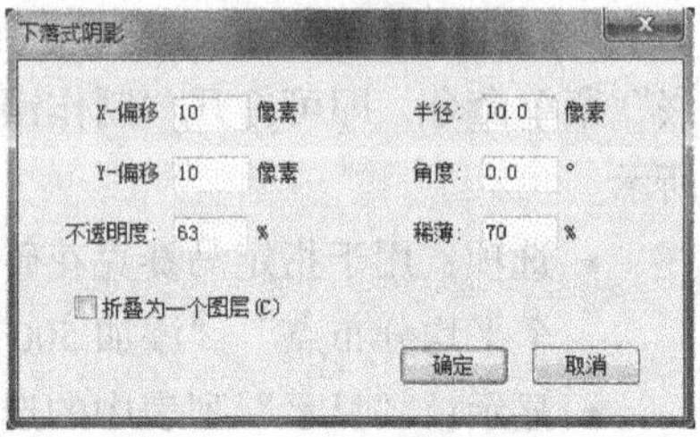

图 10-69　“下落式阴影”对话框

- X-偏移/Y-偏移：用于设置阴影在 X 和 Y 轴方向的偏移位置。
- 不透明度：用于控制阴影的不透明度。
- 半径：用于调整阴影模糊的范围，数值越大，得到的阴影越模糊，反之，数值越小，得到的阴影越锐利。

- 角度：用于调整阴影的模糊方向。
- 稀薄：设置应用阴影模糊部分的厚度，若阴影的模糊区域出现条纹状不连续的跳阶，可以适当增加“稀薄”值，以获得柔和的模糊效果。
- 折叠为一个图层：Painter 中，默认情况下，生成的阴影会出现在一个单独的图层中，并且会自动将原图层与阴影图层进行编组。若勾选“折叠为一个图层”复选框，则添加的阴影与原图像层将合成为一个图层。

打开使用 Painter 绘制的图像，选择要添加阴影的图层，执行菜单命令打开“下落式阴影”对话框，在对话框中设置阴影的位置、模糊等选项，设置完成后单击“确定”按钮，即可为选择的图像层添加阴影效果，如图 10-70 所示。

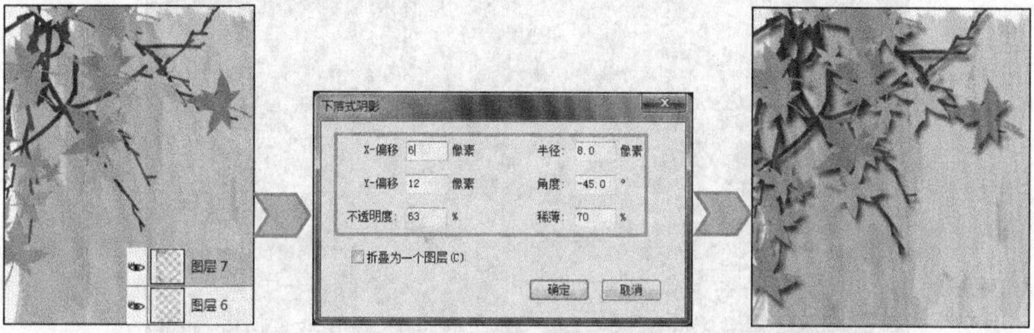

图 10-70　为图层添加阴影

重点技法提示

将阴影存储于单独的“阴影”图层时，可以利用“图层”面板中的“混合方式”“混合深度”及“不透明度”调整阴影与图层的混合与叠加效果。

10.5.2 对齐

使用“对齐”命令可以将选择的图层按指定的方式对齐。对齐图层之前，需在“图层”面板中选择要对齐的图层，执行“效果→对象→对齐”菜单命令，打开“对齐形状”对话框，在对话框中单击相应的对齐按钮，如图 10-71 所示，设置后单击“确定”按钮，即可对齐选中的图层。

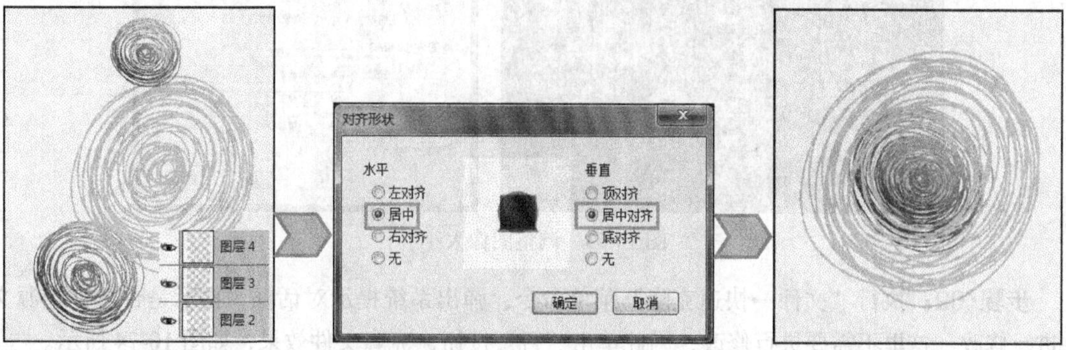

图 10-71　对齐图层

重点技法提示

Painter 中，要对齐图像中的某些对象，需要在“图层”面板中选中两个或两个以上的图层，否则，在“对象”菜单下的“对齐”命令将会显示为灰色，表示不能进行对象的对齐操作。

10.6 课堂实训

绘制如图 10-72 所示的图像为本节主要内容，其中，图 10-72 的源文件地址为：随书光盘\源文件\10\将照片打造成梵高绘画风格.rif。

图 10-72　将照片打造成梵高绘画风格

步骤 01：在 Painter 打开本例素材。由于拍摄的照片图像较大，为了方便于处理文件，执行“画布→重设大小”菜单命令，打开“调整大小”对话框，在对话框中将“高度”输入为 1000，系统将自动根据比例调整“宽度”，单击“确定”按钮，调整图像大小，如图 10-73 所示。

图 10-73　调整图像大小

步骤 02：执行“文件→快速克隆”菜单命令，弹出系统提示对话框，提示是否对克隆源文件进行修改，这里不需要进行修改，因此单击“否”按钮，克隆文件效果，如图 10-74 所示。

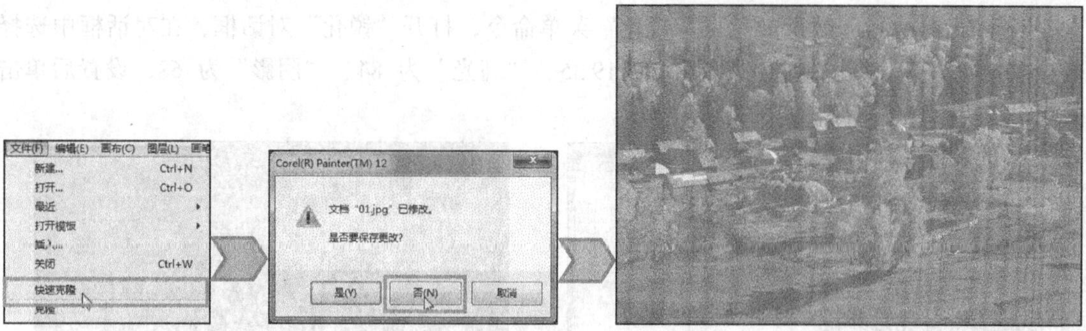

图 10-74　克隆图像

步骤 03：单击“画笔选择器”面板中的“艺术家画笔”类别，然后在该类别下单击“自动梵高”画笔变体，执行“效果→特殊效果→自动梵高”菜单命令，将克隆的照片快速转换为梵高风格的绘画效果，如图 10-75 所示。

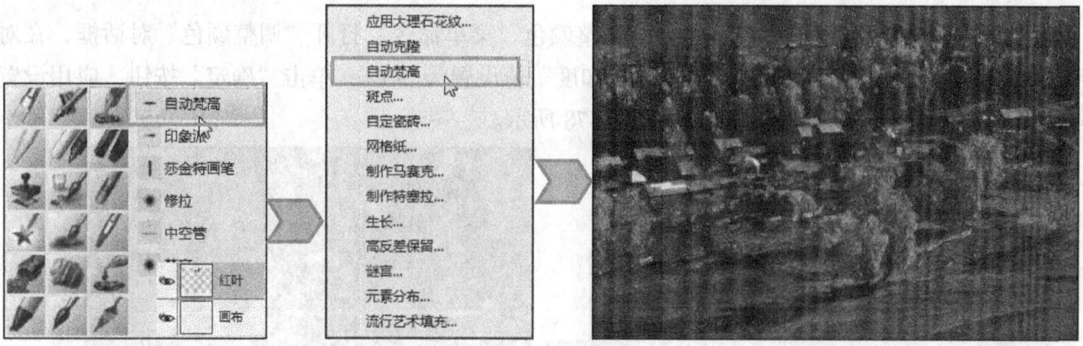

图 10-75　转换梵高风格

步骤 04：执行“效果→表面控制→应用表面纹理”菜单命令，打开“应用表面纹理”对话框，在对话框中选择使用“图像亮度”以增强表面纹理，然后在对话框下方对各项参数进行调整，设置完成后单击“确定”按钮，增强纹理效果，如图 10-76 所示。

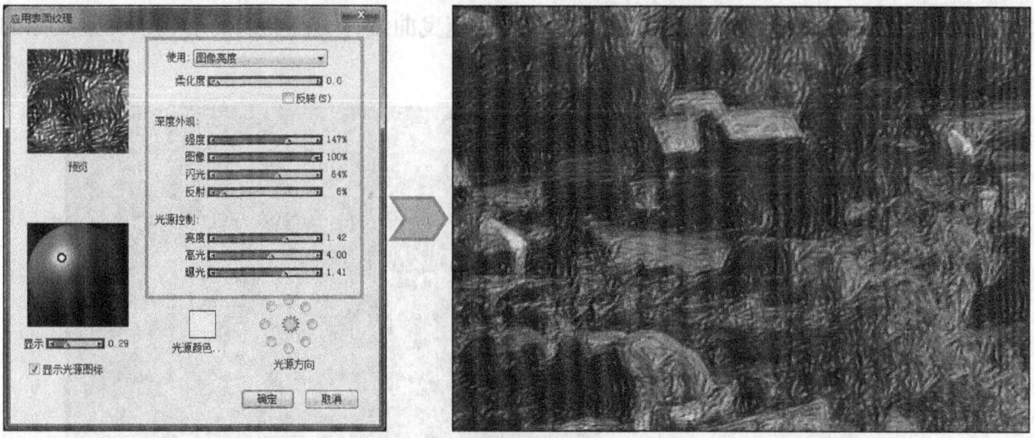

图 10-76　增强纹理效果

步骤 05：执行“效果→焦点→锐化”菜单命令，打开“锐化”对话框，在对话框中选择“高斯”锐化方式，调整锐化“强度”为 19.35、“高光”为 84、“阴影”为 68，设置后单击“确定”按钮，锐化图像，如图 10-77 所示。

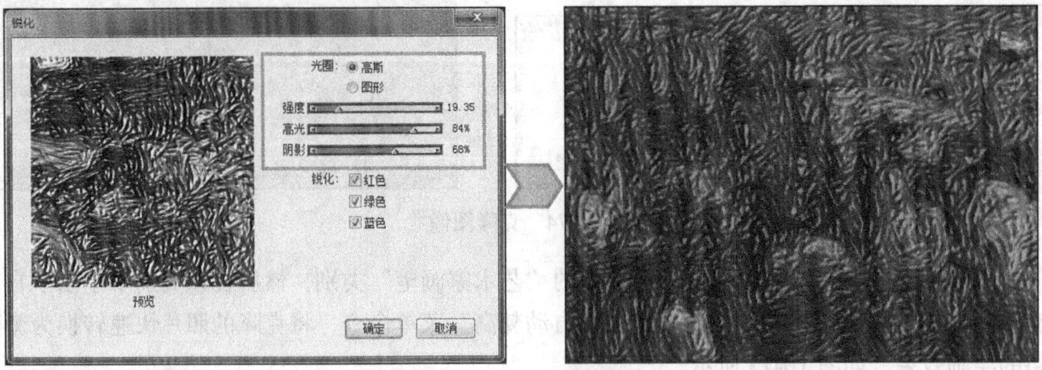

图 10-77　锐化图像

步骤 06：执行“效果→色调控制→调整颜色”菜单命令，打开“调整颜色”对话框，在对话框中将“色相变换”值设置为 7%，“饱和度”值设置为 90%，单击“确定”按钮，应用设置的参数，调整图像的颜色和饱和度，如图 10-78 所示。

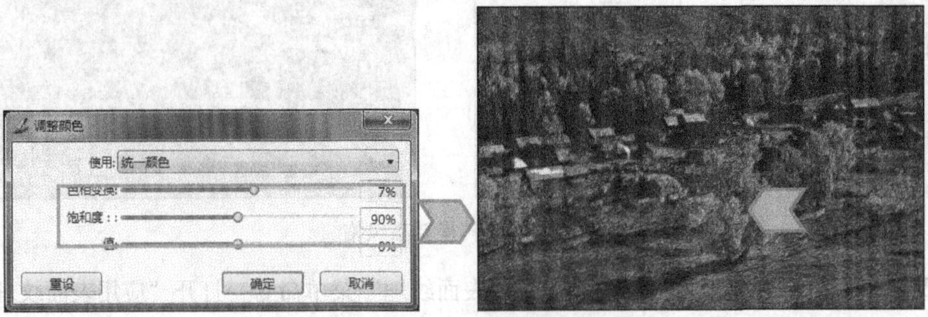

图 10-78　调整图像的颜色和饱和度

步骤 07：执行“效果→色调控制→校正颜色”菜单命令，打开“校正颜色”对话框，在对话框中选择“曲线”选项，然后运用鼠标在曲线上并拖曳曲线，更改曲线的形状，调整图像的明暗，如图 10-79 所示。

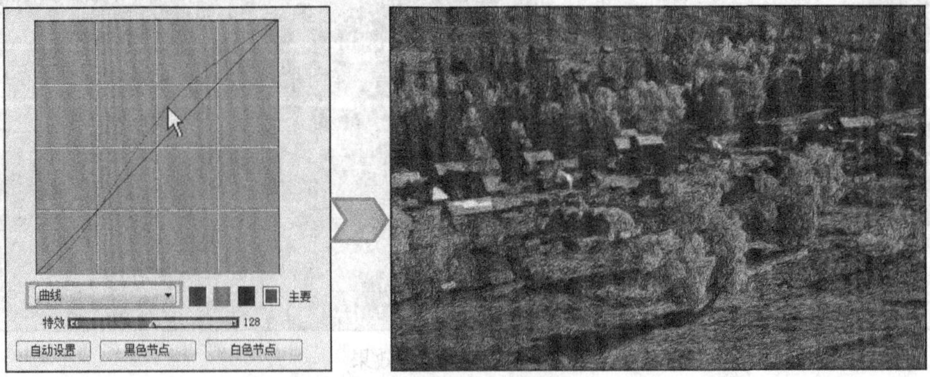

图 10-79　调整图像明暗

步骤 08：执行“效果→色调控制→亮度/对比度”菜单命令，弹出提示对话框，单击对话框中的“确定”按钮，弹出“亮度/对比度”对话框，在对话框中拖曳滑块以调整图像的亮度和对比度，如图 10-80 所示。

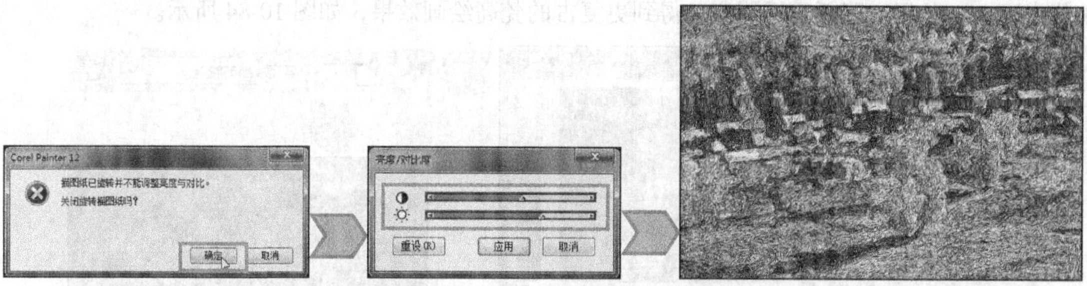

图 10-80　调整图像的亮度和对比度

步骤 09：调整亮度和对比度后，为了更真实地展示梵高绘画效果，打开“克隆源”面板，单击面板中的“切换描图纸”按钮，切换描图纸，查看图像效果，如图 10-81 所示。

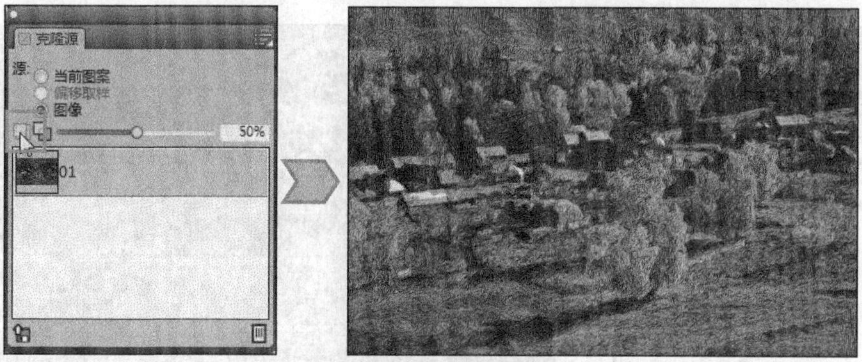

图 10-81　切换描图纸

步骤 10：执行“效果→色调控制→调整选取颜色”菜单命令，打开“调整选取颜色”对话框，将鼠标移至文档窗口，在需要调整的颜色位置单击，确定要调整的颜色，然后更改“调整选取颜色”对话框中的参数，设置后单击“确定”按钮，应用调整颜色，如图 10-82 所示。

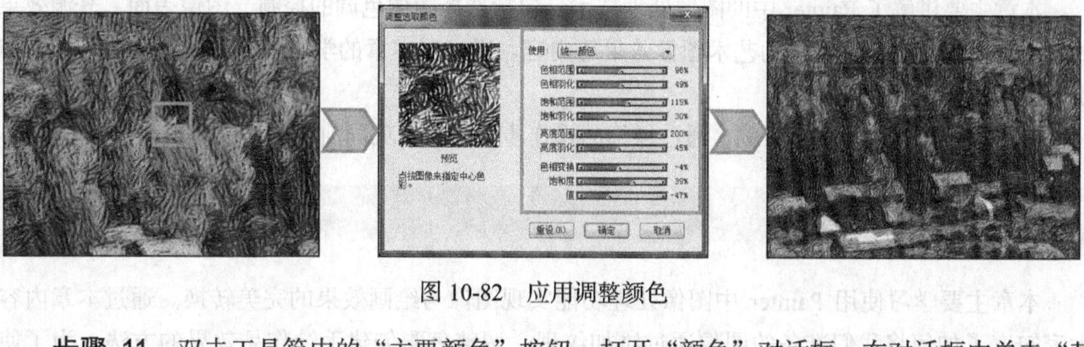

图 10-82　应用调整颜色

步骤 11：双击工具箱中的“主要颜色”按钮，打开“颜色”对话框，在对话框中单击“基本颜色”下的绿色，设置后单击“确定”按钮，在“图层”面板中新建“图层 1”图层，选择

“油漆桶工具”，在属性栏中设置填充类型为“当前颜色”，在文档窗口中单击填充颜色，如图 10-83 所示。

步骤 12：选择“图层 1”图层，将此图层的混合方式设置为“叠加”，将“不透明度”滑块拖曳至 15%位置，降低不透明度，得到更复古的梵高绘画效果，如图 10-84 所示。

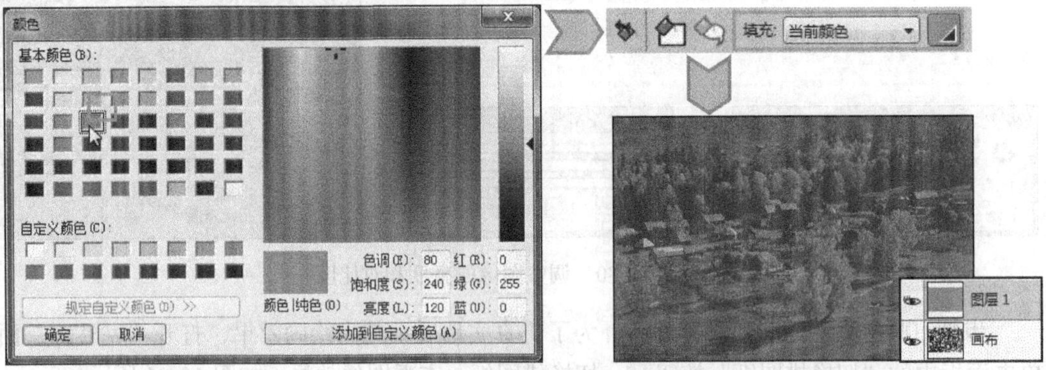

图 10-83　填充颜色

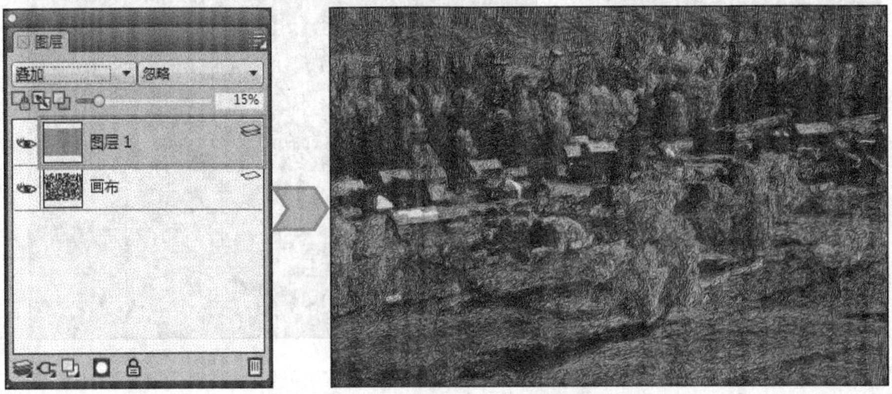

图 10-84　复古版梵高绘画效果

10.7 本章小结

本章主要讲解了 Painter 中的图像处理技术，包括选择图像色调的控制、图像表面、光源效果的调整、模糊与聚焦、特殊的艺术图像效果等内容。通过对本章的学习，读者应熟练掌握图像与绘画作品的转换与处理方法。

在本章后面补充了一个案例，通过详细的操作步骤让读者巩固前面所学的知识。

10.8 课后习题

本章主要学习使用 Painter 中图像处理功能实现图像与绘画效果的完美转换。通过本章内容大家知道了如何将我们准备的图像通过添加纹理、调整色彩创建手绘作品效果的方法。为了使读者能够掌握图像处理技巧，下面准备了一个关于处理图像效果的习题（见图 10-85）。本习题的源文件地址为：随书资源\课后习题\源文件\10\艳丽的花朵.rif。

图 10-85　艳丽的花朵

第11章

卡漫风格绘画案例 «‹

本章学习重点

- 掌握卡漫风格绘画思路及流程
- 绘制草图
- 为绘制的线稿上色
- 刻画人物使人物更灵动
- 细节的美化与修饰

11.1 设计思路

日式卡通漫画是目前比较流行的一种漫画风格，大多数情况下，这种漫画是指少女漫画。日式漫画的风格与其他风格的绘画作品相比，风格更为独特。它主要在于强调对线的处理，绘制出的作品具有较强的轮廓感，能够表现人物不同的性格特征。本章将通过一个简单的实例讲解日本卡漫风格插画的制作方法和相关过程。读者通过本章的学习，应掌握日本卡漫风格插画的作画流程和绘制技巧。

11.1.1 设计效果展示

本实例制作的日式卡通女孩，面孔有点像儿童，头部、眼睛显得特别大，鼻子、嘴巴则比真人小。这种超出比例的大眼睛在漫画及动画中已经成为了一种公认的设定，如图 11-1 所示。

图 11-1　日式卡通女孩

11.1.2　绘制流程预览

本案例的制作将分为 4 个部分，分别是底图的制作、基本色着色、人物的刻画和添加细节部分。相关制作过程相对比较简单，首先使用“喷笔”画笔在页面合适位置勾勒出人物的整体动态线，确定作品的构图，然后为其各个部分填充颜色，确定作品的基本色调，再进一步刻画和调整人物的五官、头发和衣服等部分，最后添加并调整细节部分，完成本实例的制作，图 11-2 展示了大致的绘画流程。

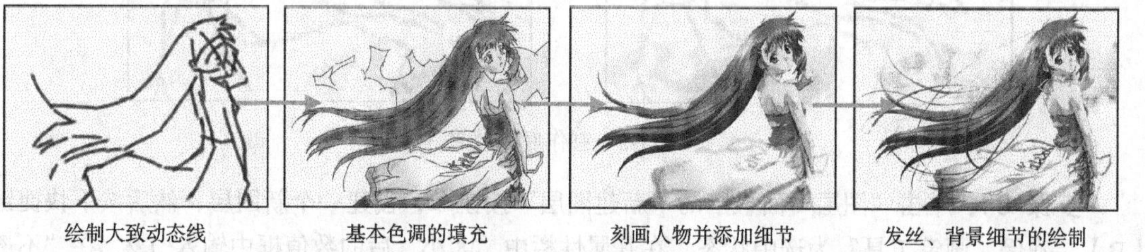

图 11-2　绘画流程

11.2　绘制草图

本小节先根据个人喜好，绘制出人物的大体动态线，确定画面的整体构图，然后进一步丰富和调整底图，完成底图的制作，再根据个人审美为其填充基本色，确定整个作品的基本色调，具体操作步骤如下。

步骤 01：打开 Painter 12 软件，执行“文件→新建”菜单命令或按下快捷键【Ctrl】+【N】，打开“新建图像”对话框，在“宽度”后的数值框中输入数值 620，在“高度”后的数值框中输入数值 450，设置画布的横向大小和纵向大小；在“分辨率”后的数值框中输入数值 72，设置画笔的分辨率，单击“确定”按钮，新建图像相关操作完成如图 11-3 所示。

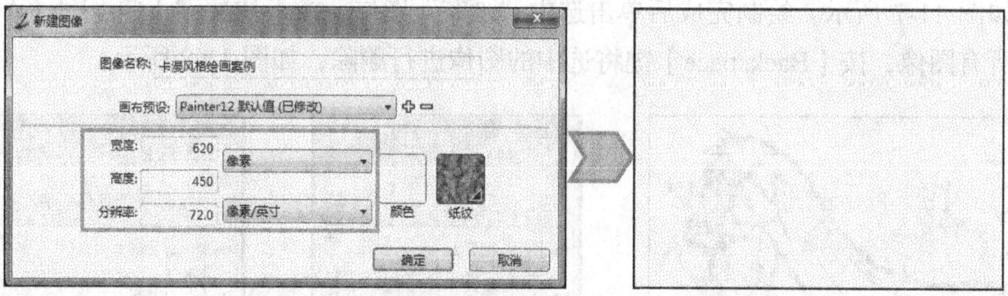

图 11-3　新建图像

步骤 02：在“画笔选取器”中选择“喷笔”下的“细节喷笔”画笔变体，在其属性栏中“大小”后的数值框中输入数值 6，在“不透明度”后的数值框中输入数值 25，以调整画笔的大小和不透明度，如图 11-4 所示。

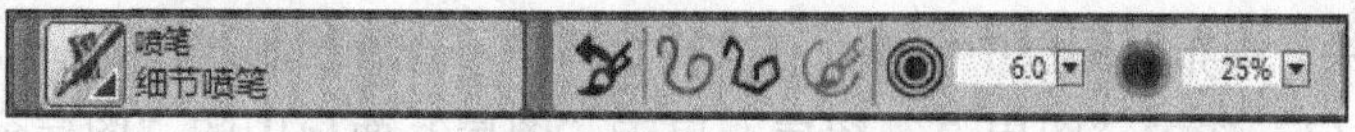

图 11-4　调整画笔的大小和不透明度

步骤 03：使用选择的“细节喷笔”画笔绘制，确定画面的整个构图，再调整画笔大小和不透明度，继续绘制，制作底图效果，如图 11-5 所示。

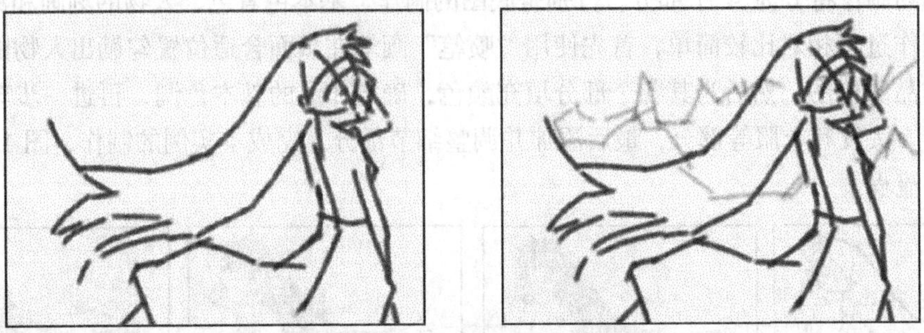

图 11-5　制作底图效果

步骤 04：单击“图层”面板中的“新建图层”按钮，创建一个新图层，然后按下快捷键【B】，确保“画笔工具”为选中状态，在其属性栏中“大小”后的数值框中输入 1.2，在“不透明度”后的数值框中输入数值 100，以调整画笔属性，如图 11-6 所示。

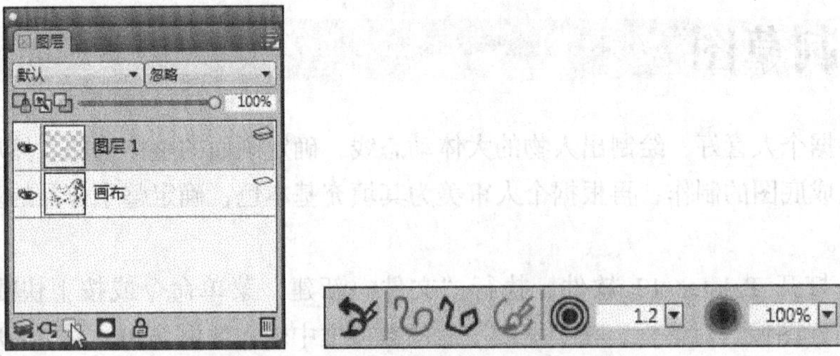

图 11-6　创建新图层并调整画笔属性

步骤 05：确保“图层 1”图层为选中状态，更加细致地绘制底图，勾勒出人物各个部分的轮廓线，如图 11-7 所示。绘制完成后单击选中“画布”图层，按下快捷键【Ctrl】+【A】选中整个底图的所有图像，按【Backspace】键将选中的图像进行删除，如图 11-8 所示。

图 11-7　绘制人物轮廓线

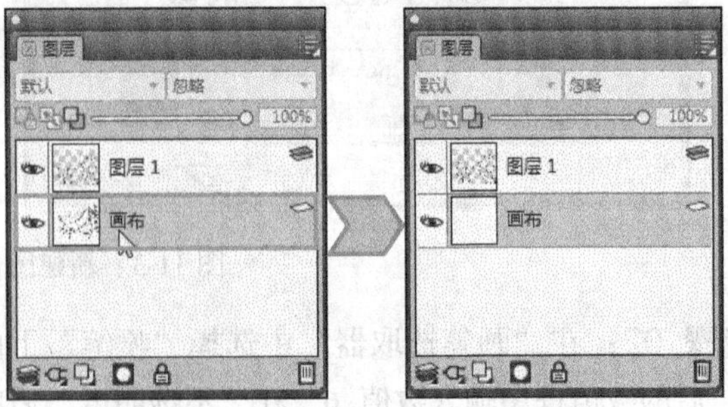

图 11-8　删除“画布”中的图像

步骤 06：删除“画布”图层中图像，在文档窗口中可查看绘制线稿效果，如图 11-9 所示。选中“图层 1”图层，选中“图层 1”图层，单击“图层”面板中的“图层命令”按钮，在弹出的隐藏菜单中选择“合并”命令，将选中的“图层 1”图层与“画布”图层进行合并，如图 11-10 所示。

图 11-9　线稿

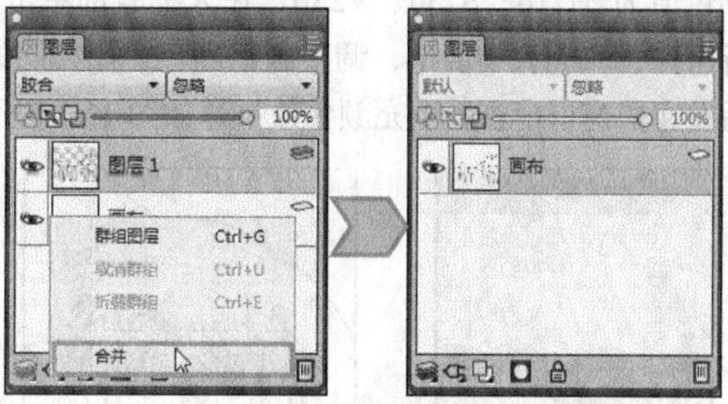

图 11-10　合并图层

11.3　为创制的线稿上色

使用画笔绘制线稿图像后，需要对绘制的图像进行上色。在本小节中结合水彩画笔和“颜色”面板，对上一小节中所绘制的线稿图像进行简单的上色，在线稿中为图像填充上不同的颜色，具体操作步骤如下。

步骤 01：在“画笔选取器”中选择“水彩”下的“简单水彩圆笔”画笔变体，在其属性栏中“大小”后的数值框中输入数值 12，在“不透明度”后的数值框中输入数值 5，在“颗粒”后的数值框中输入数值 59，如图 11-11 所示。

图 11-11　“简单水彩圆笔”画笔变体的属性栏

步骤 02：按快捷键【Ctrl】+【1】，打开“颜色”面板，设置填充颜色值为 H219、S253、V211，在页面合适位置单击并进行涂抹，设置图像背景部分的颜色，选中“上色”图层，将混合方式设置为“胶合”，如图 11-12 所示。

图 11-12　设置背景颜色

步骤 03：确保“简单水洗圆笔”画笔变体为选中状态，在属性选中的“大小”后的数值框输入数值 10，在“不透明度”后的数值框中输入数值 30，在“颗粒”后的数值框中输入数值

60，以调整画笔属性，如图 11-13 所示。

图 11-13　调整画笔属性

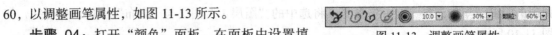

步骤 04：打开“颜色”面板，在面板中设置填充颜色值为 H116、S250、V230，在人物脸部单击并进行涂抹，填充人物面部，调整画笔颜色，用相同的方法为人物的其他部分进行颜色的填充，填充后在文档窗口中查看填充颜色效果，如图 11-14 所示。

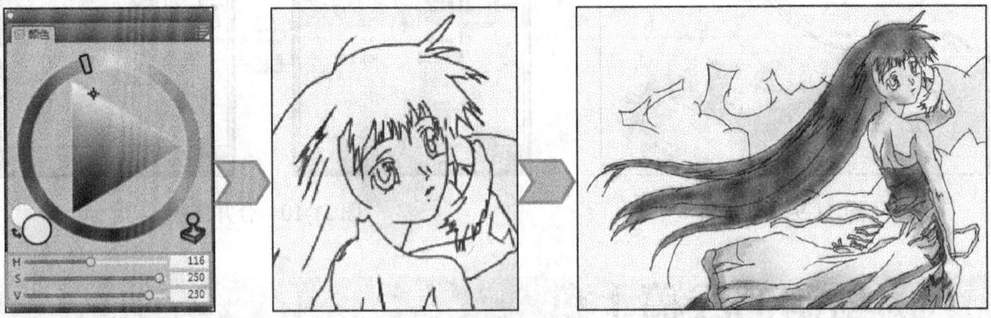

图 11-14　填充颜色

步骤 05：选中“画布”图层，单击“图层”面板右上角的扩展按钮，在弹出的隐藏菜单中选择“分离画布为水彩图层”命令，将该图层复制，并转换为“水彩图层 1”图层，然后将图层重命名为“线稿”，然后隐藏该图层，如图 11-15 所示。

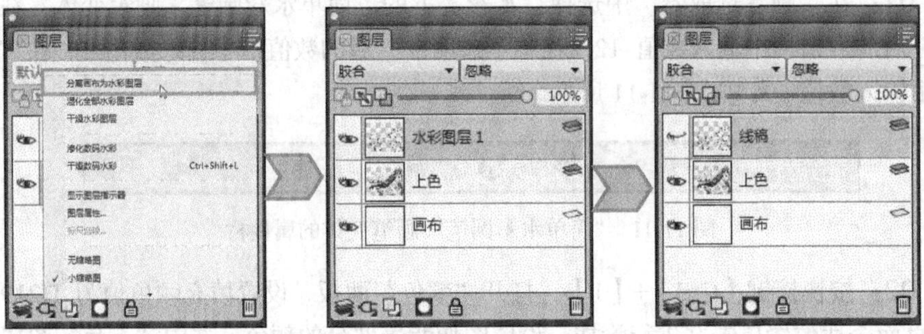

图 11-15　创建“线稿”图层

步骤 06：用户根据画面整体效果和个人喜好进一步调整人物各个部分的主体颜色，绘制后在文档窗口可以查看图像效果，单击“线稿”图层前的眼睛图标，显示“线稿”图层，以显示画面的轮廓线条，如图 11-16 所示。

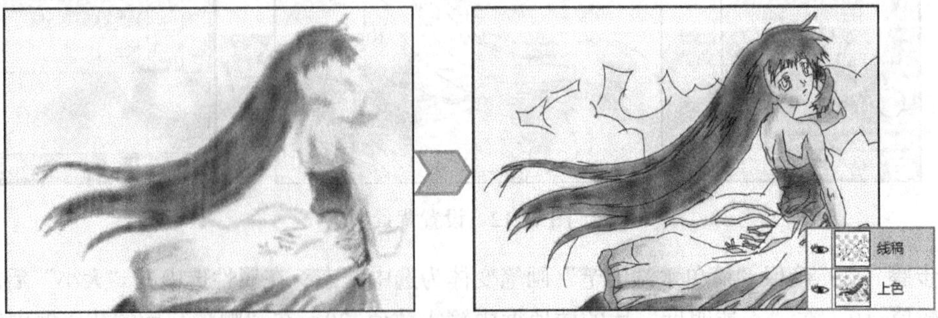

图 11-16　调整人物主体颜色并显示轮廓线

11.4 人物的刻画

上一小节已经绘制出人物的基本外形，本小节将根据画面的整体效果和日式卡通漫画绘制的一些基本技巧，进一步绘制填充人物的面部五官、头发和身体衣服部分，具体操作步骤如下。

步骤 01：单击“图层”面板中的“新建图层”按钮，新建图层，并将其重命名为“人物”，选择工具箱中的“图层调整工具”，单击“人物”图层，调整图层顺序，将该图层拖曳至“线稿”和“上色”图层之间，如图 11-17 所示。

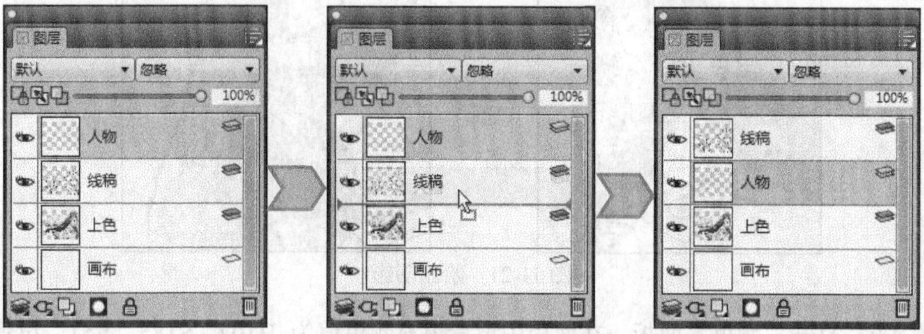

图 11-17　创建“人物”图层

步骤 02：在“画笔选取器”中选择“数码水彩”下的“简单水彩笔”画笔变体，在其属性栏中“大小”后的数值框中输入数值 8，在“不透明度”后的数值框中输入数值 80，在“颗粒”后的数值框中输入数值 58，如图 11-18 所示。

图 11-18　调整“简单水彩笔”画笔变体的属性

步骤 03：打开“颜色”面板，在面板中设置填充颜色值为 H116、S250、V233，在人物脸部和手部单击并进行涂抹，以填充颜色，如图 11-19 所示。

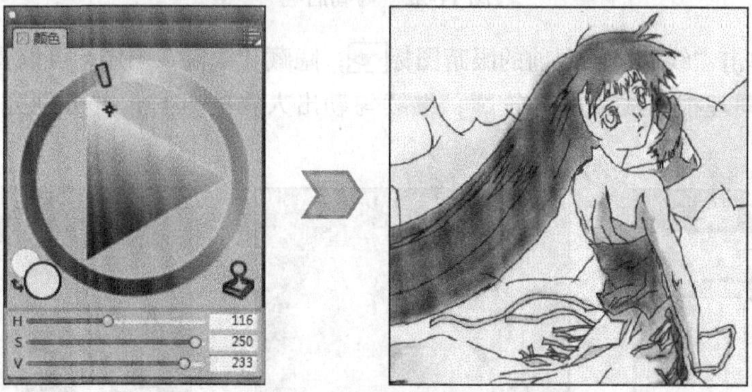

图 11-19　为脸和手填充颜色

步骤 04：在“画笔选取器”中选择“喷笔”下的“细节喷笔”画笔变体，在属性栏中的“大小”右侧的数值框中输入 11，“不透明度”选项右侧的数值框中输入 30，如图 11-20 所示。

图 11-20　调整“细节喷笔”画笔变体的属性

步骤 05：使用“细节喷笔”画笔绘制出人物脸部和身体的阴影部分，使人物更加立体，同理，根据衣服的颜色和个人感觉，填充衣服的高光处和暗部，在文档窗口中查看绘制效果，如图 11-21 所示。

图 11-21　绘制阴影

步骤 06：打开“颜色”面板，在面板中设置填充颜色值为 H102、S185、V51，设置后沿着人物的眉毛处单击并进行涂抹，勾勒出人物的眉毛部分，如图 11-22 所示。

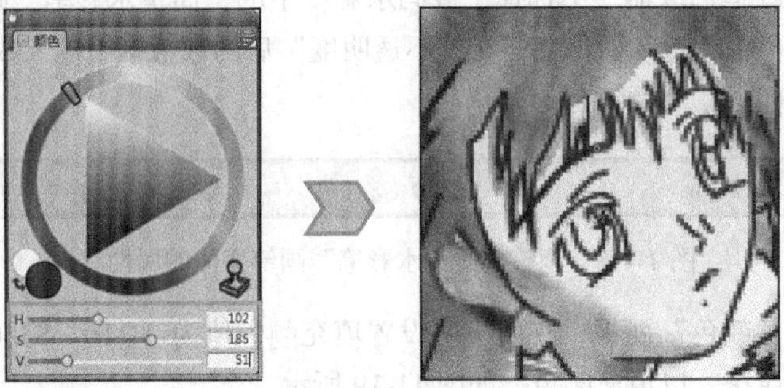

图 11-22　勾勒眉毛

步骤 07：单击“线稿”图层前的眼睛图标，隐藏“线稿”图层，可以看到上一步勾勒的人物眉毛效果，同理根据线稿的外轮廓，继续勾勒出人物的五官，并分别为其填充颜色，如图 11-23 所示。

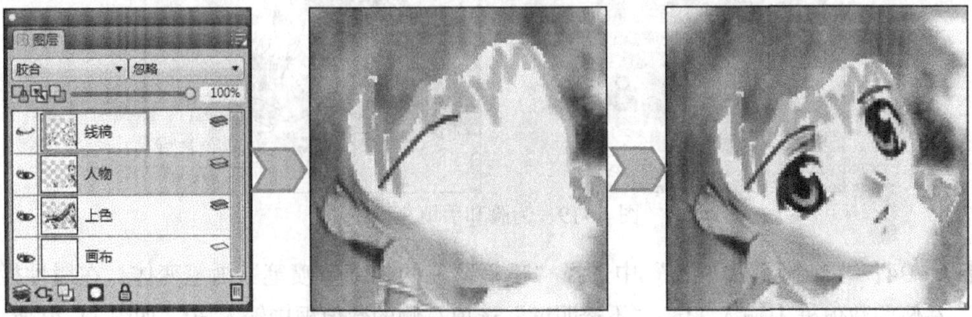

图 11-23　勾勒五官并填充颜色

步骤 08：打开“颜色”面板，在面板中设置填充颜色值为 H130、S254、V183，在人物眼珠部分单击并进行涂抹，使人物的眼睛更加清澈透亮，如图 11-24 所示。

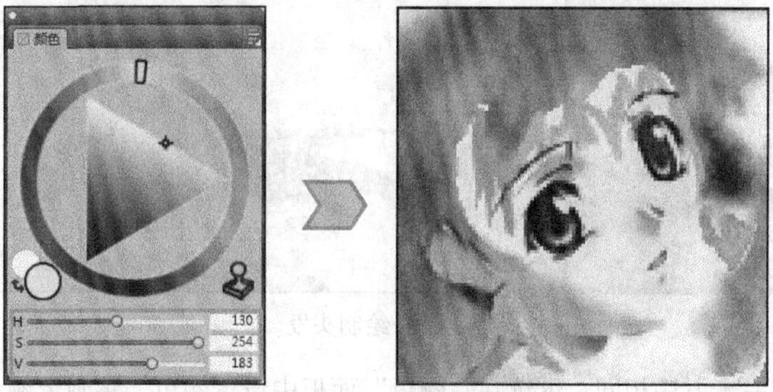

图 11-24 绘制眼睛

步骤 09：同前面绘制方法相同，继续使用“笔刷工具”沿着人物头发部分进行勾勒，勾勒人物的头发部分，单击“线稿”图层前的眼睛图标，显示“线稿”图层，根据画面整体效果继续使用画笔填充人物颜色，填充后在文档窗口中查看图像效果，如图 11-25 所示。

图 11-25 完成人物颜色填充

步骤 10：单击“图层”面板中的“新建图层”按钮，在“线稿”和“人物”图层之间新建“头发”图层，如图 11-26 所示。单击工具箱中的“笔刷工具”按钮，在“画笔选取器”中选择“钢笔”下的“平涂彩笔”画笔变体，然后在其属性栏中“大小”后的数值框中输入数值 2，在“不透明度”后的数值框中输入数值 100，以调整画笔属性，如图 11-27 所示。

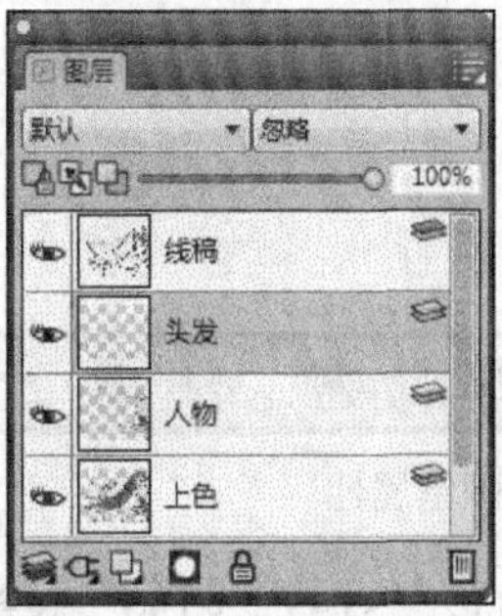

图 11-26 创建“头发”图层

图 11-27 调整画笔属性

步骤 11：打开“颜色”面板，在面板中设置填充颜色值为 H106、S141、V117，然后沿着头发边缘单击并进行涂抹，绘制头发部分，如图 11-28 所示。

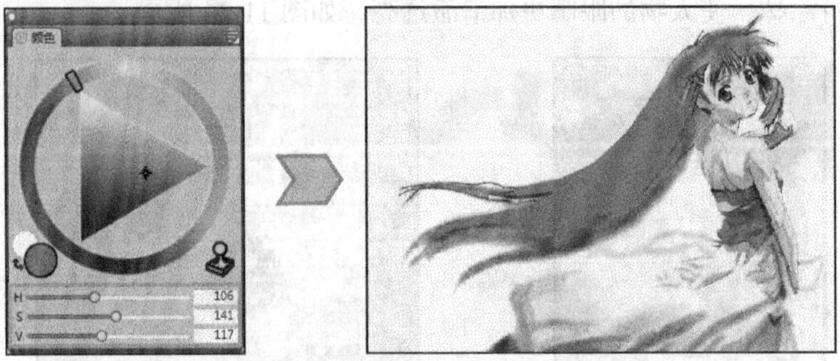

图 11-28　绘制头发

步骤 12：上一步方法相同，继续在“颜色”面板中设置颜色，将画笔颜色设置为 H103、S146、V113，在人物头发前端位置单击并进行涂抹，绘制不同颜色的头发效果，如图 11-29 所示。

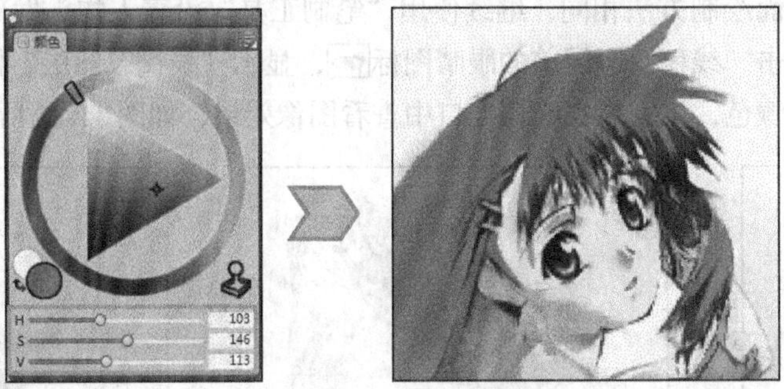

图 11-29　绘制不同颜色的头发

步骤 13：根据光照效果和头发的质感等特质，继续绘制出头发的高光部分，如图 11-30 所示。然后载入“Painter 11 笔刷”画笔，在“画笔选取器”中选择“丙烯画笔”下的“干画笔 20”画笔，并在其属性栏中的“大小”后的数值框中输入数值 6，在“不透明度”后的数值框中输入数值 55，如图 11-31 所示。

图 11-30　绘制头发高亮部分

图 11-31　调整画笔属性

步骤 14：打开“颜色”面板，在面板中设置填充颜色值为 H112、S195、V190，在头发上方单击并进行涂抹，绘制头发的细节部分，同理，继续在页面其他位置绘制细节部分的头发，在文档窗口中查看其效果，如图 11-32 所示。

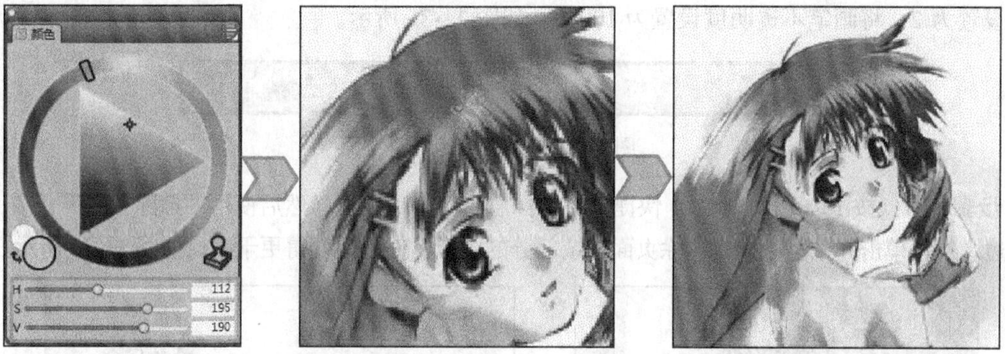

图 11-32　绘制头发细节部分

步骤 15：在“画笔选取器”中选择“喷笔”下的“细节喷笔”画笔，打开“颜色”面板，在面板中调整画笔颜色，显示“线稿”图层，沿着人物头发边缘、耳朵等区域进行勾勒，绘制细节效果，绘制完成后隐藏“线稿”图层，查看图像效果，如图 11-33 所示。

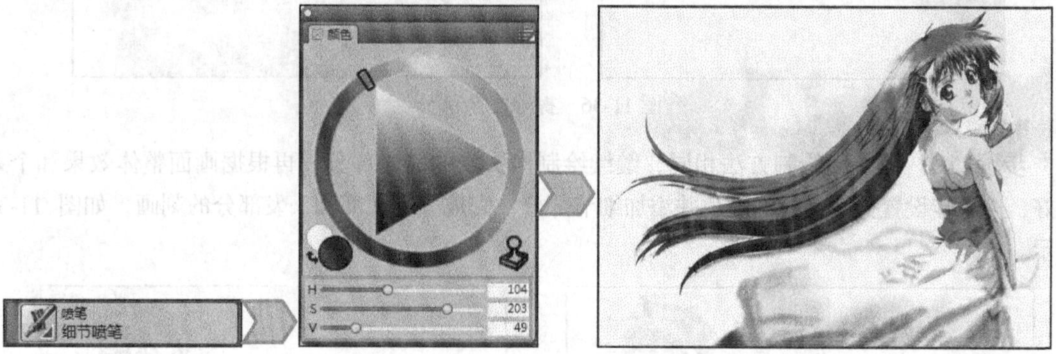

图 11-33　勾勒细节部分

步骤 16：选中“头发”“人物”和“上色”3 个图层，单击“图层”图层中的“图层命令”按钮，在弹出的隐藏菜单中选择“合并”选项，将选中的“上色”“人物”“头发”图层与“画布”图层进行合并，如图 11-34 所示。

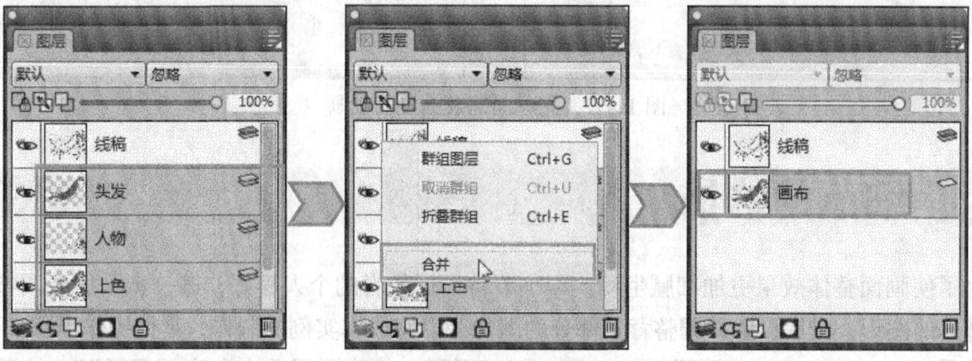

图 11-34　合并图层

步骤 17：在“画笔选取器”中选择“橡皮擦”下的“擦除工具”画笔变体，然后在其属性栏中“大小”后的数值框中输入数值 2，在“不透明度”后的数值框中输入数值 100，将画笔的大小设置为 2，将画笔不透明度设置为 100%，如图 11-35 所示。

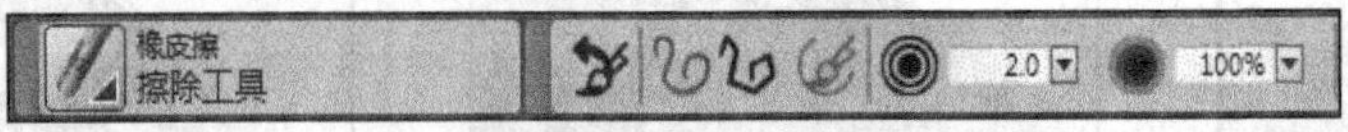

图 11-35　调整画笔属性

步骤 18：按【Ctrl】+【 + 】快捷键将图像放大至合适比例，然后使用“擦除工具”沿着人物头发边缘位置单击并进行涂抹，擦除页面多余部分的图像，使画面变得更干净，如图 11-36 所示。

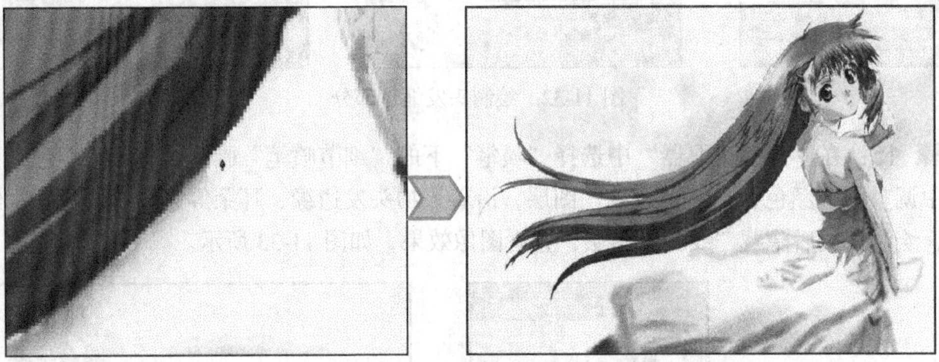

图 11-36　擦除多余部分

步骤 19：同前面绘制方法相同，继续绘制出头发的高光部分，再根据画面整体效果和个人喜好，进一步设置头发部分的颜色并添加细节部分，完成人物面部和头发部分的刻画，如图 11-37 所示。

图 11-37　完成面部及头发的刻画

11.5 细节的修饰

为了使画面整体效果更加细腻生动，本小节将根据作者的个人喜好，进一步添加并调整页面细节部分的图形，最后设置并调整背景部分的图像，以完成本实例的制作，具体操作步骤如下。

步骤 01：单击“新建图层”按钮，新建图层，并将图层重命名为“裙子”，然后单击“线稿”图层前的眼睛图标，显示“线稿”图层中的图像，如图 11-38 所示。

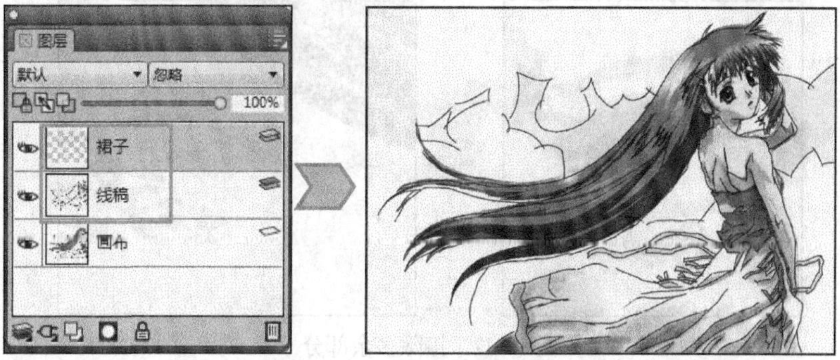

图 11-38　创建“裙子”图层并显示“线稿”图层

步骤 02：在“画笔选取器”中选择“钢笔”下的“平涂彩笔”画笔变体，然后在显示的属性栏中设置画笔“大小”为 2.0、“不透明度”为 30%，如图 11-39 所示。

图 11-39　调整画笔属性

步骤 03：使用画笔工具沿着底图所在的大概位置绘制填充人物衣服的带子部分，继续使用相同的方法，更改画笔颜色，完成衣服带子细节的绘制，在文档窗口中查看绘制效果，如图 11-40 所示。

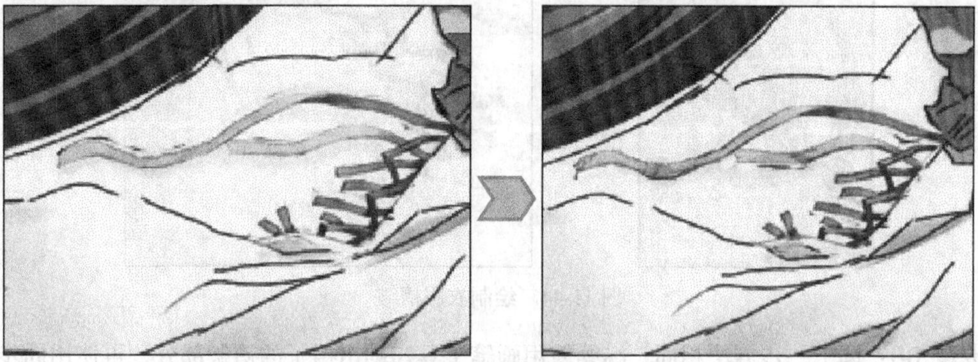

图 11-40　绘制衣服带子

步骤 04：再次在“画笔选取器”中选择“橡皮擦”下的“擦除工具”画笔变体，然后在其属性栏中“大小”后的数值框中输入数值 2，在“不透明度”后的数值框中输入数值 100，将画笔的大小设置为 2，将画笔不透明度设置为 100%，如图 11-41 所示。

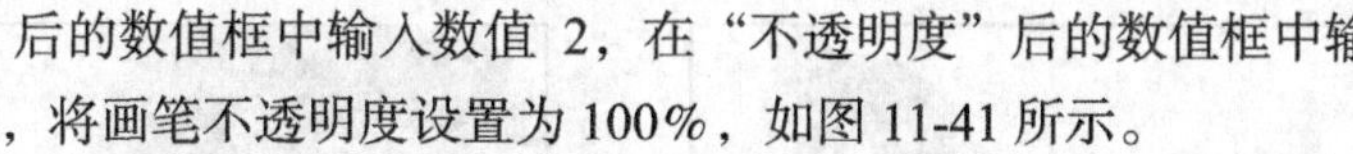

图 11-41　调整画笔属性

步骤 05：选中“裙子”图层，执行“图层→合并”菜单命令，将“裙子”图层与“画布”图层合并，隐藏“线稿”图层，确保“画布”图层为选中状态，在多余的图像位置涂抹，擦除多余部分的图像得到更干净的画面效果，如图 11-42 所示。

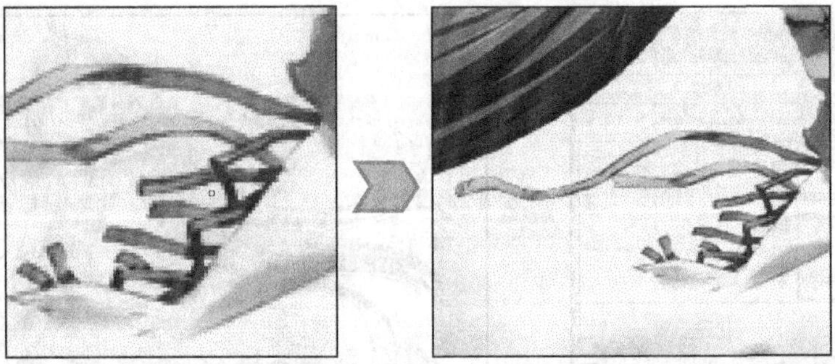

图 11-42　擦除多余部分

步骤 06：在“画笔选取器”中选择“喷笔”下的“细节喷笔”画笔变体，在其属性栏中设置画笔“大小”为 1，设置画笔“不透明度”为 100%，如图 11-43 所示。

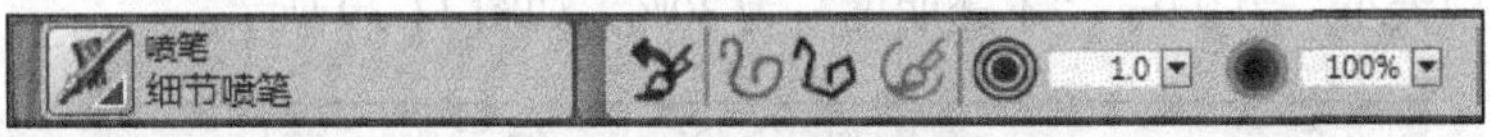

图 11-43　调整画笔属性

步骤 07：打开“颜色”面板，在面板中设置填充颜色值为 H8、S39、V119，设置好画笔颜色后，沿着人物的衣服边缘单击并进行涂抹，绘制出衣服的褶皱部分，如图 11-44 所示。

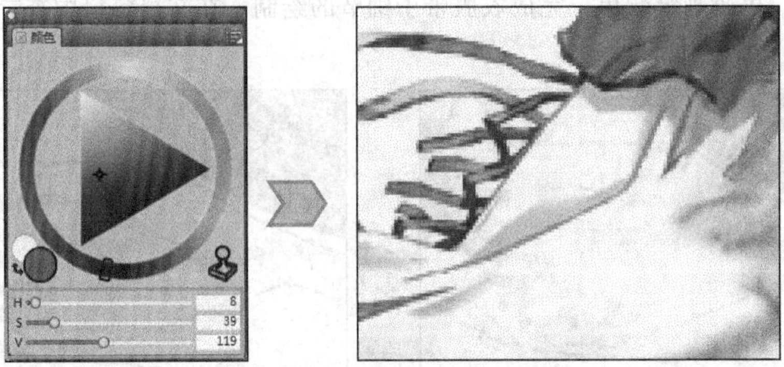

图 11-44　绘制衣服褶皱

步骤 08：同上一步方法相同，继续使用画笔工具勾勒出裙子的褶皱部分，再使用同步骤 2 至 5 相同的方法，继续绘制并调整裙子的带子部分，在文档窗口中查看绘制效果，如图 11-45 所示。

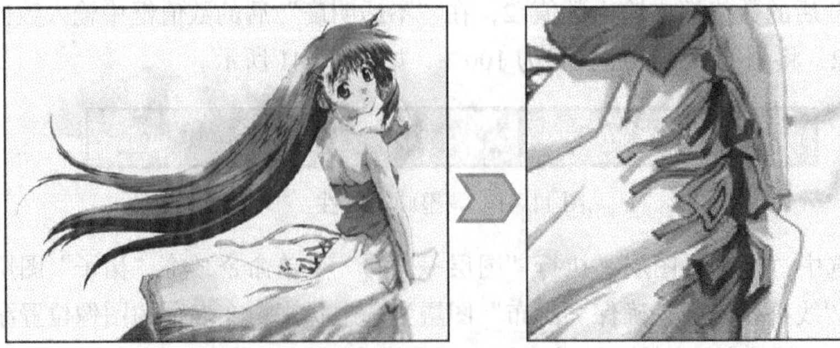

图 11-45　调整裙子的带子

步骤 09：为了让裙子显得更有层次感，需进一步使用“细节喷笔”绘制裙子带子的颜色和外形，然后再对裙子作相同的处理，得到更精致的图像效果，如图 11-46 所示。

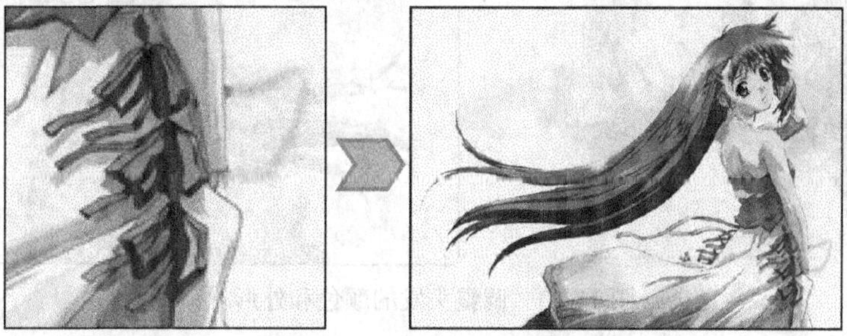

图 11-46　突出裙子层次感

步骤 10：载入“Painter 11 笔刷”，在“画笔选取器”中选择“油性蜡笔”下的“矮胖油性蜡笔 20”画笔变体，然后在其属性栏中“大小”后的数值框中输入数值 3，在“不透明度”后的数值框中输入 45，在“颗粒”后的数值框中输入数值 60，如图 11-47 所示。

图 11-47　调整画笔属性

步骤 11：使用“矮胖油性蜡笔 20”在裙子上涂抹绘制图像，绘制后再用画笔在人物的衣服位置涂抹，填充人物衣服的细节部分，在文档窗口中查看绘制效果，如图 11-48 所示。

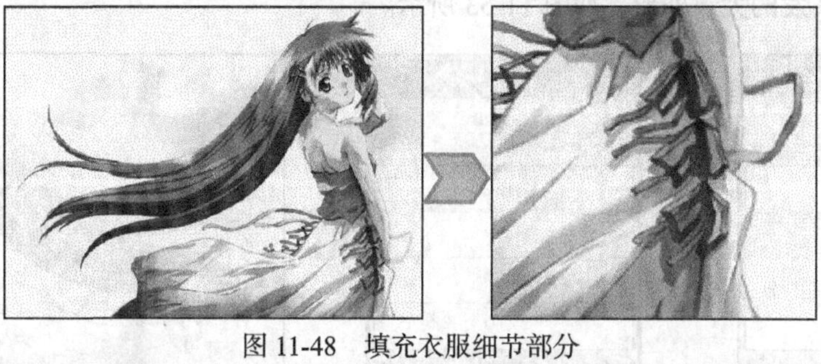

图 11-48　填充衣服细节部分

步骤 12：同理，根据画面整体效果和个人审美，继续填充人物衣服部分，通过颜色表现衣服的褶皱部分，同理，继续绘制出衣服后面的吊带部分，如图 11-49 所示。

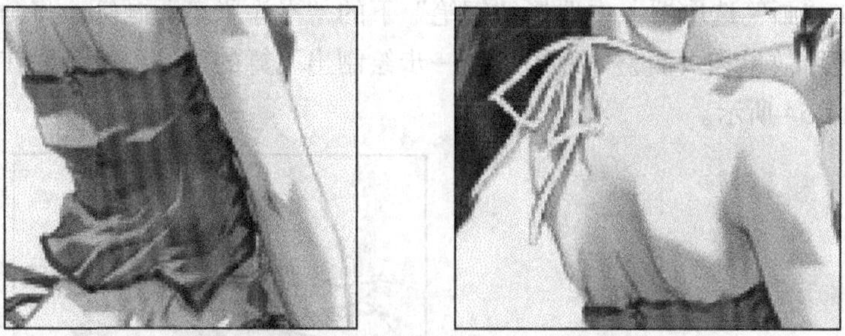

图 11-49　突出衣服褶皱并绘制吊带

步骤 13：调整画笔颜色，将鼠标移至人物面部位置，单击并涂抹调整人物面部的颜色，将鼠标移至人物的头发位置，单击并涂抹，以调整其头发的颜色和外形，如图 11-50 所示。

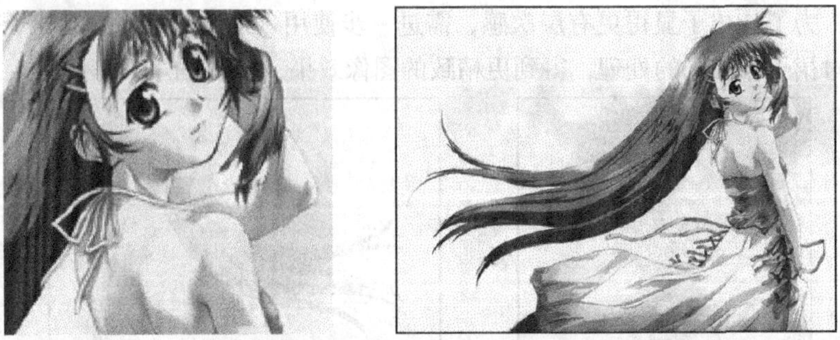

图 11-50　调整头发的颜色和外形

步骤 14：载入“Painter 笔刷”，在“画笔选取器”中选择“铅笔”下的“覆盖铅笔”画笔变体，然后在其属性栏“大小”后的数值框中输入数值 2，在“不透明度”后的数值框中输入数值 50，在“颗粒”后的数值框中输入数值 44，如图 11-51 所示。

图 11-51　调整画笔属性

步骤 15：合并“头发”和“画布”图层，如图 11-52 所示。单击“图层”面板中的“新建图层”按钮，新建图层，并将该图层重命名为“飞舞的头发”，根据画面整体效果和个人喜好，绘制出飞舞头发的大致外形，如图 11-53 所示。

图 11-52　合并图层

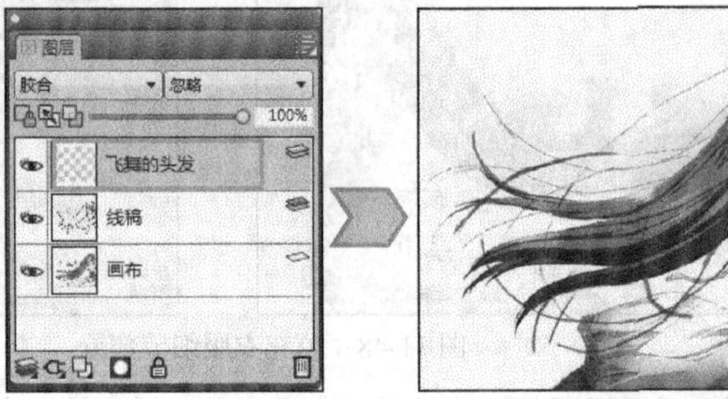

图 11-53　绘制飞舞的头发的外形

步骤 16：在“画笔选取器”中选择“钢笔”下的“平涂彩笔”画笔，将画笔颜色设置为需要的颜色，根据光照效果和页面整体效果，进一步绘制出飞舞的头发，绘制后在文档窗口可查看绘制效果，如图 11-54 所示。

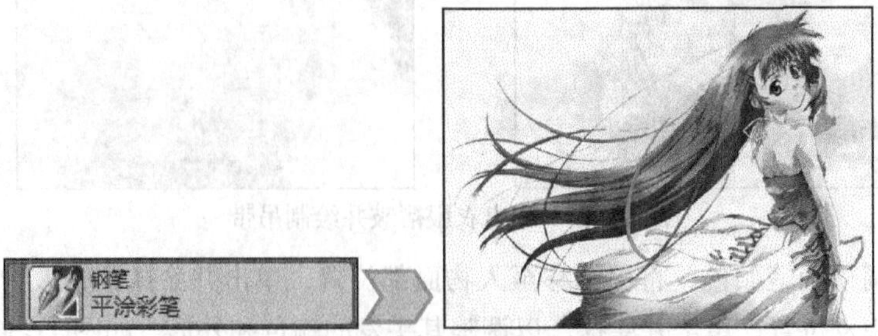

图 11-54　调整画笔属性并绘制头发

步骤 17：载入“Painter11 笔刷”，在“画笔选取器”中选择“丙烯画笔”下的“干画笔 20”画笔变体，打开“颜色”面板，在面板中设置填充颜色值为 H111、S210、V208，按下快捷键【Ctrl】+【 + 】，将图像放大至合适比例，然后在页面合适位置单击并进行涂抹，绘制头发的细节部分，如图 11-55 所示。

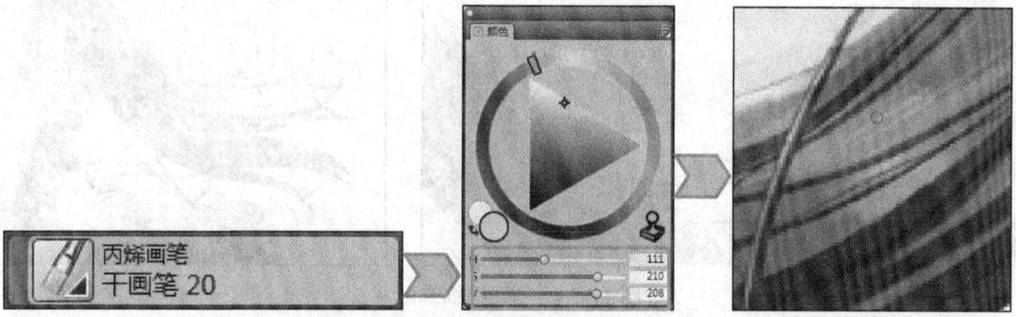

图 11-55　绘制头发细节部分

步骤 18：同上一步方法相同，根据头发的整体效果和光照效果，继续使用“干画笔 20”画笔绘制头发的细节部分，在文档窗口查看绘制效果，然后将“飞舞的头发”与“画布”图层合并，如图 11-56 所示。

图 11-56　完成头发绘制并合并图层

步骤 19：确保“画布”图层为选中状态，单击“图层”面板底端的“动态滤镜插件”按钮 ，在弹出的隐藏菜单中选择“均衡”命令，打开“均衡”对话框，在对话框中设置调整选项，设置完成后单击“确定”按钮即可，以调整图像颜色，如图 11-57 所示。

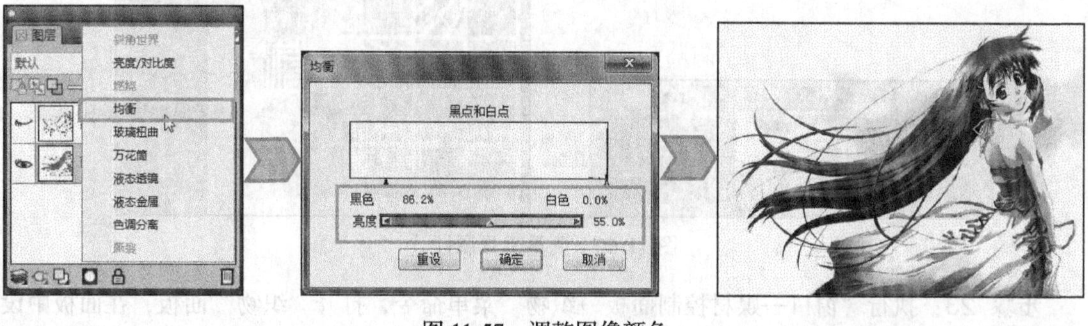

图 11-57　调整图像颜色

步骤 20：单击工具箱中的“魔棒工具”按钮，单击其属性栏中的“添加选区”按钮，在人物头发旁边的蓝色背景处单击，创建选区，然后继续在蓝色的背景处单击，扩大选择范围，创建更精细的选区效果，如图 11-58 所示。

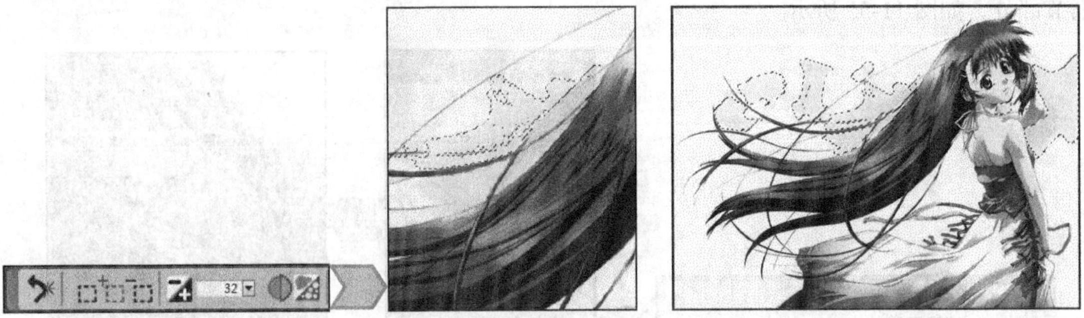

图 11-58　创建精细选区

步骤 21：执行“选择→羽化”菜单命令，打开“羽化选区”对话框，在“羽化”后的数值框中输入数值 5，设置完成后单击“确定”按钮，羽化选区，如图 11-59 所示。

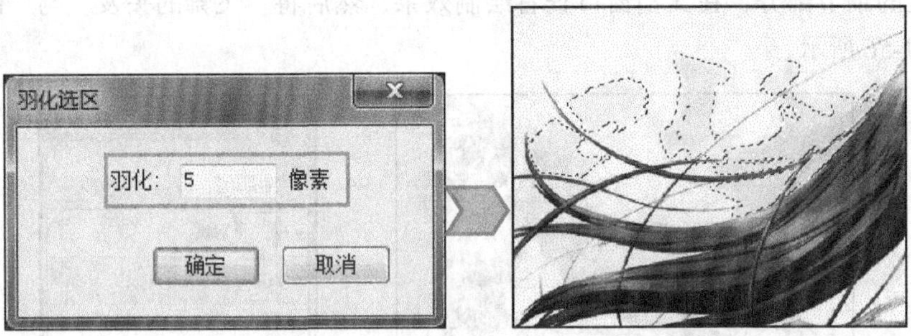

图 11-59　羽化选区

步骤 22：单击工具箱中的“油漆桶工具”按钮，在其属性栏中“填充”下拉菜单中选择“织物”选项，单击“织物”右下角的倒三角形按钮，在展开的面板中单击“彩色格布”，设置“偏差”为 137，如图 11-60 所示。

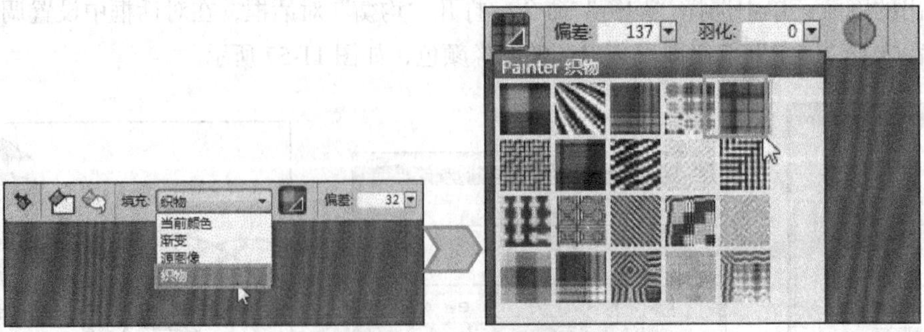

图 11-60　调整工具属性

步骤 23：执行“窗口→媒材控制面板→织物”菜单命令，打开“织物”面板，在面板中设置“水平缩放”为 11、“水平厚度”为 90%、“垂直缩放”为 4、“垂直厚度”为 81%，如图

11-61 所示。

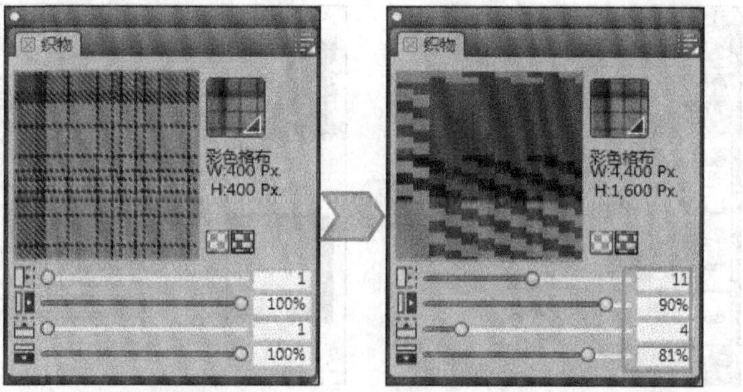

图 11-61　调整“织物”属性

步骤 24：单击“织物”面板右上角的扩展按钮，在弹出的隐藏菜单中选择“编辑织物”选项，打开“编辑织物”对话框，在对话框右侧单击并编辑织物，设置完成后单击“确定”按钮即可，如图 11-62 所示。

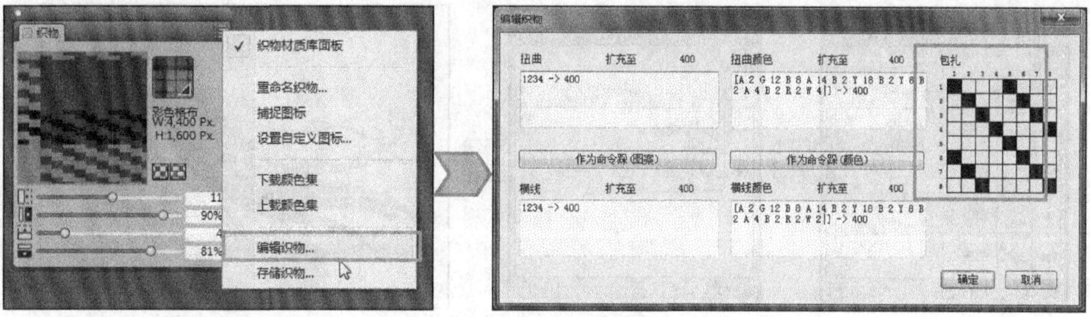

图 11-62　编辑织物

步骤 25：新建“图层 1”图层，在选区内单击鼠标，为其填充织物图案，选中“图层 1”图层，将该图层的图层混合模式设置为“屏幕”，此时，可以看到填充图案后的图像效果，如图 11-63 所示。

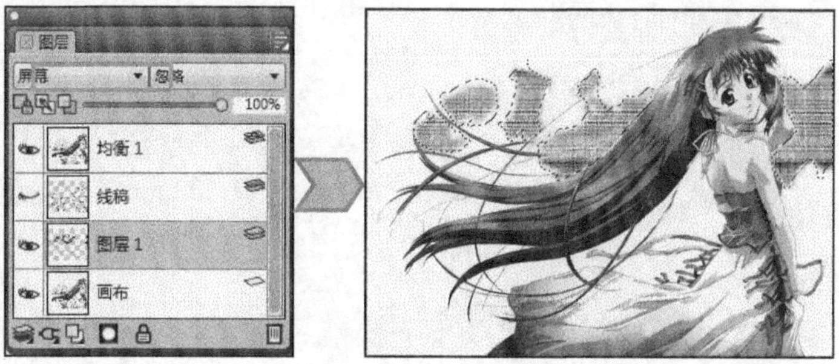

图 11-63　填充图案

步骤 26：确保“图层 1”图层为选中状态，单击“图层”面板底端的“动态滤镜插件”按钮，在弹出的隐藏菜单中选择“斜角世界”命令，打开“斜角世界”对话框，在对话框中根据需要设置各项参数，设置完成后单击“确定”按钮，如图 11-64 所示。

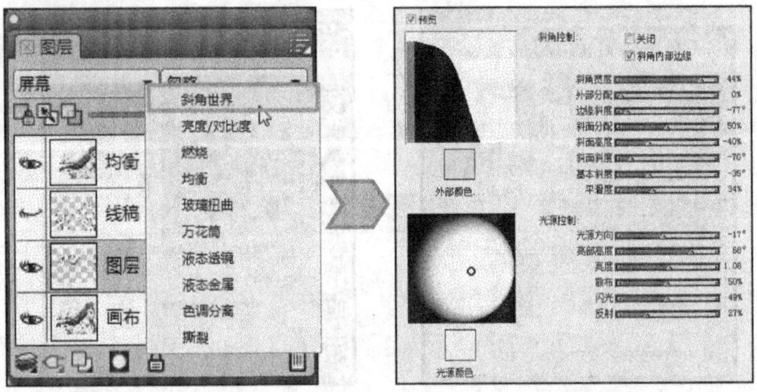

图 11-64　设置“斜角世界”对话框各项参数

步骤 27：选中“均衡 1”“图层 1”图层，执行“图层→合并”菜单命令，将选中图层与“画布”图层合并，最后根据画面整体效果和前面设置经验，继续使用画笔工具调整画面细节部分的图像，完成本实例的制作，如图 11-65 所示。

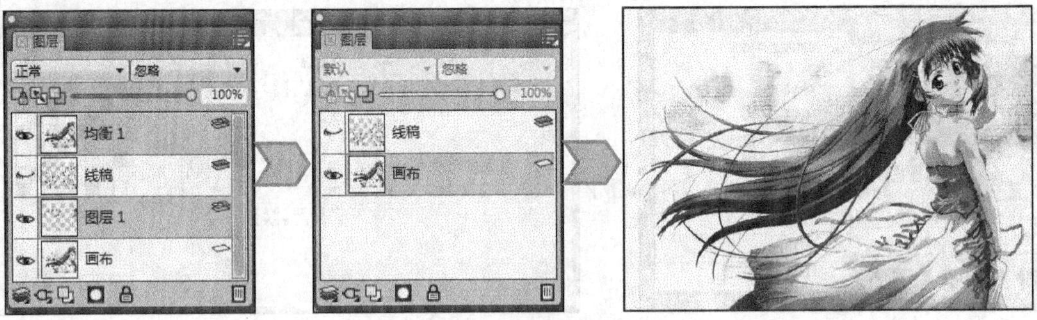

图 11-65　完成实例操作

第12章

商业绘画案例 «‹

本章学习重点

- 商业绘画案例设计思路
- 草图的勾画并确定基本色调
- 在广告中添加人物
- 广告商品的细节刻画
- 添加广告文案

12.1 设计思路

商业绘画是为特定商品或对象服务的，其绘画创作必须以具有强烈的消费意识，需以灵活的价值观念和仁厚的群体责任为前提。商业广告绘画借助广告渠道进行传播，覆盖面很广，社会关注率高，所以在绘制过程中要结合产品所特有的属性进行创作。本章将通过讲解一个广告画的创作过程来详细介绍制作商业广告风格绘画作品的技巧。

12.1.1 设计效果展示

本实例将制作一个香水瓶的商业广告风格的插画。在设计过程中，需注意画面的精美度，以此吸引消费者购买。在颜色的应用上，尽量使用亮丽清新的颜色，以表现产品的独特气质和功能，如图 12-1 所示。

图 12-1　商业广告风格的插画

12.1.2 绘制流程预览

本案例的制作将分为画面构图的确定、背景的设置、人物的设置和主体图像的绘制 4 个部分，其操作方法相对简单：先使用画笔勾勒出画面的大致构图，然后填充并设置背景图像的颜色，再置入并设置主体人物，最后绘制主体香水瓶并添加设置文本，完成本实例的制作，如图 12-2 所示。

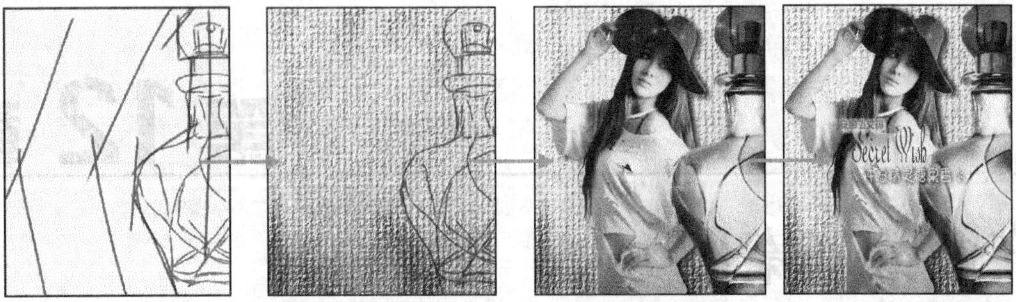

绘制大致动态线　　基本色调的填充　　刻画人物并添加细节　　添加文字完善图像

图 12-2　案例制作流程

12.2 勾勒草图确定图像基本色调

本小节首先使用“简单水彩笔”画笔确定画面的整体构图，然后进一步绘制出广告主体产品的外轮廓，然后结合“渐变”面板和“纸纹”面板填充背景图像并设置上纹理效果，使背景图像显得更有质感，具体操作步骤如下。

步骤 01： 打开 Painter 12 软件，按【Ctrl】+【N】快捷键，打开“新建图像”对话框，在对话框中设置新建文件的各项参数，设置完成后单击“确定”按钮，新建文件，单击“新建图层”按钮，在“图层”面板中新建图层，并将其重命名为“底图”，如图 12-3 所示。

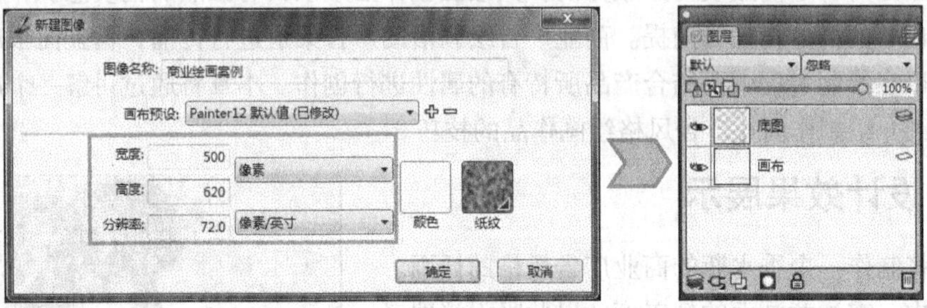

图 12-3　新建图像及图层

步骤 02： 在“画笔选择器”中选择“数码水彩”下的“简单水彩笔”画笔变体，然后在其属性栏中“大小”后的数值框中输入数值 3，在“不透明度”后的数值框中输入数值 50，在“颗粒”后的数值框中输入数值 90，如图 12-4 所示。

图 12-4　调整画笔颜色

步骤 03： 使用直线大致在页面合适位置进行涂抹，勾勒出大致图形物体的位置，然后新建“底图（完整）”图层，进一步绘制底图中的图形，如图 12-5 所示。

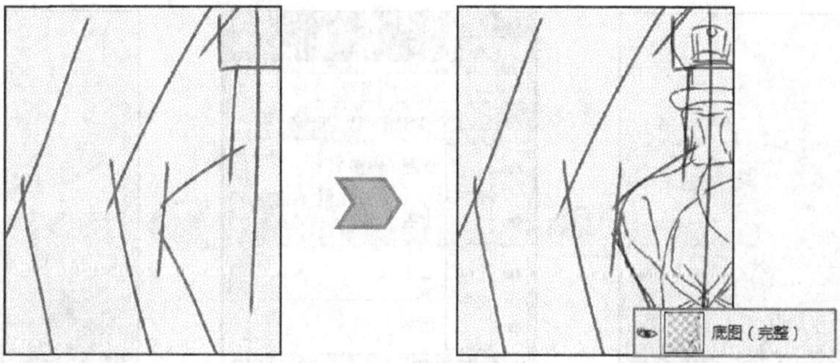

图 12-5　绘制底图

步骤 04：新建图层，并将其重命名为“上色”，准备开始背景部分的填充，执行“窗口→媒材材质库面板→渐变”菜单命令，打开“渐变材质库”面板，单击面板中的“铭黄色天空”渐变，单击面板下方的“编辑渐变”按钮，如图 12-6 所示。

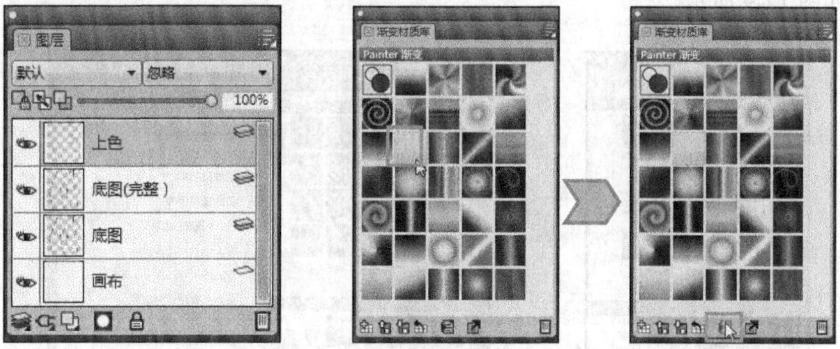

图 12-6　新建图层并编辑渐变

步骤 05：打开“编辑渐变”对话框，单击最右侧的颜色色块，在“颜色”面板中设置颜色值为 H111、S239、V218，更改渐变色块颜色，同理，设置渐变颜色从左至右分别为 H202、S61、V107，H218、S88、V143，H112、S178、V178 和 H111、S239、V218，如图 12-7 所示。

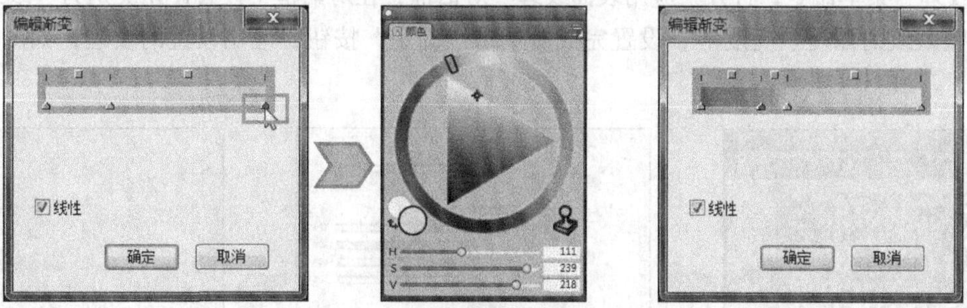

图 12-7　编辑渐变

步骤 06：单击工具箱中的“油漆桶工具”按钮，在页面合适位置单击鼠标，应用渐变填充效果，然后执行“编辑→垂直翻转”菜单命令，翻转图像并调整其位置，选中“底层（完整）”图层，将此图层置于最顶端，如图 12-8 所示。

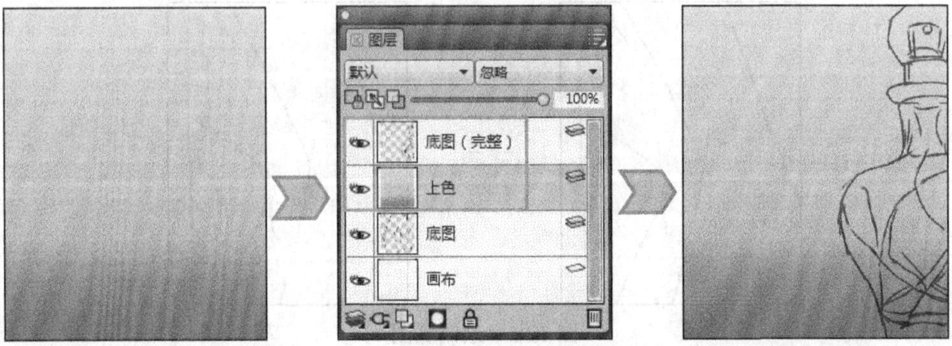

图 12-8　应用渐变并调整图层位置

步骤 07：执行“窗口→纸纹面板→纸纹材质库”菜单命令，打开“纸纹材质库”面板，单击面板中的“砂子粉化纸纹”，再单击右上角的扩展按钮，展开面板菜单，单击“纸纹控制面板”选项，如图 12-9 所示。

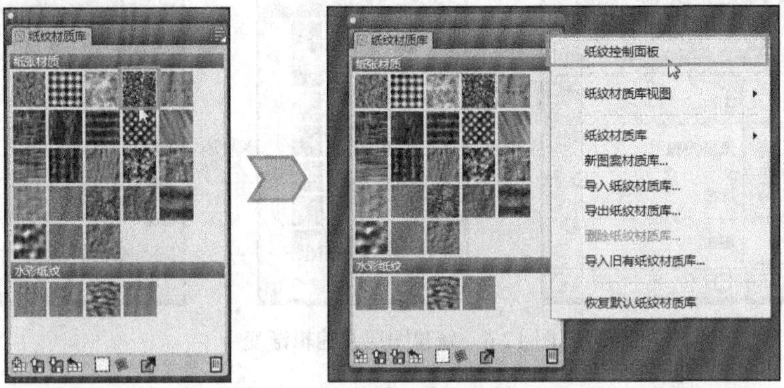

图 12-9　打开“纸纹”面板

步骤 08：打开“纸纹”面板，在面板中设置纸张的各项参数，执行“效果→表面控制→应用表面纹理”菜单命令，打开“应用表面纹理”对话框，在对话框中设置使用类别为“纸纹”，然后调整纸纹的深度、亮度等，设置完成后单击“确定”按钮，应用设置的纹理，如图 12-10 所示。

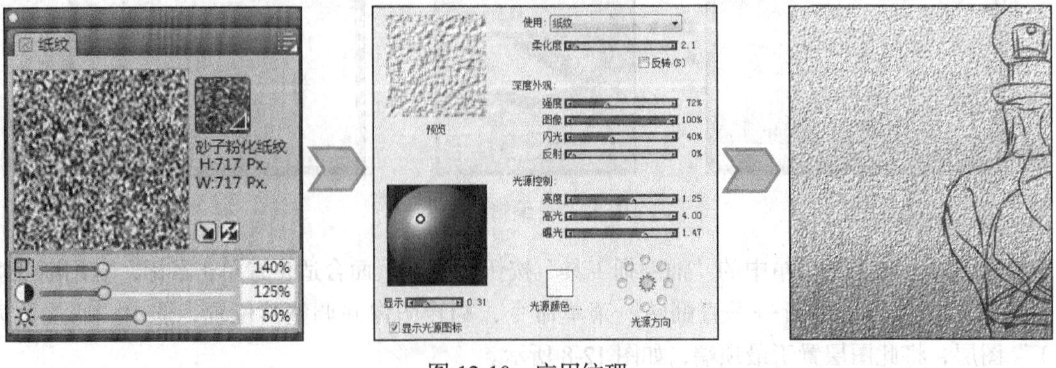

图 12-10　应用纹理

步骤 09：单击“纸纹材质库”面板中的“艺术家画布纸纹”下拉按钮，打开“纸纹”面板，在面板设置纸纹的比例、对比度等选项，如图 12-11 所示。

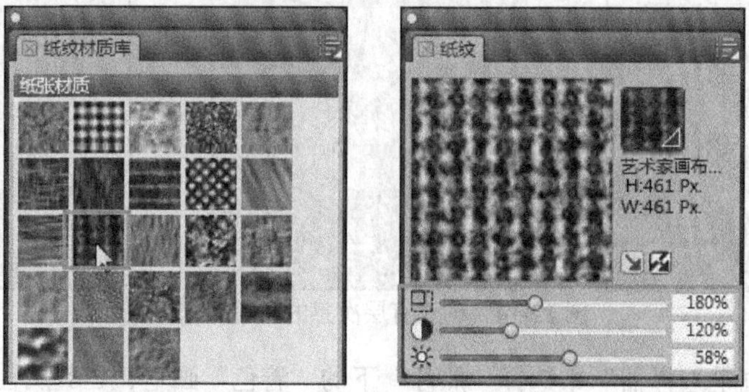

图 12-11 设置纸纹选项

步骤 10：执行“效果→表面控制→应用表面纹理”菜单命令，打开“应用表面纹理”对话框，在对话框中选择使用“纸纹”，然后调整纸纹强度、亮度、高光等选项，设置完成后单击“确定”按钮，此时在文档窗口可看到应用纸纹后的背景效果，如图 12-12 所示。

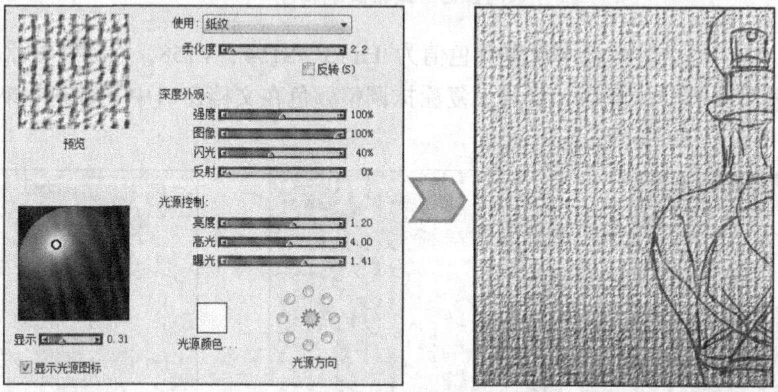

图 12-12　应用纹理

步骤 11：在“画笔选择器”中选择“照片”下的“燃烧”画笔变体，在其属性栏中“大小”后的数值框中输入数值 50，在“不透明度”后的数值框中输入数值 12，以调整画笔的大小和不透明度，如图 12-13 所示。

图 12-13　调整画笔属性

步骤 12：水瓶轮廓图左侧的背景位置单击并进行涂抹，此时，可以看到涂抹过的图形颜色更深，同理，进行在页面合适位置进行涂抹，绘制出背景中较暗部分，创建更有层次的背景图像，如图 12-14 所示。

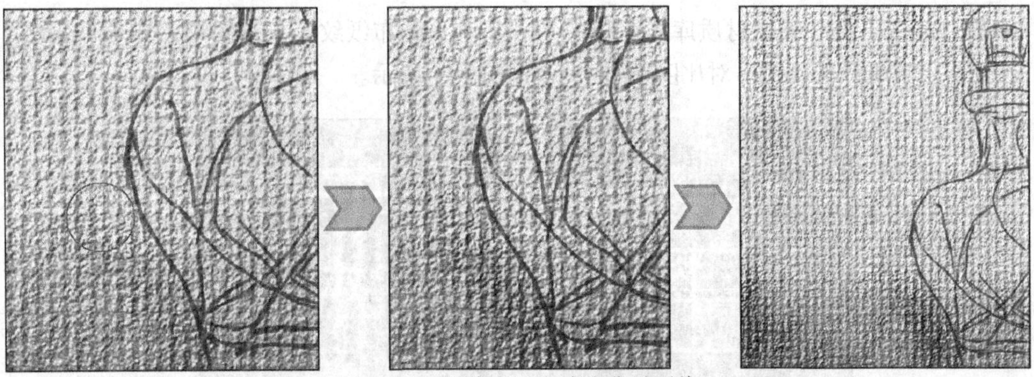

图 12-14　创建有层次感的背景图像

步骤 13："画笔选择器"中选择"照片"下的"着色"画笔，在其属性栏中"大小"后的数值框中输入数值 52，在"不透明度"后的数值框中输入数值 25，在"颗粒"后的数值框中输入数值 55，调整所选画笔的各项参数，如图 12-15 所示。

图 12-15　调整画笔属性

步骤 14：在"颜色"面板中设置颜色值为 H113、S154、V158，然后在香水瓶左侧单击并进行涂抹，调整背景部分的颜色，经过反复涂抹调整颜色在文档窗口中查看其效果，如图 12-16 所示。

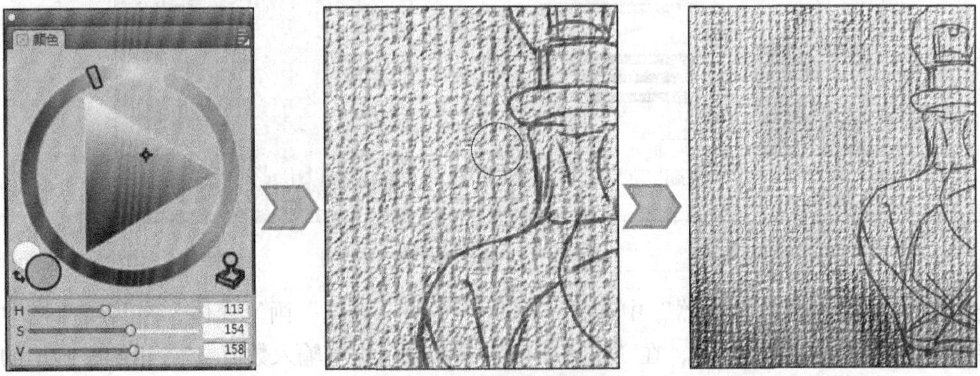

图 12-16　调整背景颜色

步骤 15：在"画笔选择器"中选择"照片"下的"减淡"画笔，在其属性栏中"大小"后的数值框中输入数值 18，在"不透明度"后的数值框中输入数值 5，调整画笔的大小和不透明度，如图 12-17 所示。

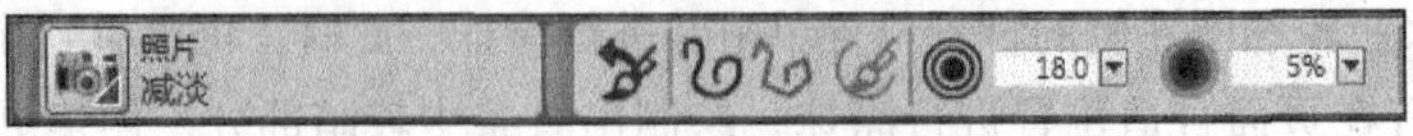

图 12-17　调整画笔属性

步骤 16：在背景图像左侧边缘位置单击并进行涂抹，绘制出背景部分中较亮部分的图像，继续使用"减淡"画笔涂抹背景，制作出画面中的高光效果，如图 12-18 所示。

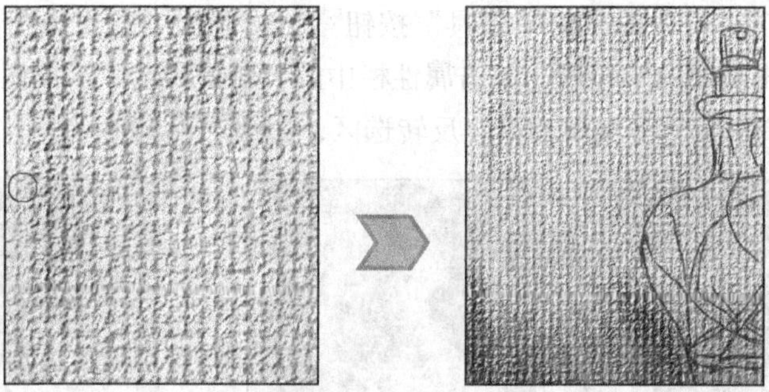

图 12-18 制作高光效果

12.3 人物的制作

本小节主要是置入并设置广告中的人物素材。首先置入需要的人物素材，将其调整至合适大小和页面合适位置，使用“钢笔工具”抠取图像并删除背景部分，然后通过“效果”菜单下的相关命令调整人物的色调颜色，完成人物部分的制作，具体操作步骤如下。

步骤 01：按快捷键【Ctrl】+【O】，打开“打开”对话框，选中素材文件夹中的“01.jpg”人物素材图像，单击“打开”按钮，即可打开选中的素材图像，按快捷键【Ctrl】+【A】选中所有图像，然后再按快捷键【Ctrl】+【C】将选中的图像进行复制，如图 12-19 所示。

图 12-19 打开并复制图像

步骤 02：切换至本章制作的文档中，按快捷键【Ctrl】+【V】黏贴图像，执行“编辑→自由变换”菜单命令，显示编辑框，单击并拖曳素材四周的控制点，将图像调整至合适大小和位置，如图 12-20 所示。

图 12-20 调整图像大小和位置

步骤 03：单击工具箱中的“钢笔工具”按钮，沿画面中的人物图像边缘单击并拖曳鼠标，绘制路径，绘制出封闭的路径后，单击属性栏中的“转换为选区”按钮，将绘制的路径转换为选区，执行“选择→反转”菜单命令，反转选区，如图 12-21 所示。

图 12-21　反转选区

步骤 04：按下键盘中的【Delete】键将选区中的图像进行删除，继续使用同样的方法在其他的背景图像上绘制路径，并将其转换为选区后删除，去掉人物后方多余的背景图像，如图 12-22 所示。

图 12-22　删除多余背景、图像

步骤 05：执行“编辑→水平翻转”菜单命令，水平翻转图像，单击工具箱中的“矩形选区工具”按钮，在人物右侧的原灰色背景区域单击并拖曳鼠标，绘制选区选择图像，按下键盘中的【Delete】键，删除选区内的图像，如图 12-23 所示。

图 12-23　翻转图像并删除选区

步骤 06：确保上一步设置的图层为选中状态，单击“图层”面板中的“动态滤镜插件”按钮，在弹出的菜单中单击“均衡”选项，打开“均衡”对话框，如图 12-24 所示，在对话框中调整黑色、白色滑块位置，并设置“亮度”选项，单击“确定”按钮，调整人物图像颜色，并在“图层”面板中生成“均衡 1”的图层。

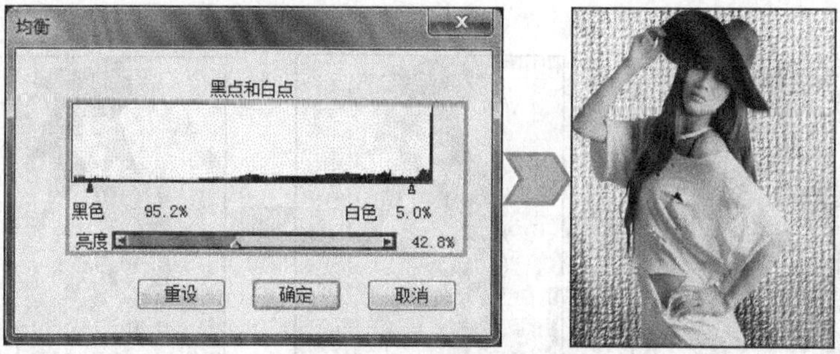

图 12-24　调整人物颜色

步骤 07：单击“图层”面板底部的“动态滤镜插件”按钮，在弹出的菜单中单击“亮度/对比度”选项，打开“亮度/对比度”对话框，如图 12-25 所示。在对话框中调整亮度和对比度，设置完成后单击“确定”按钮，调整人物图像的亮度和对比效果，并在“图层”面板中生成“亮度/对比度 1”的图层。

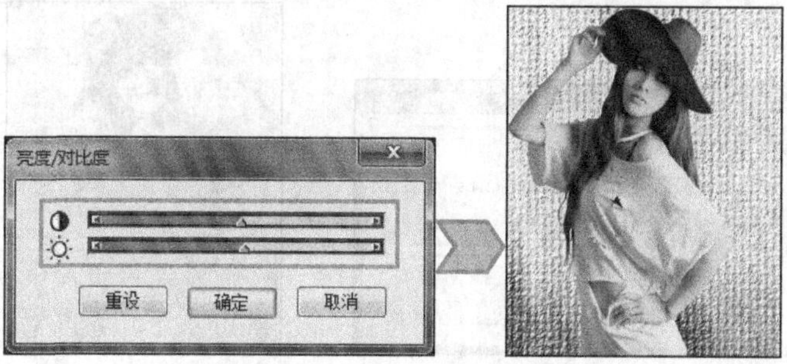

图 12-25　调整亮度和对比度

步骤 08：选中“亮度/对比度 1”图层，执行“效果→色调控制→校正颜色”菜单命令，弹出“提交”对话框，单击对话框中的“提交”按钮，将动态图层转换为图像图层，打开“颜色校正”对话框，在对话框中单击“蓝色”按钮，设置“对比度”为–13%、“亮度”为–9%，设置后单击“确定”按钮，应用设置的参数调整图像颜色，如图 12-26 所示。

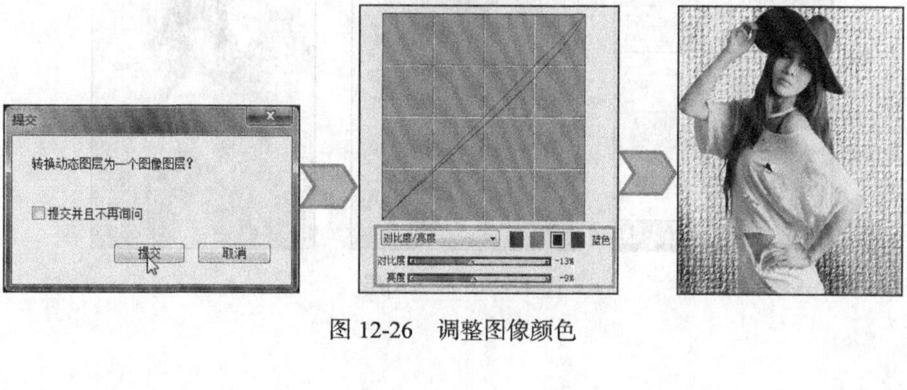

图 12-26　调整图像颜色

步骤 09：选择“钢笔工具”，沿画面中的人物边缘绘制路径，单击属性栏中的“转换为选区”按钮，将路径转换为选区，执行“编辑→拷贝”菜单命令，拷贝选区中的图像，再执行“编辑→作为置入黏贴”菜单命令，黏贴至图像，并把黏贴的图像图层命名为“人物 2”，如图 12-27 所示。

图 12-27　拷贝图像

步骤 10：确保“人物 2”图层为选中状态，执行“效果→对象→创建下落式阴影”菜单命令，打开“下落式阴影”对话框，在对话框中根据需要设置阴影的位置、大小、不透明度等，设置完成后单击“确定”按钮，即可为人物图像添加投影效果，如图 12-28 所示。

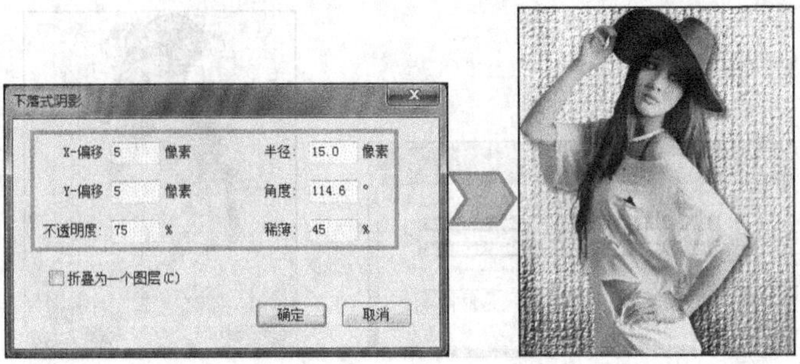

图 12-28　添加投影效果

步骤 11：展开“人物 2 和阴影”图层组，选中“阴影”图层，运用“图层调整工具”适当调整阴影位置，然后选择“人物 2”图层，右击该图层，在弹出的快捷菜单中执行“选择图层内容”菜单命令，将“人物 2”图层载入到选区，如图 12-29 所示。

图 12-29　载入图层

步骤 12：执行“效果→色调控制→校正颜色”菜单命令，打开“颜色校正”对话框，在对话框中分别单击“红色”按钮、“蓝色”按钮和“主要”按钮，然后调整下方的“亮度”和“对比度”选项，设置后单击“确定”按钮，进一步修饰人物颜色，如图 12-30 所示。

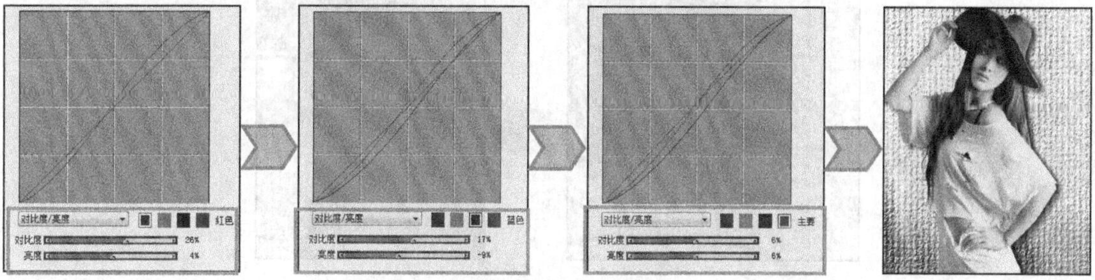

图 12-30　修饰人物颜色

步骤 13：确保“人物 2”图层为选中状态，执行“效果→表面控制→应用光源”菜单命令，打开“应用光源”对话框，单击预设的“暖光球形灯”，然后调整光源位置和光源亮度、距离等选项，单击“确定”按钮，应用设置参数调整光源照射效果，如图 12-31 所示。

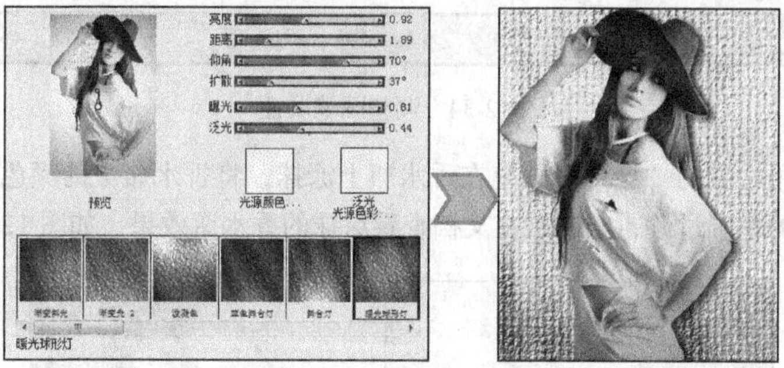

图 12-31　调整光源照射效果

12.4 广告产品的制作

本小节将详细介绍绘制广告的主体对象香水瓶的技巧：先结合“细节喷笔”画笔和“混色器”调板绘制图像确定香水瓶的主色调，然后进一步绘制香水瓶的细节颜色，再使用“覆盖铅笔”画笔等勾勒出香水瓶细节部分的图像，具体操作步骤如下。

步骤 01：新建图层并将其重命名为“香水瓶颜色”，按快捷键【Ctrl】+【2】，打开“混色器”面板，在面板中根据需要绘制的香水瓶的颜色进行颜色的混合设置。

步骤 02：在“画笔选择器”中选择“喷笔”下的“细节喷笔”画笔变体，在其属性栏中设置画笔“大小”为 5.0、“不透明度”为 35%，如图 12-32 所示。

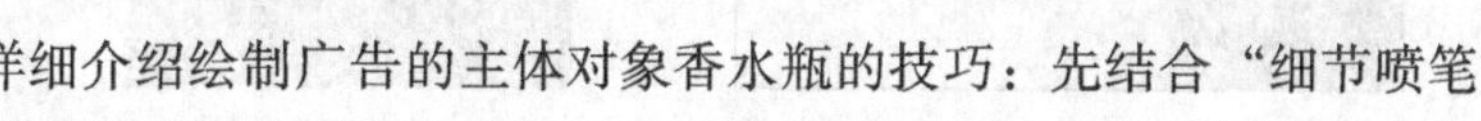

图 12-32　调整画笔属性

步骤 03：根据前面步骤 1 和步骤 2 设置画笔和颜色，使用“细节喷笔”画笔先绘制橙色的香水瓶盖子部分的图像，调整画笔颜色，反复涂抹绘制，在文档窗口可查看绘制的香水瓶效果，如图 12-33 所示。

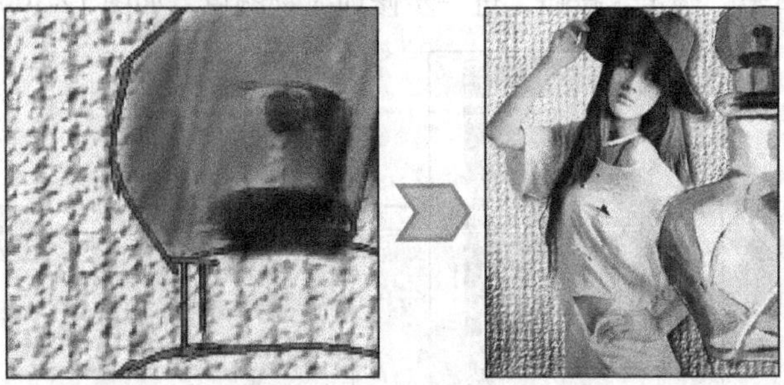

图 12-33 绘制瓶盖

步骤 04：在“画笔选择器”中选择“调和笔”下的“涂抹”画笔，在其属性栏中“大小”后的数值框中输入数值 16，在“不透明度”后的数值框中输入数值 25，在“重新饱和”后的数值框中输入数值 50，如图 12-34 所示。

图 12-34 调整画笔属性

步骤 05：运用设置的“涂抹”画笔在香水瓶上涂抹，将香水瓶上的颜色进行混合，使香水瓶颜色呈现更自然的色彩过渡，绘制后在文档查看涂抹的香水瓶效果，如图 12-35 所示。

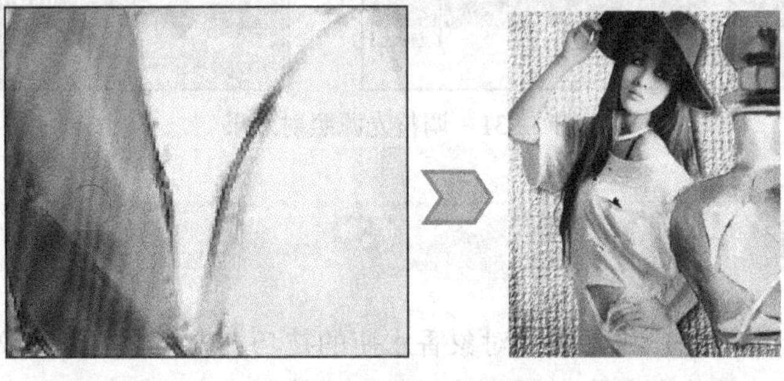

图 12-35 涂抹香水瓶

步骤 06：在“画笔选择器”中载入“Painter 11 笔刷”，选择“喷笔”下的“优质细节喷笔 8”画笔，在其属性栏中“大小”后的数值框中输入数值 8，在“不透明度”后的数值框中输入数值 25，以调整画笔的大小和不透明度，如图 12-36 所示。

图 12-36 调整画笔属性

步骤 07：根据前面绘制的香水瓶大致外形，进一步绘制香水瓶的喷头、盖子、瓶身及瓶底部分，绘制后在文档窗口中查看绘制的效果，如图 12-37 所示。

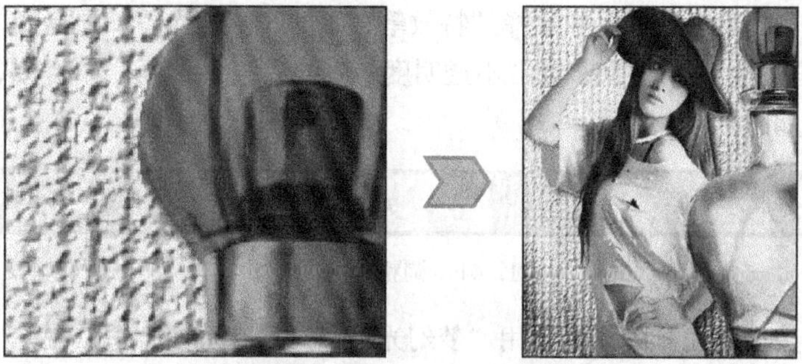

图 12-37　绘制香水瓶主体部分

步骤 08：在“画笔选择器”中选择“铅笔”下的“覆盖铅笔”画笔变体，在其属性栏中“小大”后的数值框中输入数值 2，在“不透明度”后的数值框中输入数值 35，在“颗粒”后的数值框中输入数值 45，如图 12-38 所示。

图 12-38　调整画笔属性

步骤 09：打开“颜色”面板，在面板中设置颜色值为 H85、S213、V6，在页面合适位置单击并进行涂抹，绘制瓶子的花纹，同理，根据画面整体效果和个人喜好，进一步设置填充值并绘制香水瓶细节部分的图像，绘制完成后在文档窗口查看绘制的效果，如图 12-39 所示。

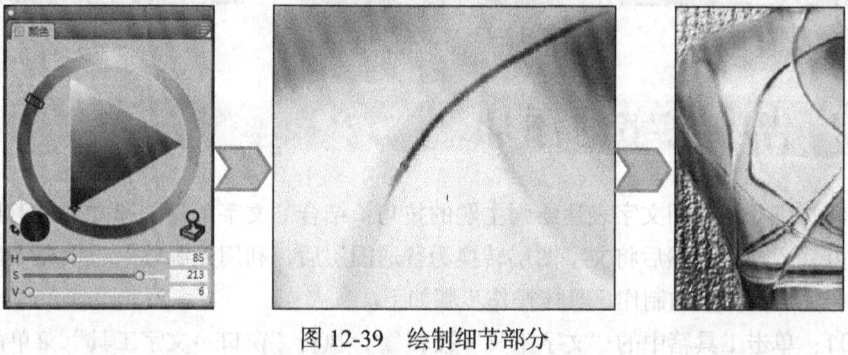

图 12-39　绘制细节部分

步骤 10：确保“香水瓶底色”图层为选中状态，按快捷键【Ctrl】+【Shift】+【B】，打开“亮度/对比度”对话框，在对话框中拖曳亮度和对比度选项滑块，设置完成后单击“应用”按钮，调整香水瓶的亮度和对比度，使其更有立体感，如图 12-40 所示。

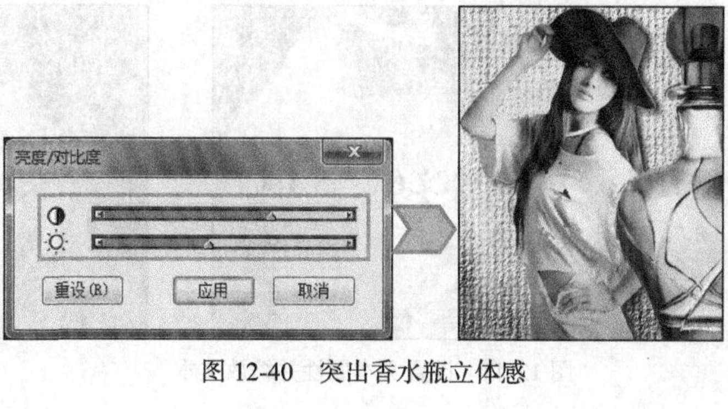

图 12-40　突出香水瓶立体感

步骤 11：在“画笔选择器”中选择“特效笔”下的“梦幻光芒”画笔变体，在其属性栏中“大小”后的数值框中输入数值 30，在“不透明度”后的数值框中输入数值 85，调整所选画面的大小和不透明度，如图 12-41 所示。

图 12-41　调整画笔属性

步骤 12：新建“星光”图层，使用“梦幻光芒”画笔在页面合适位置单击并进行涂抹，绘制星光图案，选择“星光”图层，将该图层的图层混合模式设置为“变亮”，得到更自然的光芒效果，如图 12-42 所示。

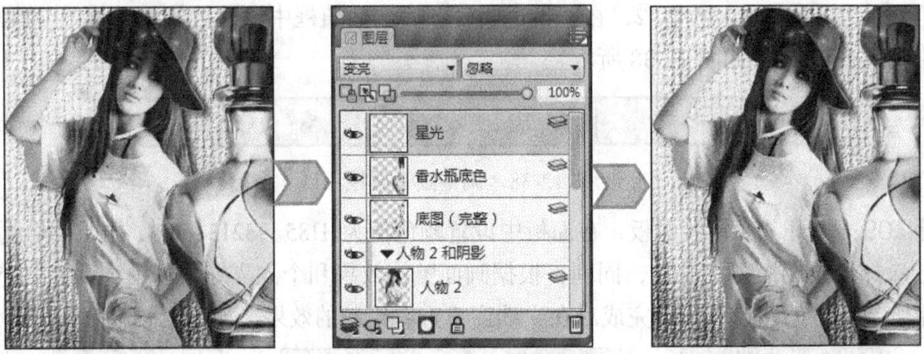

图 12-42　绘制自然光芒

12.5 广告中文字的添加

本小节将详细介绍利用文字表达绘画主题的技巧：结合“文字工具”和“文字工具”面板在画面中设置并输入文字，然后将文字图层转换为普通图层后，利用光源效果、填充等操作，对文字加以美化，完成本实例的制作，具体操作步骤如下。

步骤 01：单击工具箱中的“文字工具”按钮T，执行“窗口→文字工具”菜单命令，打开“文字工具”面板，在面板中设置文字字体、间距选项，设置后在人物图像上单击输入需要的文本，单击“图层调整工具”按钮，显示编辑框，单击并向上拖曳编辑框，垂直缩放文本，如图 12-43 所示。

图 12-43　设置文本属性并缩放文本

重点技法提示

调整文字字体、大小、间距等参数后，如果对设置的文字效果不满意，可以单击属性栏中的“重置工具”按钮，将所有选项恢复为默认状态。

步骤 02：确保“文字工具”为选中状态，在输入的文本上单击并拖曳鼠标，选中文本，单击工具箱中的“主要颜色”按钮，打开“颜色”面板，在面板中设置颜色“色调”为 1、“饱和度”为 223、“亮度”为 96，完成后单击“确定”按钮，更改文字颜色，如图 12-44 所示。

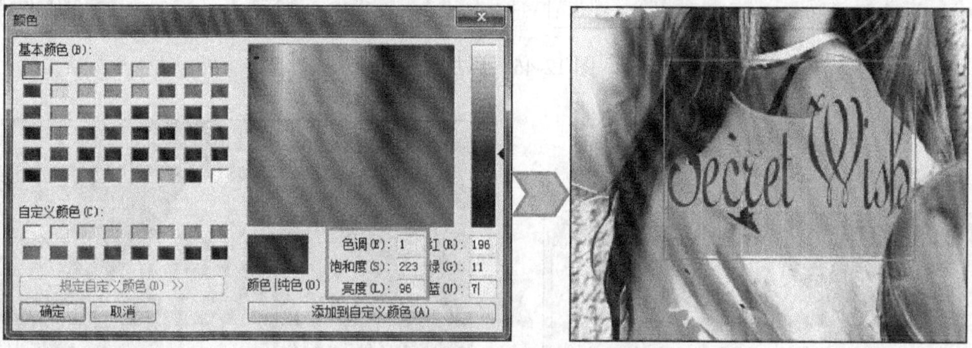

图 12-44　更改文字颜色

步骤 03：确保上一步设置的文本为选中状态，右击鼠标，在弹出的隐藏菜单中选择“转换为默认图层”命令，将文本图层转换为一般图层，如图 12-45 所示。

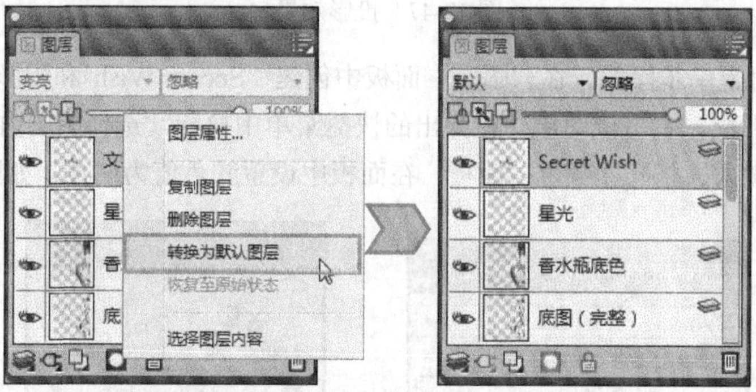

图 12-45　将文本图层转换为一般图层

步骤 04：执行“效果→表面控制→应用光源”菜单命令，打开“应用光源”对话框，单击“泼溅色”预设光源，然后在上方调整光源及光源亮度、距离等选项，设置完成后单击“确定”按钮，在文档窗口中查看到为文字添加光源控制后的效果，如图 12-46 所示。

步骤 05：确保上一步设置的图层为选中状态，执行“效果→对象→创建下落式阴影”菜单命令，打开“下落式阴影”对话框，在对话框中调整阴影的位置、半径、角度等选项值，设置完成后单击“确定”按钮，为图像添加投影效果，如图 12-47 所示。

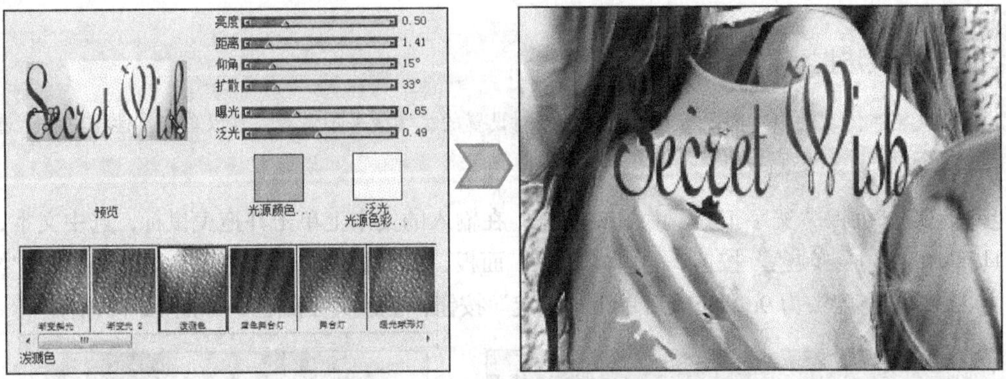

图 12-46　添加光源

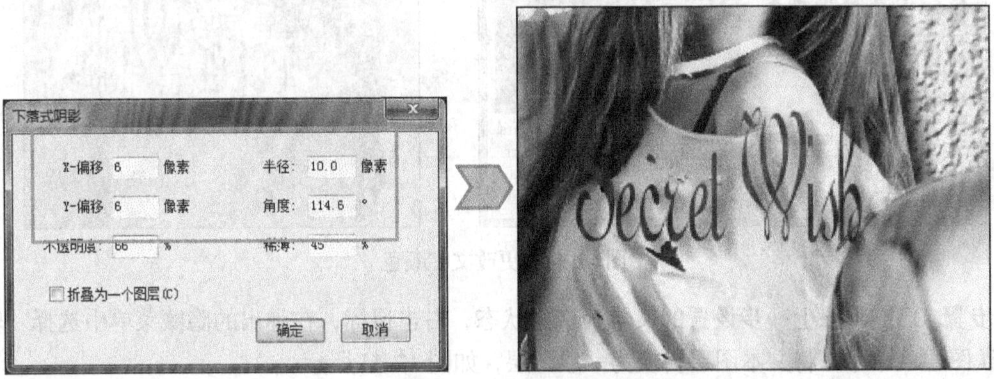

图 12-47　投影效果

步骤 06：经过上一步操作，在“图层”面板中创建“Secret Wish 和阴影”图层组，选中图层组中的“阴影”图层，右击该图层，在弹出的快捷菜单中执行“选择图层内容”命令，将图层中的图像作为选区载入，打开“颜色”面板，在面板中设置颜色值为白色，如图 12-48 所示。

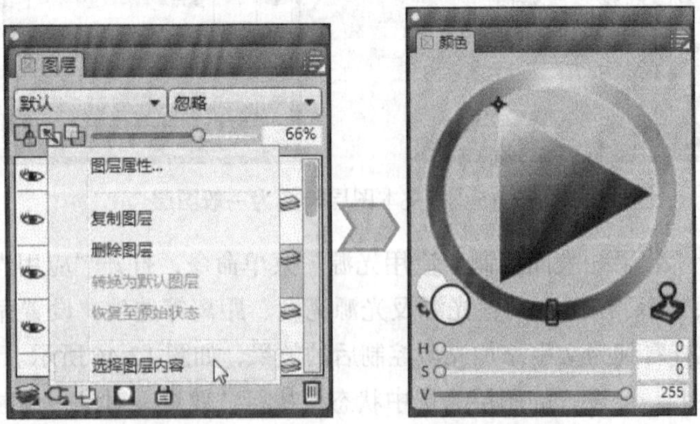

图 12-48　载入“阴影”图层并设置颜色

步骤 07：执行“编辑→填充”菜单命令，或按快捷键【Ctrl】+【F】，打开“填充”对话框，在对话框中确认选中“当前颜色”选项，单击“确定”按钮，应用设置的白色填充选区，如

图 12-49 所示。

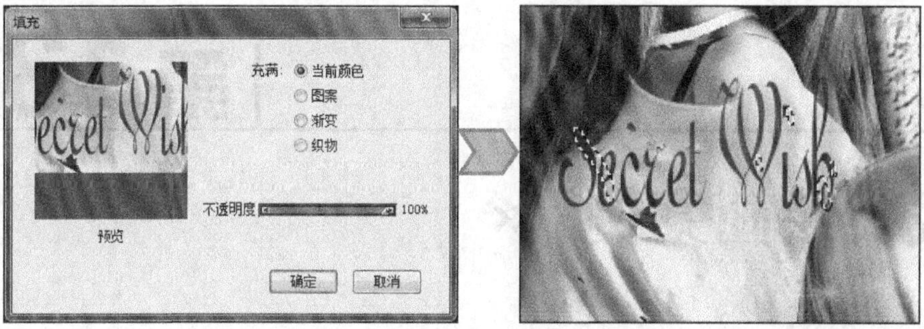

图 12-49　填充选区

步骤 08：单击工具箱中的“油漆桶工具”按钮，将鼠标移至选区上方，单击鼠标，再一次填充投影部分的颜色，经过连续单击，将阴影填充为白色效果，如图 12-50 所示。

图 12-50　填充阴影

步骤 09：选中“Secret Wish”图层，执行“图层→复制图层”菜单命令，复制图层，并将复制图层的混合方式设置为“亮度”，执行“编辑→自由变换”菜单命令，显示变换编辑框，拖曳编辑框中的文本图像，调整其大小和位置，最后根据根据前面设置文本方法在画面中添加更多的文字，完成本实例的制作，如图 12-51 所示。

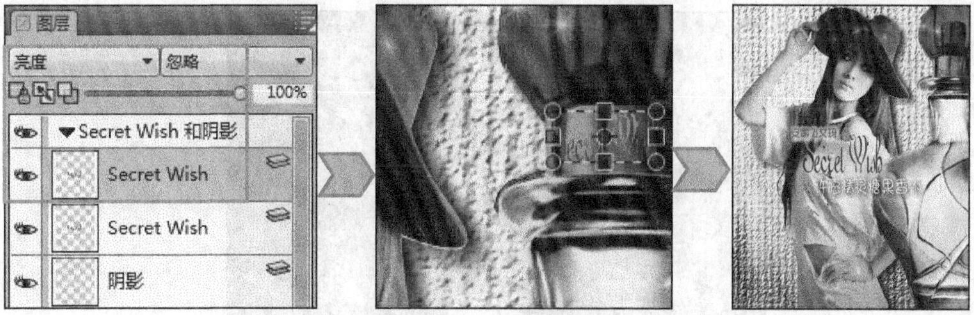

图 12-51　完成实例操作

第 13 章

游戏类绘画案例 «

本章学习重点

- 游戏类场景设计思路
- 草图的勾画
- 对画面进行填充色确定主色调
- 刻画细节表现细腻的画面
- 图像与文字的完美结合

13.1 设计思路

在游戏场景的创作与设计过程中，应结合游戏场景中的具体环境进行设计，通过统一影调、色彩或是质感等，使图像达到更为逼真的效果。本实例将通过一个游戏海报的制作详细介绍进行 CG 游戏画面绘制的技巧。在制作过程中，根据人物的年龄、性别等特点，利用唯美的蓝色突现画面感，将场景中的人物恰到好处的与整个画面相搭配，从而烘托出画面感和故事情节感。

13.1.1 设计效果展示

本章制作一个游戏的海报，如图 13-1 所示，图像中主体物的颜色较亮，颜色层次浅薄，而周围环境的光却很强，体现出场景中丰富的层次。

图 13-1 游戏海报

13.1.2　绘制流程预览

本案例的制作将分为 4 个部分，分别是草图的绘制、基本色调的确定、场景的制作和细节的处理及文案的补充。先使用画笔工具勾勒出画面的整体轮廓，然后根据所要表达的场景气氛，填充图像中各要素的大致颜色，确定画面整体的基本色调，再进一步绘制和调整场景中的森林和草木等要素，最后绘制刻画人物并添加细节部分的图像，最后添加上文字，完成本实例的制作，如图 13-2 所示。

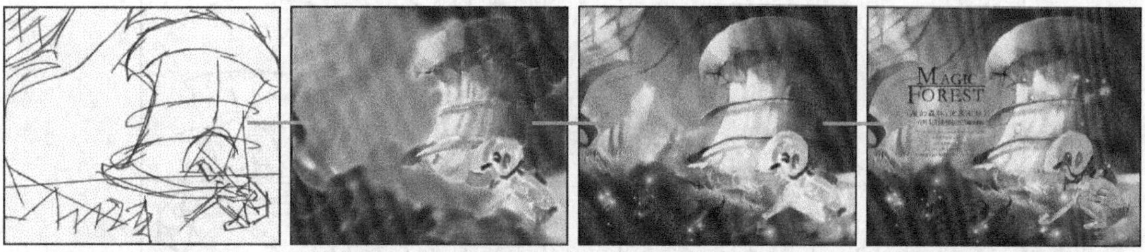

绘制大致动态线　　基本色调的填充　　刻画人物并添加细节　　添加文字完善图像

图 13-2　案例制作流程

13.2　勾勒草图确定图像基本色调

本小节将详细介绍确定构图和整幅图颜色基调的技巧。先使用“细节喷笔”画笔勾勒出画面的整体构图，然后进一步绘制出场景中各个要素的外形，再使用“细节喷笔”画笔、“矮胖油性蜡笔 10”和“颜色”调板等为图像填充颜色，确定整幅作品的基本色调，具体操作步骤如下。

步骤 01：打开 Painter 软件，执行“文件→新建”菜单命令，打开出“新建图像”对话框，如图 13-3 所示，在“宽度”后的数值框中输入数值 650，在“高度”后的数值框中输入数值 550，在“分辨率”后的数值框中数值 72，设置完成后单击“确定”按钮，新建文档，单击“图层”面板底部的中的“新建图层”按钮，创建一个新图层。

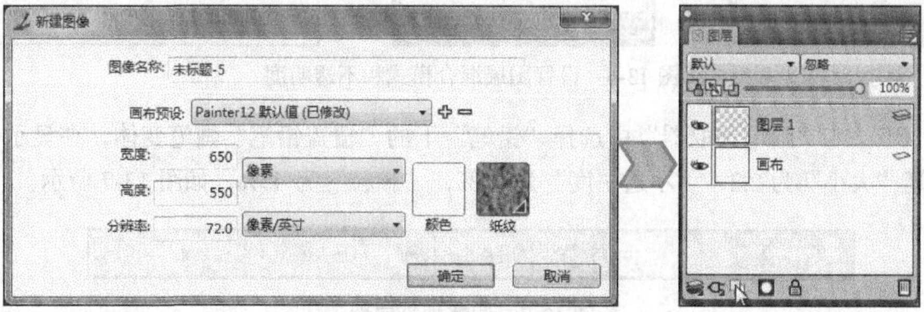

图 13-3　新建图像与图层

步骤 02：在“画笔选取器”中选择“喷笔”下的“细节喷笔”画笔变体，在其属性栏中“大小”后的数值框中输入数值 3，“不透明度”后的数值框中输入数值 35，调整画笔的大小和不透明度，如图 13-4 所示。

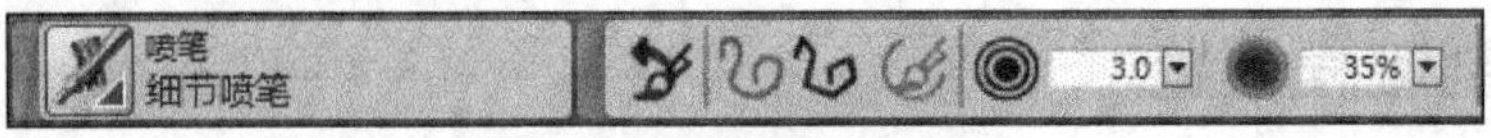

图 13-4　调整画笔属性

步骤 03：使用短线条勾勒出整个构图，然后进一步绘制场景中的人物和物体，在文档窗口中查看绘制的图像效果，如图 13-5 所示。

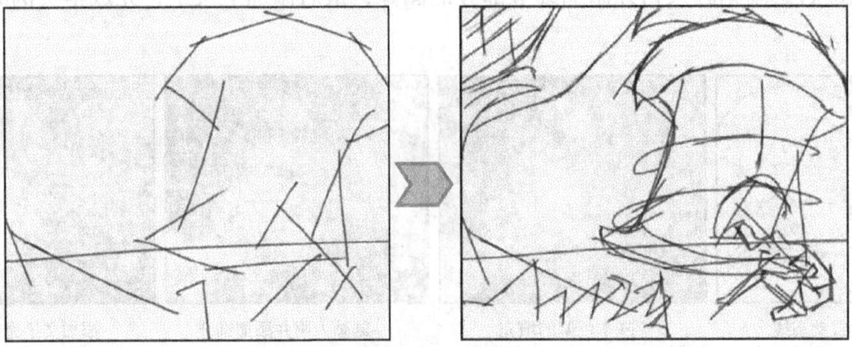

图 13-5　构图

步骤 04：确保“图层 1”图层为选中状态，在“混合方式”下拉菜单中选择“柔光”选项，设置图层“不透明度”为 80%，同理，继续新建图层并将其重命名为“底图”，然后设置其图层混合模式为“胶合”，此时，可以看到设置图层混合模式和不透明度后的图像效果，如图 13-6 所示。

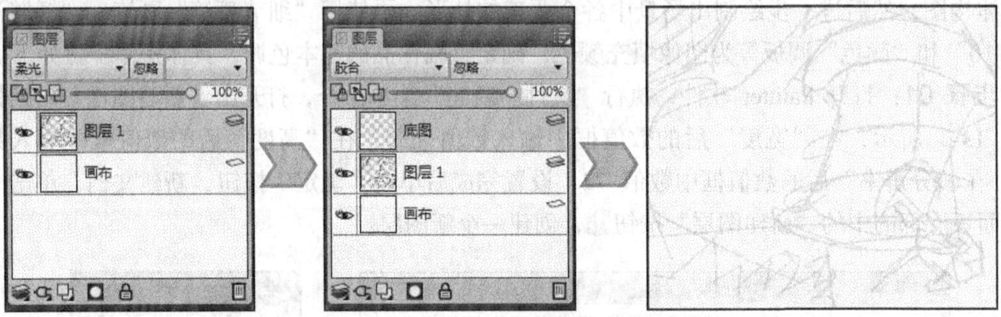

图 13-6　设置图层混合模式和不透明度

步骤 05：在“画笔选取器”中选择“铅笔”下的“覆盖铅笔”画笔变体，在显示的属性栏中设置画笔“大小”为 2.2，“不透明度”为 45%，“颗粒”为 45%，如图 13-7 所示。

图 13-7　调整画笔属性

步骤 06：使用设置的“覆盖铅笔”画笔进一步绘制场景中各个图形的外形轮廓。这一阶段的绘画关系到后来的上色，所以一定要把主要需要表现的图形对象画得具体和准确。绘制完成后，在文档窗口中可看到绘制的效果，如图 13-8 所示。

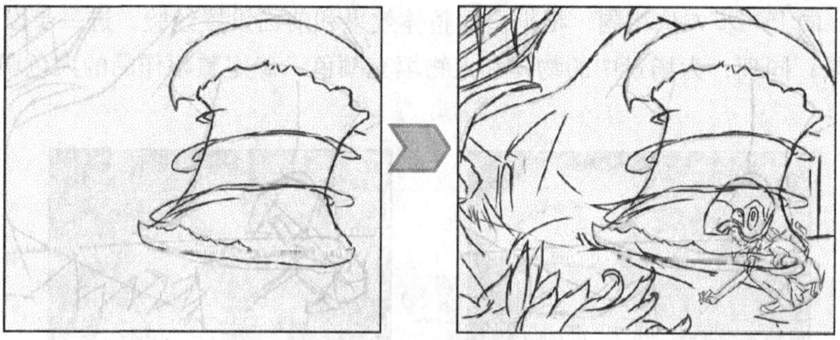

图 13-8 绘制外形轮廓

步骤 07：选中“图层 1”图层，单击“图层”面板底部的“删除图层”按钮，将选中图层进行删除，单击“图层”面板中的“新建图层”按钮，新建图层并将其命名为“上色”，如图 13-9 所示。

图 13-9 删除“图层 1”并新建“上色”图层

步骤 08：在“画笔选取器”中选择“喷笔”下的“细节喷笔”画笔变体，在其属性栏中“大小”后的数值框中输入数值 5，“不透明度”后的数值框中输入数值 25，调整画笔的大小和不透明度，如图 13-10 所示。

图 13-10 调整画笔属性

步骤 09：打开“颜色”面板，在面板中设置颜色，输入颜色值为 H214、S122、V102，在页面中的合适位置单击并进行涂抹，填充图像，如图 13-11 所示。

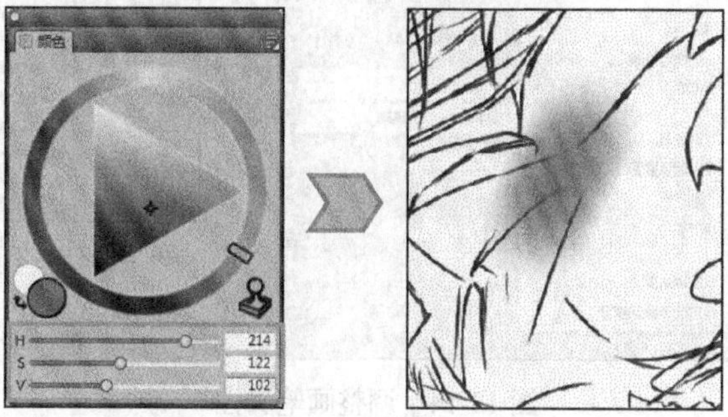

图 13-11 填充图像

步骤 10：同上一步方法相同，根据页面整体效果和前面设置经验，进一步设置并填充背景部分，填充效果；同理，为场景中的物体和人物填充颜色，确定整幅作品的大色调，如图 13-12 所示。

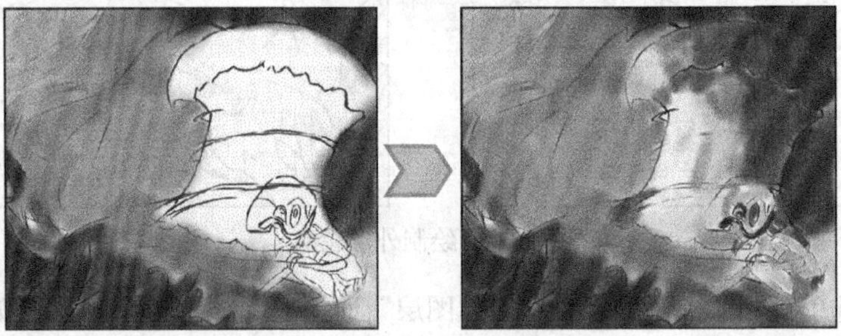

图 13-12　确定作品的大色调

步骤 11：选择“底图”图层，执行“图层→移到最上层”菜单命令，将“底图”置于页面最顶端，然后单击“图层”面板中的“新建图层”按钮，在“底图”和“上色”图层间新建图层，并将其重命名为“主体”，如图 13-13 所示。

图 13-13　将“底图”移至最顶端并新建图层

步骤 12：单击“画笔选取器”右下角的倒三角形按钮，在展开的“画笔选取器”中单击右上角的扩展按钮，打开扩展菜单，执行“画笔库→Painter 11 笔刷”命令，载入 Painter 11 笔刷，然后选择“油性蜡笔”下的“矮胖油性蜡笔 10”画笔变体，在其属性栏中设置画笔大小为 12；设置画笔不透明度为 30%；设置颗粒为 65%；设置重新饱和为 80%，如图 13-14 所示。

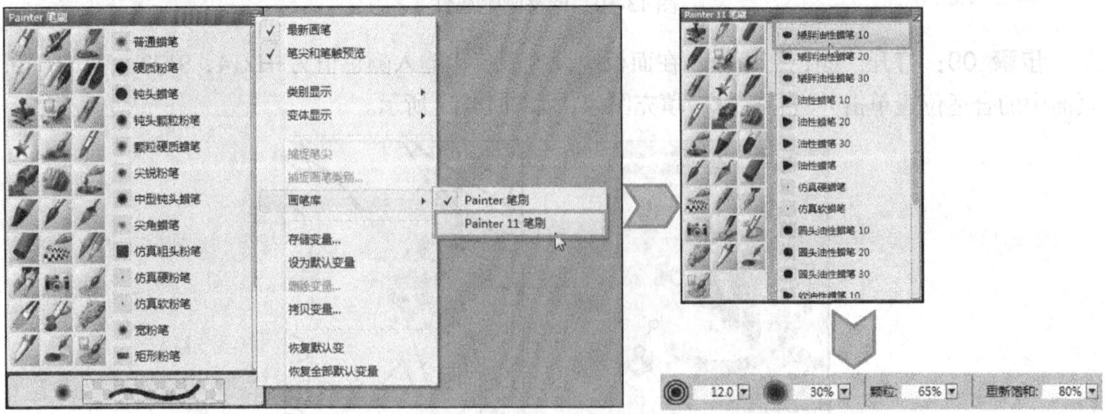

图 13-14　调整画笔属性

重点技法提示

载入 Painter 11 笔刷以后，若要恢复为 Painter 12 笔刷，同样可以单击“画笔选取器”右上角的扩展按钮，打开扩展菜单，执行“画笔库→Painter 笔刷”命令，载入 Painter 12 笔刷。

步骤 13：在“颜色”调板中设置颜色值为 H109、S254、V184，执行“窗口→颜色面板→混合器”菜单命令，打开“混色器”调板，在面板中区域单击并进行涂抹，根据画面整体需要调配出新画笔笔触颜色，如图 13-15 所示。

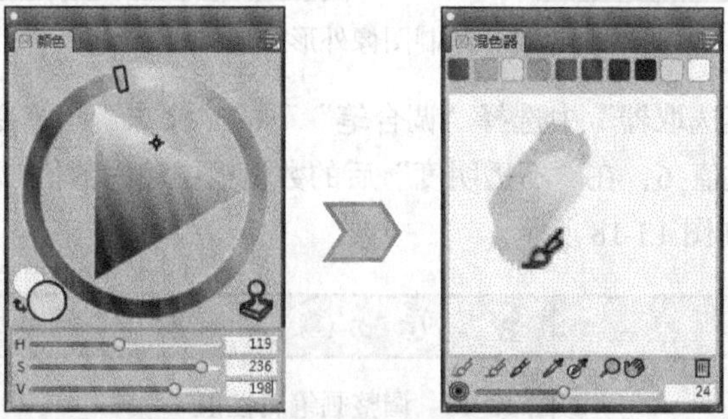

图 13-15 调配新画笔笔触颜色

重点技法提示

在绘制图像时，如果要重新混合颜色，可以单击“混色器”面板右上角的扩展按钮，在弹出的菜单中执行“清除混合器”命令，清除混合器，再单击扩展按钮，在弹出的菜单中执行“更改混合器背景”命令，打开“颜色”面板，在面板中即可重新对混合器背景颜色进行调整。

步骤 14：同上一步方法相同，根据页面整体效果和基本颜色范围继续设置“混合色器”调板中的颜色混合参数，混合颜色后按照片图像的基本走向和体积关系，在页面合适位置单击并进行涂抹绘制出图像，如图 13-16 所示。

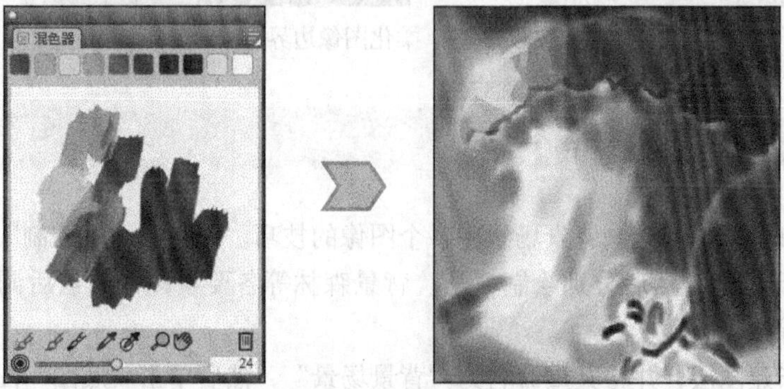

图 13-16 设置颜色混合参数并绘制图像

步骤 15：同理，根据需要绘制图像外形和整体效果，继续在“混色器”面板中设置混合颜色参数，然后使用“矮胖油性蜡笔 10”画笔绘制图像，如图 13-17 所示。

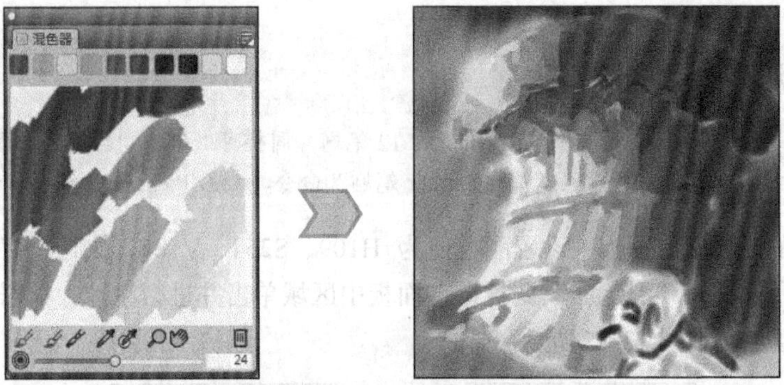

图 13-17　绘制图像外形和整体效果

步骤 16：在“画笔选取器”中选择“调合笔”下的“涂抹”画笔变体，在其属性栏中“大小”后的数值框中输入数值 6，在“不透明度”后的数值框中输入数值 25，在“重新饱和”后的数值框中输入数值 50，如图 13-18 所示。

图 13-18　调整画笔属性值

步骤 17：在画面中的房屋位置单击并进行涂抹，将图像亮部和暗部进行混合，柔化图像的边界区域，在文档窗口中查看到混合颜色效果，如图 13-19 所示。

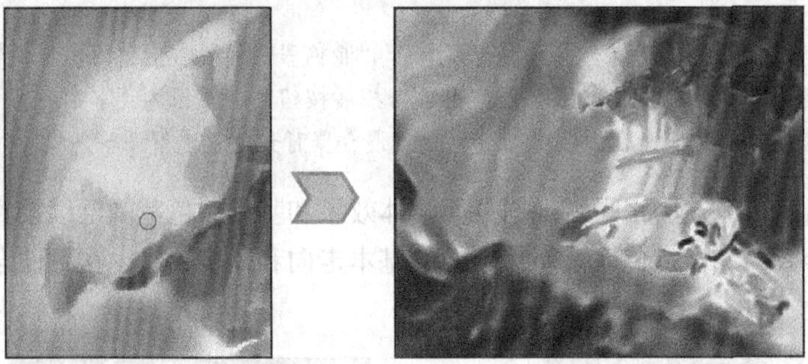

图 13-19　柔化图像边界

13.3　背景场景的制作

本小节将详细介绍深入刻画背景场景中各个图像的技巧。先在“画笔控制”面板对需要使用的画笔的属性进行调整，然后分别绘制草丛、背景森林等各要素图像，最后调整其颜色深浅效果，具体操作步骤如下。

步骤 01：新建图层，并将其重命名为“背景场景”，然后单击“底图”图层前的眼睛图标，显示“底层”图层中的线条，如图 13-20 所示。

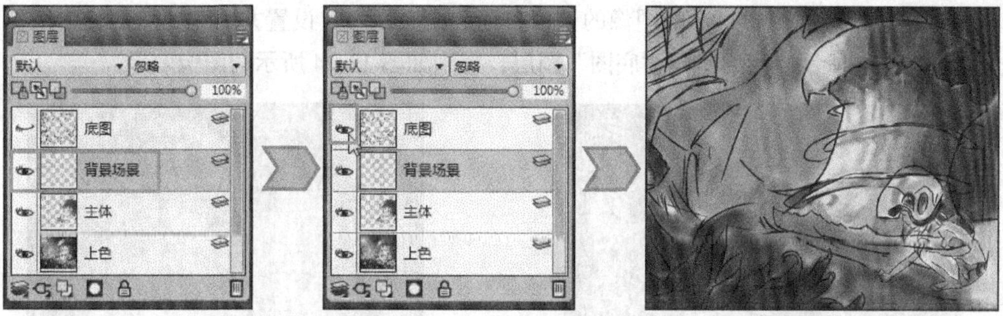

图 13-20 新建图层

步骤 02：执行“窗口→画笔控制面板→常规”菜单命令，打开“常规”面板，单击面板中的“笔尖类型”下拉按钮，在展开的下拉列表中选择“线性喷笔”，执行“窗口→画笔控制面板→间距”菜单命令，打开“间距”面板，在面板中设置“阻尼”为 37%，如图 13-21 所示。

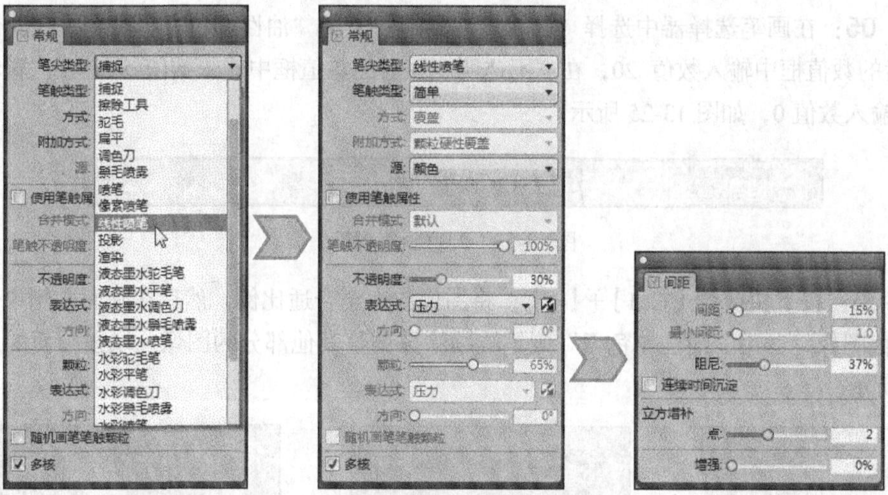

图 13-21 选择画笔并设置“阻尼”

步骤 03：在“颜色”面板中设置填充颜色值为 H233、S255、V22，然后按快捷键【Ctrl】+【+】，将图像放大至合适比例，在草地上的树叶位置单击并进行涂抹，绘制场景中的树叶，在文档窗口中查看到绘制的效果，如图 13-22 所示。

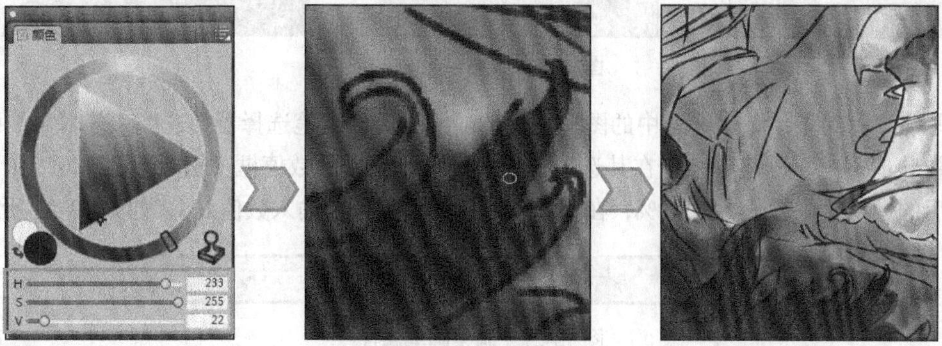

图 13-22 绘制树叶

步骤 04：根据底图中显示的图像的整体布局和个人喜好，设置并填充背景部分的图像，填充效果如图 13-23 所示。然后隐藏“底图”图层，得到如图 13-24 所示的图像效果。

图 13-23　填充背景图像

图 13-24　隐藏“底图”图层

步骤 05：在画笔选择器中选择“艺术家油画笔”下的“油性调色刀”画笔，在其属性栏中“大小”后的数值框中输入数值 20，在“不透明度”后的数值框中输入数值 85，在“颗粒”后的数值框中输入数值 0，如图 13-25 所示。

图 13-25　调整画笔属性

步骤 06：按下快捷键【Ctrl】+【+】，将图像放大至合适比例，然后在画面左侧单击并进行涂抹，柔化图像，运用“油性调色刀”画笔继续涂抹调整其他部分的图像，增强画面的层次，如图 13-26 所示。

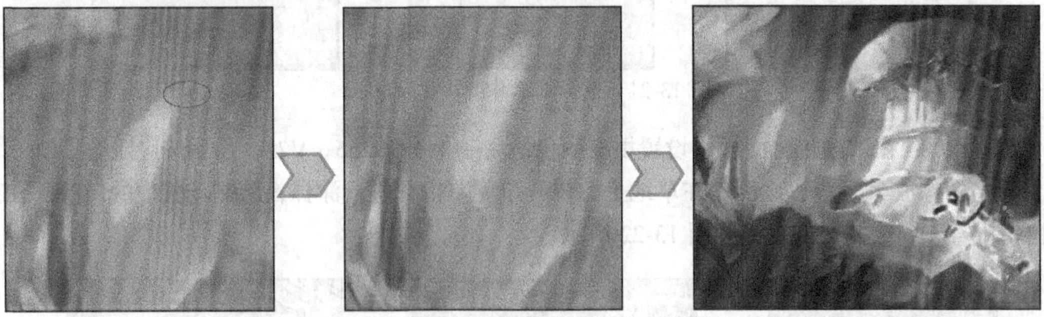

图 13-26　增强画面层次

步骤 07：为了使背景场景中的图形更加清晰明显，在画笔选择器中选择“艺术家油画笔”下的“块状薄平笔”画笔变体，在其选项栏中的“大小”后的数值框中输入数值 6.0，在“不透明度”后的数值框中输入数值 30%，在“颗粒”后的数值框中输入数值 0%，如图 13-27 所示。

图 13-27　调整画笔属性

步骤 08：在图像左侧的背景处单击并进行涂抹，绘制场景背景中的细节部分，在文档窗口中查看绘制的效果，如图 13-28 所示。

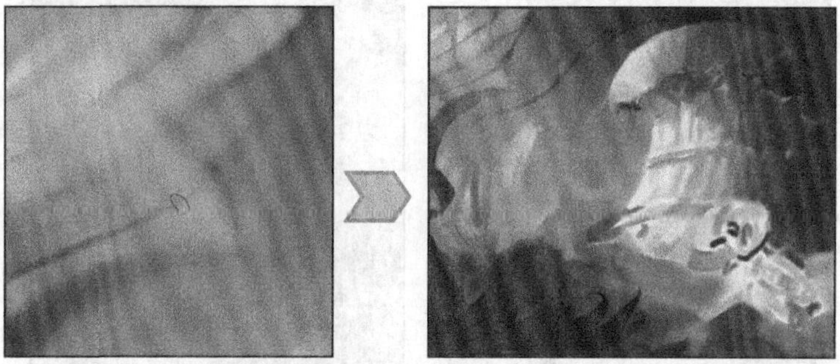

图 13-28　绘制细节

步骤 09：在画笔选择器中选择“艺术家画笔”下的“印象派”画笔变体，在其属性栏中“大小”后的数值框中输入数值 25，在“不透明度”后的数值框中输入数值 52，调整画笔的大小和不透明度，如图 13-29 所示。

图 13-29　调整画笔属性

步骤 10：打开“颜色”面板，在面板中设置颜色值为 H213、S176、V61，然后在图像中合适的位置单击并进行涂抹，绘制场景中的草丛部分，在文档窗口中可以看到绘制的效果，如图 13-30 所示。

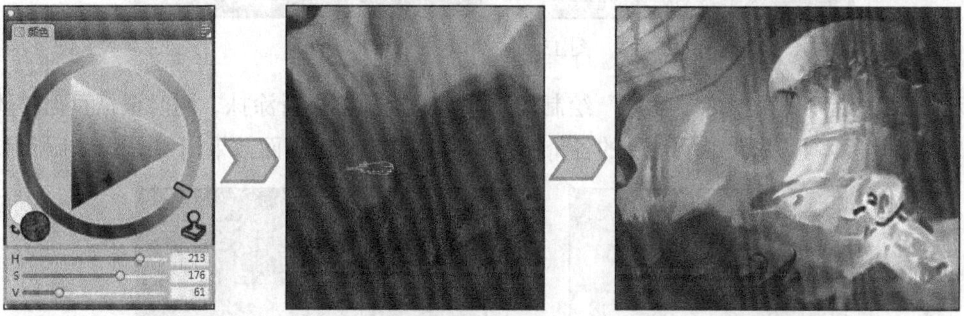

图 13-30　绘制草丛

步骤 11：在“画笔选取器”中选择“喷笔”下的“细节喷笔”画笔变体，在其属性栏中“大小”后的数值框中输入数值 3，设置画笔大小为 3，在“不透明度”后的数值框中输入数值 25，设置画笔不透明度为 25%，如图 13-31 所示。

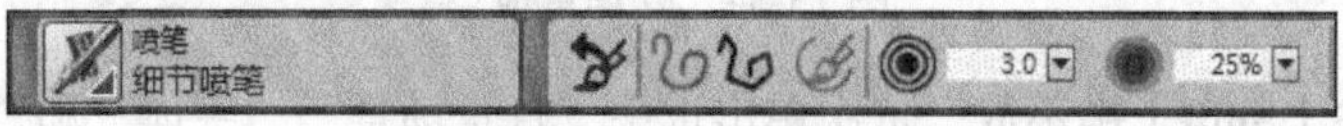

图 13-31　调整画笔属性

步骤 12：打开“颜色”面板，在面板中设置颜色值为 H219、S117、V80，在画面中的房顶下方位置单击并进行涂抹，绘制图像，如图 13-32 所示。

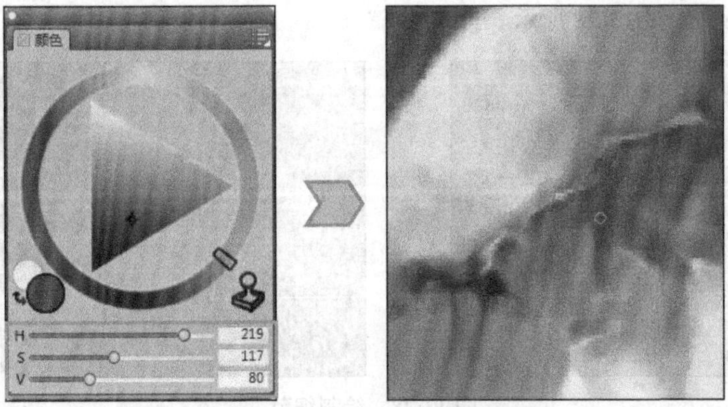

图 13-32　绘制房顶下方位置

步骤 13：同上一步方法相同，根据前面设置经验和画面整体效果，继续使用设置的画笔涂抹填充图像，完成填充后在文档窗口可查看填充的效果，如图 13-33 所示。

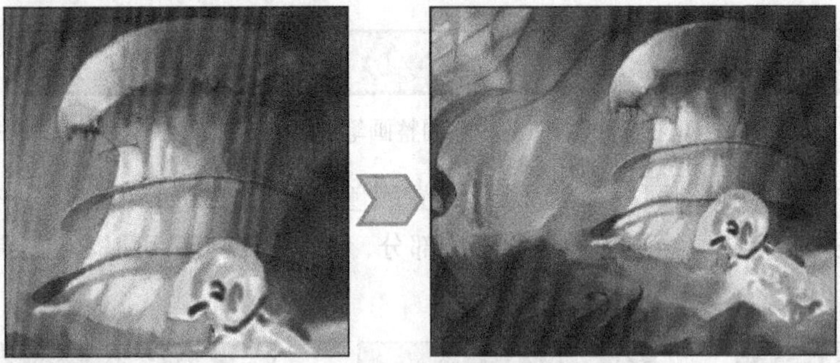

图 13-33　填充图像

步骤 14：继续使用“细节喷笔”绘制草，并对草地部分进行涂抹，同时根据页面整体效果和个人喜好，继续调整并设置场景中的各个图像，得到更精细的画面效果，如图 13-34 所示。

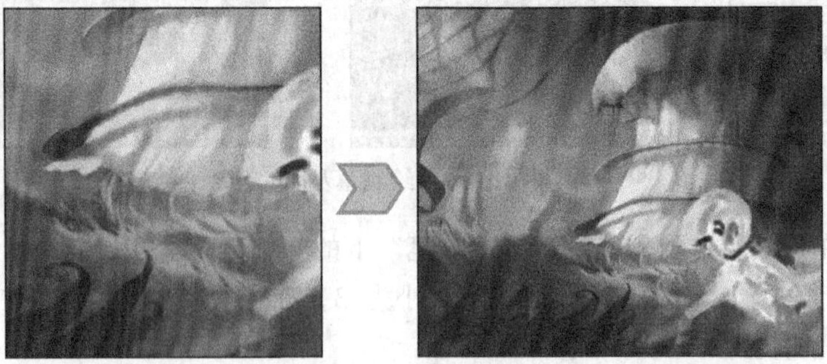

图 13-34　处理草地

步骤 15：按住【Shift】键不放，依次单击选中“背景场景”“主体”和“上色”3 个图层，执行“图层→群组图层”按快捷键【Ctrl】+【G】将选中的图层进行编组，得到“群体 1”组，然后执行“图层→折叠群组”或按快捷键【Ctrl】+【E】折叠群组，并将其命名为“图层 1”，如图 13-35 所示。

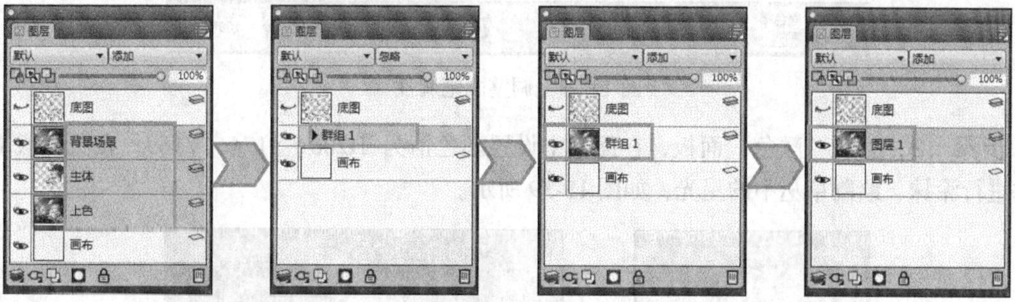

图 13-35　对图层编组

步骤 16：确保“图层 1”图层为选中状态，执行“效果→色调控制→校正颜色”菜单命令，打开“颜色校正”对话框，单击“红色”按钮■，设置该通道下的颜色参数，然后再按“主要”按钮■，设置颜色参数，设置完成后单击“确定”按钮，校正颜色并在文档窗口中查看其效果，如图 13-36 所示。

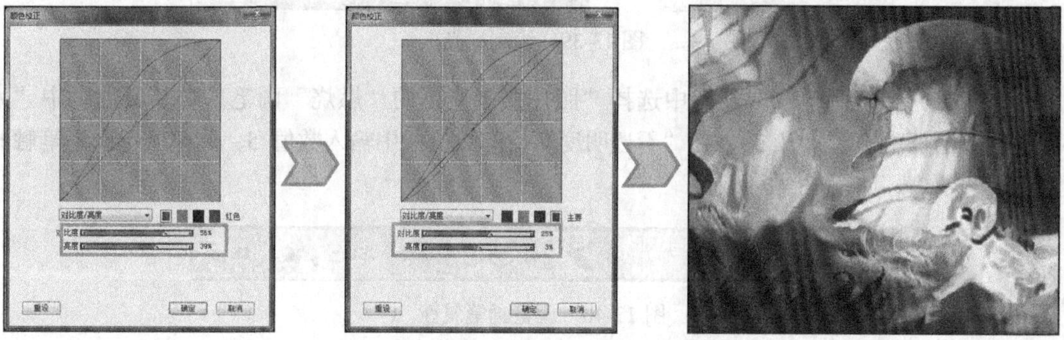

图 13-36　设置颜色参数

步骤 17：执行“效果→焦点→锐化”菜单命令，打开“锐化”对话框，在对话框中根据图像需要设置锐化图像的各项参数，设置完成后单击“确定”按钮，锐化图像得到更清晰的图像，如图 13-37 所示。

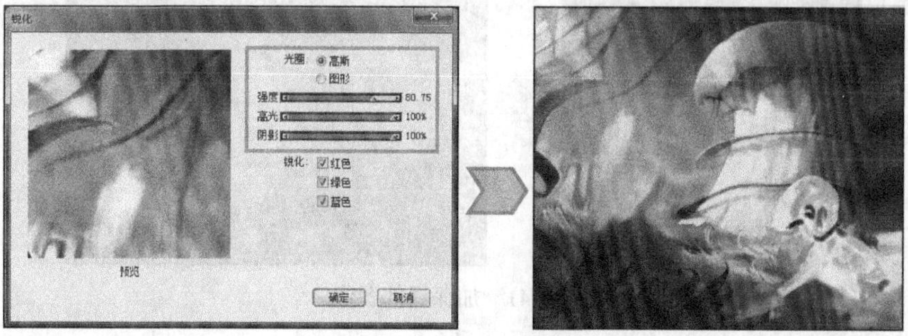

图 13-37　锐化图像

步骤 18：在“画笔选取器”中选择“着色笔”下的“撒盐”画笔变体，在其属性栏中“大小”后的数值框中输入数值 65，在“不透明度”后的数值框中输入数值 100，调整画笔笔触的大小和不透明度，如图 13-38 所示。

图 13-38　调整画笔属性

步骤 19：打开“颜色”面板，在面板中设置颜色值为 H208、S174、V169，在页面底端单击并进行涂抹，绘制草丛中的星光，如图 13-39 所示。

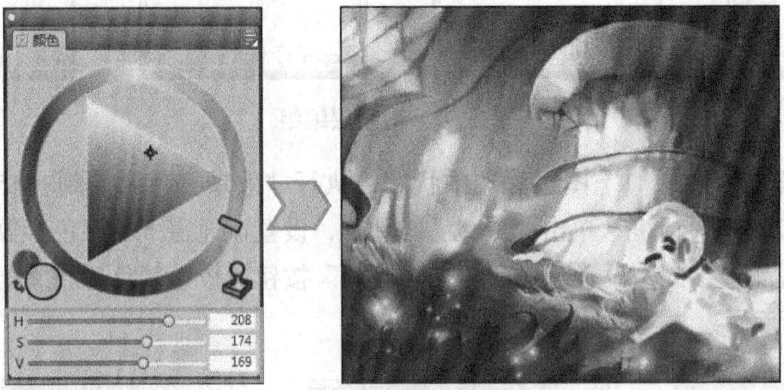

图 13-39　绘制星光

步骤 20：在“画笔选取器”中选择“照片”画笔下的“燃烧”画笔，在其属性栏中“大小”后的数值框中输入数值 38，在“不透明度”后的数值框中输入数值 5，调整所选画笔笔触的大小和不透明度，如图 13-40 所示。

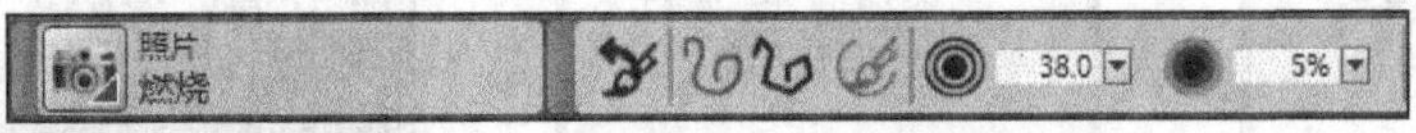

图 13-40　调整画笔属性

步骤 21：在星光所在的位置单击并进行涂抹，将该位置的图像颜色加深，同理，继续调整其他部分的图像，加深局部的图像，在文档窗口中查看加深后的图像效果，如图 13-41 所示。

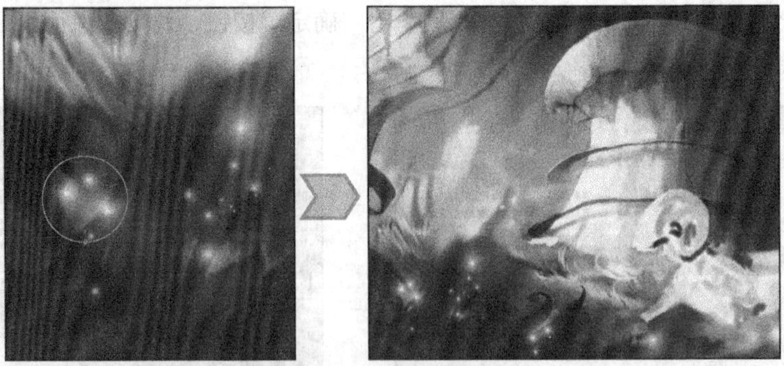

图 13-41　加深局部图像

13.4　填充人物并添加文字等细节

本小节将制作场景中的人物和其他细节部分的图像，最后添加文本，完成本实例的制作，具体操作步骤如下。

步骤 01：新建图层并将其重命名为“儿童”，并将其调整至“底图”和“图层 1”图层之间，如图 13-42 所示。在“画笔选择器”中选择“喷笔”下的“细节喷笔”画笔，根据需要绘制的图像效果在其属性栏中设置画笔的各项参数，如图 13-43 所示。

图 13-42　新建图层

图 13-43　调整画笔属性

步骤 02：单击“底图”图层前的眼睛图标，重新显示隐藏的“底图”图层，根据“底图”图层中人物的外形结构和前面填充经验，使用“细节喷笔”画笔填充人物细节部分的图像，得到更精细的人物图像，如图 13-44 所示。

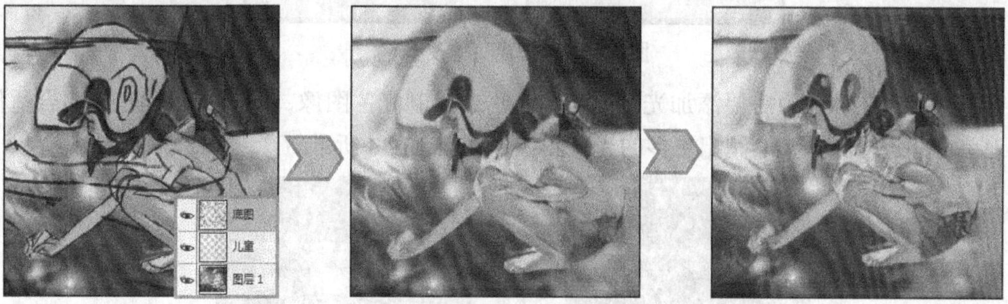

图 13-44 填充人物细节部分

步骤 03：确保“儿童”图层为选中状态，执行“效果→色调控制→校正颜色”菜单命令，打开“颜色校正”对话框，单击“红色”按钮，设置红色通道下的颜色参数，设置完成后，单击“主要”按钮，设置该通道下的图像颜色参数，设置完成后单击“确定”按钮，设置应用的参数，调整图像的颜色，在文档窗口查看调整后的颜色效果，如图 13-45 所示。

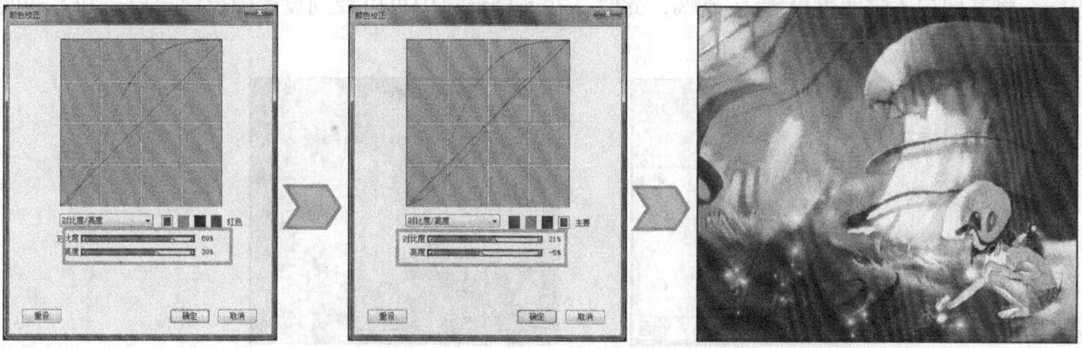

图 13-45　设置并应用颜色参数

步骤 04：新建图层，并将其重命名为“细节”，开始细节部分的绘制，在“画笔选择器”中选择“特效笔”下的“梦幻光芒”画笔，在其选项栏中的“大小”后的数值框中输入数值 26，在“不透明度”后的数值框中输入数值 100，调整画笔大小和不透明度，如图 13-46 所示。

图 13-46 调整画笔属性

步骤 05：执行“窗口→画笔控制面板→间距”菜单命令，打开“间距”面板，在面板中设置星光画笔的间距，再打开“颜色”面板，在面板板中设置颜色值为 H137、S249、V200，如图 13-47 所示。

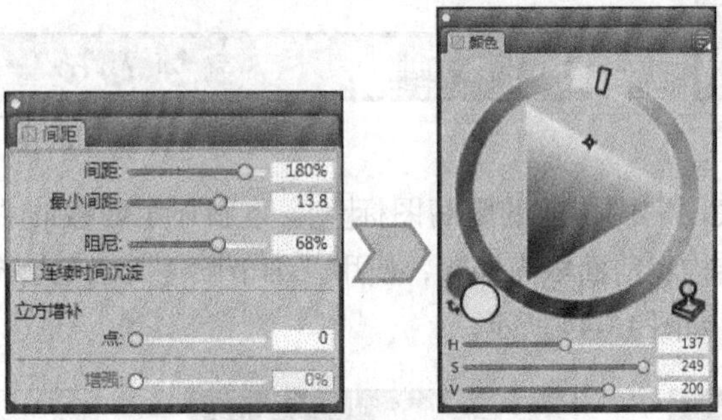

图 13-47 设置间距及颜色

步骤 06：在画面中需要添加光芒的位置单击，绘制光芒图像，同理，继续在页面合适位置连续地单击并进行涂抹，绘制出更多的光芒图像，如图 13-48 所示。

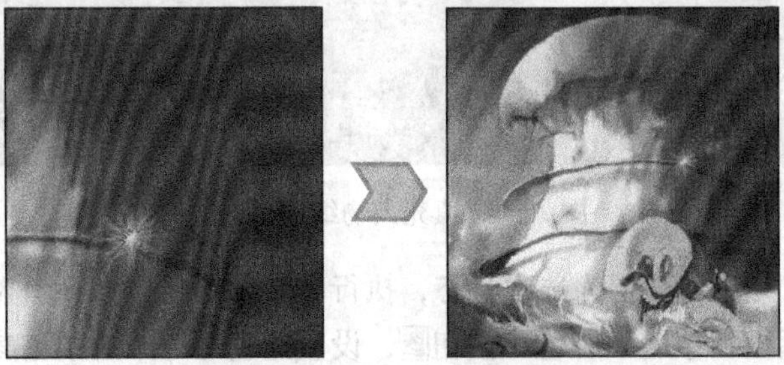

图 13-48 绘制更多的光芒图像

步骤 07：确保上一步绘制图像的图层为选中状态，将其图层混合模式设置为“胶合覆盖”，将其图层不透明度设置为 80%，此时，在文档窗口中可以看到设置图层混合模式和不透明度后的图像效果，如图 13-49 所示。

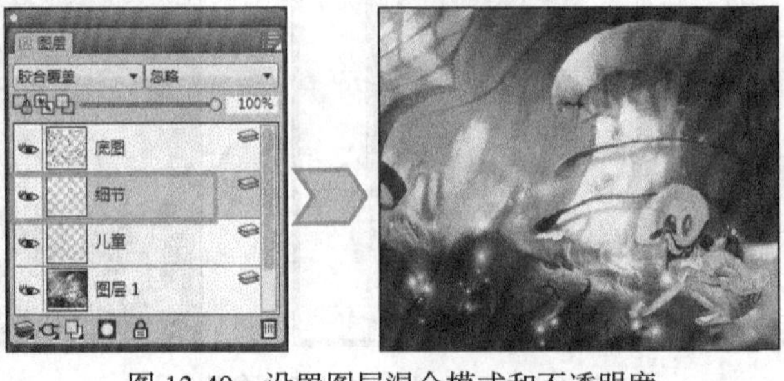

图 13-49 设置图层混合模式和不透明度

步骤 08：确保“细节”图层为选中状态，执行“效果→表面控制→应用光源”菜单命令，打开“应用光源”对话框，单击“泼溅色”光源，设置各项参数，设置完成后单击“确定”按钮即可，再执行“效果→色调控制→亮度/对比度”菜单命令或按下快捷键【Ctrl】+【Shift】+【B】，打开“亮度/对比度”对话框，在对话框中调整亮度和对比度，设置完成后单击“应用”按钮，得到更有层次的画面效果，如图 13-50 所示。

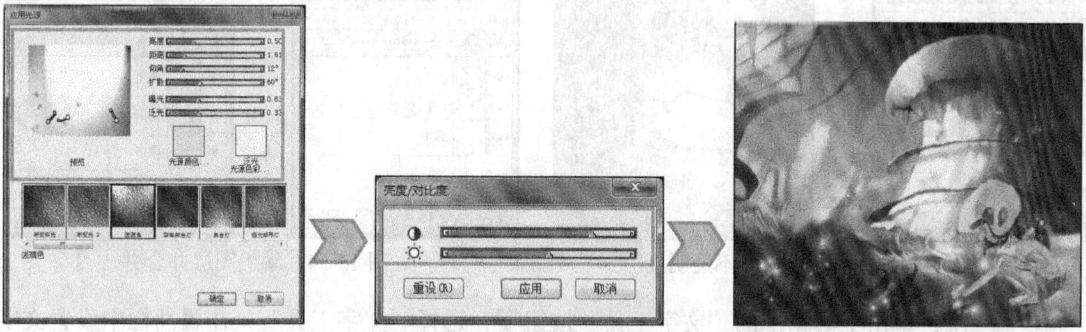

图 13-50　突出画面层次

步骤 09：选中“细节”图层，右击鼠标，在弹出的隐藏菜单中选择“选择图层内容”选项，将选中的“细节”图层中的图像作为选区载入，如图 13-51 所示。

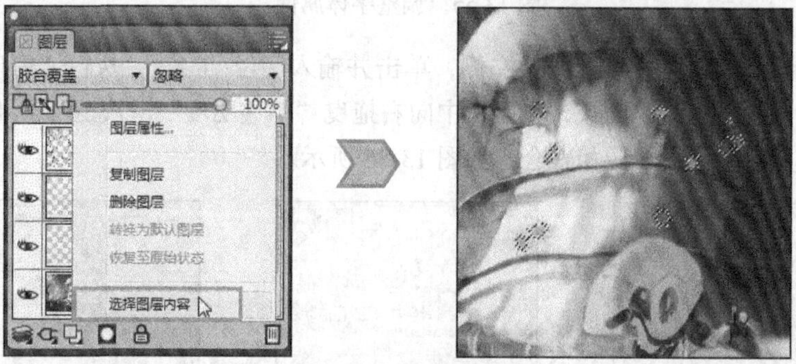

图 13-51　载入选区

步骤 10：执行“选择→羽化”菜单命令，打开“羽化”对话框，设置“羽化”参数为 6，设置完成后单击“确定”按钮，羽化选区，创建“图层 2”图层，选择工具箱中的“油漆桶工具”，在选区内单击，并将选区填充颜色为白色，如图 13-52 所示。

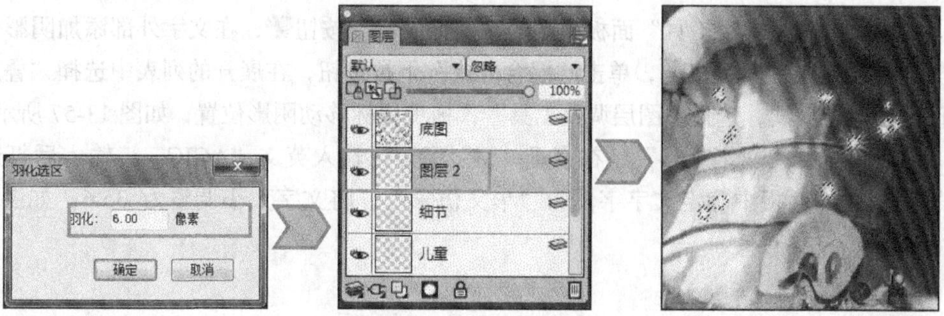

图 13-52　羽化选区并填充

步骤 11：选中“图层 2”图层，将此图层的图层混合模式设置为“亮度”，将其“不透明度”设置为 80%，此时，可以看到设置图层混合模式和不透明度后的图像效果，如图 13-53 所示。将除“底图”和“画布”外的所有图层进行编组，执行“图层→折叠群组”菜单命令，将群组的图层合并为一个图层，命名为“图层 1”图层，如图 13-54 所示。

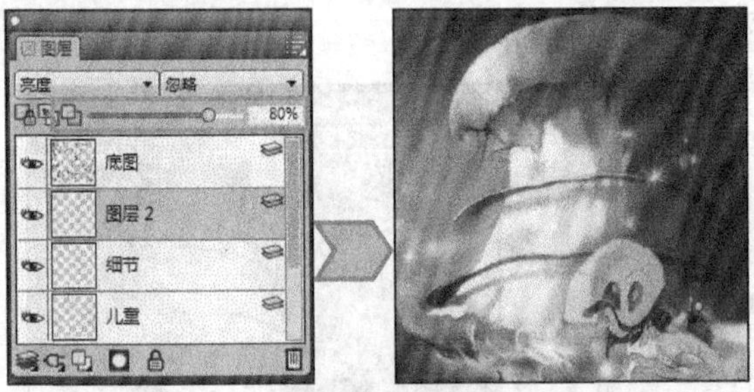

图 13-53　设置混合模式和不透明度

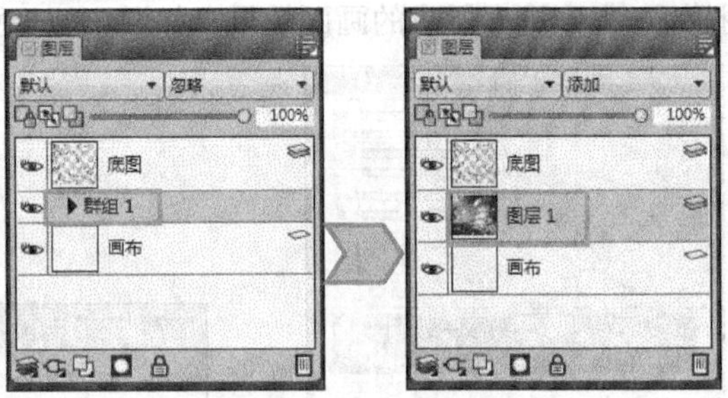

图 13-54　编组图层并合并

步骤 12：单击工具箱中的“文字工具”按钮，选择“文字工具”，在属性栏中设置文字字体为“华文仿宋”，字体大小为 60，文字颜色为黑色，如图 13-55 所示。

图 13-55　调整字体属性

步骤 13：设置后将鼠标移至图像左侧，单击并输入字母“M”，执行“窗口→文字工具”菜单命令，打开“文字工具”面板，在面板中向右拖曳“不透明度”滑块至 80%位置，降低字母的不透明度，让文字与背景图像相融合，如图 13-56 所示。

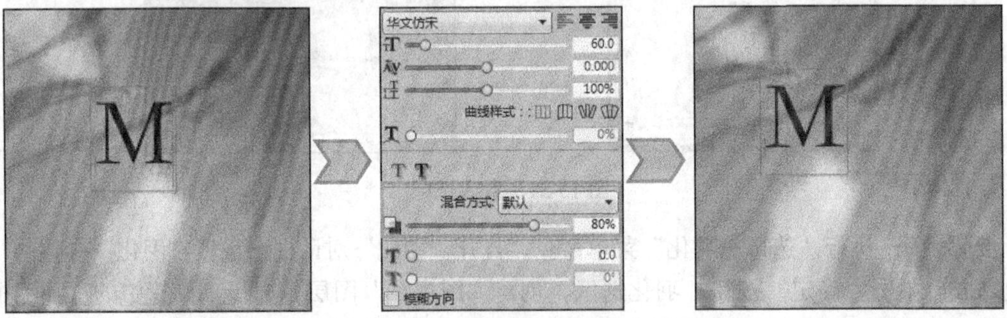

图 13-56　调整字体样式

步骤 14：单击“文字工具”面板项端的“外部阴影”按钮，在文字外部添加阴影效果，单击下方的“阴影属性”按钮，单击“混合方式”下拉按钮，在展开的列表中选择“叠加”选项，更改阴影混合模式，选择“图层调整工具”，拖曳鼠标移动阴影位置，如图 13-57 所示。

步骤 15：选择“文字工具”，在字母“M”旁边再输入英文“AGIC”，输入后打开“文字工具”面板，在面板中确定文字字体为“华文仿宋”，将文字大小调整为 35.6，如图 13-58 所示。

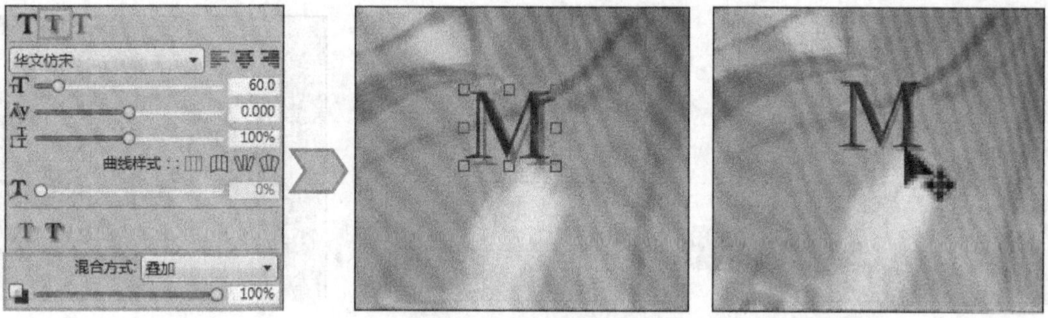

图 13-57 设置阴影效果

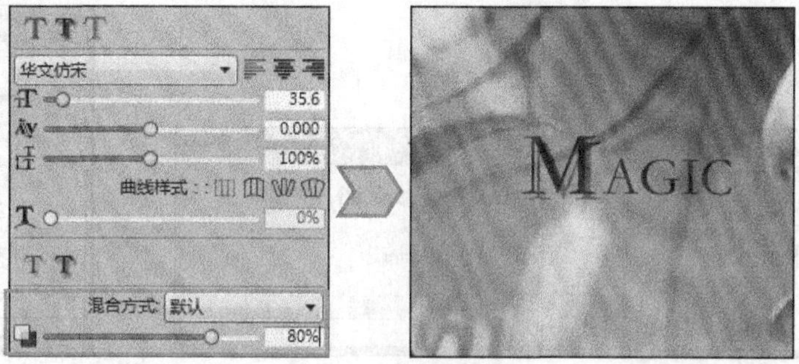

图 13-58 调整文字属性

步骤 16：单击“文字工具”面板顶端的“外部阴影”按钮，在文字外部添加阴影效果，单击下方的“阴影属性”按钮，单击“混合方式”下拉按钮，在展开的列表中选择“叠加”选项，更改阴影混合模式，单击“模糊”选项滑块至 2.0 位置，模糊阴影，选择“图层调整工具”，拖曳鼠标移动阴影位置，如图 13-59 所示。

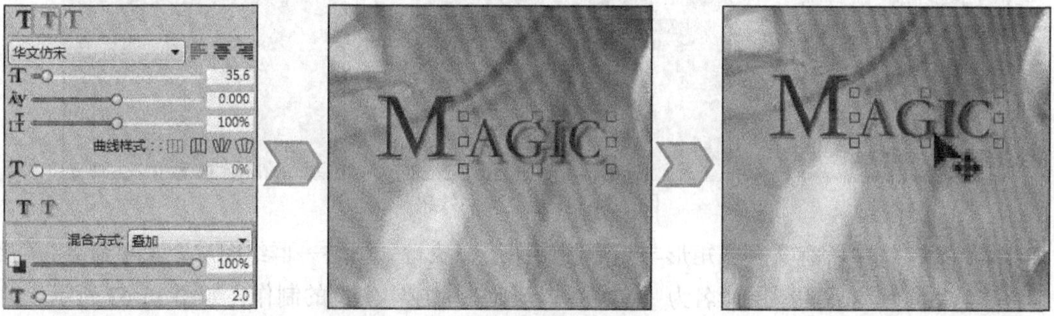

图 13-59 设置阴影效果

步骤 17：继续使用相同的方法，在画面中输入英文，输入后为其添加相同的投影效果，单击“矩形形状”按钮，使用选择的工具在两排文字中间单击并拖曳鼠标，绘制黑色的矩形，并在“图层”面板中生成“矩形 1”图层，将该图层的“不透明度”设置为 70%，降低不透明度效果，如图 13-60 所示。

步骤 18：执行“效果→对象→创建下落式阴影”菜单命令，打开“下落式阴影”对话框，在对话框中设置阴影的位置、角度及半径等选项，设置后单击“确定”按钮，弹出提示对话框，单击“提交”按钮，提交阴影，在“图层”面板中创建“矩形 1 和阴影”图层组，如图 13-61 所示。

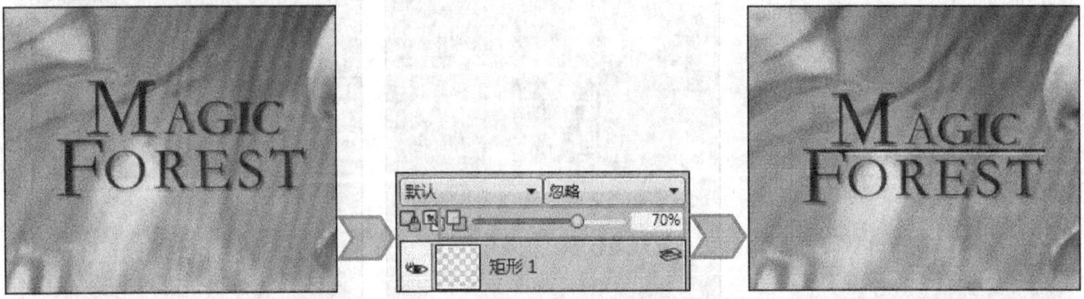

图 13-60　新建图层并设置“不透明度”

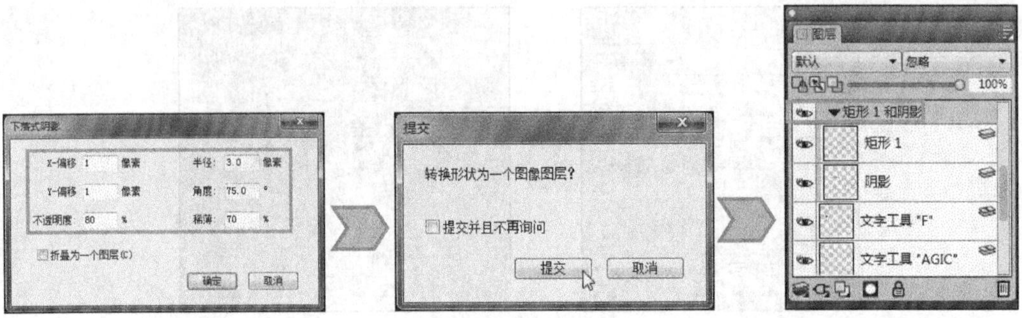

图 13-61　提交阴影并创建图层组

步骤 19：选中图层组中的“阴影”图层，将阴影的“混合方式”设置为“叠加”，更改阴影混合效果，再使用“文字工具”在页面中输入更多的文字，完善效果，如图 13-62 所示。

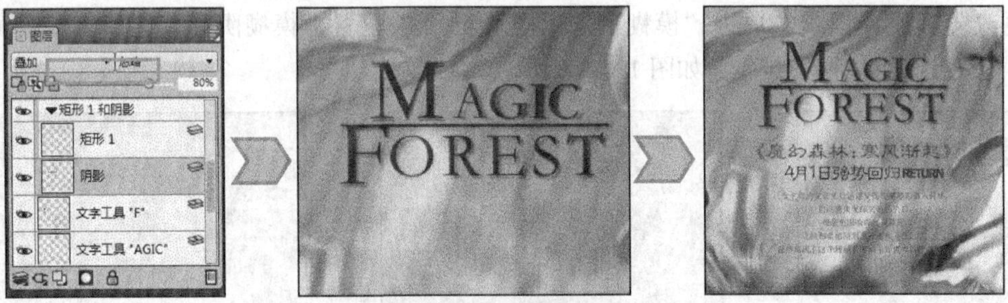

图 13-62　完善文字效果

步骤 20：选中所有文字、矩形与矩形阴影图层，执行“图层→群组图层”菜单命令，将图层编组，然后将编组后的图层命名为“文字”，至此，完成本实例的制作，如图 13-63 所示。

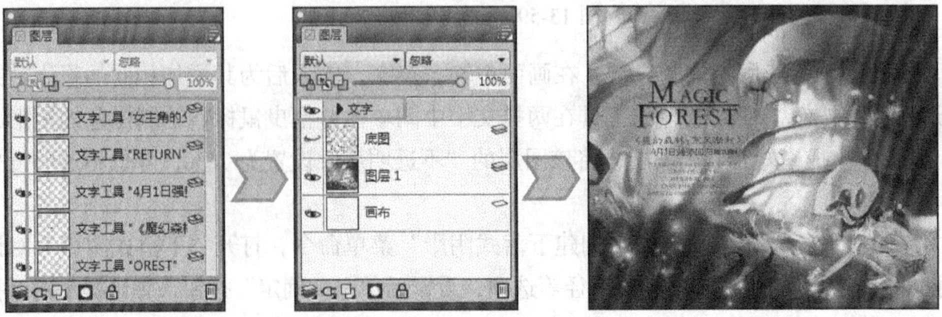

图 13-63　完成实例操作